国家出版基金项目
NATIONAL PUBLICATION FOUNDATION

中华民族基因组多态现象研究

“十二五”国家重点出版规划

中华民族基因组
多态现象研究

中华民族遗传结构与亲缘关系

丛书总主编　李生斌 梁德生

本 卷 主 编　李生斌

图书在版编目（CIP）数据

中华民族遗传结构与亲缘关系/李生斌主编. —西安：西安交通大学出版社，2015.10
(中华民族基因组多态现象研究/李生斌，梁德生总主编)
ISBN 978-7-5605-8044-9

Ⅰ. ①中… Ⅱ. ①李… Ⅲ. ①中华民族-群体-遗传结构 ②中华民族-亲缘关系-研究 Ⅳ. ①Q347

中国版本图书馆CIP数据核字(2015)第254724号

书　　名　中华民族遗传结构与亲缘关系
丛书总主编　李生斌　梁德生
本卷主编　李生斌
责任编辑　吴　杰

出版发行　西安交通大学出版社
　　　　　(西安市兴庆南路10号　邮政编码710049)
网　　址　http://www.xjtupress.com
电　　话　(029)82668357　82667874(发行中心)
　　　　　(029)82668315(总编办)
传　　真　(029)82668280
印　　刷　中煤地西安地图制印有限公司

开　　本　787 mm×1092 mm　1/16　印张　32.75　字数　817千字
版次印次　2016年6月第1版　2016年6月第1次印刷
书　　号　ISBN 978-7-5605-8044-9/Q・29
定　　价　430.00元

订购热线：(029)82665248　(029)82665249
投稿热线：(029)82665546

中华民族基因组多态现象研究

丛书编者

（按姓氏笔画排列）

于　军	万立华	马丽霞	马瑞玉	王　剑
王江峰	邓林贝	叶　健	丛　斌	巩五虎
吕卫刚	朱永生	伍新尧	邬玲仟	刘　沁
刘　静	刘　耀	刘梦莹	刘新社	闫剑群
许冰莹	孙　斌	孙宏斌	贠克明	严　恺
杜　宏	李　卓	李　波	李　莉	李　晔
李　涛	李帅成	李生斌	李秀萍	李昌钰
李晓忠	李浩贤	杨　爽	杨　璞	杨焕明
吴元明	余　兵	沈亦平	张　月	张　林
张　锐	张玉荣	张幼芳	张杨慧	张秀清
张保华	张洪波	张淑杰	陈　腾	陈荣誉
苟建重	范　歆	林彭思远	欧　拉	罗　莉
罗小梅	罗仕玉	罗静思	周　秦	郑　辉
郑海波	官方霖	郝好英	胡　兰	胡　亮
胡华莹	胡珺洁	钟秋连	贺　林	袁海明
夏家辉	顾珊智	党永辉	徐　明	高利生
高树辉	郭　婧	郭佑民	郭若兰	席　惠
通木尔	黄景峰	黄燕茹	梅利斌	曹英西
常家祯	阎春霞	盖　楠	梁德生	彭　洁
彭　莹	董　妍	韩　卫	曾兰兰	曾晓峰
赖　跃	赖江华	谭　虎	谭　博	樊代明
薛晋杰	魏贤达	魏曙光		

中华民族遗传结构与亲缘关系
编撰委员会

主　编

李生斌

副主编

李　波　官方霖　张秀清　李帅成

主　审

于　军

编　者

（按姓氏笔画排列）

王泳钦　田　钊　朱　峰　朱永生　伏东科　刘清波

李　畅　李　波　李帅成　李生斌　张　倩　张秀清

张建波　张洪波　陈　波　官方霖　徐月红　常　辽

赖江华　魏曙光

丛书总策划

（按姓氏笔画排列）

王强虎　吴　杰　魏曙光

丛书编辑

吴　杰　赵文娟　王银存　田　滢　王　坤

个体基因组之间的多态和变异现象，从基因水平上揭示了群体、个体之间差异的本质。基因组多态现象（genomic variation），或称DNA多态性（DNA polymorphisms），是指在一个生物群体基因组中，经常同时存在两种或两种以上的等位基因（allele）或基因型（genotype），且每种类型的变异频率都较高，不能由重复突变来维持。一般认为，基因组DNA序列中某些特定位点的变异频率超过1%的则称为多态性或者多态现象，这些变异频率大于1%的序列或者片段就被称为DNA多态性位点（polymorphic locus）；其余变异频率低于1%的被称为突变，这些序列或者片段就被称为突变位点（mutant locus）。

基因组多态性的本质，就是在生物进化过程中，各种原因引起染色体DNA的核苷酸排列顺序发生了改变，即产生了基因水平上DNA片段大小和DNA序列在个体间的差异，一般发生在基因序列中的非编码区。DNA多态性主要有片段长度多态性和序列多态性两大类，前者指等位基因间片段长度差异，后者指等位基因间的碱基序列差异。

2001年，由美国、英国、德国、日本、法国和中国共同参与的国际人类基因组计划（Human Genome Project，HGP）完成，我们有幸参加了人类基因组计划的中国1%任务。HGP的完成，推动了创新生物技术的发展，为生命科学揭开了崭新的篇章，产生了巨大的经济效益和社会效益；为国际跨领域合作创造了“共有、共为、共享”精神财富；让科学家首次从一个基因、一个蛋白、一种标记、一种功能的单一研究，转变成为使用基因组科学，全面地、系统地、从分子到整体功能地揭示生命奥秘、探索医疗应用、服务司法实践。

HGP告诉我们，人类基因组包含了24条双链DNA分子（1～22号常染色体DNA与X、Y性染色体DNA），共由大约31.6亿个碱基对组成，基因数目约为3万～3.5万个（不是先前估计的10万个基因），这些编码基因的DNA序列占到人类基因组的2%，大部分非编码基因的序列占到98%(之前人们认为这些非编码基因序列是垃圾DNA)。完整了解全基因组编码基因序列和非编码基因序列的结构变异现象，有助于理解基因的表达调控，细胞的产生、分化，个体发育机制，以及生物的进化；有助于发掘各种疾病的生物标记，例如各种遗传病、肿瘤、出生缺陷、代谢紊乱等的诊断与防治；有助于个体识别、健康预测、个体化医疗、精准医学的新技术创建，例如各种个体基因组分型、亲缘鉴定、种族溯源、系谱分析、游离DNA分型等；有助于了解人与人之间只有0.1%的序列差异，就是这0.1%的序列差异，决定了人与人之间对疾病的易感性、对药物和环境因素的反应性不同。

长期以来，科学家们一直聚焦于人类基因组中2%编码序列的变异与功能，由此开辟了表达谱、外显子组、蛋白组、代谢组、功能组等新兴研究，并在生命、健康、医学、进化、遗传、制药、预防等领域取得了前所未有的巨大成就，引领着自然科学、社会科学领域诸如哲学、数学、化学、物理等基础科学的快速发展。但对于占人类基因组98%的非编码序列的变异与功能却知之甚少。通过国际人类基因组计划（HGP）、国际千人基因组计划、单倍体型图计划（HapMap）、人类基因组多样性计划（HGDP）和中国人群基因组多态性结构研究，科学家们开始意识到，人类基因组存在着多种可遗传的变异方式，即基因组存在多种形式的个体和种群差异，这种差异性的揭示，开辟了人类针对个体特征、群体遗传结构和复杂疾病致病机制研究的新时代，使目前绘制一张几乎覆盖全人类的基因组遗传变异图谱，包括所有的在人群中出现频率不低于1%的变异，以及那些出现频率还不到0.5 %的位于基因之内的变异，构建世界上最大的人类基因组变异的目录成为可能。人类基因组的非编码区蕴藏着每个人的个体特征，记录着人类共同的历史演变，同一种遗传标记在不同的种族、民族和地区的人群中其多态性分布存在着差异，因此有必要对我国不同民族和地区的群体多态性分布进行调查，以获得详细可靠的群体遗传学资料。这些资料是法医分子遗传学个体识别及亲子鉴定概率计算中不可缺少的基础性科学依据。但遗憾的是，上述研究计划并未涵盖世界上所有人群，也无法使我们系统地认识中华民族群体遗传多态性结构特征和变异规律，因此，中华民族群体的基因组多态性特征和变异规律的研究只能由国人自己来完成。对中华民族遗传资源的研究、开发与利用，是一项具有重大意义而又异常艰辛的工作。这项工作可以为阐明中华民族的起源、演化和发展提供积极的启示；也将为研究遗传因素在疾病的发生、发展过程中所扮演的角色以及其在法医学领域的应用提供极具价值的参考；同时为我们从DNA分子水平上详细分析中华民族群体基因组多态性结构特征和变异规律提供科学依据。

“中华民族基因组多态现象研究”丛书聚焦非编码序列的变异与功能，研究这些中立区域的DNA在人类个体识别、人类群体溯源、人类起源进化及疾病药物效应的个体差异，帮助我们从新的角度学习和理解我们的基因组，发现和开发大有希望的组学生物标记（bio-marker）或优化已知的生物标记及其检测方法，例如开发新的血液/组织相关的生物标记，基因/网络/通路相关的生物标记用于疾病检测和个体诊断。

"中华民族基因组多态现象研究"丛书分为5卷，系统介绍了中华民族的人文、地理与历史演变，剖析人文历史与地理环境对群体基因组多态性遗传结构与变异的影响作用；从遗传学（分子人类学）角度阐明中华民族不同群体的遗传结构和变异规律；论述中华民族健康与疾病基因型、单倍型和临床表型的相互关系；介绍了中华民族群体遗传多态性数据在法医学中的应用。

《中华民族遗传结构与亲缘关系》论述了中华民族遗传变异与亲缘关系的系统理论，并采用大量的数据列表和图表，运用基因组学和生物信息学成果，具体、形象地阐明了中华民族的起源、迁徙以及民族之间在遗传特征上的区别和联系，以此勾勒出中华民族遗传结构的总体轮廓。希望中华民族遗传变异与亲缘关系研究可以为民族学、社会学、人类学以及生命科学领域的创新发展提供一定的思路和启示。

《法医基因组学》综合运用基因组学、生物信息学、计算机科学和数学等多方面知识与方法，阐明和理解大量的基因组数据、信息所包含的法医学意义，并应用于解决法医学研究和司法鉴定相关的各种问题。法医基因组学（forensic genomics）研究使得法医DNA分析技术的发展日新月异，获得广泛的应用，并推动人类遗传学、生物医学、动物学、考古学等其他学科的进步。在实际案例中，法医基因组学不仅可以用DNA遗传标记开展个体识别和亲权鉴定，而且可以有效利用全基因组数据。比如lobSTR分析技术，它能够剖析全基因组STRs，为个体识别和个体医疗开辟了新的途径，还能为生物群体进化、重塑生物群体的演绎历史，以及认识人类健康与疾病提供新的视角。

《成瘾基因组学》系统探索了精神活性物质长期反复作用对中脑腹侧被盖区–伏隔核多巴胺神经元功能的重塑作用及分子机制，采用包括基因组学、分子生物学、组织学和行为学的理论与技术，从不同角度来梳理、整理、提炼成瘾的理论研究成果和实践方法。近20年来对于成瘾机制的探索无论是从宏观到微观，还是从器官组织到分子水平都有了飞速的发展。同时，越来越多的证据提示：精神活性物质成瘾记忆诱导大脑的基因调控机制发生改变，这些数据对于系统理解成瘾记忆的分子基础和致瘾机制、预测预防易感人群以及防治成瘾复吸都具有重要的科学价值。

《基因组拷贝数变异与基因组病》所论述的基因组拷贝数变异与基因组病是临床遗传学的重要内容之一。该书围绕中华民族群体基因组多态性和生物标记，全面系统地论述了基因组拷贝数变异与基因组病、基因组拷贝数变异与临床表型的相互关系。书中的主要内容包括：基因组拷贝数变异、基因组病、遗传诊断与咨询、基因组病的临床表现与诊断标准等。

《人类单基因遗传疾病》针对60余种单基因遗传疾病，系统介绍了疾病的临床表现、遗传学机制、诊断流程和相关实验操作方法，同时对产前诊断、治疗和预后、遗传咨询也有详实的描述。书中还以典型病例的形式再现单基因遗传病患者"就诊—病史采集—临床诊断—基因诊断—基因检测报告解读—遗传咨询"等全过程，使读者身临其境，加深对单基因病的认识。

"中华民族基因组多态现象研究"丛书历时三年的辛苦采编，由中国科学院、西安交通大学、四川大学、中南大学及国外相关机构等的一线学者共同完成，是一次集体智慧的展示。本丛书是站在巨人的肩膀上，对既往人类基因组学研究的成果与结晶进行了一次系统而科学的归纳梳理。我们期盼以人类基因组研究前沿的"盛筵"，以飨读者，在人类不断探索自身的里程碑上留下浓墨重彩的一笔，也对广大读者尤其是相关研究领域的科技工作者们有所裨益。

"中华民族基因组多态现象研究"丛书的问世，要感谢国家出版基金的资助、西安交通大学出版社给予的重视和支持；感谢所有关心和帮助过本丛书的同仁，特别致谢项目实施过程中数以百计的编撰者和编辑，数以千计的实验人员和辅助人员，数以万计的样本贡献者和组织协作者，以及我们的亲人、好友的精神支持和理解，没有他们的给予，就没有今天的结果。人类基因组计划的精神贡献“共有、共为、共享”已经成为人类科学活动的楷模，成为本丛书写作的动力，对政治、经济、社会、哲学、安全等方面产生越来越重要的作用，这是我们最为推崇的科学精神。

未来，基于基因组结构和序列变化的基因组学研究无疑将成为生物学和医学的核心命题研究。基因组学技术的快速迭代和规模化使大数据挖掘、复杂信息分析等新概念、新技术变为现实，成为催生新思维、新境界和新作为的圣地。从基因组以DNA序列为研究主体到基因组生物学以生物学命题为研究主体，再到以生物谱系如哺乳动物为研究主体，这符合生物学的发展规律，生物医学研究与临床医学实践正朝着“精准化”高速发展。

当然，想要完整阐释中华民族遗传研究的脉络并非易事，尤其是面对浩如烟海的资料和快速更新的知识，限于编撰者的时间和精力，丛书中必有不尽如人意之处，且丛书中提到的一些研究正在进行中，尚未定论，争议在所难免，但这正是本丛书出版的意义。我们认为，对以往研究中的问题进行总结和分析，对正在研究、有争论的问题进行交流和讨论，必将推动本领域的科学发展，这也正是我们希望看到的。

2015年10月31日

《中华民族遗传变异与亲缘关系》全面展现出一幅随着中华民族迁徙史而带来的民族遗传多态性改变的民族基因谱画卷。民族遗传基因的演化过程比史书更加精准地记录了中华民族的历史变迁。

以往生物学家利用部分DNA测序、解剖学或行为学、人类学、语言学、地理学、历史记录的特征均无法构建出清晰的、精准的人类亲缘关系演化树。由于现代人类在早期快速形成物种，扩张时间很短，群体间在单个基因的水平上没有演化出足够多的序列差异，因此仅用少量的DNA序列很难提供足够的信号确定群间的亲缘关系。另外，由于许多群体可以演化出类似的形态或行为，这为利用解剖学和行为学特征进行群体树构建制造了许多障碍。随着基因组测序技术的日渐成熟和测序成本下降，以及构建演化树计算方法和比较基因组学等的发展，使得科学家们能比过去更好地解决这些科学难题。

为了解决现代人类群体分化时间及人类群体之间亲缘关系的问题，本书采用全基因组DNA序列来推断人类亲缘关系树。通过全基因组数据的方法推断出的人类进化树发展史与单纯使用编码蛋白基因来构建演化树相比存在较大的差异，因此本书的编撰者在构建民族亲缘关系树时还利用了非编码序列和基因间区序列。

解读民族的遗传变异、构建民族基因组遗传信息图谱，是研究民族亲缘关系的重要工具和手段，是人类遗传研究的重要课题。在近百年来的研究中，科学家们利用遗传标记对全世界范围内的上千个民族进行了遗传变异解读，特别是对其中的几十个民族群体做了全基因组遗传信息图谱的构建。科学家们不但找到了民族共有的、特有的遗传变异，而且推演了民族变迁轨迹及民族之间的交流和融合等的历史事件。中华民族遗传变异与亲缘关系全基因组遗传信息的系统解读为地域性、民族群体性疾病的诊疗研究注入了新的活力。民族特有的遗传信息的解读，将疾病所涉及的遗传易感性和外界诱导因素的综合分析变成现实，使得民族群体性疾病更容易解决。

本书结合中国各民族的历史、文化、语言、体质和地理特征，系统地梳理总结了十几年来针对中国不同区域和民族群体的遗传多态性研究的阶段性成果，包括对大量非编码区系统的研究和应用，及其所积累的大量基础科学数据，为人类学、医学遗传学、法医学等领域创新应用铺平道路。本书的主体内容分为三大部分：一，对中华民族核基因组、线粒体基因组的遗传变异进行了综述；二，介绍了中华民族遗传多态性研究在个人基因组时代和千人基因组时代得到的研究成果，即汉族人、蒙古人的个人基因组图谱和中国多民族群体的基因组遗传多态性；三，细致描述了利用短串联重复序列构建民族亲缘关系的研究。本书全方位展示了民族的多态性位点及其数据库。

本书全面系统地论述了中华民族遗传结构与亲缘关系的理论，并采用了大量的数据列表和图表，更具体化、形象化地运用基因组学和生物信息学成果来说明中华民族的起源、迁徙以及民族之间在遗传特征上的区别和联系，以此勾勒出中华民族遗传结构的总体轮廓。希望中华民族遗传结构与亲缘关系的研究可以为民族学、社会学、人类学以及生命科学领域的创新发展带来新的启示。

本书的编写主要以西安交通大学法医学院的科研工作为基础，大家分工合作。第1章和第2章由刘清波负责；第3章和第4章由李波负责；第5章由常辽和付东科负责；第6章由官方霖负责；第7章由徐月红负责；第8章由张喆负责。李生斌担任本书主编，负责组织和统稿。国家出版基金的资助，西安交通大学出版社的积极支持，编辑的热情帮助，使本书得以出版，同时本书的撰写对同行的研究成果多有参考，在此一并致谢。

李生斌

2015年12月31日

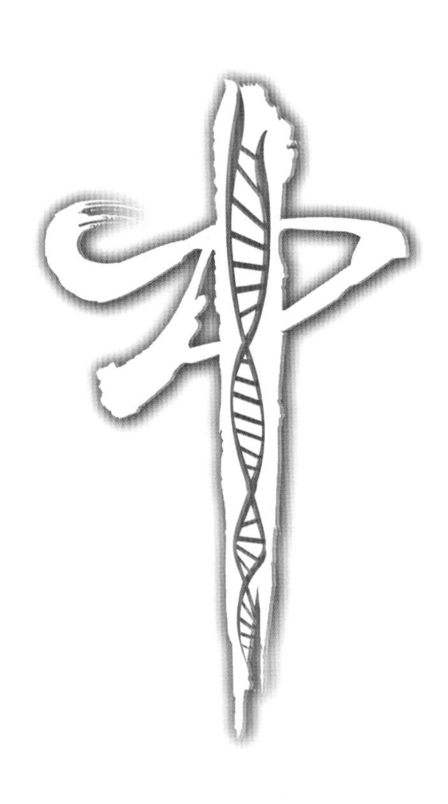

第1章 民族遗传结构与遗传变异

第2章 中华民族线粒体基因组变异与遗传特征

第3章 中华民族核基因组变异与遗传特征

第 4 章 中华民族个人基因组与中华民族遗传特征

第 5 章 中华民族群体基因组与遗传变异

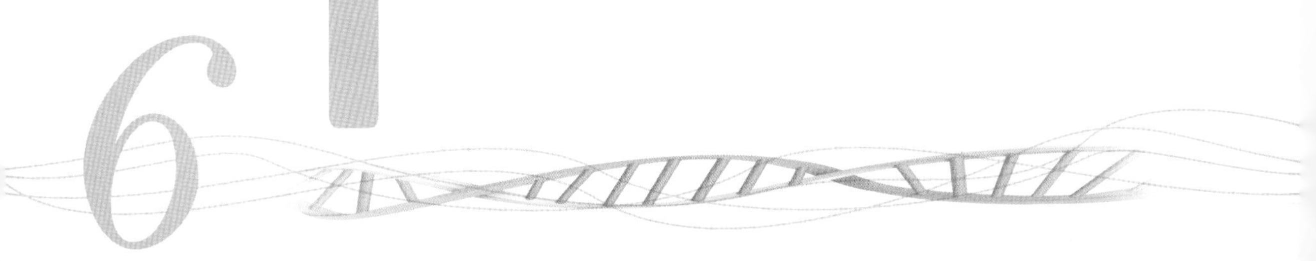
6

第1章　民族遗传结构与遗传变异

1.1　中华民族的历史和现状

从古至今，有一个民族雄踞于世界东方，屹立于世界民族之林，它就是中华民族。“中华民族”一词由近代学者梁启超先生首先提出并使用，而中华民族的实体则在数千年前就已经形成。在经历数千年的王朝迭代、民族兴衰后，走到今天的中华民族，总人口数已经占世界人口的五分之一，包含56个民族和300余个隔离群体，已知使用语言超过205种，拥有大量独特而灿烂的文化。

经过民族识别，现今的中华民族共包括56个民族，它们分别是：汉族、蒙古族、回族、藏族、维吾尔族、苗族、彝族、壮族、布依族、朝鲜族、满族、侗族、瑶族、白族、土家族、哈尼族、哈萨克族、傣族、黎族、傈僳族、佤族、畲族、高山族、拉祜族、水族、东乡族、纳西族、景颇族、柯尔克孜族、土族、达斡尔族、仫佬族、羌族、布朗族、撒拉族、毛南族、仡佬族、锡伯族、阿昌族、普米族、塔吉克族、怒族、乌孜别克族、俄罗斯族、鄂温克族、德昂族、保安族、裕固族、京族、塔塔尔族、独龙族、鄂伦春族、赫哲族、门巴族、珞巴族和基诺族。

1.1.1　中华民族的词义由来与形成过程

“中华民族”中的“华”一字，肇始于中国历史上五帝时代的最后一帝——舜的名字“华”，并且按照当时的氏族部落传统，氏族首领的名称即全体氏族成员及其后裔共有的名称。在舜建立国家政权后，人们沿袭古老的习俗，以舜的名字称呼有虞氏朝族裔及有虞氏朝治理下的人民为“华”。“华”字初始狭义的内涵见于《尚书·周书·武成》，作为族称，意思是指先圣王的后代；而后来的广义内涵见于《北史·西域传》，指所有的中国人。此后，“华”作为族称流传下来，直到现在，成为约定俗

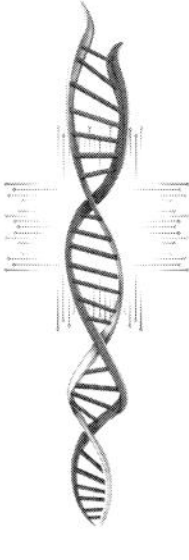

成的对全体中国人的称呼。即使迁徙到海外,也叫海外华人。如果拥有其他国籍,也叫外籍华裔。

"中华"一词,见于裴松之注《三国志・诸葛亮传》,其源可溯自"中国诸华",意思是"中国诸圣人的后代"。公元 3～6 世纪,即三国、两晋、南北朝时期,匈奴、鲜卑、羯、氐、羌等族纷纷向中原汇聚,建立政权。当时,中原的中心地位备受尊重,内迁各族都表现出对中原传统的强烈认同意识。"中华"一词作为一个超越当时汉族、兼容当时内迁边疆各族的概念被响亮提出。唐代在法律中正式出现"中华"一词,记有:"中华者,中国也。亲被王教,自属中国。衣冠威仪,习俗孝悌,居身礼仪,故谓之中华。"意思是说,凡行政区划及文化制度自属于中国的,都称为中华。

当代学者普遍认为,"民族"一词作为近代以来民族学的一个术语,是一个外来词汇,是在 19 世纪末叶从日本传入中国的。在"民族"一词传入中国后,就产生了"中华民族"这个民族学词汇。"中华民族"是一个在近代出现的、相对于外国民族而言的概念。如近代学者梁启超所言:"凡遇一他族而立刻有'我中国人也'之一观念浮现于脑际者,此人即中华民族一员也。"但如前所述,中华民族实体则是远在"中华民族"这个族称出现以前数千年就形成了。从中华民族内部结构来看,数千年来,内部各族族称在不断变化,大约数百年一易。尽管中华民族的内部结构在不断变化,但不管其内部怎样变化,中华民族本身始终是一个数千年以来包容中国各族共同发展的恒久的主体。

统一多民族中国的形成过程可比拟为雪球运动,酝酿于先秦,起始于秦汉。随后,这个雪球越滚越大,在历经了魏晋、南北朝时期的民族冲突与融合后,统一多民族中国在隋唐时有了很大的发展,其后又经辽、宋、夏、金时期的进一步融合,到元明清时期确立了统一多民族中国的基本格局。新中国成立后,通过科学的识别并经中央政府确认的民族共有 56 个。民族的分布和人口的信息见表 1-1。

表 1-1　中国 56 个民族分布一览表①

民族	主要分布地区及人口数
汉族	分布于全国各地
壮族	广西(1421 万)、云南(114 万)、广东(57 万)
满族	辽宁(539 万)、河北(212 万)、黑龙江(104 万)、吉林(99 万)、内蒙古(50 万)、北京(25 万)

续表 1-1

民族	主要分布地区及人口数
回族	宁夏(186 万)、甘肃(118 万)、河南(95 万)、新疆(84 万)、青海(75 万)、云南(64 万)、河北(54 万)、山东(50 万)
苗族	贵州(430 万)、湖南(192 万)、云南(104 万)、重庆(50 万)、广西(46 万)、湖北(21 万)、四川(15 万)、广东(12 万)、海南(73 万)
维吾尔族	新疆(835 万)
土家族	湖南(264 万)、湖北(218 万)、贵州(143 万)、重庆(142 万)
彝族	云南(471 万)、四川(212 万)、贵州(84 万)
蒙古族	内蒙古(400 万)、辽宁(70 万)、吉林(17 万)、河北(17 万)、新疆(15 万)、黑龙江(14 万)、青海(65 万)
藏族	西藏(243 万)、四川(127 万)、青海(109 万)、甘肃(44 万)、云南(13 万)
布依族	贵州(280 万)
侗族	贵州(163 万)、湖南(84 万)、广西(30 万)
瑶族	广西(147 万)、湖南(70 万)、广东(20 万)、云南(19 万)、贵州(4 万)
朝鲜族	吉林(115 万)、黑龙江(39 万)、辽宁(24 万)
白族	云南(151 万)、贵州(19 万)、湖南(13 万)
哈尼族	云南(142 万)
哈萨克族	新疆(125 万)、甘肃(21 万)、青海(21 万)
黎族	海南(117 万)
傣族	云南(114 万)
畲族	福建(38 万)、浙江(17 万)、江西(7 万)、广东(3 万)
傈僳族	云南(61 万)、四川(2 万)
仡佬族	贵州(56 万)、广西(2 万)
东乡族	甘肃(45 万)、新疆(5 万)
拉祜族	云南(45 万)

续表 1-1

民族	主要分布地区及人口数
水族	贵州(37 万)
佤族	云南(38 万)
纳西族	云南(30 万)、四川(1 万)
羌族	四川(30 万)
土族	青海(19 万)、甘肃(3 万)
仫佬族	广西(17 万)、贵州(3 万)
锡伯族	辽宁(13 万)、新疆(3 万多)、黑龙江(2 万)、吉林(1 万)
柯尔克孜族	新疆(16 万)
达斡尔族	内蒙古(7 万)、黑龙江(4 万)、新疆(2 万)
景颇族	云南(13 万)
毛南族	广西(7 万)、贵州(3 万)
撒拉族	青海(8 万多)、甘肃(1 万)、新疆(5486)
布朗族	云南(9 万)
塔吉克族	新疆(3.9 万)
阿昌族	云南(3.4 万)
普米族	云南(3.2 万)
鄂温克族	内蒙古(2.6 万)、黑龙江(0.1 万)
怒族	云南(2.8 万)
京族	广西(2 万)
基诺族	云南(2.1 万)
德昂族	云南(1.8 万)
保安族	甘肃(1.5 万)、青海(1004)、新疆(802)
俄罗斯族	新疆(0.9 万)、内蒙古(0.5 万)
裕固族	甘肃(1.3 万)、新疆(331)

续表 1-1

民族	主要分布地区及人口数
乌孜别克族	新疆(1.2 万)
门巴族	西藏(8481)
鄂伦春族	黑龙江(3871)、内蒙古(3573)
独龙族	云南(5884)
塔塔尔族	新疆(4501)
赫哲族	黑龙江(3910)
高山族[②]	河南(946)、福建(416)、广西(409)
珞巴族	西藏(2691)

[①]:数据来源于 2010 年全国人口普查。

[②]:高山族主要分布于台湾,但此处数据并未涉及台湾高山族。

1.1.2 中华民族的人口流动与地理分布

我国境内的人口流动和民族迁徙总体上呈现出两大历史趋势:一是汉族从以黄河中下游一带为核心区的东部地区,呈放射状向包括东南沿海、台湾、海南诸岛在内的周边地区逐步蔓延扩散;二是周边少数民族呈向心状往靠内地区迁徙流动,其中又以北方游牧民族的不断南下并推动汉族向南迁徙为主导形式。两大历史趋势的形成,都有其极为深厚的自然地理根源、社会历史背景和诸多错综复杂的其他因素,共同构成了两千多年来我国人口流动与民族迁徙的基本格局和主旋律。

我国历史上各民族几次较大规模的人口迁移,多与朝代交替和民族战争有关。秦汉至南北朝时期,出现了我国一次规模很大的民族人口迁移。当时,汉族统治者为补充人口,增强国家实力,用各种形式吸引甚至强制少数民族人口迁居内地,原居住在我国北方和西部的一些少数民族人口大量迁入中原,数量大,民族成分也复杂,其中主要的有匈奴、氐、羌、羯、鲜卑等少数民族。大量少数民族人口迁入,并与汉族杂居,以至达到“关中之人,戎狄居半”的程度,他们的生活生产方式逐渐汉化,后大部陆续融入汉族。与此同时,为避躲频繁的战乱,也有大量汉族人口南迁长江、珠江流域,或北迁关外。从唐末五代至辽、金、元时期,是我国历史上又一次民族人口大迁移和融合的时期。这一期间有大量蒙古、女真、契丹、突厥、党项等民族人口以入侵及迁居形式进入内地，此后大部分居留下来并被汉族融合，有的则形成了某些新民族，如回族，有的则与其他民族融合同化。

我国自秦汉以来，人数较多、规模较大、影响也较为深远的人口流动和民族迁徙便达上百次。其中，汉族人口向周边地区的流动迁徙，主要有秦朝年间为“北击匈奴、南开五岭”而向北方河套地区和东南岭南一带遣发的数十万汉族将士，西汉中叶汉武帝“开三边”时向西北、西南、东南、东北等周边地区组织的大规模“徙民实边”，唐朝初年重新开疆拓土设置安西、安东、安北、安南四大都护府时前往屯垦戍边的汉族军民，明初“洪武开滇”时在今云南、贵州两省布置的大面积军民屯田，清初康熙、雍正、乾隆三朝历时一百多年的汉族移民潮“湖广填四川”，近代以来北方汉族农民自发性的“闯关东”、“走西口”，抗日战争时期沦陷区军民向川、滇、黔西南三省的大撤退，解放战争后期人民解放军百万雄师向大西南、大西北及海南岛的胜利进军和就地驻防，等等。相形之下，周边少数民族向靠内地区的迁徙流动更为频繁。其中最主要的有：东汉至三国时期北方游牧民族匈奴内乱分为两部后，南匈奴的“内附入塞”和鲜卑、羌、氐、羯诸族的接踵而来，两晋之时的“五胡”诸族的进一步南迁和“十六国”的建立，南北朝时鲜卑拓跋氏建北魏、东魏、西魏和宇文氏建北周，隋唐时突厥、回纥、吐蕃三大强族的南下与东进，两宋时期北方契丹、东北女真、西北党项等族的相继南下和辽、金、夏三朝的崛起，以及后世蒙古族、女真后裔满族先后入主中原和元、清两大王朝的建立，等等。其间，由北方游牧民族南下所推动，汉族人口向南方迁徙的则主要有两晋之际南迁匈奴人建立的北汉政权攻破洛阳、长安即“永嘉丧乱”时数百万北方汉族的第一次大南迁，唐代“安史之乱”时北方汉族的又一次大南迁，两宋之际金灭北宋即“靖康之难”前后中原汉族的再一次大南迁，等等。

为了改变旧中国遗留下来的人口和生产力分布不合理的状况，促进经济建设有计划按比例的发展，建国以后，国家有计划地组织东部人口密集地区向边远民族地区的大规模移民。其方式主要有两种：一种是从沿海工业基础较好的城市，抽调大批职工及其家属支援在民族地区进行的工矿业、交通运输业及相应的商业服务行业等重点项目的建设。随着民族地区一批新的工矿业城市的兴起和经济建设的发展，使这些地区人口分布的面貌也得到改变。另一种是为了发展边疆地区的农林垦殖生产，先后多次组织以城镇青年、复转军人及其他人口稠密地区人员等的移民活动，人数达数百万之多，主要迁入黑龙江、新疆和内蒙古等地。经过他们的长期艰苦劳动已开垦出几亿亩荒地，建起数以千计的林场和垦殖场，形成了一些新的"移民城市"，为发展生产和巩固国防发挥了重要作用。此外国家还有计划地每年分配一定数量的大中专毕业生，到边疆民族地区进行智力支边。

建国以来，除国家有计划组织的人口迁移外，还有东部地区广大农村人口向边疆民族地区的自发流动迁移。这种迁移方式虽然带有自发和盲目的性质，但规划较大，持续时间较长。迁移的原因是我国各区之间人口、自然资源分布不均衡，经济发展水平和生活水平存在差异。农村人口的自发流动占移民总数的比重较高。如建国后新疆迁入的人口中有 2/3 属于这种方式。近年来随着改革开放，东部农村商品经济较发达地区的人口，再次自发地大量涌入民族地区，广泛从事裁缝、修配等各项街头服务行业。

而中国现代人群的地理分布模式主要是族系早前迁徙的结果。随着我国社会的不断发展，人口流动和基因交流日益增多，使得各民族群体间的遗传结构愈发错综复杂。然而，尽早地针对遗传背景尚未大量融合的人群进行采样，保护人群遗传多样性资源，研究各标记位点等位基因频率的地理分布特征，仍能够为探索民族起源、基因流动（迁徙历史、人群融合）、地理隔离、遗传漂变以及人群遗传结构形成的机制提供启示。因此，在研究中华民族的遗传特征时，其地理分布是不可或缺的考量指标之一。

1.1.3 中华民族的语系划分与语言特点

语言是人类最重要的特征之一，二者同步发展和分化。因此，语言学的研究特别是语言史的研究在内容和方法上与生物学、人类学研究有着惊人的相似之处。例如，达尔文的进化论与语言学的历史比较法几乎同时产生，生物学家以物种演化的亲疏远近关系分类，而语言学家则以语言的相似性进行谱系划分。达尔文在其著作《物种起源》中提到："假如我们拥有一个完美的人类系谱，则人种排列成的系谱将能提供现在整个世界上所说的各种语言的最好分类。"尽管语言作为人类的社会特征，在历史长河中受到多种社会事件的影响，界限日趋模糊，但大的语系几乎都是人类早期分化的产物，借助于 1.1.2 节所述的地理隔离，得以较好地保存。

目前世界上现存的语言有上千种，一般可以按照所使用的词的形态、使用者的地域分布或者语言本身的谱系进行不同种的分类，但是近代使用最为广泛的还是最后一种谱系分类法。这种分类方法可以根据语言间的共同特征（语音、词汇、语

法方面的共同成分)和历史渊源把世界上的语言分为若干语系(语系是有共同来源的诸语言的总称),语系之下可根据语言的亲属关系再细分为若干语族,语族以下再分为若干语支,最后形成了系统发生树一样的语言树(见图 1-1)。由此可知,同一语支的语言关系最近,相同语族不同语支的语言关系比较远一些,相同语系不同语族的语言虽然仍存在一定的共同性,但关系最疏远。

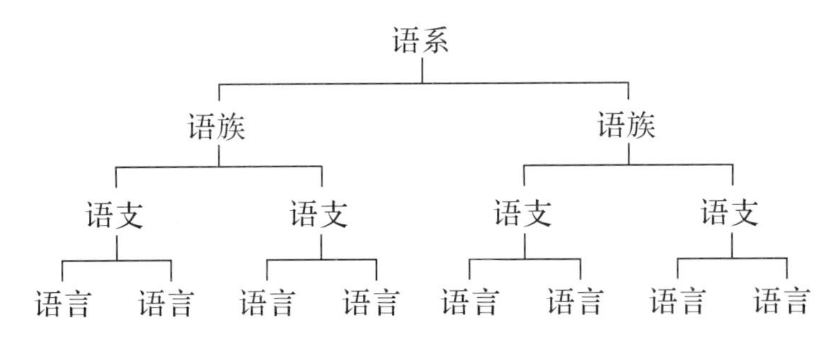

图 1-1　语言的亲属关系

虽然目前世界语言的语系及详细分类尚存在很多种不同的观点,但广泛采用的 Ethnologue 分类大致将世界语言分为包括汉藏语系、印欧语系、乌拉尔语系、阿尔泰语系和闪含语系在内的 10 余种语系,另外还有一些语系未定的语言,如日语和韩语(见图 1-2)。

中国是多民族聚居的国家,境内的 56 个民族中,大多数民族都有自己特别的语言,但也有些民族同时掌握了两种或两种以上的语言,如苗族和瑶族,也有个别民族共同使用同一种语言(通常是汉语),如汉族和回族。据统计,中国少数民族语言的数目可能共有 80 余种,主要隶属汉藏语系、阿尔泰语系、南亚语系、南岛语系和印欧语系,另外,朝鲜语的语支未定。它们分属五个语系,其具体的谱系关系如图 1-3 所示。

1. 汉藏语系

汉藏语系包括汉语及藏缅语族、壮侗语族和苗瑶语族。

由于讲汉语的人口有 13 亿多,占世界人口的六分之一,因此汉语在语系分类的地位比较重要,与其他语族并列。

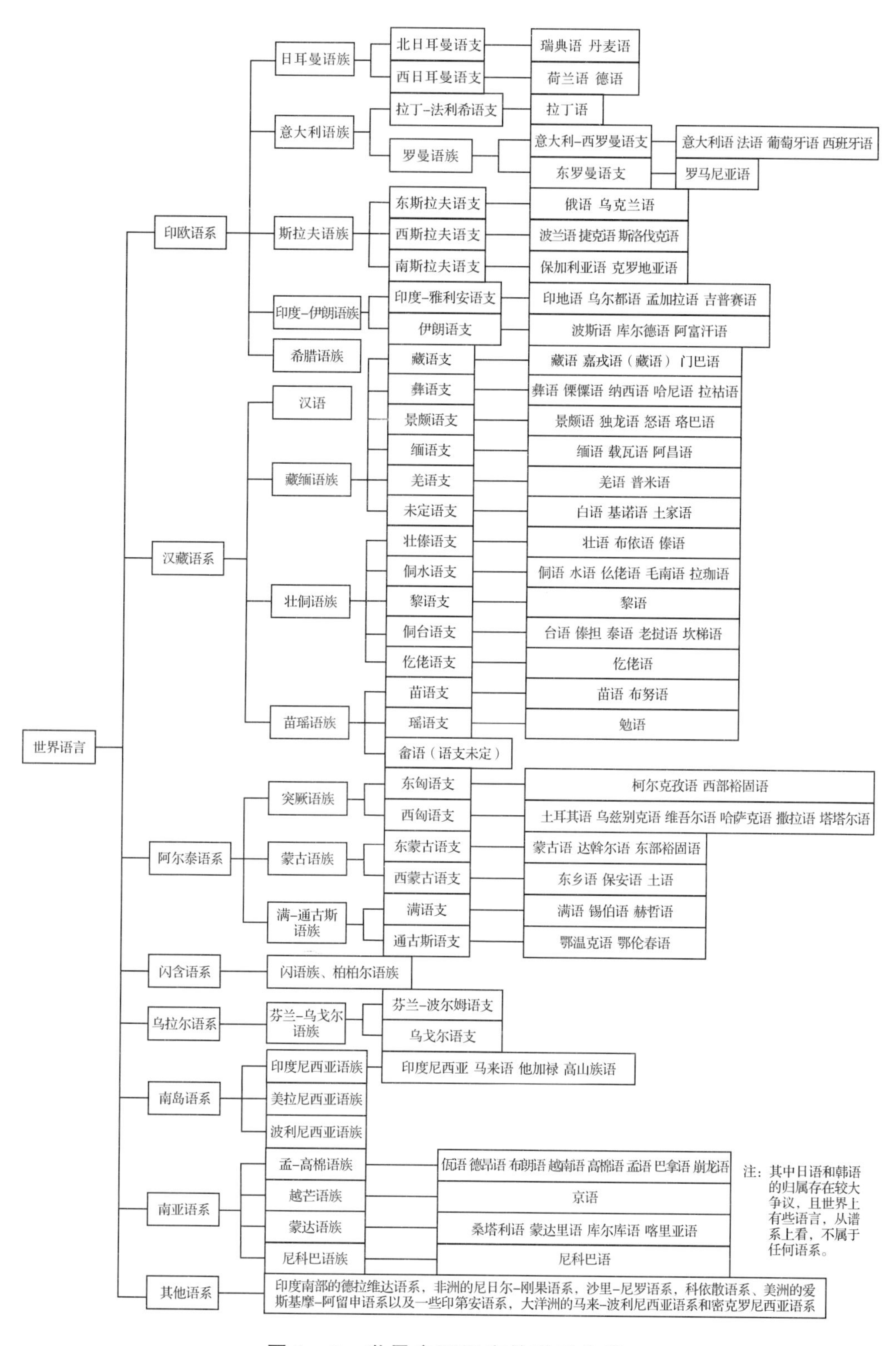

图 1－2　世界主要语言的谱系分类

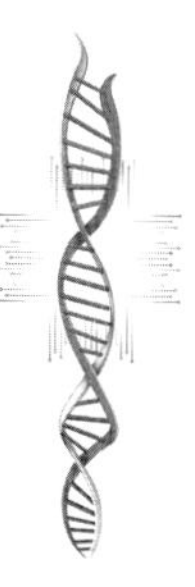

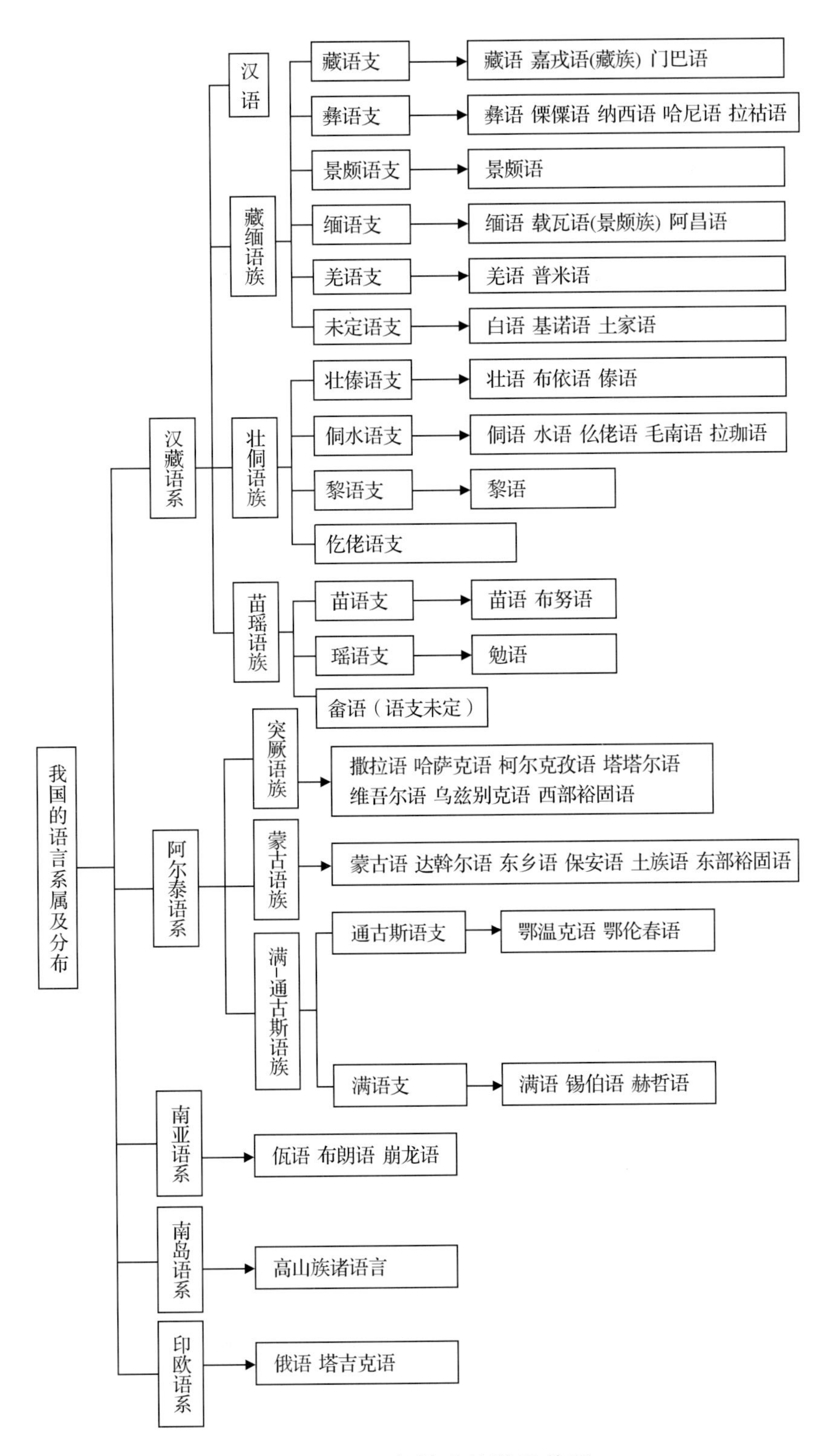

图 1－3　五个语系的谱系关系

隶属藏缅语族的中华民族语言包括藏语、门巴语、珞巴语、嘉戎语、羌语、普米语、独龙语、土家语、彝语、傈僳语、纳西语、哈尼语、拉祜语、白语、基诺语、怒语、景颇语、阿昌语和载瓦语等，说这些语言的中国人口约有二千二百万，分布在青海、甘肃、四川、云南、贵州、湖南和湖北等省，西藏和广西壮族等自治区。

隶属壮侗语族的中华民族语言包括壮语、布依语、傣语、侗语、水语、仫佬语、毛南语、拉珈语、黎语和仡佬语等，其人口约有二千三百万，主要集中在广西壮族自治区和云南、贵州、湖南、广东和海南等省。

隶属苗瑶语族的中华民族语言主要包括苗语、瑶语和畲语等，其人口约有一千万，分布在贵州、湖南、云南、四川、广东五省和广西壮族自治区等。

2. 阿尔泰语系

阿尔泰语系包括蒙古语族、突厥语族和满-通古斯语族。

隶属蒙古语族的中华民族语言包括蒙古语、达斡尔语、东乡语、东部裕固语、土族语和保安语，其人口约有五百五十万，主要分布在内蒙古自治区和新疆维吾尔自治区及黑龙江、辽宁、吉林、青海和甘肃等省。

隶属突厥语族的中华民族语言包括维吾尔语、哈萨克语、柯尔克孜语、乌兹别克语、塔塔尔语、撒拉语和西部裕固语等，其人口为八百余万，主要分布在新疆维吾尔自治区、青海、甘肃和黑龙江等省。

隶属满-通古斯语族的中华民族语言包括满语（不过现在的满族通用汉语）、锡伯语、赫哲语、鄂温克语和鄂伦春语，其人口约有二十万，主要集中在新疆维吾尔自治区、内蒙古自治区和黑龙江省。

3. 南岛语系

南岛语系又称为马来-波利尼西亚语系，中华民族中只有高山族的语言属于该语系的印度尼西亚语族，部分高山族还掌握有其他十余种语言。

4. 南亚语系

隶属南亚语系孟-高棉语族的中华民族语言主要包括佤语、德昂语和布朗语，其人口约五十万，主要集中在云南南部的边疆地区。

5. 印欧语系

只有俄语和塔吉克语（属于波斯语的一种方言）分布隶属于印欧语系的斯拉夫语族和印度-伊朗语族，掌握两者的中国人口为一万余人和三万余人。

民族语言蕴藏着民族起源与发展的秘密。无论是从外貌到文化，都很难让人

相信汉人和藏人本出同源，但分子人类学家对此深信不疑，而最早提出汉藏同源的是中国的一些语言学家。原本语言学界认为南方的侗傣语和汉语最接近，后来发现与汉语最接近的是藏语。藏语中大多数字的发音在中国东南部的方言中都能找到且字义相同。藏语和汉语之间存在的不是一般意义的对应关系，而是系统性的一一对应。在语言上，汉族和藏族表露出非同一般的关系。中国科学院昆明动物研究所研究员宿兵[1]于 1996 年在 DNA 中找到了汉藏同源的证据。他发现汉人和藏人在 M122 以及在其分支 M134 上都有相同的突变。宿兵通过对 Y 染色体主成分分析，发现藏族的突变频率与汉人最接近，这意味着在藏缅语系的诸多民族中，藏族和汉族最接近。他们分化的年代约在五千年前。因此，在研究中华民族的遗传特征时，其语言也是不可或缺的考量指标之一。

1.1.4 中华民族的体质特征

不同的人群拥有不同的体质形态特征，而这是由遗传和环境共同作用的结果。因此，体质特征差异可以作为表型参数来探究当代及古代不同地域不同民族的人类学构成，阐释各民族之间的遗传结构与分化历史。

基于体质特征的人类学研究方法主要包括“描述性”和“测量性”两种。其中，“描述性”是根据一定的标准对人体进行一些形态特征的观察，如头发卷曲程度和颜色、肤色、虹膜颜色、上眼睑褶皱、鼻梁、颧骨等外观特征，属于定性指标或者层级资料。“测量性”则是应用某些工具对人体特定部位进行实际测量，比如身高、臂长等，属于计量资料。

我国的民族体质研究最早开始于 19 世纪末期，主要为外国学者所为。如日本学者先后四次对我国台湾地区高山族群进行了体质调查和研究，随后对我国西南云贵地区的苗、瑶、彝等民族也进行了人类学考察。俄国学者对我国东北、华北的人群进行了体质测量和文化研究，留下了珍贵的历史资料。

20 世纪前半程，我国学者开始逐步学习参与人类学研究，代表性成果为李济所著《中国人类学的若干问题》和《中国民族的形成》。当时的中央研究院成立了人类学组研究体质人类学和民族学，由吴定良教授领衔，针对我国较为偏远落后地区的少数民族进行了体质形态特征的观察和测量，在完成大量基层调查工作积累一手数据的同时将研究结果与现实问题结合，如运动员身体素质、新兵入伍时体力和智力检测等，开展了良好的社会服务。

20世纪80年代以后，我国的民族体质研究取得了长足的进步，包括“中国人成年体质的调查”等一系列科研项目获得国家支持，相关的科研院所也成立了“中国人体质调查组”、“中国民族体质调查组”等研究单位，制定了《人体测量方法》、《人体测量手册》等工作规范，开展了针对汉族和少数民族的体质调查和种属研究工作。

在以往的此类研究中，我国学者多数应用多变量统计分析的方法实现对人群之间关系、人群种属成分等科学问题的解读，将其研究成果与本文主体的DNA分析结果进行相互比较和佐证，能够更为系统全面地探讨中华民族的群体结构问题。

与语系划分的处理方法一致，本书从我国已有的体质形态学研究结果中收集了身高、鼻型、面型以及头颅型作为体质特征参数(表1-2)，作为佐证材料纳入对民族群体的结构讨论中。

表1-2 我国部分少数民族的体质参数

地区	民族	男性身高(cm)	女性身高(cm)	鼻型	面型	头颅型
西南	基诺族	156.54	146.51	阔	阔/超阔	中
	布朗族	155.50	146.20	中	阔/超阔	中
	哈尼族	159.41	149.78	阔	阔/超阔	中
	彝族	157.46	147.52	中	中/阔	狭/中/高
	傣族	161.74	152.22	中	中/阔	中
	白族	163.80	153.29	狭	中/阔	中/圆
	藏族	162.93	152.69	中	中/阔	中
	羌族	161.07	151.18	狭	狭	狭/中
	景颇族	160.73	150.00	狭/中	狭/中	狭/中/高
	傈僳族	158.67	148.89	狭/中	狭	狭/中/高
	纳西族	165.92	155.43	狭	狭/中	狭/中/高
	阿昌族	162.89	152.22	狭	过狭/狭	中/高/阔
	普米族	166.52	154.04	狭	狭	狭/中/高
	拉祜族	157.60	147.26	狭	狭	中/高/圆

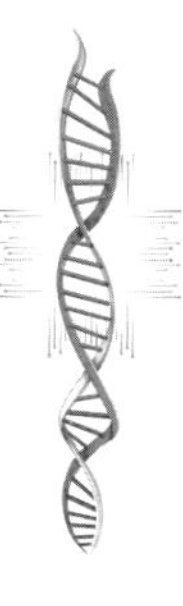

续表 1－2

地区	民族	男性身高（cm）	女性身高（cm）	鼻型	面型	头颅型
中东南	壮族	163.50	155.10	中	阔	中/高/圆
	侗族	160.76	145.86	中	中/阔	阔
	水族	160.14	147.72	阔	中/阔	狭/高/圆
	黎族	163.60	152.69	中	中/阔	狭/中/高
	仡佬族	161.90	149.79	中	过狭/狭	狭/高/圆
	毛南族	159.90	150.40	中	阔/超阔	中/圆
	苗族	158.64	146.50	中	阔/超阔	中/圆
	瑶族	156.81	149.23	中/阔	阔/超阔	圆
	土家族	159.26	148.76	狭/中	阔	中/高/圆
西北	维吾尔族	168.46	157.88	狭	狭/中	高/阔/圆
	哈萨克族	169.87	158.43	狭	狭/中/阔	高/阔/超圆
	柯尔克孜族	167.20	154.10	狭	中/阔	超圆
	塔吉克族	166.49	155.34	狭	狭	中/高
	锡伯族	169.73	158.45	狭	狭	高/阔/圆
	回族	167.09	155.36	狭	中/阔	狭/中/高
	裕固族	167.27	156.28	狭	狭	中/高
	东乡族	166.74	154.24	狭	过狭/狭	狭/中/高
	保安族	163.40	153.70	狭	狭	狭/中/高
	撒拉族	167.31	155.17	狭/中	狭/中	狭/中/高
	土族	163.50	154.40	狭/中	过狭/狭/中	狭/中/高
东北	蒙古族	171.20	157.40	中	阔	中/高/圆
	满族	164.54	154.23	中	狭	中/高/圆
	朝鲜族	164.34	154.73	中	阔	阔
	达斡尔族	164.77	153.53	狭	狭	中/高/圆
	赫哲族	166.71	155.52	狭/中	中/阔	高/阔/超圆
	鄂温克族	165.44	152.90	中	阔	圆/超圆
	鄂伦春族	159.79	148.28	中	阔	圆/超圆

1.2 基因多态性与遗传变异

人类在不断的迁徙繁衍过程中，始终伴随有多态性的产生、传递和消失，累积形成了丰富的个体与种群差异。因此，追踪探索基因组多态性及其变异规律，可以有效地从群体遗传学层面解读人类在进化历程中所经历的人口瓶颈、迁徙融合，甚至包含战争与瘟疫等基因交流(gene exchange)事件。

基因多态性(gene polymorphism)是指某一基因位点上存在着两个及以上不同等位基因，一般人群中差异超过1%的现象。基因多态性由遗传变异(genetic variation)产生，遗传变异的类型通常包括：碱基替换(通常被称为单核苷酸变异)、插入缺失(InDel)、倒位和重排。遗传标记(genetic marker)通常指可以标识染色体、性状、个体、物种的一个基因或者一段DNA序列，该技术可以用于遗传变异的研究。比较常见的遗传标记类型包括：限制性片段长度多态性(RFLP)、短串联重复序列(STR)和单核苷酸多态性(SNP)。

1.2.1 限制性片段长度多态性

限制性片段长度多态性(restriction fragment length polymorphism, RFLP)标记的发现被认为是打响了基因组革命的第一枪，它标志着一个全新的生命科学时代的开始。RFLP标记的原理和过程归纳在图1-4中，限制性内切酶是一种细菌酶，能识别特定的含有4、5、6或8个碱基对的核苷酸序列，并在遇到这些序列的时候对DNA进行切割，而DNA序列上限制性酶切位点或者两位点之间的插入缺失(InDel)、碱基替换或重排都会导致限制性酶切位点发生增多、减少或消失的变化。DNA在限制性内切酶作用下产生的片段的数目和大小，在个体、群体和物种水平上都有着丰富的多态性。传统上，DNA片段用Southern印迹分析法分离，将其中的基因组DNA酶切分解为片段，进行琼脂糖凝胶电泳，再转移到膜上，并通过特定的探针杂交显像。

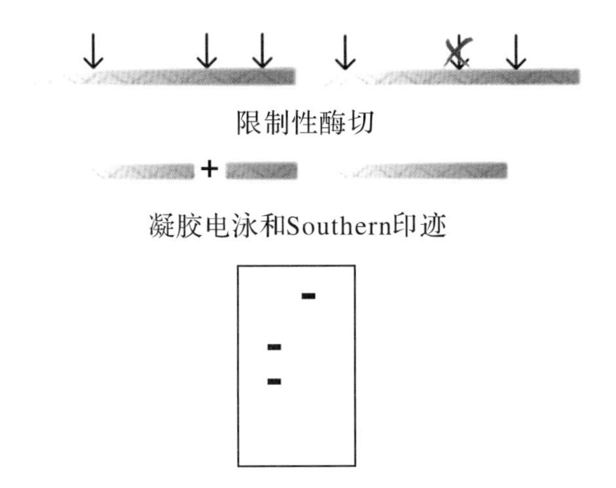

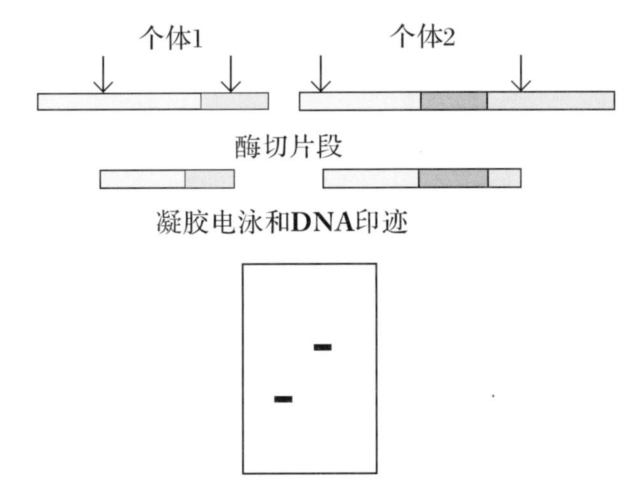

图 1－4　限制性片段长度多态性(RFLP)的分子基础

箭头表示基因组 DNA 上限制性酶切位点，基因组 DNA 被该酶切成特定大小的片段。(A)突变发生在酶切位点上。该突变导致了这个酶切位点的缺失，而这种酶切位点的缺失使得基因组 DNA 酶切后的片段长度变大，凝胶电泳可以方便地检测出这种变化。(B)一段 DNA 插入在两个酶切位点之间，导致了酶切后片段变长。

近年来，简便的聚合酶链式反应（PCR）技术取代了繁琐的 Southern 印迹法。如果一个基因座（locus）的侧翼序列是已知的，含有 RFLP 的部分则可以通过 PCR 来进行扩增。如果片段长度差异比较大（比如>100bp）并且是由插入缺失造成的，凝胶电泳则可以方便地区分出该 PCR 产物片段大小的差异。然而，如果长度多态性是由于限制性位点的碱基替换造成的，PCR 产物则需要在被限制性酶切割后才能区分差异。随着越来越多"通用"引物的出现，研究人员可以根据可观察到的变化量，利用 RFLP 技术和 PCR 的方法对相对保守或快速进化的 DNA 片段进行准确的分析。

在揭示遗传变异方面，RFLP 标记的潜能相对较低。在大多数物种的基因组中，含有限制性位点的区域出现插入、缺失和重排的情况相当普遍，但在任何一段给定的位点内发生这种情况的概率就要小得多。在一个有着 10^9 个碱基对的基因组中，约有 250000 个限制性酶切位点，6 个碱基的限制性内切酶识别序列长度约为 1.5×10^6，占整个基因组的 0.15%。在基因组水平上，限制性内切酶位点的突变比较普遍，但是在某个限制性内切酶位点上的变异概率就非常小了。

RFLP 标记的主要优点是，它们是共显性（codominance）标记，即在同一个体中的两个等位基因（allel）分解都可以被观察到。由于 DNA 片段大小的差异往往较大，因此打分往往是比较容易的；RFLP 的主要缺点是多态性的水平相对较低。此外，序列信息如 PCR 分析中引物或 Southern 印迹分析的分子探针是必需的，因此对于缺乏序列信息的物种来说，进行这类分析是非常困难且相当耗时的。

1.2.2 短串联重复序列

短串联重复序列（short tandem repeat，STR），也称微卫星，一般指由短重复单元（10 个及以下核酸序列为重复单元）组成的重复序列。微卫星中的重复单元也称为核心单元（core unit），如在 ATATATATATATATATATATATAT 序列中，AT 就是该序列的重复单元。核心单位为 STR 的表示提供了便捷的方法，一个 STR 可以表示为（重复单元）*n*，例如，ATATATATATATATATATATATAT 这个序列就可以表示为（AT）12。为了便于更直观地了解 STR，我们用一个法医个体识别中常用的 STR 位点（D18S51）来进行展示。D18S51 在 18 号染色体上（如图 1-5右侧的部分所示），该 STR 位点的核心序列为 AGAA，在参考基因组中的重复次数为 13（总长度为 52 个碱基），参考基因的该 STR 可以表示为（AGAA）13。

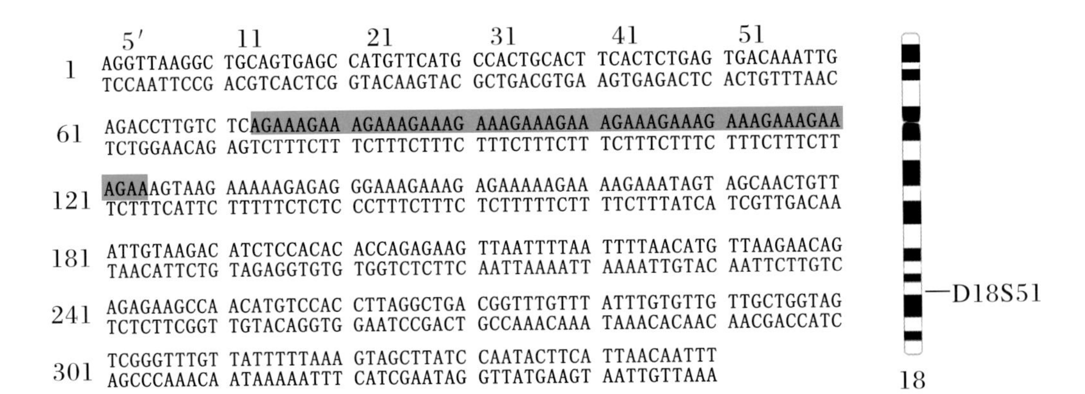

图 1-5 短串联重复序列 D18S51 的串联重复序列及在染色体上的位置

D18S51 为 AGAA 重复，即(AGAA)*n*。该序列来自 STR database (http://www.cstl.nist.gov/strbase/images/d18s51.jpg)；染色体 18 的核型来自 NCBI。

STR 在基因的编码区、内含子和非编码区都有分布。STR 在编码区内最著名是那些导致人类遗传性疾病的例子，诸如 CAG 重复编码多聚谷氨酰胺，从而导致智力迟钝。人类基因组序列的完成和公开，使科学家们很容易给出 STR 在基因组上的图谱，这些图谱为 STR 的研究和应用提供了坚实的基础和前所未有的机遇。人类基因组是由大约 30 亿个核苷酸碱基组成的，利用软件包 TRF(Tandem Repeat Finder)扫描全基因组的 STR(核心单元为 2～9)，共得到大约 190 万个短串联重复序列，总长度为大约 480 万个碱基。对这近两百万个短重复序列进行分析，结果如图 1-6 所示，不同核心单元的短串联重复序列的个数，都在 10 万以上，核心单元长度为 3 的 STR 的个数比较少。

短重复序列技术广泛应用在法医学，如美国联邦调查局利用一组 13 个 STR 建立了 CODIS 系统用于罪犯的协助鉴定，英国则建立了 NDNAD 系统行使类似的功能。这些用于基因身份鉴定的数据库和系统大都建立在核心单元为 4 或者 5 的串联重复序列基础之上。人类基因组序列和图谱的完成使得我们可以对短串联重复序列在全基因组上的分布做一个整体性的研究，以查看短串联重复序列在全基因组上是否是平均分布的。如图 1-7 和 1-8 所示，短串联重复序列在染色体的分布是不均匀的，有些地方分布密度比较大。长度比较长的短串联重复序列在染色

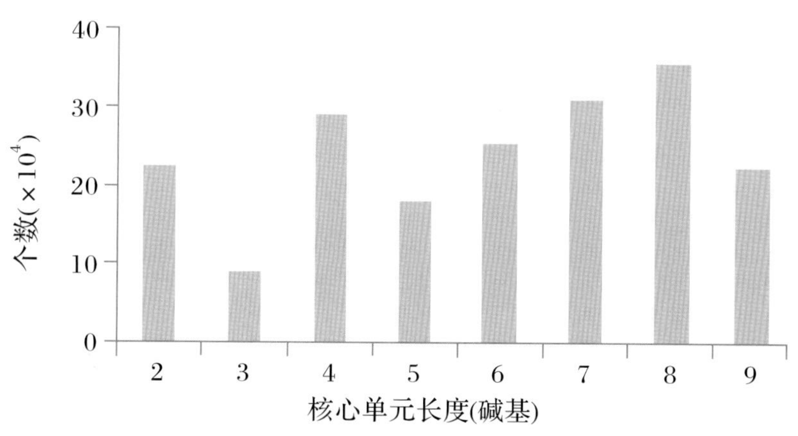

图 1-6　不同核心单元的 STR 在参考基因组的个数分布图

基因组序列数据版本为 GRCh37，该基因组序列来自 genome.ucsc.edu，STR 结果来自软件包 TRF 的结果。

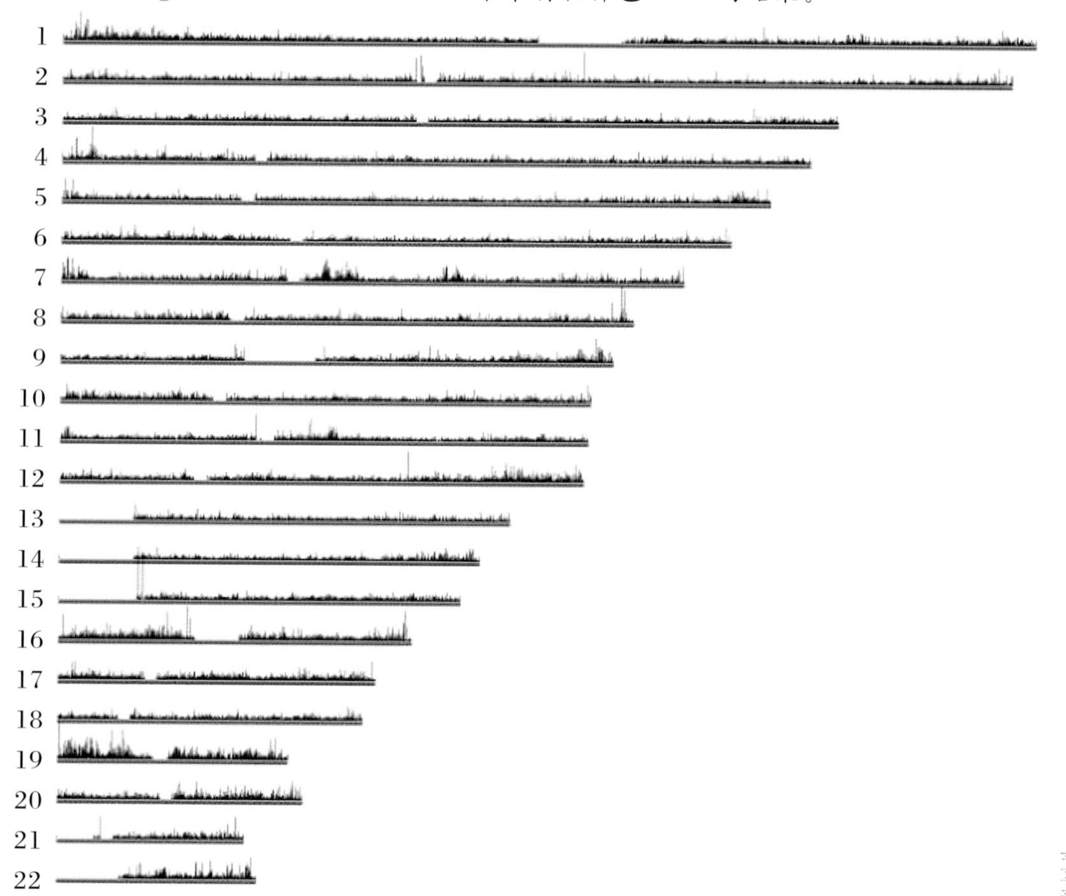

图 1-7　核心单元为 4 的短串联重复序列在常染色体的分布

图左边的数值代表人基因的染色体，数字右边每一条横线代表每一套染色体的全长，竖线代表短核心单元长度为 4 的短串联重复序列，竖线的长度表示该短串联重复序列的长度。

体的两端分布比较多，如图 1-8 中 X 染色体的前端，以及图 1-7 中的染色体4 号、5 号、7 号的前端，8 号、9 号染色体的后端。

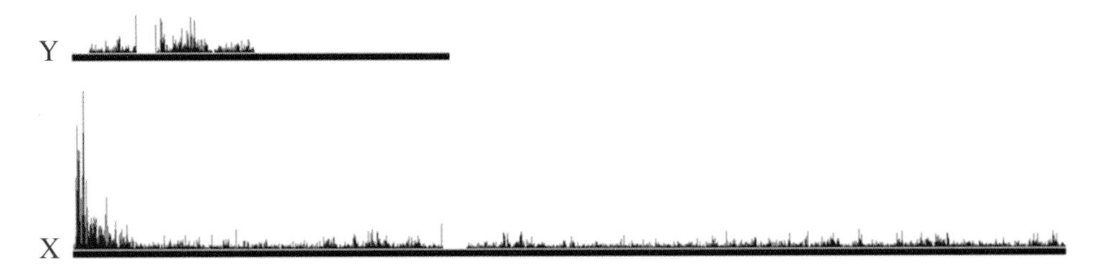

图 1-8　核心单元为 4 的短串联重复序列在性染色体的分布

图左边的数值代表人基因的染色体，数字右边每一条横线代表每一套染色体的全长，竖线代表短核心单元长度为 4 的短串联重复序列，竖线的长度表示该短串联重复序列的长度。

STR 的突变率很高，被认为是由聚合酶在 DNA 复制过程中的滑动使得重复序列的数目不同而引起的。由于核心单元的重复次数不同，使其在不同种族，不同人群之间的分布具有很大的差异性，构成了 STR 遗传多态性。这里我们通过 STR 位点 D18S51 的变异来展示 STR 的变异，人群中的一个个体通常拥有一对染色体单体，每个染色体单体都有着 D18S51 的一个等位基因。在图 1-9 中，个体一的 D18S51 为纯和(两个等位基因)的(AGAA)8，个体二的 D18S51 为纯和(两个等位基因)的(AGAA)9，个体一和个体二的差异为一个核心单元；而这种核心单元的差异是最常见的 STR 之间的差异。一个 STR 座位有着大量的等位基因，微卫星已被广泛应用于各种遗传研究中。基于 STR 遗传多态性，可以构建群体或者个体的基因档案，展现群体的遗传变异，估算群体的遗传结构。

个体一　染色单体1　TGTCTCAGAAAGAAAGAAAGAAAGAAAGAAAGAAAGAAAGTAAG
个体一　染色单体2　TGTCTCAGAAAGAAAGAAAGAAAGAAAGAAAGAAAGAAAGTAAG
个体二　染色单体1　TGTCTCAGAAAGAAAGAAAGAAAGAAAGAAAGAAAGAAAGAAAGTAAG
个体二　染色单体2　TGTCTCAGAAAGAAAGAAAGAAAGAAAGAAAGAAAGAAAGAAAGTAAG

图 1-9　STR 位点 D18S51 在两个个体中的差异

红色碱基表示 STR 序列，黑色碱基表示 STR 两端的序列。个体一，一对染色体单体上的 D18S51 为纯合的(AGAA)8；个体二的 D18S51 为另外的一对纯合等位基因，为(AGAA)9。

1.2.3　单核苷酸多态性

单核苷酸多态性(single mucleotide polymorphism, SNP),是指由点突变引发的多态性,点突变在一个给定核苷酸位点上产生了包含不同碱基的不同等位基因。如图1-10所示,群体的一些个体在DNA序列中的某个位点上携带碱基T,而另外一些个体携带碱基A,那么我们说该位点上存在一个SNP。单核苷酸多态性,可以根据其在群体中的频率,分为常见单核苷酸多态性(common SNP)和不常见单核苷酸多态性(rare SNP),通常来说,前者指变异碱基频率大于5%。根据替换的类型可以分为两种情况,其中一个嘌呤(purine)被另一个嘌呤所取代、一个嘧啶(pyrimidine)被另一个嘧啶所取代,称为转换(transition);一个嘌呤被一个嘧啶所取代、一个嘧啶被一个嘌呤所取代,称为颠换(transversion)。

```
              SNP                          SNP
               ↓                            ↓
染色体 1   GCAAAATCATGCC ··· ATGTAAAGACCATCCAGACTAGGAAGAAACTGCA
       2   GCAAAATCATGCC ··· ATGTAAAGACCATCCAGACTAGGAAGAAACTGCA
       3   GCAAAATCAAGCC ··· ATGTAAAGACCATCGAGACTAGGAAGAAACTGCA
       4   GCAAAATCAAGCC ··· ATGTAAAGACCATCGAGACTAGGAAGAAACTGCA
       5   GCAAAATCAAGCC ··· ATGTAAAGACCATCGAGACTAGGAAGAAACTGCA
```

图1-10　单核苷酸多态性(SNP)的示意图

在DNA序列上有SNP的位置,标记为红色。

比较群体中不同个体的变异,当个体是二倍体(或者多倍体时)时,通常用基因型来表示。基因型(genotype),是指出现在一个二倍体个体中的两个特定的等位基因的组合,如图1-11所示。在群体中,对于基因组上的任意一个碱基位点,最多有四个等位基因,分别是A、T、G、C,基因型则最多有10种类型,分别是AA、CC、GG、TT、AC、AG、AT、CG、CT、GT。基因型可以分为纯合基因型(homozygote)和杂合基因型(heterozygote),在图1-11中,纯合基因型如AA(个体1),杂合基因型如AB(个体2)。

1977年人们对DNA开始进行测序,那个时候科学家们已经描述了单碱基替换造成的序列上的差异这种现象;但是直到20世纪90年代末基因芯片技术的出现,才使得科学家们能快速地对大量样本进行SNP基因分型。单核苷酸多态性的

检测，随着 DNA 测序技术的发展而进步。主要的人类的单核苷酸多态性的检测结果是在人类基因组计划（Human Genome Project，HGP）开始之后完成的。国际人类单倍型图谱计划（The International HapMap Project）、千人基因组计划（The 1000 Genomes Project）等大的国际项目，以及其他项目产生了大量的单核苷酸变异数据，主要存放于单核苷酸多态性数据库（Single Nucleotide Polymorphism Database，dbSNP）。该数据库是一个对公众开放、免费的遗传变异数据库，由 NCBI 创办于 1998 年，是为了补充 GeneBank 数据库的。单核苷酸多态性数据库，似乎表明这个数据库只有 SNP，实际上它包括了：①单核苷酸多态性；②短插入缺失多态性；③短重复序列（short tandem repeat）；④转座原件插入（mobile element insertions）。到 2013 年 5 月为止，该数据库共收纳了 62 兆人的 SNP，其中有 44 兆 SNP 是经过验证的。

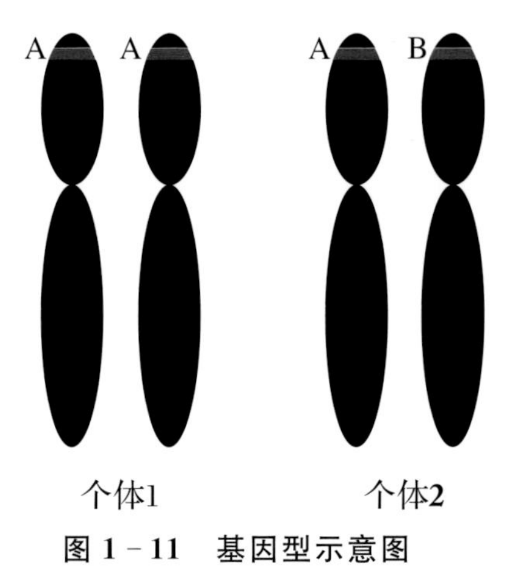

图 1－11　基因型示意图

SNP 在每个染色体上都有分布，其密度在染色体间是有差异的。这里展示了 NCBI 收录的、版本为 b138 的 SNP，该 SNP 为常见 SNP（common SNP），其限制条件如下：①该变异在千人基因组计划中至少一个群体中出现；②该群体中的次等位基因频率大于或等于 0.01；③次等位基因至少在两个及以上的个体基因组中出现。该 SNP 集合共有 2684 万个 SNP 位点，如表 1－3 所示，其中 2 号染色体上的 SNP 位点最多，为 222 万个，其次为 1 号染色体，Y 染色体上的 SNP 位点最少，为 3594 个。SNP 密度在不同染色体间的分布是不同的，8 号染色体的平均 SNP 密度最高（大约为 1/100），6 号染色体其次，Y 染色体上的 SNP 密度最低。请读者注意的是，这里展示的 SNP 为常见 SNP 或者高频 SNP，不是所有的 SNP；从本段开始到本节结束，所用的 SNP 均是常见 SNP。

表 1－3　NCBI 数据中 SNP 的统计信息

染色体	长度（碱基）	SNP 个数	SNP 密度（1/1000）
1	249250621	2032294	8.15
2	243199373	2222049	9.14

续表 1-3

染色体	长度(碱基)	SNP 个数	SNP 密度(1/1000)
3	198022430	1868716	9.44
4	191154276	1868730	9.78
5	180915260	1712038	9.46
6	171115067	1657840	9.69
7	159138663	1513555	9.51
8	146364022	1481554	10.12
9	141213431	1124451	7.96
10	135534747	1285669	9.49
11	135006516	1283235	9.50
12	133851895	1242189	9.28
13	115169878	934377	8.11
14	107349540	854544	7.96
15	102531392	764260	7.45
16	90354753	819475	9.07
17	81195210	706060	8.70
18	78077248	737781	9.45
19	59128983	566778	9.59
20	63025520	579509	9.19
21	48129895	354046	7.36
22	51304566	343674	6.70
X	155270560	888430	5.72
Y	59373566	3594	0.06
总数	3095677412	26844848	8.67

注:表中 SNP 数据来自 dbSNP 数据库 ftp://ftp.ncbi.nih.gov/snp/organisms/human_9606/VCF,版本为 b138,文件名称为"common_all.vcf.gz"。选择的遗传变异类型为 SNV(单核苷酸变异)。

常见 SNP 的次等位基因频率大部分小于 0.1。本节文中,作者提到常见 SNP 的要求之一是该 SNP 在千人基因组计划中至少一个群体中出现并且在该群体中的次等位基因频率大于或等于 0.01,在这里我们分析一下 SNP 的次等位基因频率分布。我们先了解一下主等位基因(major allele)和次等位基因(minor allele)的概念,这两个是个相对的概念,是指在一个群体中出现频率最高的和次高的两个等位基因。这里使用的SNP集合仍然为版本为b138的常见SNP,SNP次等位基因基因频率主要是根据千人基因组计划的数据得到的。如图1-12所示,80%的SNP位点的次等位基因频率小于0.1,7%的SNP位点的次等位基因频率为0.1到0.2之间,在区间0.3~0.4、0.4~0.5的SNP位点个数最少,均为4%。

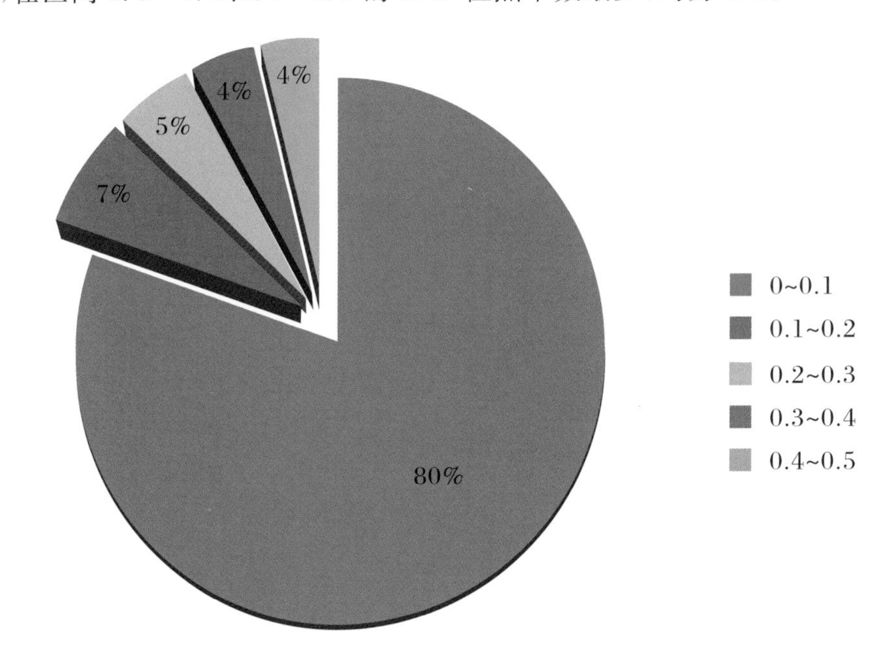

图1-12 SNP次等位基因频率(minor allele frequency)分布图

图中数据来自于dbSNP数据库ftp://ftp.ncbi.nih.gov/snp/organisms/human_9606/VCF,版本为b138,选择的遗传变异类型为SNV(单核苷酸变异)。

这里提到大部分的SNP位点为双等位基因,现在我们来看一下双等位基因位点中不同等位基因组合出现的频率。如图1-13所示,等位基因为AG、CT的双等位基因出现的频率最高,大约都为9兆的SNP位点,其他情况的双等位基因出现的频率则明显的比较少,都在2兆的水平上下。这种现象就是遗传学家们经常提到的转换(transition)比颠换(transversion)突变的频率要高,转换在遗传学上通常指一个嘌呤突变为另外一个嘌呤或者一个嘧啶突变为另外一个嘧啶的点突变,转换通常是由于氧化去氨基和异构化作用产生的。颠换通常指一个嘌呤突变为一个嘧啶或者一个嘧啶突变为一个嘌呤这样的点突变，相对转换来讲这种突变会引起化学结构的巨大改变，可由离子辐射、烷化剂等诱导产生。从图 1-13 上，我们能看到大约三分之二的 SNP 是转换这一突变类型的。

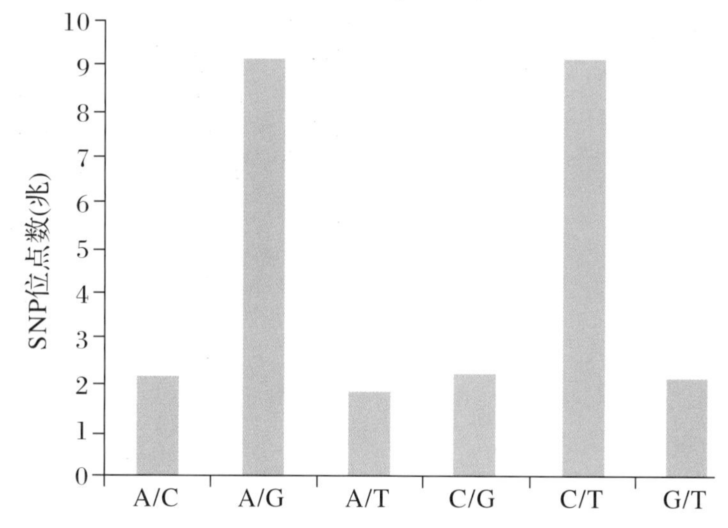

图 1-13 双等位基因位点的等位基因组合的个数统计图

横坐标表示两个等位基因（主要等位基因、次等位基因）的组合，如 A/C 表示两个等位基因分别为 A 和 C 且 A 是主等位基因或者次等位基因；该统计只针对一个 SNP 位点上只有两个常见的等位基因，即第三种等位基因的频率小于 1%。该数据来自 dbSNP，版本为 b138；选择的遗传变异类型为 SNV。

1.3 基于遗传变异的群体遗传结构估算

在完成人类的全基因测序和序列组装后，大量 STR、SNP 的鉴定成为可能，经历几个重大项目，如国际单倍型计划、千人基因组计划等，SNP 的数据得到极大的丰富。利用 SNP，尤其是全基因组范围内的 SNP，来研究群体的遗传结构成为了可能，这时候分析方法及相应的工具也快速发展起来。本节简单介绍利用 SNP 、STR 研究群体遗传结构的基本方法和软件包，主要有：系统进化树、群体结构推断、主成分分析。

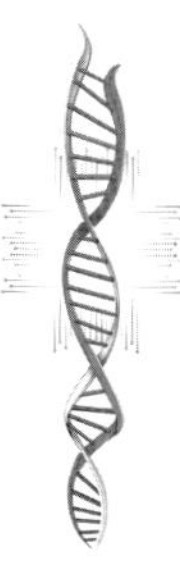

1.3.1 系统进化树

系统发生树(phylogenetic tree)是一个方便观察的、用树的图形形式描述物种或者基因起源及变化的方法。它最早在达尔文先生的《物种起源》中出现，达尔文先生用它来描述物种的起源与演化。如图 1-14 所示，每一横线表示同一时间段，处在同一横线的物种(每个节点)是同一时间点的物种，随着时间的发展(即从底部到顶部)，一些物种产生了或者灭亡了。系统进化树的构建，可以使用表型数据，也可以使用分子数据(也称为分子系统进化树)。基于 DNA 变异的系统进化树构建方法及软件的开发，在 20 世纪 70 年代就开始了，在现代的遗传分析中仍然使用广泛，目前应用的三种主要的建树方法分别是距离法、最大简约法和最大似然法。

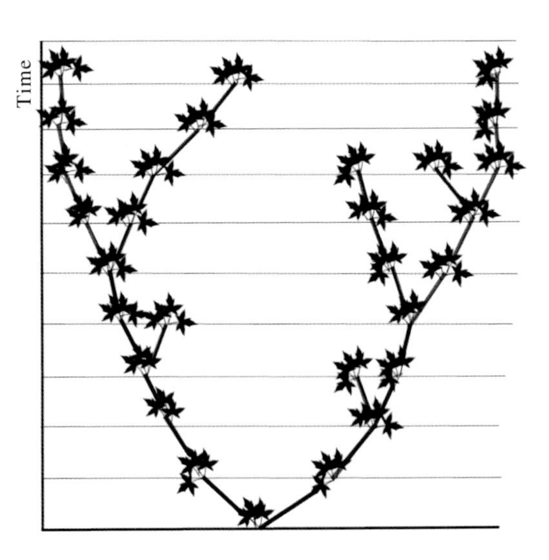

图 1-14 达尔文进化树

该树的树根在底部，一个节点表示一个物种；该树来自达尔文先生的《物种起源》。

距离法(distance method)，首先计算一组序列或者物种的两两之间的差异，然后把两两之间的差异构建成一个距离矩阵即一张表，再依据矩阵利用各种聚类方法构造系统发育树，其中有些大家比较熟悉的聚类方法，如邻接法(neighbor-joining method,NJ)。邻接法是建立在最小进化原理上的一种聚类算法，其聚类算法中最主要的概念是邻居，这里的“邻居”是指在无根树上两个节点通过一个节点连在一起。如图 1-15 所示，该算法首先把所有个体构建成一棵星状树，然后找出一对邻居使得树长变得最短的树、即获得最小的进化距离，这样一个二叉节点和星状节点就构建出来了，然后再重复这个过程直到整棵树被解析成二叉树。

最大简约法(maximum parsimony)建立在哲学基础之上，认为真实的树应该是最简约的树，即变化数量最少的树。对于利用 DNA 数据建立系统发育树而言，该方法认为拥有最少变异的树是真实的树。

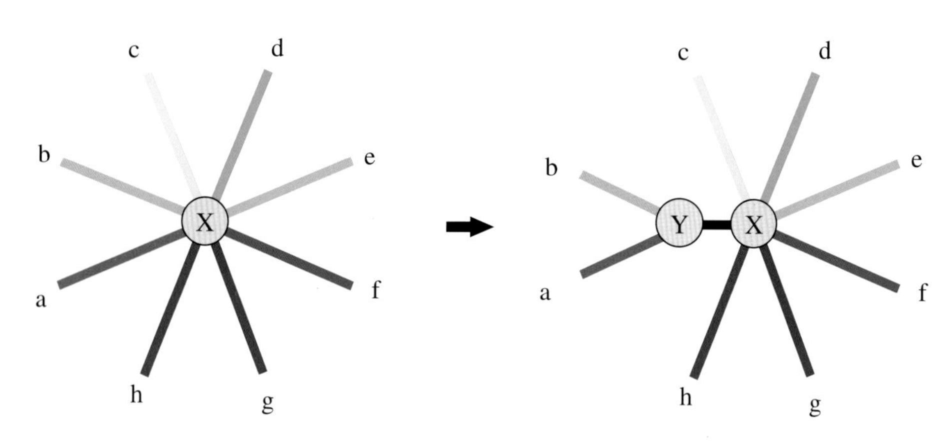

图 1-15　邻接法聚类算法示意图

最大似然法(maximum likelihood),相对于最大简约法,有着更好的统计学基础,使用更广泛。最大似然法,在给定树的拓扑(topology)结构下,利用最大似然法的方法,估算给定模型下的参数;比较一组候选树的似然值,有着最大似然值的树,则为概率最大的真实树。这里的似然值定义为,参数给定时,观察到该数据的概率。从以上的描述中可以看出,最大似然法有着可以设定的模型,这些模型可以最大程度地反映真实的变化,并有着统计的方法来决定哪个树是最合适的,因此它有着更好的统计基础。

系统发育树在群体结构分析中也有着广泛的应用。科学家 A. M. Bowcock 在 1994 年就使用该方法进行现代人群体遗传结构分析,在这篇文章中[2],作者分析了来自 14 个群体的 140 个个体,遗传标记为 30 个微卫星座位。作者首先计算任意两个体的相似性,计算公式:相似性=相同的等位基因数/(2×全部比较的等位基因座位);然后,进行成对个体的距离的计算:1-相似性,这样就可以得到一个距离矩阵;最后利用邻接法,把个体之间的关系构建成一棵树。

对于不同的主题,距离的计算有着不同的方法,除了针对个体的群体结构,还可以构建群体之间的关系,如 A. M. Bowcock 在这篇文章中就利用群体的等位基因频率来构建遗传距离,然后利用邻接法构建群体的遗传树。在文献[3]中,The HUGO Pan-Asian SNP Consortium 的科学家们利用 54794 个常染色体 SNP,对 73 个亚洲群体和两个非亚洲外群(out-group),构建了系统发育树,结果如图 1-16 所示,在这些群体中分子系统发育树和语系有着比较一致的结果。

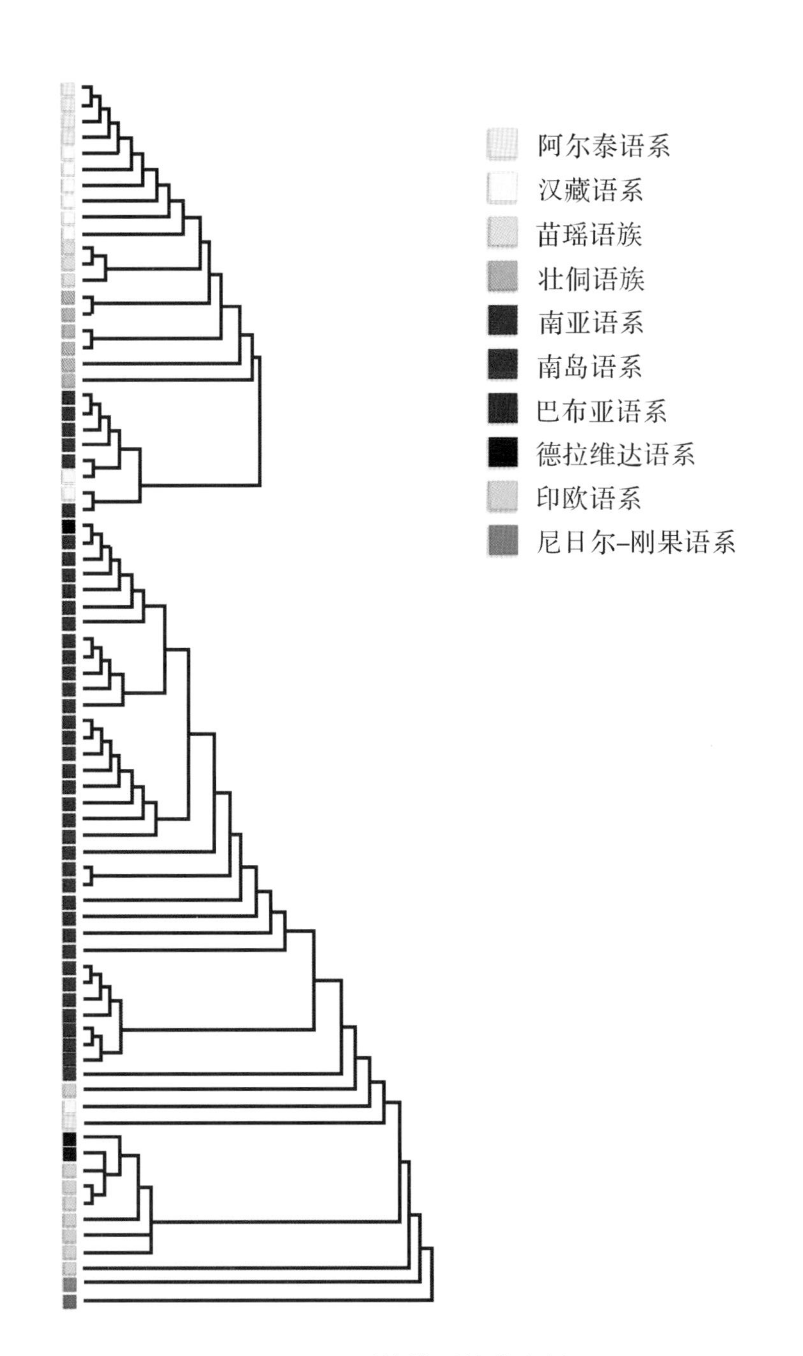

图 1-16　群体的系统发育树

构建方法是最大似然法，图中的数字表示自展值（bootstrap）。此图来自DOI：10.1126/science.1177074。

1.3.2 群体结构推断

在群体遗传学中，推断群体结构是非常重要、有现实意义的课题。把样本中的不同个体分成群体，这通常会用到以下情形：①科学家们从一组个体样本出发，就群体的性质和演化做一些研究，例如，在人类演化的研究中，群体通常作为研究的单位，大量的工作放在群体间的演化关系上；②科学家们利用预先定义好的群体(例如利用语言、地理位置、肤色来定义人的群体)，来鉴定每个个体的起源。对于这一类的问题的研究，标准的流程包括：潜在群体抽样；并利用这些样本中的无关联位点估算等位基因频率；利用估算的等位基因频率估算给定基因型(genotype)起源特定群体的概率，或者依据该概率寻找某个未知起源的个体的起源群体。

上段提到的两种情形中，关键步骤是定义一组群体。而群体的定义，一般靠主观来判断，例如人们通常利用语言、文化、生理特点、样本的地理位置去划分群体。这种主观的方法的优点是可以利用各种不同的信息；但是缺点同样很明显，它很难用来去判断这样的群体划分或者个体的起源是否符合真实的情况，是否和真实的遗传相一致。而且有这样的情况，群体的划分很难用表型去划分，但是在遗传信息的水平上群体间差异却是非常明显的。群体的划分对很多研究来说非常必要，例如群体的结构和群体的等位基因频率是关联分析的基础，没有检测群体的结构，可能会导致找出的是与群体相关的、而不是与疾病相关的基因。

科学家 J. K. Pritchard 注意到了这些问题，并开发了软件包 STRUCTER[4]，该软件包可以利用遗传信息构建群体结构、推断个体的起源群体；STRUCTER 大约在 2000 年开发出来，应用非常广泛，该软件包的文章被 SCI 文章引用超过 1 万次。该软件包利用贝叶斯方法推断群体结构和个体起源。作者假定有 K 个群体，在每个等位基因座位上，每个群体有各自的等位基因频率特点；作者利用每个个体的基因型，来估算各个群体的等位基因频率，并同时利用群体等位基因频率和个体基因型来推断个体的起源群体。该软件包可以利用各种遗传标记，包括早期的限制性片段长度多态性(RFLP)、STR 多态性、单核苷酸多态性(SNP)，同时该软件包假定遗传标记符合哈代-温伯格平衡(Hardy-Weinburg equilibrium)，遗传标记之间是不连锁的。该软件包允许存在具有混合遗传背景的个体，即一个个体的遗传信息可能来自两个及两个以上群体。

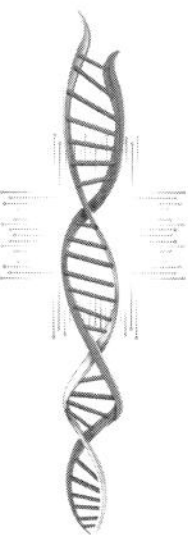

该软件包采用模型为基础的方法(model-based method)。它假设我们拿到的观察数据来自一些参数模型下的随机取样;它利用贝叶斯方法去推断这些参数和群体结构。另外一种聚类方法是以距离为基础的方法(distance-based method),它首先利用成对数据计算两两之间的差异,把这些差异表现为一个距离矩阵(distance matrix),最终可以用某种图形形式表现出来,例如系统发生树(phylogenetic tree)。在遗传学研究中,以系统为基础的方法是比较常用的方法,如找邻居的方法(neighbor joining)。与距离方法相比,模型为基础的方法有自己的优点:首先,它可以利用贝叶斯公式、最大似然法(maximum likelihood)来估算最合适的模型;其次,它可以把一些先验的知识如语言、个体间的距离作为一种概率整合到整个推断中去;最后,该软件包更容易允许有不同遗传背景的个体出现,更容易把个体的遗传结构展现出来。

这里我们举个例子来展示 STRUCTURE 软件包的使用和结果的解读。2002年遗传学家 J. K. Pritchard 和 N. A. Rosenberg 等[5]利用常染色体的 377 个卫星开展了现代人群体遗传结构分析,研究对象是来自 52 个群体的 1056 个体,这些群体分布在非洲、欧洲、中东、亚洲中部和南部、东亚、大西洋洲和美洲。377 个卫星的基因组座位上,在该样本群体中共找到 4199 个等位基因,其中有 7.4%的等位基因只出现在一个群体中;群体之间,也展现出了有差异的多态性信息,如等位基因频率。科学家们利用 STRUCTURE 软件包,分析了该样本群体的遗传结构,结果如图1-17所示,来自同一群体的个体基本上展现了相同的遗传组成。作者开展了 K=2 至 K=6 的分析,即把样本分为 2 个至 6 个遗传群体,K 值每增加一个则增加了一个群体;在图 1-17 中,每一列代表一个推断、一个 K 值,每一行则代表了一个个体,相同的颜色表示相同的遗传起源。当 K=2 的时候,非洲和美洲的群体能明显区分开来;当 K=3 时,欧洲和中东群体从大群体中展现出来;当 K=5 时,鉴定出来的遗传群体和地理群体比较符合:非洲、欧洲和中东、东亚、澳洲和美洲群体。

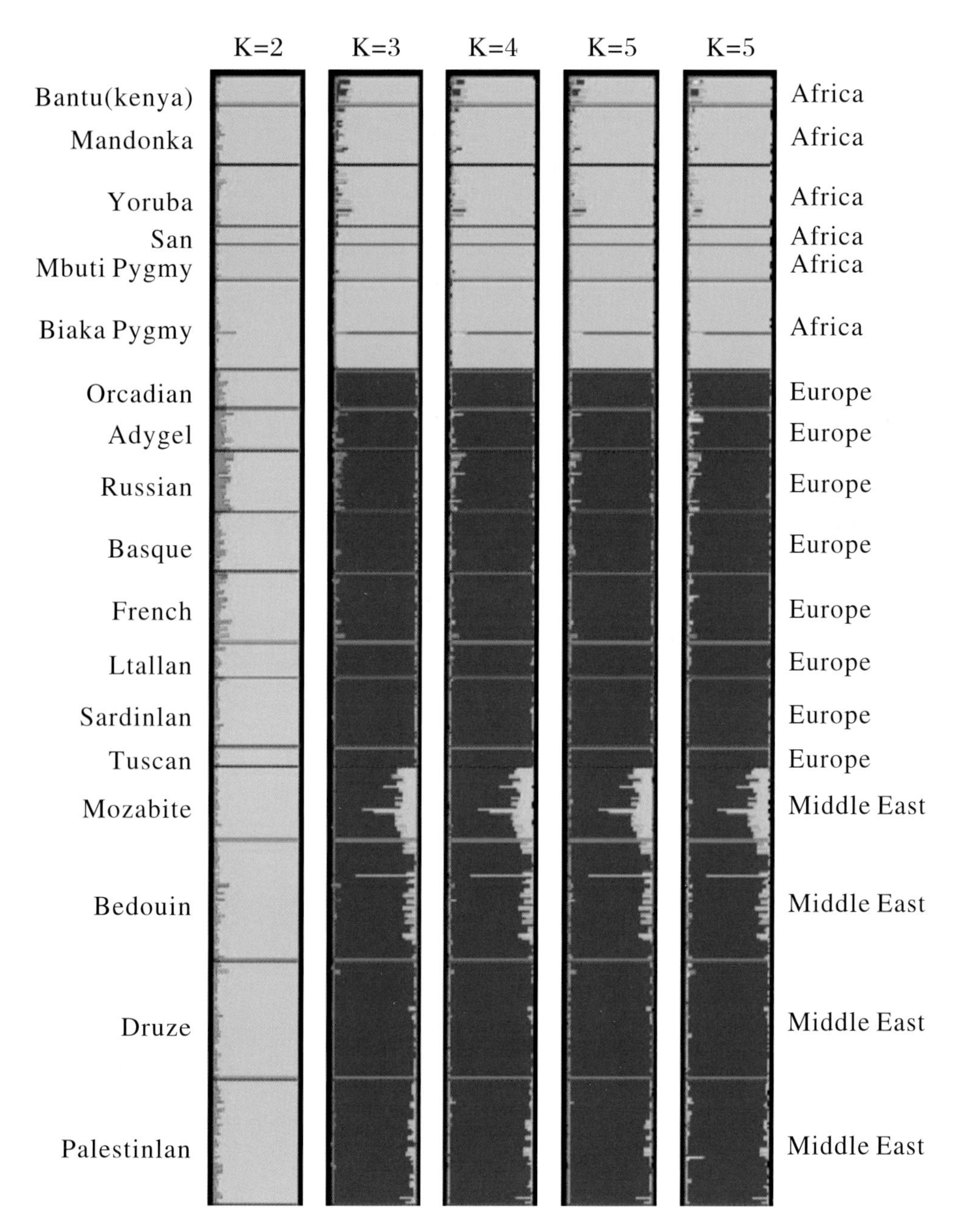

图 1－17　世界民族群体结构[5]

共 1056 个体，来自 52 个群体，这些群体标记在图的左侧，右侧则标出了群体的来源。

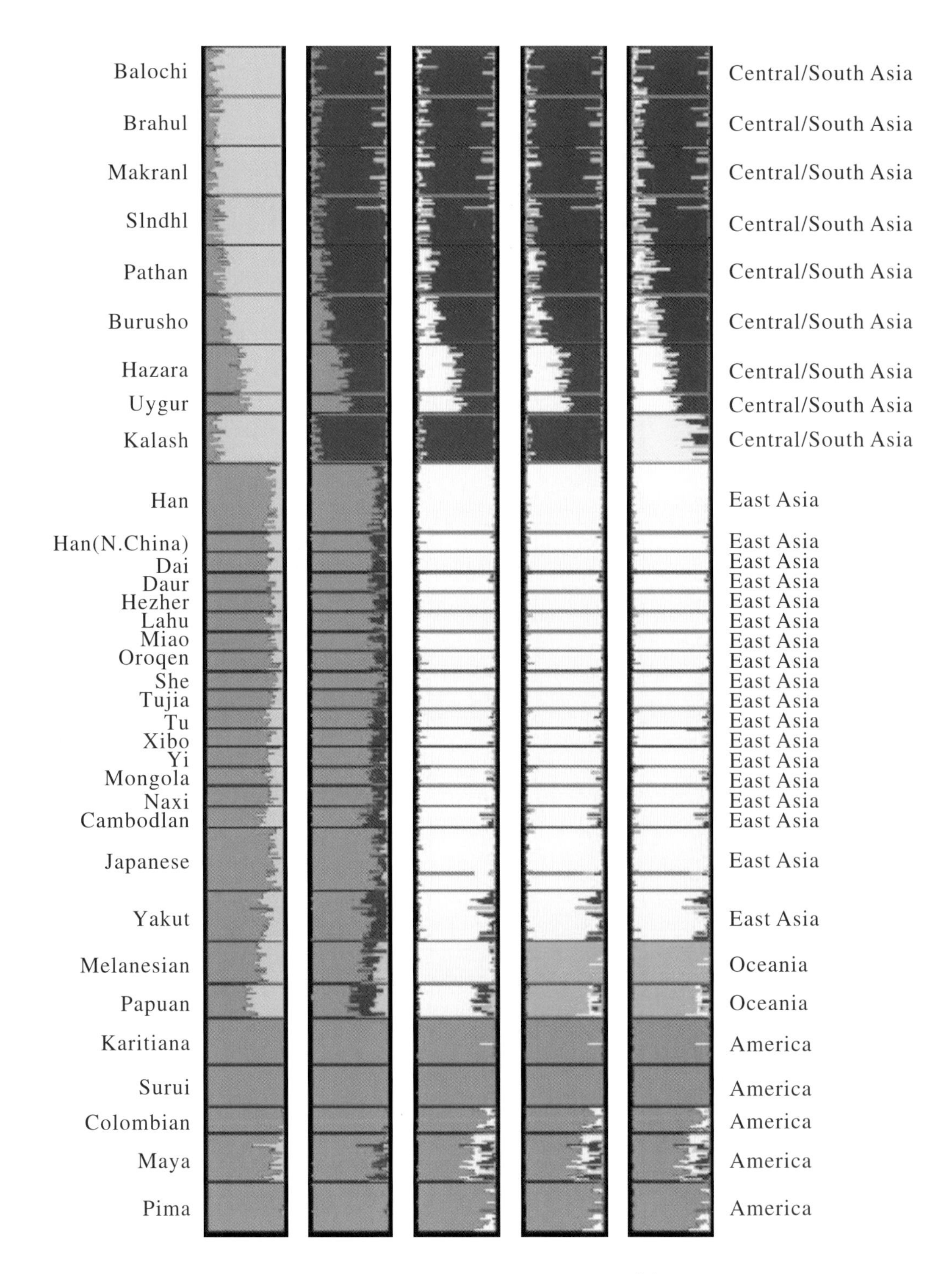

图 1-17(续) 世界民族群体结构[5]

1.3.3 主成分分析

主成分分析(principle component analysis, PCA)是另外一种研究群体遗传结构的重要工具和方法,在分析群体遗传结构中有着非常重要的作用和地位。该方法是由科学家 S. Ramachandran 等[6],在 1978 年引入遗传数据分析中的,现在随着大量 SNP、InDel 等遗传变异的产生而被广泛应用。科学家 A. L. Price 和他的同事[7]对主成分分析方法进行了深入的研究,并在 2006 年发表的研究中引入了特征向量(eigenvector)、特征值(eigenvalue)以及显著性检验。通常来说,该方法主要应用在群体水平上,而不是单个个体的遗传数据上。它可用的遗传标记,可以是单核苷酸多态性、微卫星多态性、单倍型频率、转座原件插入多态性(mobile element insertion polymorphism)等遗传标记。

科学家 N. J. Patterson 改进的 PCA 有如下特点:①运行速度非常快,即使在面对庞大的遗传数据时也能够快速得到初步结果,具体而言,100 个个体的 100000 个遗传标记在大型机上只需要 4 秒,2000 个个体的 500000 个遗传标记分析时间为 2.5 个小时,这样就能满足组学领域对提升分析速度的需求;②该框架提供了一个显著性检验的方法,可以就群体内部是否存在亚群体结构做统计检验,这样就使得结果的解读变得容易;③PCA 计算群体中每个个体的特征向量及特征值,根据个体特征值在坐标系的分布来找到簇(cluster),一个簇则可以代表一个亚群,这不同于试图推断每个个体的起源群体的算法。这样的改进,使得 PCA 和软件包 STRUCTER 在群体的遗传分析中有着同等重要的地位。

在针对群体的分析中,群体的选择及抽样是非常重要的步骤,亲缘关系非常近的群体,比较好的方法如 PCA 也不太容易区分出来;遗传标记的选择也同样重要,连锁程度比较大的遗传标记不宜选择。对于两个群体,抽样的样本个数均为 m,使用的遗传标记的个数为 n,当固定系数(fixation index)$<1/\sqrt{mn}$(即两者的亲缘关系很近),基于遗传标记的统计方法,基本上找不出亚群结构;当固定系数$>1/\sqrt{mn}$时,我们增加样本或者数据后,群体分化证据会变得非常明显。举例来说,抽样个数为 1000 个,每个亚群有 500 个样本,利用 100000 个遗传标记,固定系数要大于 0.0001 时才有可能区分出亚群结构。选择遗传标记时,相邻的遗传标记应该相互独立,即不连锁,至少应该避免高水平的相互连锁。

这里,我们通过一个例子来展示主成分分析结果的解读。图 1-18 是科学家

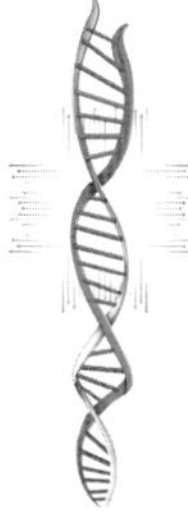

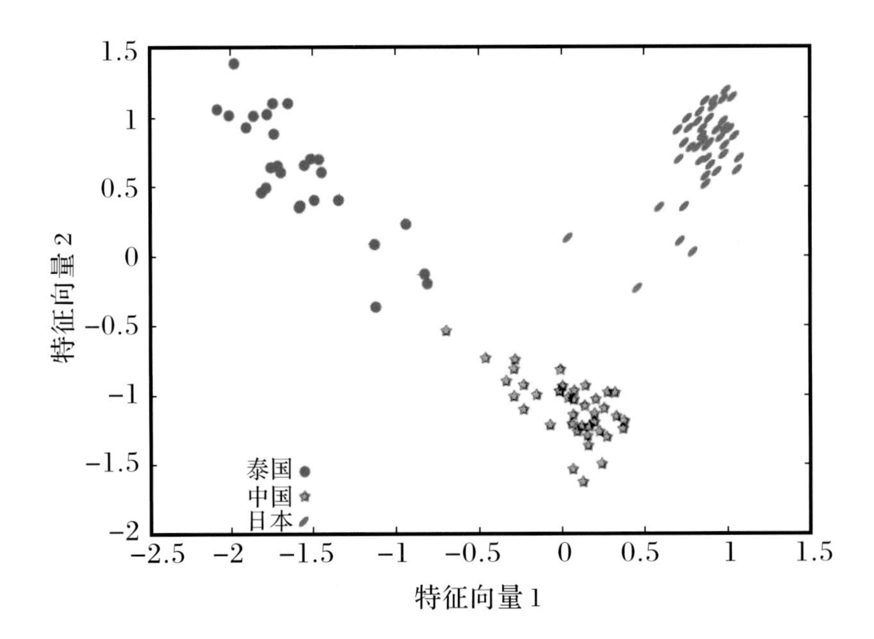

图 1-18　东亚群体的主成分分析[4]

横坐标表示特征向量1,纵坐标表示特征向量2,坐标轴上的值是特征值。分析的遗传标记是来自中国、日本、泰国的40560个SNP。

N. J. Patterson 在改进 PCA 时做的图。抽样的个体来自三个群体:泰国北部(Northern Thailand)、中国汉族和日本。中国汉族和日本的SNP数据来自国际单倍型图谱计划,前者来自科学家 J. Seidam 的研究。图中,横坐标是显著性最高的特征向量和特征值,纵坐标是显著性次之的特征向量和特征值。从图中,我们可以明显看到分离的群体,第一特征向量和特征值就能把日本群体和泰国群体分开,第二特征向量和特征值则可以把中国汉族群体和泰国群体、中国汉族群体和日本群体分开。但是中国汉族群体和泰国的群体中间有个渐变群,而不是两个离散的群体,这个渐变群可能意味着两个群体间的基因交流,即民族群体间的通婚。前两个特征向量具有统计显著性,作者进一步推断了第三特征向量,它并不具有显著性,和现实可以解释的群体结果一致。

1.4 基因组组学在群体遗传结构的应用

20 世纪 90 年代末之前，人类学家对于人种划分的理论建立在体质形态或语言特征上，依靠零碎的化石记录来推断人类进化的过程。这种模型缺乏严谨的科学分类和可靠的数据支持，其对种族的定义随文化视角的不同而存在差异，更多地体现为一种社会形态而非生物差异，无法为种族起源等问题做出明确的解释。

20 世纪 90 年代以来，在人类基因组计划（Human Genome Project, HGP）、人类基因组多样性计划（Human Genome Diversity Project, HGDP）以及国际人类基因组单体型图计划（International HapMap Project, HapMap）等研究热潮的带动下，生命科学领域获得了飞速的发展，研究重心也由以往的偏重实验逐步向系统分析转移。随着数据量的日益激增，衍生出一系列以生物数据为基础的依赖数学建模、统计分析以及信息处理的“组学”（-omics）学科。

其中，基因组学（genomics）是研究不同物种、群体以及个体基因组信息的遗传学分支，包括基因组测序、遗传图谱绘制以及基因功能分析，如上位效应、杂种优势、基因间相互作用、基因与环境之间相互作用等研究内容。通过观察突变作用和选择效应所造成的遗传变异，能够有效地提取存储于生物体内的遗传信息，进而研究包括人类在内的遗传变异规律以及遗传漂变、群体迁徙、人口瓶颈等历史事件。群体遗传学、遗传流行病学、分子遗传学、比较基因组学以及生物信息学等多门学科的交叉融合，为生命科学领域研究提供了更新、更全面的数据，为人们提供了从 DNA 分子层面认识人类起源、群体亲缘关系等领域的新途径。

1.4.1 人类基因组计划、单体型图计划和千人基因组计划

1990 年 10 月，人类基因组计划启动，目的在于破译人类全部遗传信息，发现人类所有基因并实现结构定位与功能解析。但人类基因组计划在研究中把个体差异放在了次要地位，为了弥补这一点，次年 L. L. Cavalli-Sforza 教授联合多位科学家提出了“全球共同研究人类基因组多样性”的主张，倡导开展人类基因组多样性计划。该计划采集了世界各地 52 个人群（其中包括 15 个中华民族群体）、1050 名个体的样本（表 1-4），并研究了遗传变异信息，得到了与非洲起源学说一致的结论。同时，该项目着重研究变异规律及其诱因，从而寻求对诸多遗传现象的“个性”

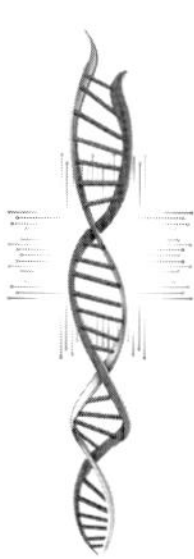

解释，为生物医学研究提供了基础参考。

表 1－4　人类基因组多样性计划（HGDP）样本资源分布情况

非洲	欧洲	西亚	中亚及南亚	东亚	大洋洲	美国土著
班图	奥克尼	贝多因	俾路支	汉族（南方）	美拉尼西亚	卡里提亚纳
曼德拉	切尔克斯	德鲁仕	布拉灰	汉族（北方）	巴布亚	苏鲁族
约鲁巴	俄国	巴勒斯坦	莫克兰	傣族		哥伦比亚
桑族	巴斯克		信德	达斡尔族		玛雅
卑格米	法国		帕坦	赫哲族		皮马
比阿克	北意大利		布鲁夏斯基	拉祜族		
摩押	撒丁岛		哈扎拉	苗族		
	托斯卡纳		维吾尔族	鄂伦春族		
			卡拉什	畲族		
				土家族		
				土族		
				锡伯族		
				彝族		
				蒙古族		
				纳西族		
				柬埔寨		
				日本		
				雅库特		

国际人类基因组单体型图计划（HapMap）是另一项针对人类基因组多样性的大型研究计划。项目数据来源于270个正常个体，包括30个非洲核心家系、45个日本人（东京）、45个中国人（北京）和30个欧洲核心家系，基本实现了对人体中频率高于5%的单倍型的覆盖。该计划建立了人类全基因组遗传多态图谱，高密度

的SNP位点开启了全基因组关联性分析(genome-wide association study, GWAS)的应用。与HGDP的差异在于,HapMap致力于从遗传学水平解决多基因控制的复杂性遗传疾病。

千人基因组计划(The 1000 Genomes Project),依托中国深圳华大基因研究院、英国桑格研究所、美国的国立卫生研究院(NIH)下属的美国人类基因组研究所,自2008年1月22日启动,利用测序技术(主要是第二代测序技术),开展全基因组测序,旨在绘制人类基因组遗传多态性图谱。首先,该计划对来自4个民族的179个个体进行了低深度全基因组测序(测序深度为2~6倍基因组),其中包括30个居住在北京的汉族人,对来自2个家庭的6个个体进行了高深度全基因组测序(平均测序深度为42倍基因组),对来自7个民族群体的697个个体进行外显子测序(共测序906个基因的8420个外显子,平均深度大于50倍基因组),得到15兆的SNP,这些SNP的等位基因频率(allele frequency)大于1%,此外还得到1兆的短插入缺失突变(short insertions and deletions)和2万个大的结构变异(structural variation),数据在2010年10月发布。该计划随后对来自14个民族群体的1092个个体开展了基因组测序,其中包括97个居住在北京的中国汉族人和100个居住在湖南或者福建的南方汉族人,得到38兆的SNP、1.4兆的短插入缺失突变和0.14兆的结构变异。分析结果显示,不同群体携带不同的稀有突变(rare variations)和高频突变(common variations),低频突变(low-frequency variants)呈现地理的分化。该项目还在进行中,更多个体将被测序,将在更大程度上解读人类群体中的变异。

1.4.2 地理分布与人类基因组多态性

地理分布是影响遗传变异的首要环境因素。在较早发表的三篇研究论文中,N. A. Rosenberg、D. Serre & S. Pääbo等人所研究的都是全球人类基因组多态性,但彼此得到的结论却不尽相同。N. A. Rosenberg在不考虑地理因素的情况下从全球52个人群中取样1056例,发现通过STR位点的遗传多样性足以区分各大洲的民族群体。而D. Serre等人认为,从地理角度来考虑,人类基因组多态性是线式的,存在渐变特征,因此在实验设计时应依据地理进行取样[8]。S. Rachandran等人在对N. A. Rosenberg的数据进行分析后也对HGDP所提供的人群逐对进行了地理和遗传距离相关性的估算,并指出了两种距离之间存在高度的线性相关性

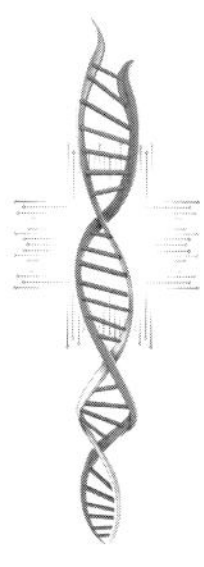

($r=0.89$),这一数值是目前在生物学研究领域中所观测到的相关性最大值。S. Wang 等人对整个美洲大陆的 24 个土著人群共计 422 个个体进行了 678 个常染色体位点的分型,并在分析过程中联合了全球其他 54 个人群(其中包括另外 5 个美洲土著人群),发现美洲土著人群与其他洲群体相比,其遗传多态性更低且分化差异显著,同时还观察到伴随着与白令海峡地理距离的增加,其内部的遗传多态性呈现由西北至东南逐渐降低的趋势[9]。

1.4.3 语言与人类基因组多态性

语言是人类自身携带的主要社会特征之一,且遗传变异与之也有着密不可分的联系。李辉等人[10]利用 SNP 和 Y 染色体 STR 发现,台湾客家人主要是源自大陆中原地区的汉人,而居于东南沿海的畲族是对客家人影响最大的外来因素,同时联合客家话中存在苗瑶语特征,认为客家人可能是古代荆蛮族的核心群体不断加上中原汉人迁徙融合而成,并且客家话等南方汉语方言也可能是最初的南方原住民语言在中原汉语不断影响下逐渐形成的。L. L. Cavalli-Sforza 教授[11]在研究远古人类向地球各地区扩张现象时指出,如果遗传图上的假设在找不到考古证据支持的时候,大部分证据是由语言学提供的,同时肯定了基因和语言是共同发展演化的。N. A. Rosenberg 等人[5]针对美洲土著群体的研究还发现,各人群的遗传相似度与语系归类存在相似性。同样,Q. D. Atkinson 对全球 504 种语言进行了汇总研究,获得了与遗传研究结论相似的结果,即人类语言的演化过程同样存在由非洲少数奠基群体扩张后逐渐形成的现象,进一步揭示了基因与语言所分别代表的遗传与文化之间存在协同进化关系[12]。

1.4.4 群体迁徙与人类基因组多态性

在人类遗传学领域,我国学者也完成了大量基础性研究工作。早在 1998 年,褚嘉佑等[13]便根据 30 个常染色体 STR 对 28 个中国民族(其中 24 个少数民族)的遗传关系进行了分析,结果显示中国南北人群存在差异,北方群体的基因池有两个来源,一个是东亚人群,一个是迁入亚洲北部的阿尔泰人。但这些群体的遗传关系与语言学划分结果不一致,提示可能存在很大程度的基因交流。俞建昆等人[14]利用 30 个荧光标记引物的人类常染色体 STR 对 6 个少数民族进行了基因分型,印证了地理分布与遗传结构的相似性。Sun Ruifang 等人[15]对土家族的 5 个 STR 进行研究，发现土家族虽地处南方，但其族源很可能来自北方群体。程良红等[16]研究了9个STR位点，发现其等位基因在按地域划分的中国汉族人群中分布频率相似，验证了中华民族大家庭内部的同源性。姚永刚[17]利用mtDNA序列差异从母系遗传的角度分析了我国人群遗传结构，并对丝绸之路上的人群迁徙融合现象做了解释。金力等人总结了东亚特异的Y染色体单倍型分布特征，观察到南方人群的多样性高于北方，肯定了从南向北的古代人群迁徙路线。我们先后采集了四十余个少数民族的血液样本，积累了大量的频率资料。

参考文献

[1] Su B, Xiao J, Underhill P, et al. Y-chromosome evidence for a northward migration of modern human into East Asia during the last ice age[J]. Am J Hum Genet, 1999,65(6): 1718 - 1724.

[2] Bowcock A M, Ruiz-Linares A, Tomfohrde J, et al. High resolution of human evolutionary trees with polymorphic microsatellites[J]. Nature, 1994, 368:455 - 457.

[3] The HUGO Pan-Asian SNP Consortium. Mapping Human Genetic Diversity in Asia[J]. Science, 2009, 326(5959):1451 - 1455.

[4] Pritchard J K, Stephens M, Donnelly P. Inference of Population Structure Using Multilocus Genotype Data[J]. Genetics, 2000, 155(2): 945 - 959.

[5] Rosenberg N A, Pritchard J K, Weber J L, et al. Genetic structure of human populations[J]. Science, 2002, 298(5602):2381 - 2385.

[6] Ramachandran S, Deshpande O, Roseman C C, et al. Support from the relationship of genetic and geographic distance in human populations for a serial founder effect originating in Africa[J]. PNAS, 2005, 102(44):15942 - 15947.

[7] Price A L, Patterson N J, Plenge R M, et al. Principal components analysis corrects for stratification in genome - wide association studies[J]. Nature Genetics, 2006, 38(8): 904 - 909.

[8] Pääbo S, Poinar H, Serre D, et al. Genetic analyses from ancient DNA[J]. Annu Rev Genet, 2004, 38(1):645 - 679.

[9] Wang S, Lewis C M, Jakobsson M, et al. Genetic variation and population

structure in native Americans[J]. PLoS Genetics,2007,3(11):e185.
[10] Li H, Wen B, Su B, et al. Paternal genetic affinity between western Austronesians and Daic populations[J]. BMC Evol Biol, 2008, 8(146): DOI: 10.1186/1471-2148-8-146.
[11] Cavalli-Sforza L L,Menozzi P, Piazza A. The history and geography of human genes[M]. Princeton:Princeton University Press, 1994.
[12] Atkinson Q D. Phonemic Diversity Supports a Serial Founder Effect Model of Language Expansion from Africa[J]. Science, 2011,332(6027):346-349.
[13] 褚嘉佑,林克勤,初政韬,等. 中国不同民族基因组的保存及遗传多样性研究[J]. 医学研究通讯, 1998, (4): 1-2.
[14] 俞建昆,褚嘉佑,钱亚屏,等. 应用30个常染色体STR位点研究中国6个民族群体的遗传关系[J]. 遗传学报, 2001, 28(8):699-706.
[15] Sun Ruifang, Zhu Yongsheng, Zhu Feng,et al. Genetic polymorphisms of 10 X-STR among four ethnic populations in northwest of China[J]. Mol Biol Rep, 2012, 39(4): 4077-4081.
[16] 程良红,金士正,高素青,等. 中国南北汉族人群HLA-A*02等位基因的分布差异[J]. 第一军医大学学报, 2005, 25(3): 321-324.
[17] 姚永刚. 中华民族源流探讨[D]. 昆明:中国科学院昆明动物研究所, 2002.

第 2 章　中华民族线粒体基因组变异与遗传特征

2.1　线粒体的结构与功能

细胞中线粒体(mitochondrion)的形状多种多样，一般呈线状，但也有粒状或短线状的线粒体(图 2－1)。

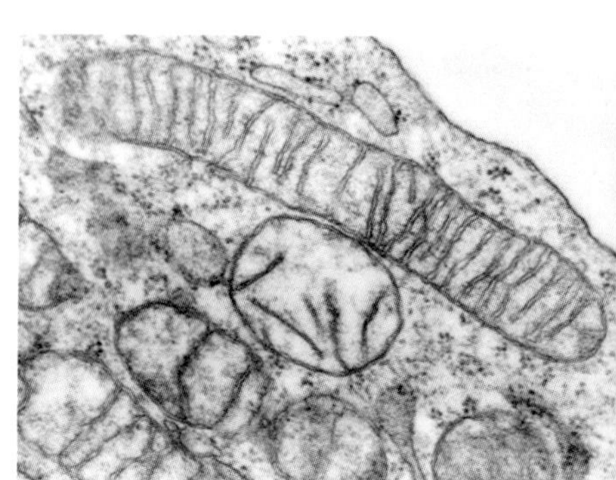

图 2－1　电镜下形态各异的线粒体

对于同一生物体来说，不同细胞中所含线粒体的数量差异很大，比如说精子细胞中的线粒体大约有几百个，淋巴细胞中的线粒体大约有一千个，而卵母细胞中则含十万个左右。但总的说来，能量消耗量越大的细胞中所含有的线粒体越多，比如肌细胞。

线粒体包含两层膜(membrane)——内膜(inner membrane)和外膜(outer membrane)，二者在结构上都属于典型的单层膜。电子传递链(electron transport chain，ETS)和一些代谢传递因子存在于线粒体内膜上。两层膜之间的空间称为膜间隙(intermembrane space),内膜所封闭的空间内是基质(matrix)(见图 2-2),内膜上的褶皱称为嵴(cristae)。在基质中可以发现 DNA 链、核糖体(ribosome)和三羧酸循环(tricarboxylic acid cycle,TCA cycle,也可以称为 TCA 循环)所必需的一些可溶性酶。核糖体可以附着于内膜上,也可以游离于基质中。由于线粒体拥有自己的 DNA 分子和核糖体,因此它可以用自己的分子工具编码自己所需的部分蛋白。而嵴不仅可以帮助隔开基质与膜间隙,同时也可以组织电子传递链并形成三磷酸腺苷(adenosine triphosphate,ATP)泵,膜间隙中含有的氢离子(H^+)可以产生梯度来驱动 ATP 泵。

线粒体的主要功能在于大量合成 ATP,释放能量,以供细胞各种活动的需要。由于线粒体基质中共含有 70 余种酶和辅酶,它们除了帮助进行 mtDNA 的复制、转录及 RNA 的翻译之外,也可以参与催化很多重要的代谢反应,如脂肪酸氧化、氧化磷酸化及核苷酸、氨基酸、磷脂、类固醇、亚铁血红素等的合成(图 2-3),另外还与细胞凋亡(apoptosis)或者程序性细胞死亡(programmed cell death)有关。

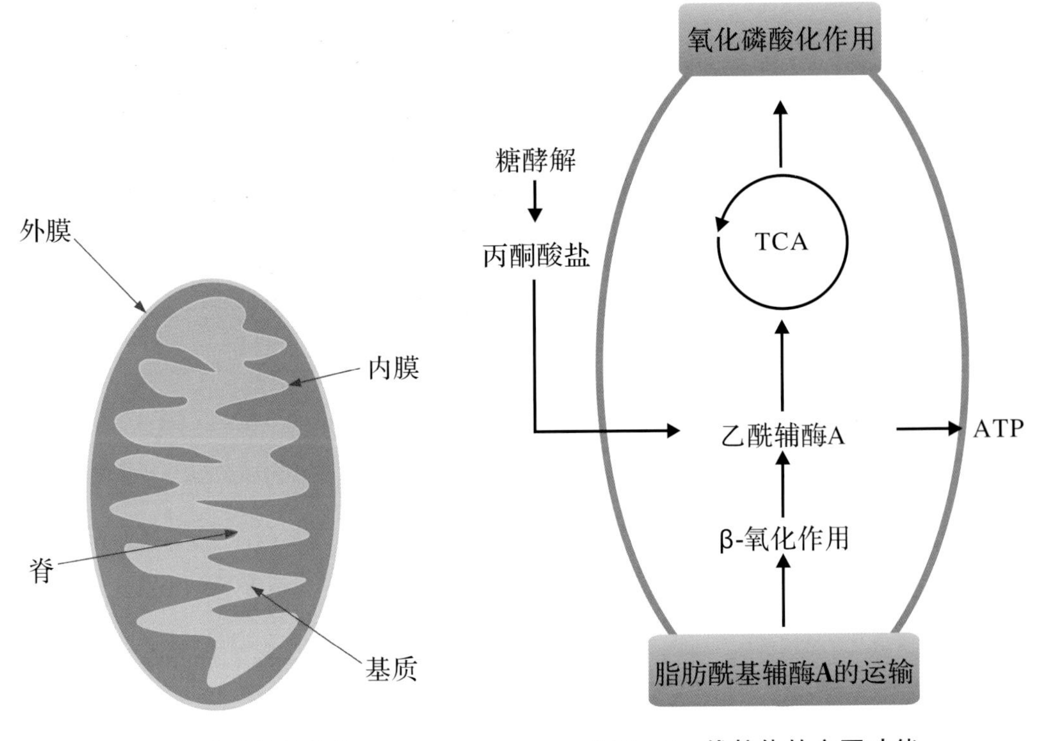

图 2-2 线粒体的结构

图 2-3 线粒体的主要功能

2.2 线粒体基因组

自然界中大多数生物体的遗传物质都是脱氧核糖核酸(deoxyribonucleic acid, DNA),只有少数病毒的遗传物质是核糖核酸(ribonucleic acid,RNA)。决定细胞生物表观性状的DNA主要存在于细胞核中,但是细胞核并不是生物体中遗传物质的唯一来源,线粒体和叶绿体中也含有少量DNA(图2-4)。

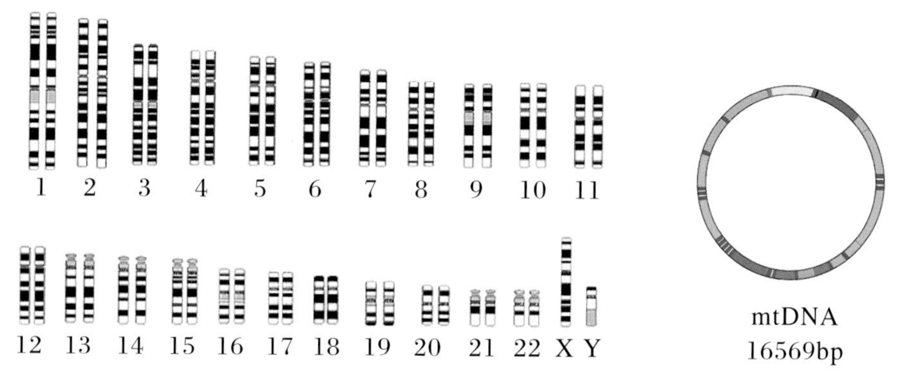

图2-4 人类常染色体、性染色体和线粒体基因组

2.2.1 线粒体基因组

除了细胞核之外,线粒体是动物细胞中唯一含有自己DNA的细胞器。一个细胞中可以含有几个到数百个线粒体,而每个线粒体中通常含有2～10个mtDNA分子,它们有时成簇分布于线粒体基质中,并与内膜相连。人类的mtDNA呈高度扭曲的双股闭环结构,几乎不受DNA结合蛋白(组蛋白)的保护。

人类的mtDNA是一个双链环状分子,长度为16569个碱基对(base paire, bp),相对分子质量为9×10^6～12×10^6。1981年,英国剑桥大学弗雷德里克·桑德(Frederick Sanger)实验室的S. Anderson等人首先在《自然》杂志(*Nature*)上公布了人类的线粒体基因组序列,这条序列通常被称为"Anderson序列"或剑桥参考序列(Cambridge Reference Sequence,CRS),其GenBank序列号为M63933。这条序列最初是从一名具有欧洲祖先的个体胎盘中得到的,但是S. Anderson等人也使

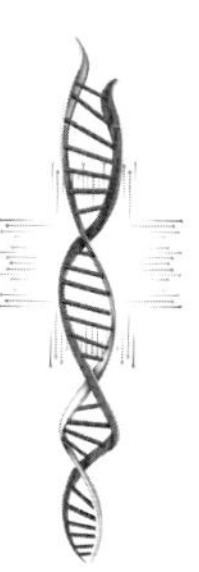

用了一些海拉细胞(HeLa)和牛(bovine)的序列来填补早期测序过程中所产生的一些碱基位点的空白。因此,这条序列中还存在一些错误。但随后 R. M. Andrews 等人在 1999 年对原始的胎盘物质进行再测序,对 CRS 进行了修正,提出了修正后的剑桥参考序列(revised Cambridge Reference Sequence,rCRS),其中保留了原始 CRS 中的 7 个稀有多态性位点,并纠正了其中的 11 个核苷酸错误。这里要注意的是,原始 CRS 序列的 3106—3107 处包含一个"CC",但是 rCRS 只含有一个"C"(见图 2-5),因此实际上 rCRS 只有 16568bp。目前,国际范围内都已经接受了 rCRS 作为 mtDNA 比较的标准。在此书中,展示的结果都是以 rCRS 为参考得到的结果。

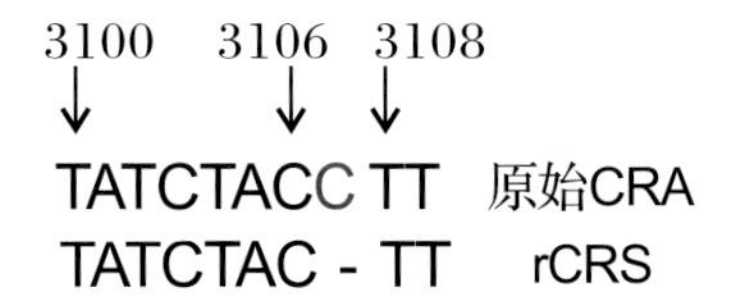

图 2-5 CRS 和 rCRS 在实际长度上产生差别的原因

环状 mtDNA 分子的两条链中鸟嘌呤(guanine,G)和胞嘧啶(cytosine,C)的分布并不均匀,因此产生了重链——H 链(heavy strand,H-strand)和轻链——L 链(light strand, L-strand)。重链富含 G,共有 28 个基因,其中包括 2 个核糖体 RNA(ribosomal ribonucleic acid,rRNA)基因(12S rRNA 和 16S rRNA),6 个还原型烟酰胺腺嘌呤二核苷酸(nicotinamide adenine dinucleotide reduced,NADH)脱氢酶亚基(1、2、3、4L、4 和 5)的编码基因,3 个细胞色素 c 氧化酶亚基(Ⅰ、Ⅱ和Ⅲ)的编码基因,1 个细胞色素 b 的编码基因,2 个 ATP 合酶 F0 亚基(6 和 8)的编码基因,及 14 个转运 RNA(transfer ribonucleic acid,tRNA)基因($tRNA^{Phe}$、$tRNA^{Val}$、2 个 $tRNA^{Leu}$、$tRNA^{ILe}$、$tRNA^{Met}$、$tRNA^{Trp}$、$tRNA^{Asp}$、$tRNA^{Lys}$、$tRNA^{Gly}$、$tRNA^{Arg}$、$tRNA^{His}$、$tRNA^{Ser}$、$tRNA^{Thr}$)。轻链富含 C,共有 9 个基因,其中包括 NADH 脱氢酶亚基 6 和 8 个 tRNA 基因($tRNA^{Gln}$、$tRNA^{Ala}$、$tRNA^{Asn}$、$tRNA^{Cys}$、$tRNA^{Tyr}$、$tRNA^{Ser}$、$tRNA^{Glu}$、$tRNA^{Pro}$)。每条链都由一个处于优势的主要启动子支配转录,轻链的主要启动子是 P_L,重链的主要启动子是 P_H(见图 2-6)。线粒体基因组各功能区的起始位点详见表 2-1。

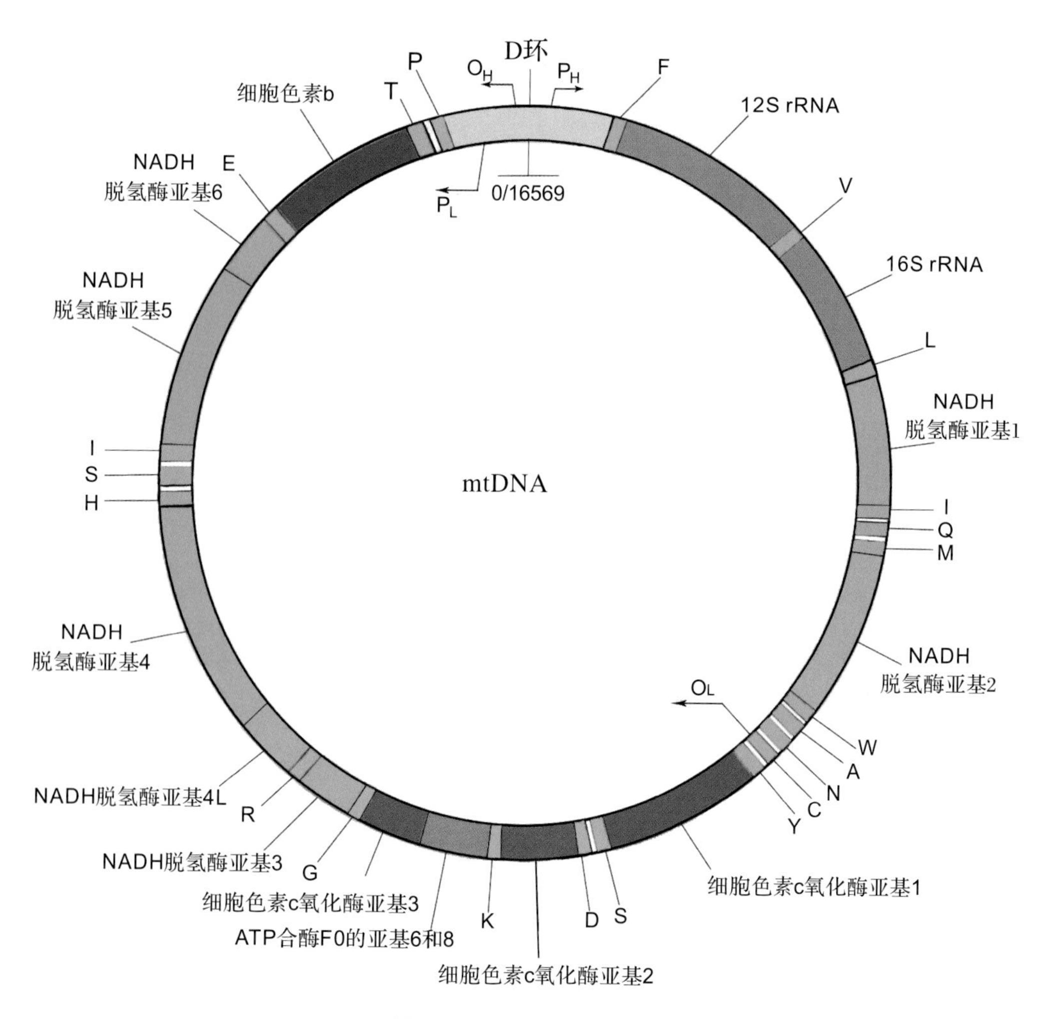

图 2－6　mtDNA 图谱

O_H：重链复制的起始点；O_L：轻链复制的起始点；P_L：轻链的主要启动子；P_H：重链的主要启动子。箭头方向表示转录或复制的起始方向。轻链编码的基因产物在内环，重链编码的产物在外环。22 个 tRNA 均用蓝色标出，其中 F 代表 $tRNA^{Phe}$，V 代表 $tRNA^{Val}$，L 代表 $tRNA^{Leu}$，I 代表 $tRNA^{ILe}$，Q 代表 $tRNA^{Gln}$，M 代表 $tRNA^{Met}$，W 代表 $tRNA^{Trp}$，A 代表 $tRNA^{Ala}$，N 代表 $tRNA^{Asn}$，C 代表 $tRNA^{Cys}$，Y 代表 $tRNA^{Tyr}$，S 代表 $tRNA^{Ser}$，D 代表 $tRNA^{Asp}$，K 代表 $tRNA^{Lys}$，G 代表 $tRNA^{Gly}$，R 代表 $tRNA^{Arg}$，H 代表 $tRNA^{His}$，E 代表 $tRNA^{Glu}$，T 代表 $tRNA^{Thr}$，P 代表 $tRNA^{Pro}$。

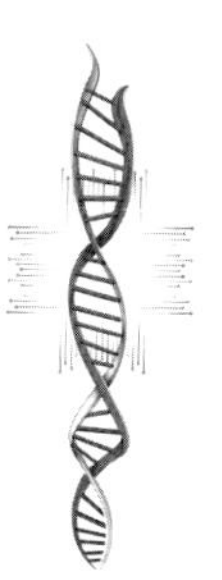

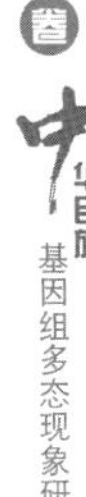

表 2－1　线粒体基因组 DNA 功能定位图谱

线粒体基因组 DNA 功能区(图中标出了起始核苷酸位点及长度)			
ATP 合酶		NADH 脱氢酶	
ATP 合酶 F0 亚基 6 (MT-ATP6; ATPase6)	ATP 合酶 F0 亚基 8 (MT-ATP8; ATPase8)	NADH 脱氢酶亚基 1 (MT-ND1;ND1)	NADH 脱氢酶亚基 2 (MT-ND2;ND2)
ATP合酶F0亚基6 8527–9207 681bp	ATP合酶F0亚基8 8366–8572 207bp	NADH脱氢酶亚基1 3307–4262 956bp	NADH脱氢酶亚基2 4470–5511 1042bp
NADH 脱氢酶			
NADH 脱氢酶亚基 3 (MT-ND3;ND3)	NADH 脱氢酶亚基 4L (MT-ND4L;ND4L)	NADH 脱氢酶亚基 4 (MT-ND4;ND4)	NADH 脱氢酶亚基 5 (MT-ND5;ND5)
NADH脱氢酶亚基3 10059–10404 346bp	NADH脱氢酶亚基4L 10470–10766 297bp	NADH脱氢酶亚基4 10760–12137 1378bp	NADH脱氢酶亚基 5 12337–14148 1812bp

续表 2－1

线粒体基因组 DNA 功能区(图中标出了起始核苷酸位点及长度)			
NADH 脱氢酶	rRNA		
NADH 脱氢酶亚基 6 (MT-ND6;ND6)	12S rRNA (MT-RNR1;12S)	16S rRNA (MT-RNR2;16S)	5S-类似序列 (MT-RNR3;RNR3)
NADH脱氢酶亚基6 114149–14673 525bp	12S rRNA 648–1601 954bp	16S rRNA 1671–3228 1558bp	5S–类似序列 3206–3228 23bp
细胞色素			
细胞色素 b (MT-CYB;Cytb)	细胞色素 c 氧化酶亚基 Ⅰ(MT-CO1;COⅠ)	细胞色素 c 氧化酶亚基 Ⅱ(MT-CO2;COⅡ)	细胞色素 c 氧化酶亚基 Ⅲ(MT-CO3;COⅢ)
细胞色素b 14747–15887 1141bp	细胞色素c氧化酶亚基I 5904–7445 1542bp	细胞色素c氧化酶亚基II 7586–8269 684bp	细胞色素c氧化酶亚基III 9207–9990 784bp
tRNA			
$tRNA^{Phe}$ (MT-TF;F)	$tRNA^{Val}$ (MT-TV;V)	$tRNA^{Leu1}$(MT-TL1;L(UUA/G))	$tRNA^{Ile}$(MT-TI;I)
tRNA苯丙氨酸 577–647 71bp	tRNA缬氨酸 1602–1670 69bp	tRNA亮氨酸1 3230–3304 75bp	tRNA异亮氨酸 4263–4331 69bp

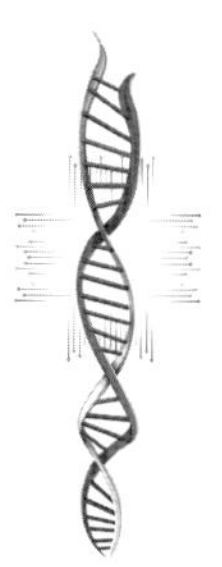

续表 2-1

线粒体基因组 DNA 功能区(图中标出了起始核苷酸位点及长度)			
tRNA			
$tRNA^{Glu}$ (MT-TQ;Q)	$tRNA^{Met}$ (MT-TM;M)	$tRNA^{Trp}$ (MT-TW;W)	$tRNA^{Ala}$ (MT-TA;A)
 tRNA谷氨酰胺 4329–4400 72bp	 tRNA甲硫氨酸 4402–4469 68bp	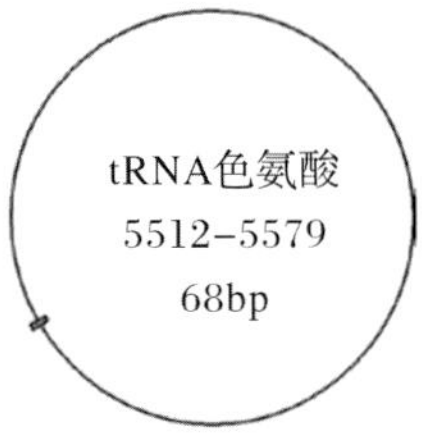 tRNA色氨酸 5512–5579 68bp	 tRNA丙氨酸 5587–5655 69bp
tRNA			
$tRNA^{Asn}$ (MT-TN;N)	$tRNA^{Cys}$ (MT-TC;C)	$tRNA^{Tyr}$ (MT-TY;Y)	$tRNA^{Ser1}$ (MT-TS1;S(UCN))
 tRNA天冬酰胺 5657–5729 73bp	 tRNA半胱酰胺 5761–5826 66bp	 tRNA酪氨酸 5826–5891 66bp	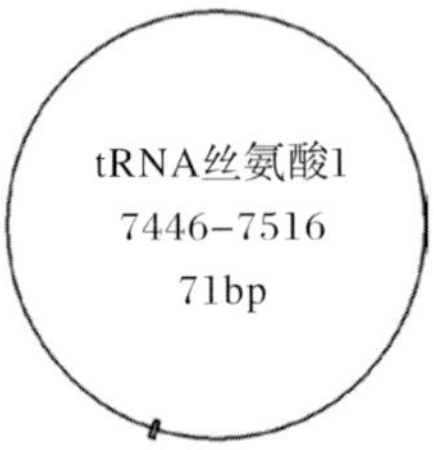 tRNA丝氨酸1 7446–7516 71bp
tRNA			
$tRNA^{Asp}$ (MT-TD;D)	$tRNA^{Lys}$ (MT-TK;K)	$tRNA^{Gly}$ (MT-TG;G)	$tRNA^{Arg}$ (MT-TR;R)
 tRNA天冬氨酸 7518–7585 68bp	 tRNA赖氨酸 8295–8364 70bp	 tRNA甘氨酸 9991–10058 68bp	 tRNA精氨酸 10405–10469 65bp

续表 2－1

线粒体基因组 DNA 功能区(图中标出了起始核苷酸位点及长度)			
tRNA			
$tRNA^{His}$ (MT-TH;H)	$tRNA^{Ser2}$ (MT-TS2;S(AGY))	$tRNA^{Leu2}$ (MT-TL2;L(CUN))	$tRNA^{Glu}$ (MT-TE;E)
tRNA组氨酸 12138–12206 69bp	tRNA丝氨酸2 12207–12265 59bp	tRNA亮氨酸2 12266–12336 71bp	tRNA谷氨酸 4329–4400 72bp
tRNA		DNA	复制相关
$tRNA^{Thr}$ (MT-TT;T)	$tRNA^{Pro}$ (MT-TP;P)	7S DNA (MT-7SDNA;7S DNA)	复制引物 (MT-HPR;H_P)
tRNA苏氨酸 15888–15953 66bp	tRNA脯氨酸 15955–16023 69bp	7S DNA 16106–191 655bp	复制引物 317–321 5bp
高变区		起始位点	
高变区 1 (MT-HV1;HSV1)	高变区 2 (MT-HV2;HSV2)	H-链起始位点 (MT-OHR ;O_H)	L-链起始位点 (MT-OLR ;O_L)
高变区1 16024–16383 360bp	高变区2 57–372 316bp	H-链起始位点 110–441 332bp	L-链起始位点 5721–5798 78bp

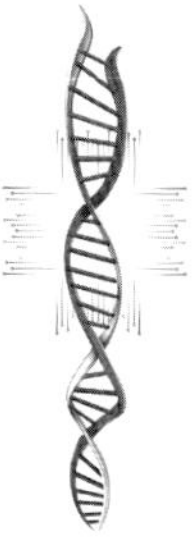

续表 2－1

线粒体基因组 DNA 功能区(图中标出了起始核苷酸位点及长度)			
保守序列块			调控区
保守序列块 1 (MT-CSB1;CSB1)	保守序列块 2 (MT-CSB2;CSB2)	保守序列块 3 (MT-CSB3;CSB3)	包括 D 环在内的调控区(MT-DLOOP;CR/Dloop)
保守序列块1 213–235 23bp	保守序列块2 299–315 17bp	保守序列块3 346–363 18bp	调控区，包括D环 16024–576 1122bp
控制元件			
mt3 重链控制元件 (MT-3H;mt3H)	mt4 重链控制元件 (MT-4H;mt4H)	控制元件 (MT-5;mt5)	L-链控制元件 (MT-3L;mt3L)
mt3 H链控制元件 384–391 8bp	mt4 H链控制元件 371–379 9bp	控制元件 16194–16208 15bp	L–链控制元件 16499–16506 8bp
启动子			附着位点
轻链启动子 (MT-LSP;P_L)	主要的重链启动子 (MT-HSP1;P_{H1})	次要的重链启动子 (MT-HSP2;P_{H2})	附着位点 (MT-ATT;ATT)
L 链启动子 392–445 54bp	主要的H链启动子 545–567 23bp	次要的H链启动子 645–645 1bp	附着位点 15925–499 1144bp

续表 2-1

线粒体基因组 DNA 功能区(图中标出了起始核苷酸位点及长度)			
终止相关		非编码核苷酸	
转录终止子（MT-TER;TER）	终止相关序列（MT-TAS;TAS）	非编码核苷酸 1（MT-NC1;NC1）	非编码核苷酸 2（MT-NC2;NC2）
转录终止子 3229-3256 28bp	终止相关序列 16157-16172 16bp	非编码核苷酸1 3305-3306 2bp	非编码核苷酸2 4401-4401 1bp
非编码核苷酸			
非编码核苷酸 3（MT-NC3;NC3）	非编码核苷酸 4（MT-NC4;NC4）	非编码核苷酸 5（MT-NC5;NC5）	非编码核苷酸 6（MT-NC6;NC6）
非编码核苷酸3 5580-5586 7bp	非编码核苷酸4 5656-5656 1bp	非编码核苷酸5 5892-5903 12bp	非编码核苷酸6 7517-7517 1bp
非编码核苷酸			
非编码核苷酸 7（MT-NC7;NC7）	非编码核苷酸 8（MT-NC8;NC8）	非编码核苷酸 9（MT-NC9;NC9）	非编码核苷酸 10（MT-NC10;NC10）
非编码核苷酸7 8270-8294 25bp	非编码核苷酸8 8365-8365 1bp	非编码核苷酸9 14743-14746 4bp	非编码核苷酸10 15954-15954 1bp

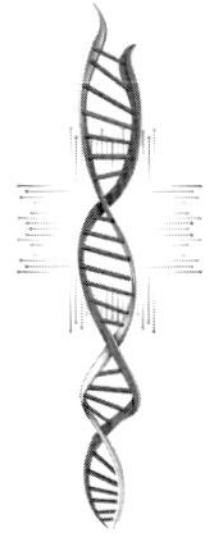

续表 2-1

线粒体基因组 DNA 功能区(图中标出了起始核苷酸位点及长度)			
MtTF1 结合位点			
MtTF1 结合位点(MT-TFX;TFX)	MtTF1 结合位点(MT-TFY;TFY)	MtTF1 结合位点(MT-TFL;TFL)	MtTF1 结合位点(MT-TFH;TFH)
MtTF1 结合位点 233—260 28bp	MtTF1 结合位点 276—303 28bp	MtTF1 结合位点 418—445 28bp	MtTF1 结合位点 523—550 28bp

注:

表中所指的"D 环"指的是 $tRNA^{Pro}$ 和 $tRNA^{Phe}$ 之间的非编码区(np 16024—576)。

图谱位置对应的是 DNA 序列决定的核苷酸对(nucleotide pair,np)。

MtTF1=线粒体转录因子,Y=胞嘧啶或胸腺嘧啶,N=任意碱基。

经鉴定,H-链的复制起点位于 np 110,147,169,191,219,310,441。

经鉴定,L-链的启动子位于 np 407,392—435。

经鉴定,H-链的启动子位于 np 559—561。

经鉴定,L-链的复制起点位于 np 5721—5781,5761,5799。

mtDNA 上的基因排列紧凑,DNA 的利用率很高,除与 mtDNA 复制及转录有关的一小段区域外,内含子(intron)序列很少,因而 mtDNA 的任何突变都可能影响到基因组中的一个重要功能区域(如图 2-6 所示)。

mtDNA 由编码区(coding region)和控制区(control region)组成,其中一 1100bp 的片段主要起调节作用,因此被称为控制区,另外一段三链的 DNA,也被称为置换环或 D 环(displacement-loop,D loop)。D 环是重链 DNA 的一条短片段——7S DNA 合成时所产生的三链区域。控制区内含有很多调控因子,如两条链的主要启动子、重链复制的起始点 O_H 等。而轻链复制的起始点 O_L 则位于距离 O_H 约为整个环状 mtDNA 的 2/3 位置。由于 P_L 和 P_H 分别是轻链和重链的主要转录启动子,因此 RNA 的合成可以沿着 mtDNA 环向两个方向进行。P_L 和 P_H 都是双向性的，都与上游的连接位点——双向的线粒体转录因子1(mitochondrial transcription factor 1,MtTF1)有关(其起始位点详见表2-1)。

2.2.2 线粒体基因组特点

一般情况下，在受精过程中，精子(spermid)中的线粒体无法像其核DNA一样可以进入卵母细胞(oocyte)(图2-7)，而偶然进入的也会因为在精子发生过程中加上的泛素标记而被选择性地降解掉。这就意味着每个细胞细胞质中成百上千的线粒体(也就意味着成千上万的mtDNA)都是通过卵母细胞细胞质的受精过程传递给下一代的，即是说线粒体遵循严格的母系遗传(maternal inheritance)。这种遗传的单亲本模式是mtDNA的一大优势，因为这使得研究人员可以通过线粒体基因组的相似性来追踪相关家系，并能估计一个群体的母系祖先，而不需考虑双亲核DNA中重组遗传的混杂作用。

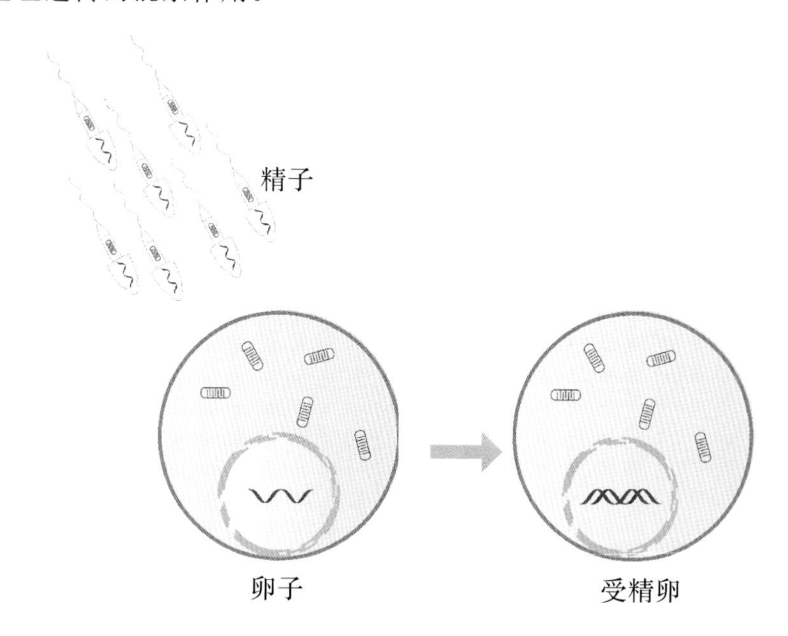

图2-7 受精过程中线粒体的遗传方式

在初级卵母细胞(primary oocyte)的形成过程中，每个卵母细胞都会得到一定数目的mtDNA分子。人类的每个卵母细胞中大约有10万个mtDNA，但是在卵

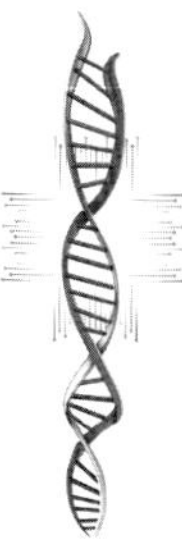

母细胞成熟的过程中，只有很小一部分 mtDNA（2～100 个）可以随机进入成熟的卵母细胞并遗传给子代，这种卵母细胞 mtDNA 数量急剧减少的过程就称为“瓶颈效应”(bottle neck effect)（图 2－8）。而 mtDNA 的复制也导致了两代间的mtDNA突变负荷发生了随机改变，即是说 mtDNA 之间存在着异质性（heteroplasmy），因此当线粒体在亲子代之间进行传递的时候，就会造成子代之间突变型（mutant）mtDNA 水平的差异。

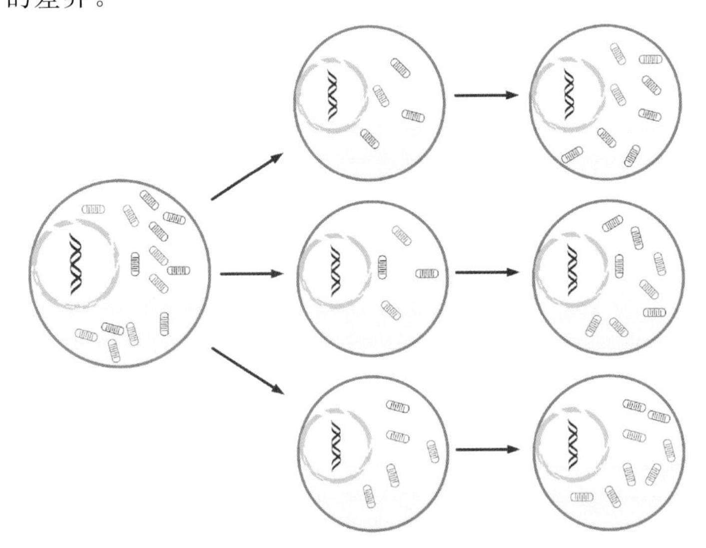

图 2－8　线粒体遗传瓶颈效应

包含有突变型 mtDNA 的线粒体用红色表示，
含有正常 mtDNA 的线粒体用蓝色表示。

1963 年发现 mtDNA 后，人们又在线粒体中陆续发现了 RNA、DNA 聚合酶（DNA polymerase）、RNA 聚合酶（RNA polymerase）、tRNA、核糖体、氨基酸（amino acid，AA）活化酶等进行 DNA 复制、转录和蛋白质翻译的全套体系，说明线粒体具有独立进行转录和转译的潜能。现在我们知道，线粒体具有完成自身 RNA 转录和蛋白质翻译的体系。但迄今为止，人们发现线粒体所能够合成的蛋白质只有 60 多种，而参与组成线粒体的蛋白质却有上千种。这说明线粒体自身编码合成的蛋白质并不多，而线粒体中绝大多数的核糖体蛋白、氨酰 tRNA 合成酶（aminoacyl-tRNA synthetase）及许多结构蛋白都是由核基因编码，并在细胞质中的核糖体上合成后定向转运到线粒体中的。也就是说，线粒体对细胞核遗传系统有很大的依赖性,自主程度有限。正是由于线粒体的生长和增殖受核基因组及其自身基因组共两套遗传信息系统控制,因此才被称为半自主性细胞器。

mtDNA 在人体细胞中具有较高的拷贝数(copy number)。平均地说,在人类体细胞中,任何特定的核基因或基因片段都只有两个拷贝,但却存在有成百上千的 mtDNA 拷贝。正是由于线粒体的拷贝数多,且 mtDNA 位于细胞核外的细胞质中,使得 mtDNA 很容易获得,同时也使得 mtDNA 成为进行古 DNA 分析和特定的法医学 DNA 检测时的首选分子。

线粒体基因组的多拷贝特征使线粒体遗传同时具有了一个重要特征,即异质性。简单地说,异质性指的就是一个个体或一个细胞中同时存在两种或两种以上的线粒体基因型。而与其相对的概念则是同质性(homoplasmy),也就是说一个个体或一个细胞中线粒体基因组的所有拷贝都是相同的。当我们考虑那些引起疾病的 mtDNA 突变时,就需要考虑其同质性和异质性。一些突变会影响到线粒体基因组的所有拷贝(同质性突变),而另外一些突变只会影响到部分拷贝(异质性突变)。

由于线粒体中的电子传递链在产能过程中产生了很多容易对 mtDNA 造成损伤的氧自由基,而且线粒体又缺乏有效的 DNA 损伤修复系统,因此无法对mtDNA 复制过程中所产生的错误进行纠正,这就使得 mtDNA 的突变率远远高于核 DNA,大约是核 DNA 突变率的 10～20 倍。另外,与染色体相比,环状的 mtDNA 分子还不易发生重组(recombination)。

mtDNA 的突变率非常高。当一种突变刚刚发生的时候,细胞最初含有野生型(wide type)和突变型混合的 mtDNA,也就是说处于异质性状态。随着一个异质态细胞不断分裂,突变型的和野生型的 mtDNA 就被随机地分配到子代细胞中,使子细胞拥有不同比例的突变型 mtDNA 分子,以至于经过许多代以后可能某个细胞的大部分 mtDNA 基因型会演变为突变型或野生型的 mtDNA(即同质性),这种随机分配导致 mtDNA 异质性变化的过程叫做复制分离(replicative segregation)(图 2-9)。

这里面也表示出了异质性的概念。每个细胞中含有几百个线粒体,其中同时包括野生型线粒体和突变型线粒体。这些线粒体随着细胞分裂而随机分配到子代的细胞中,这样子代的细胞中突变型线粒体与正常线粒体的比例就可能会发生巨大的变化。这就可能会导致一个家庭中的不同个体或个体的不同组织之间突变型线粒体比例的巨大差异。

总之,线粒体是除细胞核以外,唯一含有自己 DNA 的细胞器(植物中的叶绿体

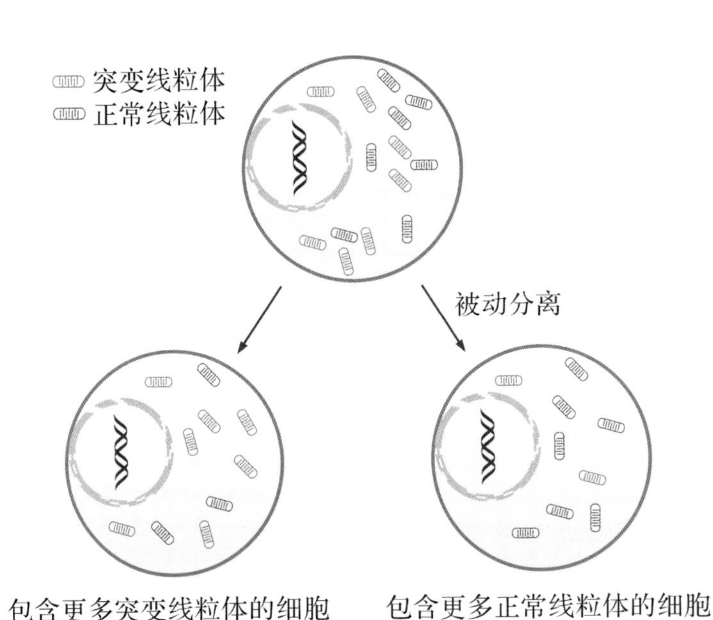

图 2－9　线粒体遗传的复制分离

也含有 DNA)，且线粒体处于核基因组与线粒体基因组的双重调控下。

线粒体基因组与核基因组有以下不同点(也见表 2－2)。

◇线粒体的 DNA 一般是环形的。核基因组大多是线性的，而线粒体 DNA 一般是环形的，但是有少数低等真核生物的线粒体基因组是线性的。

◇线粒体基因组在细胞内的拷贝数不同。一个细胞中有多个线粒体，每个线粒体里也有几份基因组拷贝，因而一个细胞里有多个线粒体基因组。不同种类的细胞和组织中，线粒体的数目不同，线粒体基因组的拷贝数也不尽相同。

◇哺乳动物的 mtDNA 没有内含子。在核基因组中，DNA 序列中的绝大部分是不编码蛋白的，这种序列被称为内含子。然而，在线粒体基因组中没有内含子，线粒体基因组中的基因与基因的间隔非常小，通常在 10bp 之内。

◇线粒体基因组能够相对独立地进行复制、转录及合成蛋白质。但是，线粒体基因组的复制、转录和翻译仍然受核基因组的影响和调控。

◇密码子不同。尽管线粒体基因组的绝大多数密码子与核基因组的密码子相同，但是起始、终止、精氨酸、色氨酸和异亮氨酸等几个密码子不同。

◇线粒体基因组的复制速度快，并且缺少校对功能，从而导致线粒体 DNA 的突变率比核基因组高 10 至 100 倍。

◇线粒体基因是母系遗传的。

表 2-2　人类核基因组与线粒体基因组之间的比较

特征	核基因组	线粒体基因组
大小	大约 3.3×10^9 bp	16569bp
每个细胞的 DNA 分子数目	单倍体细胞中 23 个，双倍体细胞中 46 个	几千个拷贝(多倍性)
编码的基因数目	约 20000～30000	37 (13 个多肽、22 个 tRNA 和 2 个 rRNA)
基因密度	每 40000bp 有 1 个基因	每 450bp 有 1 个基因
内含子	在大部分基因中经常发现	无
编码 DNA 的比例	约 3%	约 93%
使用的密码子	通用密码子	AUA 编码甲硫氨酸，TGA 编码色氨酸，AGA 和 AGG 为终止密码子
相关蛋白质	核小体-结合组蛋白及非组蛋白蛋白质	没有组蛋白，但是可以与若干类核小体的蛋白(如 MtTFA)结合
遗传模式	常染色体和 X 染色体为孟德尔遗传，Y 染色体为父系遗传	母系遗传
复制	使用 DNA 聚合酶 α 和 δ 的链结合机制	链结合和链替换模式，只使用 DNA 聚合酶 γ
翻译	核外核糖体	线粒体内核糖体
转录	大部分基因都是单独转录	双链上的所有基因均作为多顺反子转录
重组	在减数分裂前期，每对同源染色体发生重组	有证据表明存在细胞水平的重组，但是极少有证据表明存在群体水平的重组

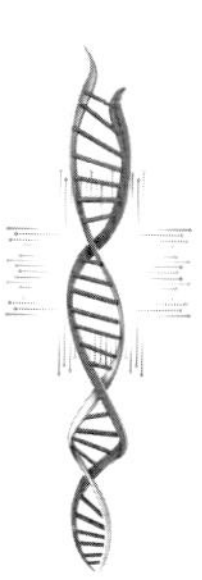

2.3 不同肤色人群的线粒体 DNA 多态性

由于 mtDNA 特有的遗传特性，mtDNA 多态性(polymorphism)的研究对于群体遗传学有着及其重要的意义。现阶段来说，对 mtDNA 多态性的研究主要集中于 mtDNA 的非编码区(即 D 环)和部分编码区。由于 D 环含有两个变异率远大于核 DNA 的高变区(high variable regions，HVR)Ⅰ和Ⅱ，且无修复系统、不受选择压力的影响，因此该区域中积累了较多的变异，多态性很好，非常适于进行相关研究。

2.3.1 线粒体 DNA 的 SNP 多态性

我们定义变异频率大于 10%的 SNP 为高频 SNP，频率在 1%到 10%之间的为低频 SNP。表 2-3～表 2-17 以 A. Achilli 等人[1]得到的 106 名意大利人(白色人种)的线粒体全基因组，Q. P. Kong 等人[2]得到的 50 名中国汉族人(黄色人种)的线粒体全基因组，M. Ingman 等人[3]得到的 75 名澳大利亚及新几内亚人(棕色人种)的线粒体全基因组，T. Kivisild 等人[4]得到的 129 名非洲人(黑色人种)的线粒体全基因组为代表，分析了不同人种之间的 SNP 在线粒体主要功能区的分布差异。

表 2-3 4 个人种中线粒体 12S rRNA(MT-RNR1)上的 SNP 位点

人种	高频 SNP	高频 SNP 总数	低频 SNP	低频 SNP 总数
白色人种	A750G，A1438G	2	G709A，T794A，A813G，G930A，T1189C，T1193C，A1555G，G1598A	8
黄色人种	G709A，A750G，A1438G	3	A663G，C752T，A827G，T921C，G930A，955insC，T1005C，A1041G，C1048T，T1095C，T1107C，T1119C，1168delA，T1193C，C1375T，G1443A，C1494T，T1520C，T1541C，G1598A	20

续表 2-3

人种	高频 SNP	高频 SNP 总数	低频 SNP	低频 SNP 总数
棕色人种	A750G,A1438G,G1598A	3	G709A,T710C,C739T,T794C,T861C,A942G,T980C,G1007A,C1048T,T1187C,T1189C,A1346G,C1375T,T1391C,G1503A,A1536G	16
黑色人种	G709A,A750G,G769A,T825A,T921C,G1018A,C1048T,A1438G	8	T680C,T710C,G719A,A813G,A851G,G930A,T1040C,T1193C,G1442A,G1503A,G1598A	11

表 2-4　4 个人种中线粒体 16S rRNA(MT-RNR1)上的 SNP 位点

人种	高频 SNP	高频 SNP 总数	低频 SNP	低频 SNP 总数
白色人种	A1811G,G1888A,A2706G,G3010A	4	T2158C,C2259T	2
黄色人种	A2706G	1	G1709A,C1715T,G1719A,A1736G,T1824C,G1888A,A2220G,T2226C,2226insA,G2361A,T2442C,C2708T,T2746C,C2835T,G3010A,T3083C,C3106T,3167insC,C3206T	19
棕色人种	A2706G	1	A1692G,G1719A,A1811G,T1834C,G1888A,T2010C,G2056A,C2263A,A2281C,C2283T,C2359T,C2380T,T2404C,T2416C,A2768G,C2772T,A2792G,G3010A,A3203G	19

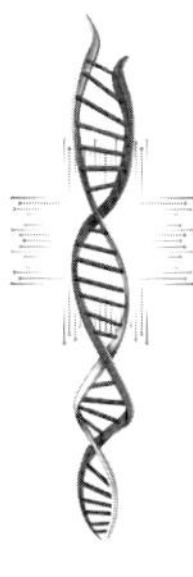

续表 2-4

人种	高频 SNP	高频 SNP 总数	低频 SNP	低频 SNP 总数
黑色人种	A2245G,T2352C,2394delA,T2416C,A2706G,G2758A,C2789T,T2885C	8	T1694C,C1706T,G1719A,T1738C,T1822C,G1888A,A2308G,C2332T,A2358G,A2755G,A2768G,T2863C,G3010A,T3200A	14

表 2-5　4 个人种中线粒体 ATP 合酶 F0 亚基 6(MT-ATP6)上的 SNP 位点

人种	高频 SNP	高频 SNP 总数	低频 SNP	低频 SNP 总数
白色人种	G8697A,G9055A	2	G8557A,A9093G,G9123A,A9150G	4
黄色人种	G8584A,A8701G,A8860G	3	T8551C,T8567C,G8572A,T8636C,C8684T,T8772C,T8793C,C8794T,C8829T,C8855T,G8856A,T8877C,T8950C,A9007G,G9053A,A9058G,C9071T,T9090C,T9128C,T9137C,A9180G	21
棕色人种	A8701G,G8790A,A8860G,C8964T	4	A8531G,T8542C,C8562T,A8563G,G8572A,G8573A,A8577G,C8578T,T8614C,C8635A,T8705C,T8749C,G8764A,T8793C,A8805G,G8838A,C8841T,A8842C/G,C8859T,G8865A,A8901G,A8906G,C8910T,C8960T,A8961G,A8973G,A9033G,G9055A,T9095C,T9103C,G9123A,A9127G,G9128A,C9140T,A9156G,T9174C,C9201T	37

续表 2-5

人种	高频 SNP	高频SNP总数	低频 SNP	低频SNP总数
黑色人种	C8655T,A8701G,A8860G	3	G8541A,G8557A,A8566G,G8572A,G8584A,G8592A,T8602C,G8616A/T,T8618C,C8650T,G8697A,T8705C,T8715C,G8764A,T8772C,A8784G,G8790A,C8794T,A8803T,G8839A,T8843C,G8856A,A8869G,T8877C,C8898T,T8911C,A8925G,T8928C,C8964T,G8994A,A9006G,C9042T,A9052G,G9053A,G9055A,T9070G,A9072G,T9088C,A9091G,A9093G,T9117C,G9123A,A9136G,A9150G,G9150A	45

表 2-6　4 个人种中线粒体 ATP 合酶 F0 亚基 8(MT-ATP8)上的 SNP 位点

人种	高频 SNP	高频SNP总数	低频 SNP	低频SNP总数
白色人种	无	0	G8557A	1
黄色人种	无	0	A8379G,G8392A,C8414T,T8473C,T8551C,T8567C	6
棕色人种	T8404C	1	T8376C,T8383C,G8387A,A8389G,G8392A,C8406T,C8474T,G8485A,T8503C,A8531G,T8542C,C8562T,A8563G,G8572A,	14

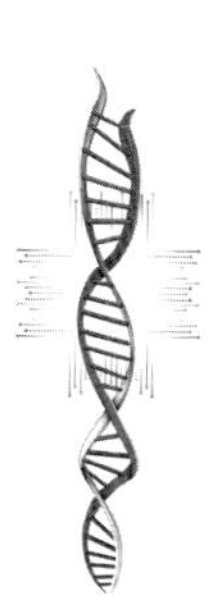

续表 2-6

人种	高频 SNP	高频SNP总数	低频 SNP	低频SNP总数
黑色人种	C8468T	1	G8387A,C8393T,T8404C,C8414T,C8428T,T8433C,A8435G,T8448C,A8460G,A8470G,T8473C,G8485A,A8521G,G8541A,G8557A,A8566G	16

表 2-7　4 个人种中线粒体细胞色素 b(MT-CYB)上的 SNP 位点

人种	高频 SNP	高频SNP总数	低频 SNP	低频SNP总数
白色人种	C14766T,T14798C,G14905A,C15452A,A15607G	5	C14770T,A14793G,C14872T,T15067C,G15355A,C15833T	6
黄色人种	C14766T,T14783C,G15043A,G15301A,A15487T	5	A14776G,G14905A,A14978G,T14979C,A15010G,C15040T,T15071C,G15172A,T15204C,A15218G,A15235G,G15323A,G15346A,T15440C,G15497A,C15508T,C15535T,A15662G,T15784C,T15850C,A15851G	21
棕色人种	C14766T,T14783C,G15043A,G15301A,A15326G,A15607G,A15746G	7	T14767C,T14798C,A14870G,T14871C,A14890G,14898delT,C14923T,C14947T,T14971C,C14989T,C15040T,A15061G,T15067C,G15077A,T15090C,G15110A,A15133G,G15172A,T15191C,T15204C,A15244G,A15258G,T15300C,G15317A,G15355A,A15377G,T15378C,T15412C,C15443G,C15451T,T15454C,T15479C,G15498A,T15511C,T15514C,C15516T,G15521C,C15523T,T15530C,A15562G,A15613G,T15663C,C15664T,T15748C,C15790T,G15884C, T15852C,C15885T	48

续表 2-7

人种	高频 SNP	高频 SNP 总数	低频 SNP	低频 SNP 总数
黑色人种	C14766T,T14783C,T14798C,G15043A,G15301A,A15326G,C15452A	7	A14769G,T14798C,C14812T,G14905A,C14911T,G15110A,T15115C,C15136T,T15204C,G15217A,A15236G,A15311G,G15431A,T15454C,A15487T,C15535T,A15607G,T15670C,G15734A,T15784C,G15812A,A15824G,C15833T,C15849T,G15884A	25

表 2-8 4 个人种中线粒体细胞色素 c 氧化酶亚基 1(MT-CO1)上的 SNP 位点

人种	高频 SNP	高频 SNP 总数	低频 SNP	低频 SNP 总数
白色人种	C7028T	1	G6260A,T6365C,T6776C	3
黄色人种	C6455T,C7028T	2	G5913A,A5978G,A6022G,G6023A,G6026A,G6179A,T6216C,C6236T,G6249A,T6253C,A6338G,T6392C,T6413C,C6531T,A6599G,T6680C,C6689T,G6722A,A6752G,C6960T,G6962A,A7073G,T7094C,T7142C,C7186A,C7196A,A7250G,T7258C,T7319C	29

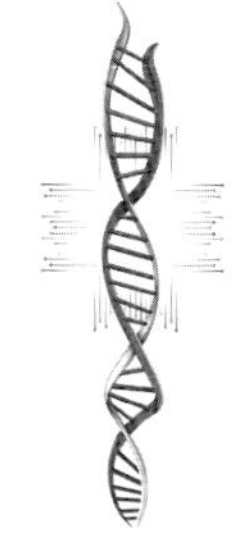

续表 2-8

人种	高频 SNP	高频 SNP 总数	低频 SNP	低频 SNP 总数
棕色人种	T6719C,C7028T	2	G5962A,C5972T,C6077T,C6083T,T6092C,C6104T,T6167C,T6221C,G6249A,T6253C,G6260A,A6281G,G6324A,G6356A,G6366A,T6374C,T6378C,C6528T,T6632C,G6734A,G6755A,A6770G,A6848G,A6881G,A6905G,A6929G,G6962A,C7010T,T7169C,A7325G,G7337A,G7340A,A7388G,A7394G,G7419A	35
黑色人种	C7028T,A7146G,C7256T,T7389C	4	A5951G,A5984G,G6026A,C6045T,T6071C,C6077T,T6152C,C6164T,G6182A,T6185C,T6253C,G6366A,C6371T,T6392C,G6446A,C6455T,C6473T,C6518T,T6524C,C6548T,C6587T,T6680C,T6719C,A6752G,T6827C,C6938T,A6989G,G7013A,A7055G,A7076G,T7175C,C7196A,A7202G,A7257G,C7274T,G7337A,A7385G,A7424G	38

表 2-9　4 个人种中线粒体细胞色素 c 氧化酶亚基Ⅱ(MT-CO2)上的 SNP 位点

人种	高频 SNP	高频 SNP 总数	低频 SNP	低频 SNP 总数
白色人种	无	0	无	0

续表 2-9

人种	高频 SNP	高频SNP总数	低频 SNP	低频SNP总数
黄色人种	无	0	G7600A,G7642A,T7684C,G7789A,A7828G,A7843G,C7867T,G7912A,C7948T,G8020A,G8078A,A8108G,A8149G,T8167C,T8200C	15
棕色人种	无	0	T7645C,T7657C,C7675T,C7681T,T7705C,G7805A,T7961C,T7993C,A8014G,G8027A,G8251A,G8269A,	12
黑色人种	G8027A	1	T7624A,T7660C,C7693T,G7697A,A7768G,A7771G,G7789A,G7805A,C7861T,C7867T,T8087C,G8206A,A8248G,G8251A	14

表 2-10　4 个人种中线粒体细胞色素 c 氧化酶亚基 Ⅲ(MT-CO3)上的 SNP 位点

人种	高频 SNP	高频SNP总数	低频 SNP	低频SNP总数
白色人种	T9698C	1	G9548A,T9716C,T9899C	3
黄色人种	T9540C,T9824C,T9950C	3	A9377G,G9452A,A9545G,G9548A,G9575A,G9966A	6
棕色人种	T9540C	1	A9254G,C9257T,G9266A,C9293T,C9314T,C9353T,T9386C,A9389G,A9410G,T9509C,A9644G,T9682C,T9698C,G9755A,T9770C,C9866T,T9881C,T9938C	18

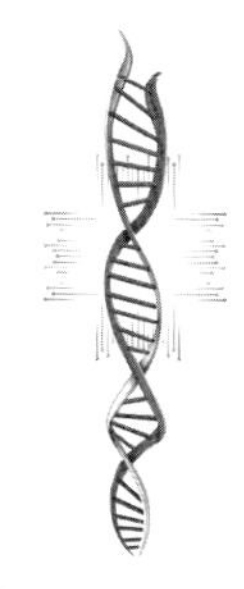

续表 2-10

人种	高频 SNP	高频 SNP 总数	低频 SNP	低频 SNP 总数
黑色人种	T9540C	1	A9221G,G9266A,C9272T,T9311C,A9347G,A9377G,G9380A,C9449T,G9477A,A9545G,G9554A,G9591A,T9647C,A9667G,T9698C,G9755A,C9818T,T9824A,T9899C,G9932A,T9950C	21

表 2-11 4 个人种中线粒体 NADH 脱氢酶亚基 1(MT-ND1)上的 SNP 位点

人种	高频 SNP	高频 SNP 总数	低频 SNP	低频 SNP 总数
白色人种	T4216C	1	T3394C,A3480G,G3915A,C3992T,A4024G	5
黄色人种	C3970T,C4071T	2	A3390G,T3394C,A3397G,A3434G,G3483A,C3497T,C3510T,C3528T,A3537G,T3540C,T3552A,C3571T,T3593C,A3606G,C3687T,A3714G,G3834A,G3918A,T4047C,G4048A,C4086T,G4092A,C4140T,A4164G,C4170T,A4181G,T4216C,C4224T,A4227G,T4232C,T4248C,A4257G	32
棕色人种	T4117C	1	C3351A,G3391A,T3394C,A3397G,T3398C,A3426G,G3438A,A3480G,T3645C,C3699T,G3882A,A3987G,T3999C,A4008G,C4011T,C4015T,C4017T,T4023G,C4025T,C4058T,A4122G,A4181G,A4200G	23

续表 2-11

人种	高频 SNP	高频SNP总数	低频 SNP	低频SNP总数
黑色人种	C3594T,G3666A,A4104G	3	T3308C,G3316A,C3333T,T3336C,T3338C,A3348G,T3372C,C3388A,T3394C,T3396C,G3438A,A3447G,C3450T,A3480G,C3495A,A3505G,C3513T,C3516A,G3531A,A3547G,T3552A,G3591A,T3645C,C3654T,G3693A,G3705A,A3720G,T3777C,A3796T,A3816G,T3826C,A3843G,G3849A,G3882A,G3915A,G3918A,A3927G,C3970T,C3990T,C3992T,A4012G,A4024G,A4129G,A4158G,C4185T,T4216C,T4248C	47

表 2-12　4 个人种中线粒体 NADH 脱氢酶亚基 2(MT-ND2)上的 SNP 位点

人种	高频 SNP	高频SNP总数	低频 SNP	低频SNP总数
白色人种	G4580A,A4769G,A4917C	3	T4561C,T4639C,T4688C,A4793G,T5004C,G5147A,A5198G,G5460A	8
黄色人种	A4715G,A4769G,C4883T,T5108A,C5178A	5	G4491A,C4652T,A4706G,A4793G,A4811G,G4820A,A4824G,A4833G,C4850T,G4853A,A4884C,A4895G,A5153G,G5231A,C5288T,A5301G,A5351G,G5417A,T5442C,A5457G,G5460A,A5466G,T5492C	23

续表 2－12

人种	高频 SNP	高频 SNP 总数	低频 SNP	低频 SNP 总数
棕色人种	A4769G,G5460A,T5465C	3	C4508T,T4639C,G4659A,T4688C,T4695C,T4703C,C4707T,T4742C,A4745G,A4824G,C4834T,T4856C,C4892T,A4917G,A4976G,A4994G,T5021C,T5075C,C5086T,T5090C,C5126T,G5147A,G5177A,C5206T,G5237A,A5276G,A5279G,A5281G,T5291C,T5302C,C5324T,C5330A,A5351G,T5374C,C5375T,G5417A,T5420C,A5423G,T5442C,T5483C,T5492C	41
黑色人种	A4769G	1	G4491A,A4506G,A4529T,C4531T,G4541A,T4553C,T4561C,A4562G,G4580A,T4586C,T4639C,T4646C,G4655A,T4688C,T4703C,A4715G,A4727G,A4732G,T4736C,A4745G,A4767G,T4772C,A4793G,A4811G,G4820A,A4824G,T4859C,C4883T,T4907C,A4917C,A4970G,T4977C,G4991A,T5004C,C5027T,A5036G,G5046A,T5048C,T5096C,T5108A,G5147A,C5178A,A5198G,G5231A,G5237A,T5277C,A5285G,A5319G,C5331A,C5348T,A5390G,T5393C,T5426C,T5442C,G5460A,T5465C,G5471A,T5495C	58

表 2-13　4 个人种中线粒体 NADH 脱氢酶亚基 3(MT-ND3)上的 SNP 位点

人种	高频 SNP	高频 SNP 总数	低频 SNP	低频 SNP 总数
白色人种	A10398G	1	C10211T，　C10394T	2
黄色人种	G10310A，A10398G，C10400T	3	A10097G，C10181T，C10192T，G10320A，T10345C，G10364A，A10397G	7
棕色人种	T10118C，A10398G，C10400T	3	C10088T，C10142T，C10192A，T10238C，T10245C，T10253C，T10256C，A10358G，G10373A	9
黑色人种	A10398G，C10400T	2	T10084C，A10086G，A10097G，T10115C，T10118C，C10142T，A10154G，G10172A，T10187C，C10192T，C10211T，T10238C，A10289G，G10310A，T10321C，G10373A，C10394T	17

表 2-14　4 个人种中线粒体 NADH 脱氢酶亚基 4L(MT-ND4L)上的 SNP 位点

人种	高频 SNP	高频 SNP 总数	低频 SNP	低频 SNP 总数
白色人种	A10550G	1	A10754C	1
黄色人种	无	0	T10535C，G10586A，T10609C，G10646A，G10685A，T10724C，C10736T，A10754G	8
棕色人种	无	0	C10484T，A10529G，A10550G，T10645G，A10658G，G10688A，A10700G，T10724C，C10736T	9
黑色人种	无	0	A10499G，A10506G，A10550G，G10586A，G10589A，A10598G，G10646A，C10664T，T10667C，G10685A，G10688A，A10700G，A10754C	13

表 2－15　4 个人种中线粒体 NADH 脱氢酶亚基 4(MT-ND4)上的 SNP 位点

人种	高频 SNP	高频SNP总数	低频 SNP	低频SNP总数
白色人种	A11251G,T11299C,A11467G,G11719A,11812G	5	C11071T,G11377A,T11485C,C11840T,G11914A,G12007A	6
黄色人种	T10873C,G11719A,G11914A	3	T10790C,G10801A,T10810C,C10849T,A10891G,A10978G,C11061T,A11065G,A11077G,C11151T,G11176A,C11206A,T11353C,T11365C,T11410C,C11431T,T11437C,C11665T,G11696A,C11860A,T11944C,G11969A,G12007A,A12026G,A12030G,T12091C	26
棕色人种	T10873C, G11719A	2	T10786C,T10790C,A10798G,G10801A,T10810C,G10914A,C10933G,G11016A,A11020G,A11023G,A11065G,A11110G,G11150A,C11151T,G11176A,T11260C,C11288T,T11299C,A11314G,T11339C,C11348T,T11353C,A11404G,T11452C,A11467G,A11473G,A11491G,C11554G,G11611A,T11701C,A11807G,T11864C,G11914A,A11928G,A11959G,G11963A,G12007A,A12026G,C12057T,C12061T,T12121C	41

续表 2-15

人种	高频 SNP	高频 SNP 总数	低频 SNP	低频 SNP 总数
黑色人种	T10873C,A11251G,A11467G,G11719A	4	T10786C,A10792G,C10793T,T10810C,A10819G,A10876G,T10907C,T10915C,C10920T,T10927C,C10955T,C10961T,A10978G,A11002G,G11016A,T11017C,C11044T,A11065G,C11143T,C11151T,A11172G,G11176A,C11177T,C11197T,T11204C,C11242G,T11253C,C11257T,T11299C,A11314G,C11332T,T11339C,A11347G,T11353C,G11377A,A11470G,T11485C,C11533T,A11560G,A11593T,G11611A,A11641G,A11653G,A11654G,C11674T,C11710T,T11732C,A11800G,A11812G,C11840T,T11864C,C11869A,T11899C,G11914A,A11923G,A11928G,T11935C,T11944C,A11947G,G11969A,G12007A,A12049T,T12083G,C12092T,G12127A	65

表 2-16　4 个人种中线粒体 NADH 脱氢酶亚基 5(MT-ND5)上的 SNP 位点

人种	高频 SNP	高频 SNP 总数	低频 SNP	低频 SNP 总数
白色人种	G12372A,A12612G,G13368A,G13708A	4	T12438C,C12633A,C12858T,A13105G,A13117G,C13680T,T13740C,T13879C,C13934T,T13965C	10

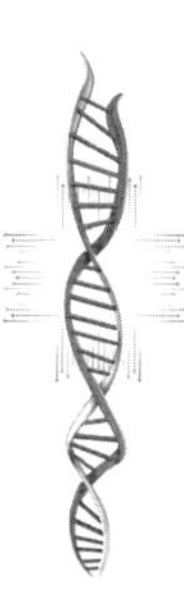

续表 2-16

人种	高频 SNP	高频SNP总数	低频 SNP	低频SNP总数
黄色人种	C12705T,G13928C	2	T12338C,A12358G,C12360T,A12361G,A12366G,G12372A,T12375C,C12405T,G12406A,G12501A,C12549T,T12609C,C12621T,A12654G,A12666C,A12672G,T12714C,T12732C,T12811C,C12882T,A12883G,A12950G,T12957C,A13074G,A13105G,A13152G,A13263G,A13269G,C13287T,T13500C,A13563G,G13590A,A13681G,G13708A,G13759A,A13834G,C13890T,A13942G,C13993T, G14016A,C14129T	41
棕色人种	C12705T,G12940A,T13500C, T14025C	4	T12338C,C12346T,A12358G,A12361G,C12370T,G12372A,G12406A,T12414C,T12477C,A12530G,C12603T,A12715G,G12756A,G12771A,G12795A,C12831T,T12842C,A12850G,T12879C,C12973T,A12998G,T13020C,A13105G,C13132T,G13135A,G13145A,A13269G,C13341T,G13368A,A13419G,A13479G,C13545T,A13594G,T13639C,T13641C,A13651G,A13660G,A13681G,G13708A,A13722G,G13759A,A13927T,C13934T,C13967T,G13980A,A14022G,A14070T,C14097T	48

续表 2－16

人种	高频 SNP	高频 SNP 总数	低频 SNP	低频 SNP 总数
黑色人种	G12372A，C12705T	2	C12346T，A12358G，A12397G，G12406A，T12414C，T12441C，G12454A，T12468C，G12501A，T12519C，C12557T，A12570G，A12579G，A12612G，G12618A，G12630A，C12633A，A12693G，A12720G，A12768G，G12771A，A12810G，T13020C，A13101C，A13105G，G13135A，G13145A，A13149G，G13194A，A13263G，A13276G，T13281C，G13368A，A13485G，C13506T，G13590A，T13617C，C13650T，G13708A，A13780G，T13789C，A13803G，C13880A，T13886C，C13914A，G13928C，C13934T，G13958C，T13965C，G13980A，T14000A，G14016A，T14020C，T14034C，T14088C，C14097T，A14139G	57

表 2－17　4 个人种中线粒体 NADH 脱氢酶亚基 6(MT-ND6)上的 SNP 位点

人种	高频 SNP	高频 SNP 总数	低频 SNP	低频 SNP 总数
白色人种	C14167T，A14233G	2	G14305A，C14365T，T14470A，A14582G	4
黄色人种	G14569A	1	A14152G，T14178C，T14200C，G14305A，T14308C，T14318C，C14337T，C14340T，T14374C，A14417G，T14470C，T14488C，T14502C，C14533T，G14560A，A14587G，C14668T	17

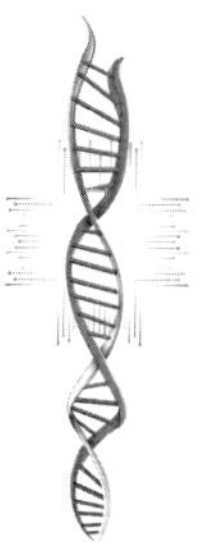

续表 2-17

人种	高频 SNP	高频 SNP 总数	低频 SNP	低频 SNP 总数
棕色人种	无	0	C14167T,T14180C,T14182C,A14209G,G14305A,T14308C,C14338T,T14374C,G14384C,C14385A,C14404T,C14455T,T14470C,T14502C,A14527G,A14572T,C14668T	17
黑色人种	无	0	A14152G,C14167T,T14178C,A14179G,T14180C,T14182C,A14203G,T14212C,A14233G,C14284T,G14305A,T14308C,T14318C,G14323A,C14350T,G14364A,C14365T,T14470C/A,G14544A,G14560A,A14566G,G14569A,C14574T,A14582G,A14599G,C14620T,C14668T	27

2.3.2 线粒体 DNA 的 STR 多态性

线粒体 DNA 中的 STR 主要集中在 D 环控制区中。与核 DNA 不同的是，mtDNA 中的重复序列一般在 10bp 以下，常见的主要为单个碱基(如 D 环中 303—309 和 568—573 核苷酸位点处的多聚 C)和两碱基(与核 DNA 一样，多为 CA 重复，如 514 位点开始的 CA 重复，rCRS 中重复五次)重复，其重复次数一般在 10 以下。编码区和控制区中都存在重复序列，但是控制区中的重复序列一般不发生重复次数的改变(如 16S rRNA 中的 2142 位点处开始的 4 次 AG 重复在所调查的所有人种中均未发现有任何改变)，多态性较好的重复序列基本上都存在于 D 环控制区及编码区之间的非编码序列中，如 303 和 311 位点处的多聚 C、514 位点处的 CA 重复、568—573 和 16180—16195 位点处的 C 重复均位于 D 环中，956—965 位点处的 C 重复位于 12S rRNA 编码基因内，5895—5899 位点处的 C 重复位于 $tRNA^{Tyr}$

和细胞色素 c 氧化酶亚基Ⅰ之间的非编码区内，8272 位点处的 9bp CCCCCTCTA 重复位于细胞色素 c 氧化酶亚基Ⅱ与 tRNA^{Lys}之间的非编码区内，而且近期的研究表明线粒体中某些重复序列重复次数的改变可能与多种疾病的发生有关。

由于有这些多态性重复序列的存在，mtDNA 的长度不总是 16569bp，可能会有 10bp 左右的增减。比如说接近控制区末端 514—524 位点处的二核苷酸重复（即 STR），在大部分个体中都是 CACACACACA 或(CA)5，但是在人群中可能会从(CA)3 到(CA)7 不等；还有其他的一些插入和缺失也可能会造成 mtDNA 的长度多态性，比如 8272 位点处的 9bp CCCCCTCTA 重复在大部分个体中都出现了 2 次，但是在亚洲和太平洋群岛（单倍型 B）及非洲（单倍型 L）的部分个体中只出现了一次。

这里，要对 D 环中 303—311 位点处多聚 C 的情况进行一个说明，在 303—311 位点之间除 310 位点是 T 之外，其他位点均为 C，在实际人群中，310T 位点前后两段的多聚 C 经常会增加 1～3 个 C，表现出多态性，而且在一些个体中，310 位点处的 T 还常常会发生伴有 C 插入的缺失，产生一个长约 15bp 的多聚 C。已经有研究者指出 D 环中多聚 C 的多态性很可能与多种癌症的发生有关，如原发性肿瘤，乳腺癌、甲状腺癌、肺癌等，但还需要进一步的研究对其进行证实。而研究者们还发现 303—315 处的多聚 C 长度多态性可能对线粒体的转录终止有一定效应，并借此导致生物体中线粒体功能紊乱，进而引发各种线粒体相关疾病。

目前对于这段多聚 C 的研究一般是采用直接扩增部分 D 环高变区的方式来进行。但在研究 D 环高变区时，也有人先采用 PCR 对相应片段进行扩增，然后采用单链构象多态性（single-strand conformation polymorphism， SSCP）或变性高效液相色谱（denaturing high performance liquid chromatography，DHPLC）对其 PCR 产物进行分型，再对每种分型结果分别进行测序。这种方法有时可以降低成本，但其复杂程度也有所增加。

另外，D 环控制区中的一些多聚碱基有时也会发生相同碱基的插入或缺失，或者由其周围的其他碱基突变成该种碱基，使其多聚碱基序列加长或缩短，如在中国汉族人群中的 16184 位点的 5 个多聚 C 处出现 1～3 个 C 的插入，非洲人群中的 494—498 的 5 个多聚 C 处出现的一个 C 的缺失（其频率约为 10％），估计可能会对线粒体正常功能的调控起到一定作用。

目前对于人类线粒体中唯一具有多态性的这个 STR -(CA)位点的研究已经

比较全面了,已经得到世界范围内 20 多个国家和地区 30 多个民族的 CA 重复多态性数据。目前,国内外众多研究者的研究结果都表明,该 STR 位点在大多人群中都具有较好的多态性(见表 2-18～表 2-21),其等位基因一般有 6 种,分别命名为等位基因 (CA)3、(CA)4、(CA)5、(CA)6、(CA)7 和(CA)8,其中 CA 分别重复 3～8次。虽然与其他染色体位点相比,其识别率相对较低。但是由于 mtDNA 在细胞中的拷贝数较高,在腐败的尸体中相对稳定,而且 CA 重复片段本身较小,易于扩增,因此可以用于法医学鉴定,尤其在那些无法应用染色体 STR 进行分析的情况下,如严重降解的生物样本。尽管大多数时候不能单独使用该 STR 位点进行应用,但是可以辅助帮助排除一些样本,进行腐败及角化生物学检材的个体识别和亲权鉴定。特别在某些检材较多的案件中,由于检材条件所限只能进行 mtDNA 分析时,可以先用 mtDNA 的 STR-(CA)重复进行排除筛选,然后再对 mtDNA 的高变区进行测序分析,从而缩短检测时间,提高办案效率。

表 2-18　世界 4 大人种线粒体基因组多聚 C (303—309)的多态性分布

等位基因频率	白色人种 No. =106	黄色人种 No. =50	棕色人种 No. =88	黑色人种 No. =129
(C)6	0.0000	0.0200	0.1892	0.0100
(C)7	0.4717	0.3600	0.2973	0.7300
(C)8	0.3868	0.4000	0.4189	0.2200
(C)9	0.1415	0.2200	0.0946	0.0400

表 2-19　世界 4 大人种线粒体基因组多聚 C(311—315)的多态性分布

等位基因频率	白色人种 No. =106	黄色人种 No. =50	棕色人种 No. =88	黑色人种 No. =129
(C)5	0.0000	0.0000	0.0135	0.0000
(C)6	0.9906	1.0000	0.9730	1.0000
(C)7	0.0000	0.0000	0.0135	0.0000
(C)8	0.0094	0.0000	0.0000	0.0000

表 2－20　世界 4 大人种线粒体基因组 D 环(CA)n(514—523)重复的多态性分布

等位基因频率	白色人种 No. ＝106	黄色人种 No. ＝50	棕色人种 No. ＝88	黑色人种 No. ＝129
(CA)3	0.0000	0.0200	0.0114	0.0000
(CA)4	0.0566	0.3000	0.1705	0.5736
(CA)5	0.8868	0.6800	0.7272	0.4264
(CA)6	0.0377	0.0000	0.0568	0.0000
(CA)7	0.0189	0.0000	0.0341	0.0000

表 2－21　世界 4 大人种线粒体基因组非编码区 9bp VNTR 的多态性分布

等位基因频率	白色人种 No. ＝106	黄色种人 No. ＝50	棕色人种 No. ＝88	黑色人种 No. ＝129
(CCCCCTCTA)1	0.0000	0.1800	0.0901	0.0930
(CCCCCTCTA)2	1.0000	0.8000	0.8750	0.9070
(CCCCCTCTA)3	0.0000	0.0200	0.0349	0.0000

注：CCCCCTCTA 重复开始于 8273 位点处，位于细胞色素 c 氧化酶亚基Ⅱ与 $tRNA^{Lys}$ 之间。

2.4　中华民族线粒体基因组变异与遗传特征

中国有 56 个民族，拥有世界上最为丰富的人口资源，中国各民族在历史发展过程中的分合杂居奠定了中华民族的遗传基础。作为占中国总人口 90％以上的汉、回、蒙、藏、维五大民族，对其的 mtDNA 序列进行研究和比较，得到民族特异性群体的多态性及亲缘关系，便于进行下一步的疾病相关等研究。

通过对汉、回、蒙、藏和维族线粒体全基因组序列的测定，获得了中华民族 5 个主要民族完整的线粒体序列。继续测定世界范围内代表人群的 mtDNA 全序列信

息对于确定的主要单倍型类群之间的系统发育和分化关系有重要意义，而且对这些 mtDNA 全序列的综合分析，可以推测已知突变是致病单倍型还是多态现象。实验采用 26 对引物对 5 个民族共 50 个个体进行检测，构建了包括结构基因组单倍型、功能基因组单倍型、RNA 单倍型及非高变区单倍型数据；其中将 6 条完整的基因组序列上传到 NCBI Nucleotide 数据库（检索号：DQ519035、DQ462234、DQ462233、DQ462232、DQ418488、DQ437577），填补了中华民族线粒体全基因组序列数据的空白。图 2－10 是 NCBI 检索到的已提交序列信息（检索词：The State

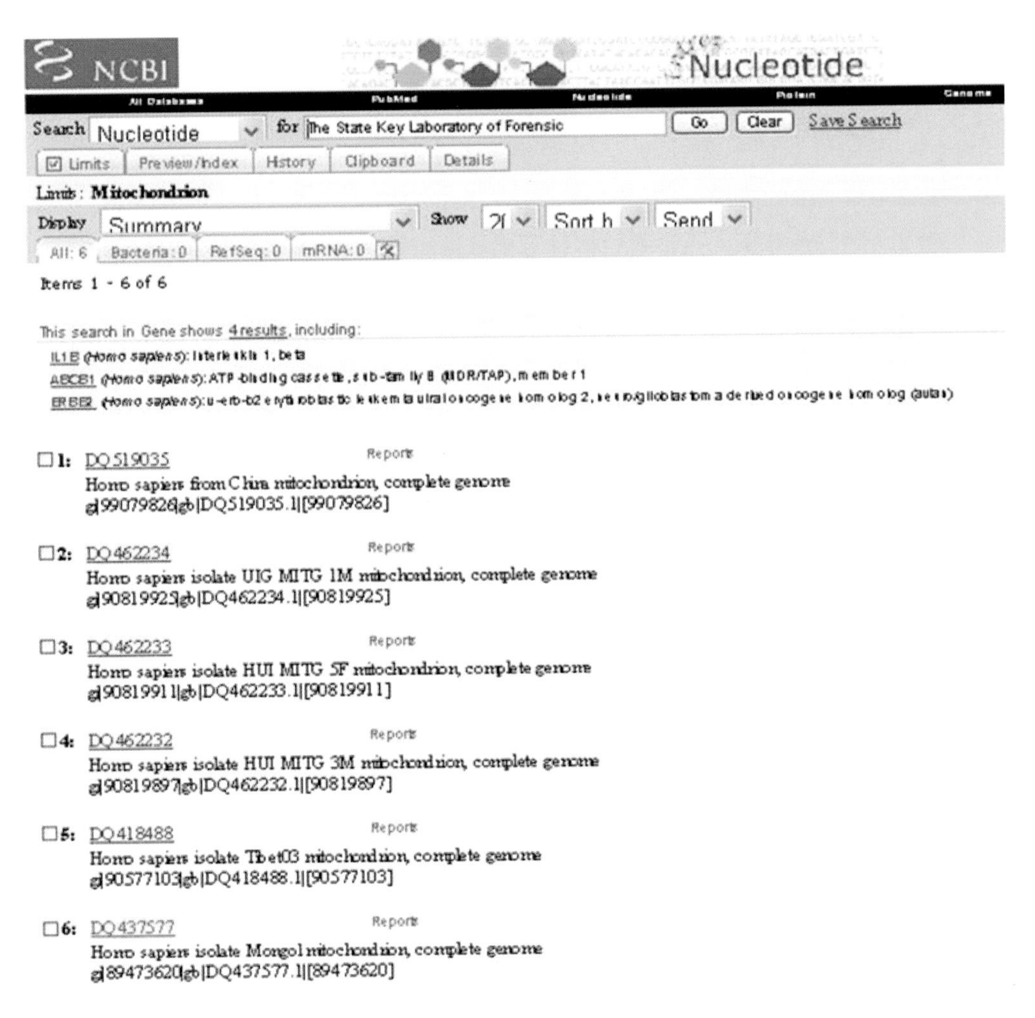

图 2－10　线粒体基因组序列 NCBI 检索结果

Key Laboratory of Forensic)。图 2－11 是与修正后的线粒体标准序列(rCRS 序列)比较后碱基差异分布图。

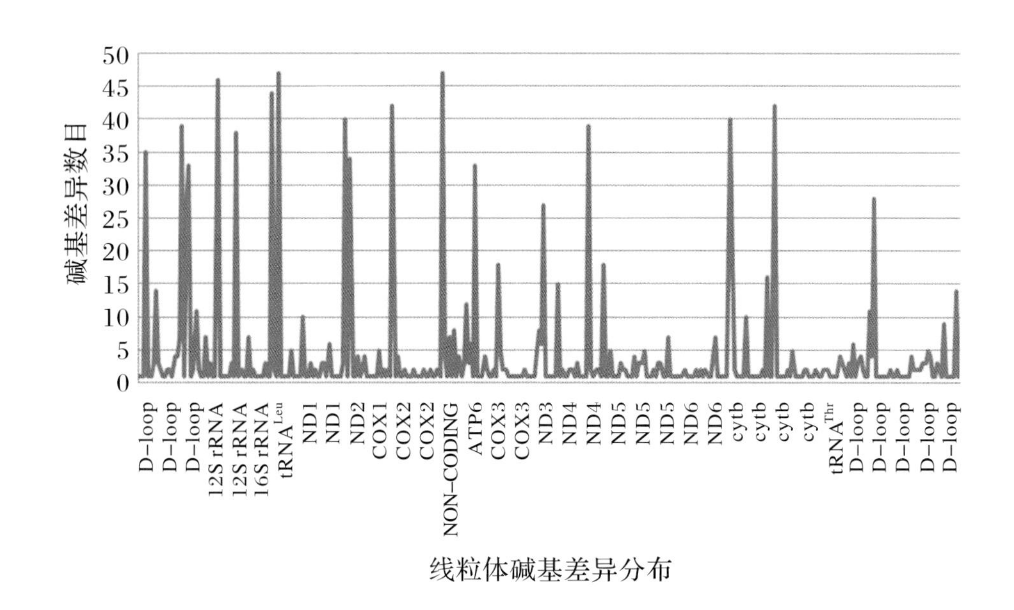

图 2－11　线粒体各区域碱基差异分布图

下面分别从 SNP 数目及位置、重复序列这两个方面比较分析中国五个民族之间的异同。

2.4.1　SNP 数目和位置的比较

以 rCRS 作为标准序列，利用 DNASTAR 软件中的 MegAlign 对西安交通大学卫生部法医学实验室上传的 6 条线粒体全序列及之前从 NCBI 网站上得到的中国民族的线粒体全序列进行分析，得到了中国五大民族在线粒体各个功能区和编码区中的 SNP 数目和位置的总结，见表 2－22～表 2－39。

表 2-22 中国汉回蒙藏维五大民族的线粒体全序列 SNP 及单倍型统计分析

功能区	突变类型	转换类型	汉族 No. =10	回族 No. =9	蒙古族 No. =10	藏族 No. =8	维吾尔族 No. =10
编码区	SNP		63	77	96	92	75
	插入		1	0	2	1	2
	缺失		1	1	1	1	1
	转换	A—G	26	32	50	49	46
		T—C	28	25	35	34	22
	颠换		14	25	17	5	7
	单倍型		72	76	81	76	71
控制区	SNP		14	25	22	28	26
	插入		4	3	4	2	3
	缺失		1	2	2	1	2
	转换	A—G	4	8	4	8	7
		T—C	8	16	16	18	18
	颠换		2(2AC)	1(CG)	2(2CA)	1(CG)	1(CA)
	单倍型		10	9	10	8	10
rRNA	SNP		7	9	10	11	6
	插入		1G	0	1A	1C	2G,A
	缺失		1[a]	1[a]	1[a]	1[a]	1[a]
	转换	A—G	3	7	8	8	5
		T—C	5	0	2	3	1
	颠换		1(CA)	2(CA,GT)	0	0	0
	单倍型		8	8	11	8	8
tRNA	SNP		5	2	4	4	3
	插入		0	0	0	0	0
	缺失		0	0	0	0	0
	转换	A—G	3	0	2	2	2
		T—C	2	1	2	2	1
	颠换		0	1(CA)	0	0	0

表 2-23　中国汉回蒙藏维五大民族线粒体 D 环控制区中的 SNP 比较

民族	高频 SNP	高频 SNP 总数	低频 SNP	低频 SNP 总数
汉族	T16172C, A16183C, T16189C, T16217C, C16223T, T16311C, T16362C, A73G, A263G	9	A16162C, C16184T, C198T, A200G, G203C, A215G, 286insA, 303insC, 310insC, C456T, T489C, 514delCA	12
回族	G16129A, C16223T, C16290T, G16319A, T16362C, C16375G, T16519C, A73G, T152C, A240G, 248delA, A263G, 310insC	13	T16075C, T16126C, A16162G, T16172C, T16217, T16249C, C16261T, C16270T, C16278T, T16311C, T16555G, A32G, A45G, 65insG, G94A, T146C, T195C, 303insC, C338T, T489C, 514delCA	21
蒙古族	T16126C, A16175G, T16189C, C16223T, C16294T, C16296T, T16311C, T16362C, T16519C, A73G, T152C, A263G, 310insC, T489C	14	C16147A, T16172C, A16183C, 16189insC, T16217, C16232A, C16248T, C16290T, T16304C, G16319A, C16320T, C16355T, A16497G, C194T, T204C, 248delA, A540T	17
藏族	T16189C, C16223T, C16291T, T16304C, T16519C, A73G, T152C, 248delA, A263G, 310insC, T489C	11	G16129A, G16145A, A16162G, C16169T, T16172C, C16173T, C16185T, T16224C, C16245T, C16260T, C16266G, G16274A, C16292T, C16355T, T16362C, C140T, T146C, T204C, A235G, 514delCA, A747G	21

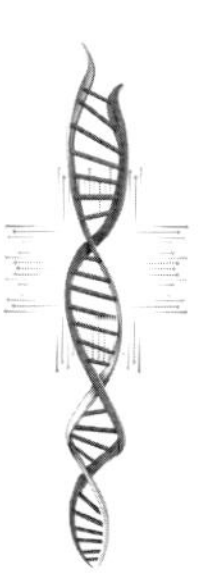

续表 2-23

民族	高频 SNP	高频 SNP 总数	低频 SNP	低频 SNP 总数
维吾尔族	T16189C,C16223T,T16298C,C16327T,A73G,T152C,A235G,248delA,A263G, 310insC	10	T16093C,G16145A,T16172C,A16183C,C16188T,A16227G,T16229C,T16249C,C16257A,C16261T,A16284G,C16290T,C16292T,G16319A,T16325C,T16356C,T16362C,T16381C,C16439A,C194T,T195C,C456T,T489C	23

表 2-24　中国汉回蒙藏维五大民族线粒体 12S rRNA 编码区中的 SNP 比较

民族	高频 SNP	高频 SNP 总数	低频 SNP	低频 SNP 总数
汉族 No. =10	A750G,T1107C,A1438G	3	T680C,T711C,C752T,C1048T	4
回族 No. =9	A663G,A750G,A1438G	3	G1442A,G1709A	2
蒙古族 No. =10	A663G,G709A,A750G,A1438G	4	T1189C,G1709A	2
藏族 No. =8	A750G,A1438G	2	A747G,A813G,A856G,T1005C	4
维吾尔族 No. =10	A750G,A1438G	2	无	0

表 2-25　中国汉回蒙藏维五大民族线粒体 16S rRNA 编码区中的 SNP 比较

民族	高频 SNP	高频SNP总数	低频 SNP	低频SNP总数
汉族 No. =10	A2706G	1	1829insG,C2829A	2
回族 No. =9	A1736G,A2706G	2	G1709A,G2652T,C2829A	3
蒙古族 No. =10	A1736G,A2706G	2	G1709A,C1715T,G1888A,2226insA	4
藏族 No. =8	A2706G	1	1733insT,T1824C,A1842G,A2704G,T2850C	5
维吾尔族 No. =10	2226insA,A2706G	2	A1736G,1829insG,G2056A,C2218T	4

表 2-26　中国汉回蒙藏维五大民族线粒体 NADH 脱氢酶亚基 1 编码区中的 SNP 比较

民族	高频 SNP	高频SNP总数	低频 SNP	低频SNP总数
汉族 No. =10	T4216C	1	A4200T,A4243G	2
回族 No. =9	T4206C,T4248C	2	A3537G,A3708G	2
蒙古族 No. =10	T3552A,T4248C	2	T3336C,C3945T,A4131G,T4206C	4
藏族 No. =8	A3816G,C3970T,G4113A	3	A3511G,A3595C,C4086T,T4216C	4
维吾尔族 No. =10	T3552A,A3816G,G4113A	3	T3591A,T3644C,G3834A,T4248C	4

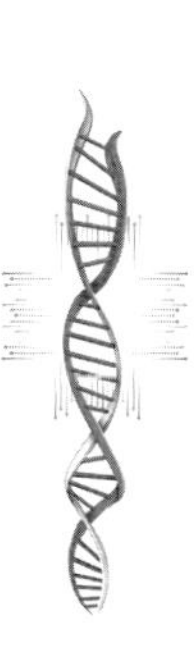

表 2-27　中国汉回蒙藏维五大民族线粒体 NADH 脱氢酶亚基 2 编码区中的 SNP 比较

民族	高频 SNP	高频 SNP 总数	低频 SNP	低频 SNP 总数
汉族 No. =10	A4769G,T5093C	2	T4500C,T4950G	2
回族 No. =9	A4608G,A4769G/C,T5093C	3	C4496T,C5118T,C5228T	3
蒙古族 No. =10	A4769G,T5093C,C5228T	3	无	0
藏族 No. =8	A4769G,T5093C	2	A4470G,T4561C	2
维吾尔族 No. =10	A4769G,T5093C	2	T5095C	1

表 2-28　中国汉回蒙藏维五大民族线粒体细胞色素 c 氧化酶亚基I中的 SNP 比较

民族	高频 SNP	高频 SNP 总数	低频 SNP	低频 SNP 总数
汉族 No. =10	C7028T	1	T6253C,A6543T,C7027T	3
回族 No. =9	T6497C/G,C7028T	2	T6216C,A6302G,T6392C,T6674A	4
蒙古族 No. =10	C7028T	1	G6023A,G6026A,G6260A,T6392C,T6413C,7028insT	6
藏族 No. =8	T6392C,C7028T	2	T6674C	1
维吾尔族 No. =10	G6026A,C7028T	2	G6023A,G6239A	2

表 2-29　中国汉回蒙藏维五大民族线粒体细胞色素 c 氧化酶亚基Ⅱ中的 SNP 比较

民族	高频 SNP	高频 SNP 总数	低频 SNP	低频 SNP 总数
汉族 No. =10	无	0	A8108G	1
回族 No. =9	T7335C	1	C7327G,G7600A,T7751A,C7845T,A8014G,T8200A	6
蒙古族 No. =10	无	0	T7751C,T8200C	2
藏族 No. =8	A7975G	1	G7664A,T7738C,A7828G,A7844G,A8149G	5
维吾尔族 No. =10	C8083T	1	T7335A,T7581C,G7598A,G7600A,G7702A,G8027A,G8251A	7

表 2-30　中国汉回蒙藏维五大民族线粒体细胞色素 c 氧化酶亚基Ⅲ中的 SNP 比较

民族	高频 SNP	高频 SNP 总数	低频 SNP	低频 SNP 总数
汉族 No. =10	T9540C	1	A9236G,A9636C,G9738A	3
回族 No. =9	T9540C	1	G9329A,A9377G,G9548A,G9575A,T9615A,T9950C,G9966A	7
蒙古族 No. =10	T9540C	1	A9531G,A9545C,C9696T,A9754G,T9758C,G9966A	6
藏族 No. =8	T9540C	1	G9548A	1
维吾尔族 No. =10	T9540C,A9545G	2	A9377G,G9575A	2

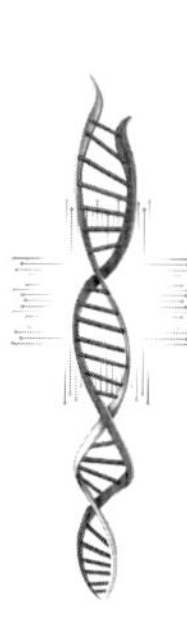

表 2-31　中国汉回蒙藏维五大民族线粒体 ATP 合酶 F0 亚基 8 中的 SNP 比较

民族	高频 SNP	高频 SNP 总数	低频 SNP	低频 SNP 总数
汉族 No. =10	C8414T	1	无	0
回族 No. =9	无	0	C8414T,A8563G	2
蒙古族 No. =10	无	0	C8414T	1
藏族 No. =8	C8414T	1	无	0
维吾尔族 No. =10	无	0	无	0

表 2-32　中国汉回蒙藏维五大民族线粒体 ATP 合酶 F0 亚基 6 中的 SNP 比较

民族	高频 SNP	高频 SNP 总数	低频 SNP	低频 SNP 总数
汉族 No. =10	A8701G,A8860G,A9180G	3	无	0
回族 No. =9	A8774G/T,C8794T/G,A8860G,G9053A	4	A8701T	1
蒙古族 No. =10	G8584C/T,A8701G,C8794T/G,A8860G	4	G8697A,A8774G	2
藏族 No. =8	G8697A,A8860G,G9053A	4	T8618C,A8701G,A8850G	3
维吾尔族 No. =10	G8584A,A8701G,A8860G	3	C8684T,T8875C,C8943T,G8994A	4

表 2-33　中国汉回蒙藏维五大民族线粒体 NADH 脱氢酶亚基 3 编码区中的 SNP 比较

民族	高频 SNP	高频 SNP 总数	低频 SNP	低频 SNP 总数
汉族 No. =10	A10397G/T,A10398G,C10400T	3	A10358C	1
回族 No. =9	无	0	A10398C	1
蒙古族 No. =10	A10398G/C	1	G10170T,C10400T	2
藏族 No. =8	无	0	T10310C	1
维吾尔族 No. =10	无	0	无	0

表 2-34　中国汉回蒙藏维五大民族线粒体 NADH 脱氢酶亚基 4 编码区中的 SNP 比较

民族	高频 SNP	高频 SNP 总数	低频 SNP	低频 SNP 总数
汉族 No. =10	T10873C,G11719A	2	T10810C,A10847T,C11059T,T11286C,G11696A,T11944C/A	6
回族 No. =9	A11081T,G11719A	2	C10732T,T10764G,T10873C,T11201A,G11904T	5
蒙古族 No. =10	T10873C,C10976T/A,A11251G,G11719A	4	T11201A,A11812G,G11904A,G11969A	4
藏族 No. =8	T10873C,G11719A	2	T10908C,A10978G,C11215T,A11251G,C11581A, A11812G, G11888C	7
维吾尔族 No. =10	T10873C,G11719A	2	T10790C,A11467G	2

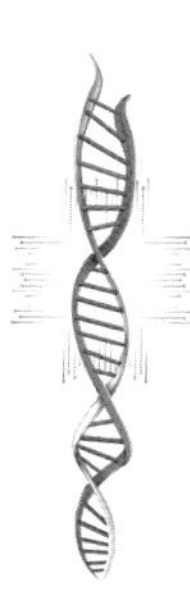

表 2－35　中国汉回蒙藏维五大民族线粒体 NADH 脱氢酶亚基 5 编码区中的 SNP 比较

民族	高频 SNP	高频 SNP 总数	低频 SNP	低频 SNP 总数
汉族 No. =10	C12705T,A13104G,A13105G	3	A13942G	1
回族 No. =9	C12705T,T13450A,T13469A,C13648A	4	C12882T,A13563G,G13759A,G13928C	4
蒙古族 No. =10	C12705T,C12882T,G13368A,T13469A,G13928C	5	A12810G, A12924G, G12952A, T13260C, A13263G, C13287T, T13450A, T13616A, G13708A, G13759A, A13780G,A13966G	12
藏族 No. =8	C12705T,C12882T,G13708A,G13928C	4	G13135A,G13368A,G13759A,T13965C,A14133G	5
维吾尔族 No. =10	C12705T,A13263G	2	T12879C,A12909G,A13104G,G13135A,G13204A, G13590A, T13656C, G13928C,A14070G	9

表 2－36　中国汉回蒙藏维五大民族线粒体 NADH 脱氢酶亚基 6 编码区中的 SNP 比较

民族	高频 SNP	高频 SNP 总数	低频 SNP	低频 SNP 总数
汉族 No. =10	C14668T	1	T14278C	1
回族 No. =9	C14668T	1	T14200C,G14569A	2

续表 2－36

民族	高频 SNP	高频 SNP 总数	低频 SNP	低频 SNP 总数
蒙古族 No. ＝10	G14476A,C14668T	2	A14152G, A14233G, T14290C, T14308C, A14548G,G14569A	6
藏族 No. ＝8	无	0	A14233G, T14311C, T14431C, T14502C, G14569A,C14668T,A14687G	7
维吾尔族 No. ＝10	T14318C	1	G14364A,G14569A	2

表 2－37　中国汉回蒙藏维五大民族线粒体细胞色素 b 编码区中的 SNP 比较

民族	高频 SNP	高频 SNP 总数	低频 SNP	低频 SNP 总数
汉族 No. ＝10	C14766T,T14783C, G15301A,A15326G	4	C14962A,A14965T,A14966T,A15010G, C15535T	5
回族 No. ＝9	C14766T,T14783C, A15326G,A15758G	4	G15043A,C15091A,T15139C,G15172A	4
蒙古族 No. ＝10	C14766T,T14783C, G15043A,G15301A, A15326G,A15487T	6	G14905A,T15204C,G15323A,A15398G, C15400T,A15426T,C15452A,C15535T, A15607G	9
藏族 No. ＝8	C14766T,T14783C, G15043A,G15301A, A15326G	5	A14755G,G14905A,G15106A,G15184A, C15402T,C15452A,G15497A,A15510G, T15514C,A15520G,A15607G,T15629C, T15721C	13
维吾尔族 No. ＝10	C14766T,T14783C, G15043A,G15301A, A15326G,A15487T	6	G15148A, T15204C, G15217A, G15355A, G15466A,A15712G,T15787C	7

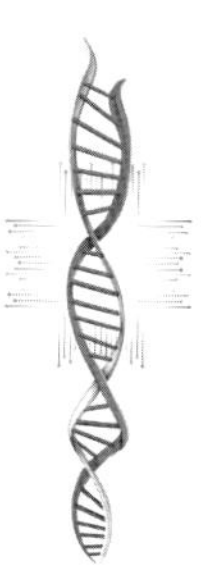

表 2-38 中国汉回蒙藏维五大民族线粒体所有 tRNA 编码区中的 SNP 比较

民族	高频 SNP	高频 SNP 总数	低频 SNP	低频 SNP 总数
汉族 No. =10	无	0	A14696G, A15924G,G15930A	3
回族 No. =9	T10410C	1	C3247A	1
蒙古族 No. =10	T10410C,G15928A	2	T593C,A5747G	2
藏族 No. =8	T10410C	1	A14692G,T15900C,G15927A	3
维吾尔族 No. =10	T10410C	1	A15924G,G15927A	2

表 2-39 中国汉回蒙藏维五大民族线粒体除 D 环之外的所有非编码区域中的 SNP 比较

民族	高频 SNP	高频 SNP 总数	低频 SNP	低频 SNP 总数
汉族 No. =10	无	0	无	0
回族 No. =9	无	0	C8275A,C8284A	2
蒙古族 No. =10	无	0	T593C,C8275A	2
藏族 No. =8	无	0	无	0
维吾尔族 No. =10	C8275A	1	A15954C	1

另外，在 mtDNA 高变区Ⅰ16024—16365 之间的序列比较中，汉族 124 例无关个体中共发现有 56 处碱基差异，105 个单倍型。总而言之，汉族 mtDNA 的基因差异度为 0.8752。

另外，对中国其他的一些少数民族，比如怒族，进行 mtDNA 高变区Ⅰ的研究表明，87 例无关个体中共包含 62 处碱基差异，59 个单倍型，怒族线粒体 HVSI 基因差异度为 0.9675。中国境内目前的怒族人口只有 27500 多人，主要分布在怒江州的兰坪、泸水、福贡、贡山，迪庆的维西，西藏的察隅县等。各族群之间相对隔离，有关民族特有等位基因、基因型及基因频率的研究资料缺乏。这个结果无疑又填补了一项空白。

2.4.2 重复序列的比较

目前，众多研究者的研究结果都表明，STR位点在中华民族各群体中具有较好的多态性(表2-40～表2-50)。

另外，近年来也有研究发现D环控制区的很多点突变更倾向于形成重复序列。如在我们所研究的汉回蒙藏维五大民族的控制区序列中共发现的65个SNP位点中，在几乎一半(32个)的SNP位点的至少一种等位基因中，存在由于单个碱基的改变而与之前或之后的氨基酸或片段形成了重复序列的现象，尤其是两端多聚序列之间的单个核苷酸特别容易缺失后形成大片段的重复，如303—315的两段多聚C之间的310位点的T及16180—16193的多聚A和2段多聚C之间的16189位点的T。当然这种现象更常发生在控制区及非编码区中。目前尚没有科学的研究来详细阐述mtDNA中众多重复序列的功能，不过，毫无疑问的是，随着群体数据和相关疾病数据的增加，以及对mtDNA功能区的蛋白表达研究的深入，我们必将揭示出众多重复序列在mtDNA的表达和调控过程中所起到的重要作用。

表2-40 中国汉回蒙藏维五大民族D环(CA)*n* (514—523)重复的多态性分布

STR	汉族 No.=10	回族 No.=9	蒙古族 No.=10	藏族 No.=8	维吾尔族 No.=10
(CA)4	0.00	0.10	0.00	0.10	0.00
(CA)5	1.00	0.90	1.00	0.90	1.00

表2-41 中国汉回蒙藏维五大民族多聚C (303—309) 的多态性分布

STR	汉族 No.=10	回族 No.=9	蒙古族 No.=10	藏族 No.=8	维吾尔族 No.=10
(C)7	0.90	0.70	0.20	0.50	0.10
(C)8	0.10	0.30	0.70	0.30	0.80
(C)9	0.00	0.00	0.10	0.20	0.10

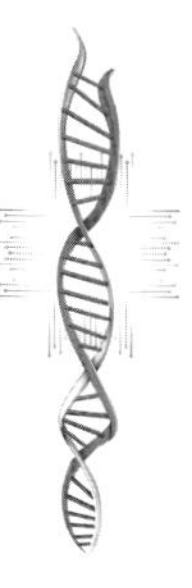

表 2－42　中国汉回蒙藏维五大民族多聚 C(311—315)的多态性分布

STR	汉族 No. =10	回族 No. =9	蒙古族 No. =10	藏族 No. =8	维吾尔族 No. =10
(C)5	0.90	0.70	0.10	0.00	0.00
(C)6	0.10	0.30	0.90	1.00	0.90
(C)7	0.00	0.00	0.00	0.00	0.10

表 2－43　中国汉回蒙藏维五大民族多聚 A (16180—16183) 的多态性分布

STR	汉族 No. =10	回族 No. =9	蒙古族 No. =10	藏族 No. =8	维吾尔族 No. =10
(A)3	0.2000	0.0000	0.1000	0.0000	0.1000
(A)4	0.8000	1.0000	0.9000	1.0000	0.9000

表 2－44　中国少数民族的多聚 A (16180—16183) 的多态性分布

STR	达斡尔族 No. =45	土族 No. =100	裕固族 No. =100	撒拉族 No. =100	保安族 No. =100	东乡族 No. =100	鄂温克族 No. =47
(A)2	0.0889	0.1100	0.0000	0.1400	0.1300	0.1400	0.1277
(A)3	0.0889	0.0700	0.0500	0.1800	0.0400	0.1100	0.0000
(A)4	0.8000	0.8000	0.9500	0.6800	0.8300	0.7500	0.8723

注：达斡尔族中还存在一个频率为 0.0222 的 GAAA 等位基因；土族中还存在一个频率为 0.0100 的 ATAA 等位基因。

表 2－45　中国汉回蒙藏维五大民族多聚 C(16184—16188)的多态性分布

STR	汉族 No. =10	回族 No. =9	蒙古族 No. =10	藏族 No. =8	维吾尔族 No. =10
(C)4	0.0000	0.0000	0.0000	0.0000	0.1000
(C)5	0.7000	1.0000	0.9000	0.8750	0.8000
TCCCC	0.1000	0.0000	0.0000	0.0000	0.0000
CTCCC	0.0000	0.0000	0.0000	0.1250	0.0000
(C)6	0.2000	0.0000	0.1000	0.0000	0.1000

表 2-46 中国少数民族的多聚 C(16184—16188)的多态性分布

STR	达斡尔族 No. =45	土族 No. =100	裕固族 No. =100	撒拉族 No. =100	保安族 No. =100	东乡族 No. =100	鄂温克族 No. =47
(C)4	0.0000	0.0100	0.0000	0.0000	0.0000	0.0000	0.0000
(C)5	0.8000	0.9000	0.8000	0.6200	0.7300	0.7200	0.7446
TCCCC	0.0000	0.0200	0.1200	0.0200	0.0300	0.0000	0.0851
CTCCC	0.0222	0.0300	0.0000	0.0100	0.0600	0.0300	0.0426
CCTCC	0.0000	0.0000	0.0000	0.0000	0.0100	0.0000	0.0000
CCCTC	0.0000	0.0300	0.0000	0.0000	0.0000	0.0000	0.0000
CCCCT	0.0000	0.0100	0.0300	0.0200	0.0000	0.0100	0.0000
(C)6	0.1111	0.0000	0.0500	0.2400	0.0500	0.1100	0.0000
(C)7	0.0667	0.0000	0.0000	0.0900	0.1200	0.1300	0.1277

表 2-47 中国汉回蒙藏维五大民族多聚 C(16190—16193)的多态性分布

STR	汉族 No. =10	回族 No. =9	蒙古族 No. =10	藏族 No. =8	维吾尔族 No. =10
(C)4	1.0000	1.0000	0.9000	1.0000	0.9000
(C)5	0.0000	0.0000	0.1000	0.0000	0.1000

表 2-48 中国少数民族的多聚 C (16190—16193)的多态性分布

STR	达斡尔族 No. =45	土族 No. =100	裕固族 No. =100	撒拉族 No. =100	保安族 No. =100	东乡族 No. =100	鄂温克族 No. =47
(C)4	0.9556	0.9800	0.8900	0.9700	0.9600	0.9700	0.9787
CCTC	0.0222	0.0200	0.1100	0.0300	0.0400	0.0300	0.0213
(C)5	0.0000	0.0000	0.0000	0.0000	0.0000	0.0000	0.0000
(C)6	0.0222	0.0000	0.0000	0.0000	0.0000	0.0000	0.0000

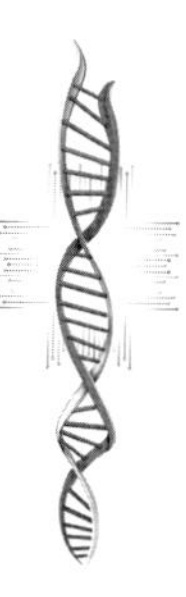

表 2－49　中国汉回蒙藏维五大民族多聚 A 和 2 段多聚 C（16180—16193）的多态性分布

STR	汉族 No. =10	回族 No. =9	蒙古族 No. =10	藏族 No. =8	维吾尔族 No. =10
(A)3(C)6T(C)4	0.1000	0.0000	0.0000	0.0000	0.0000
(A)3(C)11	0.1000	0.0000	0.1000	0.0000	0.1000
(A)4CT(C)8	0.0000	0.0000	0.0000	0.1250	0.0000
(A)4(C)4T(C)5	0.0000	0.0000	0.0000	0.0000	0.1000
(A)4(C)5T(C)4	0.5000	1.0000	0.7000	0.6250	0.8000
(A)4(C)5T(C)5	0.0000	0.0000	0.1000	0.0000	0.0000
(A)4T(C)4T(C)4	0.1000	0.0000	0.0000	0.0000	0.0000
(A)4(C)10	0.2000	0.0000	0.1000	0.2500	0.0000

表 2－50　中国少数民族的多聚 A 和 2 段多聚 C（16180—16193）的多态性分布

STR	达斡尔族 No. =45	土族 No. =100	裕固族 No. =100	撒拉族 No. =100	保安族 No. =100	东乡族 No. =100	鄂温克族 No. =47
(A)2(C)6T(C)4	0.0000	0.0000	0.0000	0.0500	0.0200	0.0000	0.0000
(A)2(C)6T(C)6	0.0222	0.0000	0.0000	0.0000	0.0000	0.0000	0.0000
(A)2(C)7T(C)4	0.0000	0.0000	0.0000	0.0000	0.0100	0.0000	0.0000
(A)2(C)10	0.0000	0.1100	0.0000	0.0000	0.0000	0.0100	0.0000
(A)2(C)12	0.0667	0.0000	0.0000	0.0900	0.1000	0.1300	0.1277
(A)3(C)6T(C)4	0.0000	0.0000	0.0000	0.0000	0.0000	0.0100	0.0000
(A)3(C)10	0.0000	0.0700	0.0000	0.0000	0.0000	0.0000	0.0000
(A)3(C)11	0.0889	0.0000	0.0700	0.1800	0.0300	0.1000	0.0000
(A)3(C)12	0.0000	0.0000	0.0000	0.0000	0.0100	0.0000	0.0000
(A)4CT(C)3T(C)4	0.0222	0.0300	0.0000	0.0100	0.0600	0.0300	0.0426
(A)4(C)2T(C)2T(C)2TC	0.0000	0.0000	0.0000	0.0000	0.0100	0.0000	0.0000
(A)4(C)3T(C)6	0.0000	0.0100	0.0000	0.0000	0.0000	0.0000	0.0000

续表 2-50

STR	达斡尔族 No. =45	土族 No. =100	裕固族 No. =100	撒拉族 No. =100	保安族 No. =100	东乡族 No. =100	鄂温克族 No. =47
(A)4(C)3TCT(C)4	0.0000	0.0200	0.0000	0.0000	0.0000	0.0000	0.0000
(A)4(C)4(T)2(C)4	0.0000	0.0100	0.0300	0.0200	0.0000	0.0100	0.0000
(A)4(C)5T(C)4	0.7333	0.6500	0.6600	0.5600	0.6500	0.6400	0.6807
(A)4(C)5T(C)2TC	0.0222	0.0200	0.1100	0.0300	0.0300	0.0300	0.0213
(A)4T(C)4T(C)4	0.0000	0.0100	0.1200	0.0200	0.0300	0.0000	0.0851
(A)4(C)9	0.0000	0.0100	0.0000	0.0000	0.0000	0.0100	0.0000
(A)4(C)10	0.0222	0.0500	0.0100	0.0600	0.0500	0.0300	0.0426
(A)4(C)11	0.0000	0.0000	0.0000	0.0100	0.0000	0.0000	0.0000

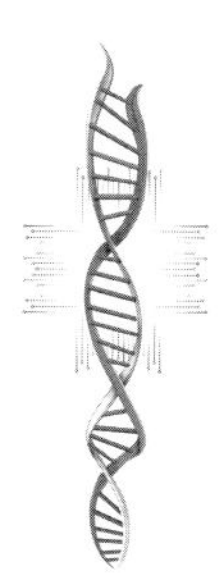

参考文献

[1] Achilli A, Rengo C, Magri C, et al. The molecular dissection of mtDNA haplogroup H confirms that the Franco-Cantabrian glacial refuge was a major source for the European gene pool[J]. Am J Hum Genet, 2004, 75(5):910-918.

[2] Kong Q P, Yao Y G, Sun C, et al. Phylogeny of east Asian mitochondrial DNA lineages inferred from complete sequences[J]. Am J Hum Genet, 2003, 73(3):671-676.

[3] Ingman M, Gyllensten U. Mitochondrial genome variation and evolutionary history of Australian and New Guinean aborigines[J]. Genome Res, 2003,13(7):1600-1606.

[4] Kivisild T, Reidla M, Metspalu E, et al. Ethiopian mitochondrial DNA heritage: tracking gene flow across and around the gate of tears[J]. Am J Hum Genet, 2004,75(5):752-770.

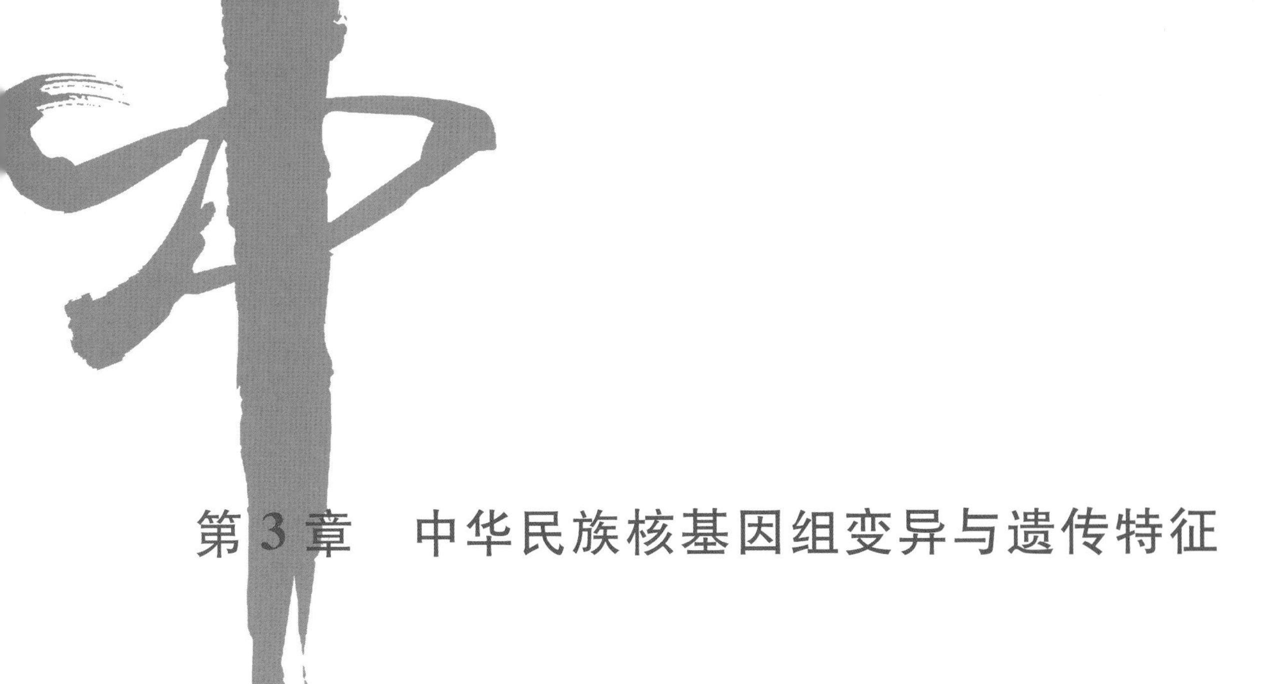

第3章 中华民族核基因组变异与遗传特征

3.1 核基因组结构与功能

核基因组是单倍体细胞核内的 DNA 的全体序列，既有编码序列，也有大量存在的非编码序列。这些序列中蕴含的遗传信息决定了生命体的产生、发展，以及各种生命现象的产生。

人类基因组计划，测定了组成人类染色体中所包含的 30 亿个碱基对组成的核苷酸序列，绘制了人类基因组图谱，并确定了所有人类基因在染色体上的位置及序列，破译了人类全部遗传信息。通过人类基因组作图(遗传图谱、物理图谱、序列图谱以及转录图谱)和大规模 DNA 测序，科学家们已经了解核基因组的序列结构，并利用结构基因组所提供的信息，分析和鉴定基因组中所有基因(包括基因编码区和非编码区序列)的功能。尽管核基因组的大小和复杂程度各不相同，其所携带的遗传信息量也有巨大差异，但核基因组在生物正常生命活动中的功能相同，即在遗传过程中贮存、传递和表达遗传信息。

3.1.1 核基因组的序列结构

人的核基因组中共有 23 对染色体，由 22 对常染色体和 1 对性染色体(XX/XY)构成。染色质(chromatin)与染色体(chromosome)均为遗传物质在细胞内的存在形式，主要由脱氧核糖核酸分子和组蛋白两种成分构成，是遗传信息的载体。染色质与染色体可以通过碱性染料被显示出来；在细胞周期的不同时间，染色质有不同的结构，呈现出不同的形态。在细胞分裂间期染色质呈细网状，形状不规则，弥散在细胞核内；当细胞进行有丝分裂时，染色质经复制后反复盘绕，高度压缩，最终凝集形成形态特定的条状或棒状的染色体，以保证遗传物质 DNA 能够被准确地分配到两个子代细胞中。

在显微镜下，科学家们观察到的染色体大小是有差异的。如图 2－4 所示，1 号染色体比 22 号染色体大了很多。人类基因组序列的解读有助于我们准确认识染色体之间的差异，仅从染色体所包含的碱基个数来看，表 3－1 所示和图 2－4 所展示的一致，即染色体之间差异确实非常大，其中最长的 1 号染色体的长度是最短的 21 号染色体长度的 5 倍，而 X 染色体的长度大约是 Y 染色体长度的 2.5 倍。

表 3－1　染色体长度分布

染色体	长度(碱基)	染色体	长度(碱基)
1	249250621	13	115169878
2	243199373	14	107349540
3	198022430	15	102531393
4	191154276	16	90354753
5	180915260	17	81195210
6	171115067	18	78077248
7	159138663	19	59128983
8	146364022	20	63025520
9	141213431	21	48129895
10	135534747	22	51304566
11	135006516	X	155270560
12	133851895	Y	59373566

注：表中基因组 GRCh37(Genome Reference Consortium Human Reference 37)来自网站 genome.ucsc.edu。

1. 核基因组的序列结构

为了了解核基因组 DNA 的功能，我们先从染色体的功能原件来看一下核基因组的序列结构，即蛋白质编码基因和转座元件在基因组上的结构特征。

蛋白质编码基因是核基因组上最重要的功能元件，也是核基因组上功能研究最清楚的 DNA 序列。蛋白质(protein)是人类生命活动的主要载体，是一种重要

的生物大分子，在细胞中可以占到干重的70%以上。蛋白质的分布广泛、含量丰富，其结构和功能多种多样。人体内的所有蛋白质均是由20种氨基酸为原料合成的，这些氨基酸序列则是由DNA上的蛋白质编码序列转录、翻译得到的。

人类基因组上的蛋白质编码基因通常包括编码序列和非编码序列。基因编码区又称为编码序列(coding sequence，CDS)，是指在核酸序列中能够翻译成蛋白质氨基酸序列的部分。某个生物体的编码区是指该生物体由基因编码区组成的基因组的总和，人类的蛋白质编码基因约占整个基因组的3%。编码区域的边界范围从靠近5′末端的起始密码子开始，到靠近3′末端的终止密码子为止。基因除了具有编码序列外，还包括编码序列前后对基因表达有调控作用的非编码序列以及单个编码序列间的间隔序列(内含子)，它们在编码序列表达的过程中发挥重要的作用。

蛋白质编码基因在核基因组上分布是不均匀的。人类基因组上大约有两万个蛋白质编码基因的基因座位，而大约60%的蛋白质编码基因编码两种及两种以上的蛋白质。这些蛋白质编码基因在染色体上分布是不均匀的，如表3-2所示，1号染色体上的蛋白质编码基因最多，有两千多个，常染色体中21号染色体上的蛋白质编码基因最少，只有235个；如果将性染色体考虑在内，Y染色体的蛋白质编码基因数目最少，只有59个。这些基因座位在染色体上的分布不同，不仅仅表现在其数目上，更是表现在其平均密度上，如表3-2所示，虽然1号染色体的基因座位最多，但是平均密度最高的是19号染色体，19号染色体的平均基因密度是1号染色体基因密度的3倍多，是Y染色体基因密度的24倍。

表3-2 蛋白质编码基因在染色体上的分布*

染色体	基因座位个数	基因密度(每兆)	染色体	基因座位个数	基因密度(每兆)
1	2026	8.13	8	776	5.30
2	1309	5.38	9	811	5.74
3	1072	5.41	10	781	5.76
4	776	4.06	11	1355	10.04
5	895	4.95	12	1057	7.90
6	1045	6.11	13	335	2.91
7	952	5.98	14	687	6.40

续表 3 - 2

染色体	基因座位个数	基因密度（每兆）	染色体	基因座位个数	基因密度（每兆）
15	683	6.66	20	553	8.77
16	913	10.10	21	235	4.88
17	1216	14.98	22	481	9.38
18	291	3.73	X	852	5.49
19	1457	24.64	Y	59	0.99

* 表中编码基因数据来自网站 asia.ensembl.org，版本为 release 60。

此外，蛋白质编码基因的基因座位在染色体分布的不均一性不仅表现在染色体之间，也表现在染色体内部。如图 3 - 1 所示，染色体有些部分的基因座位的密度非常高（红色），而有些部分的基因座位密度比较低（绿色），即使是在基因座位密度最高的 19 号染色体上，也有一些基因座位密度比较低的区域。

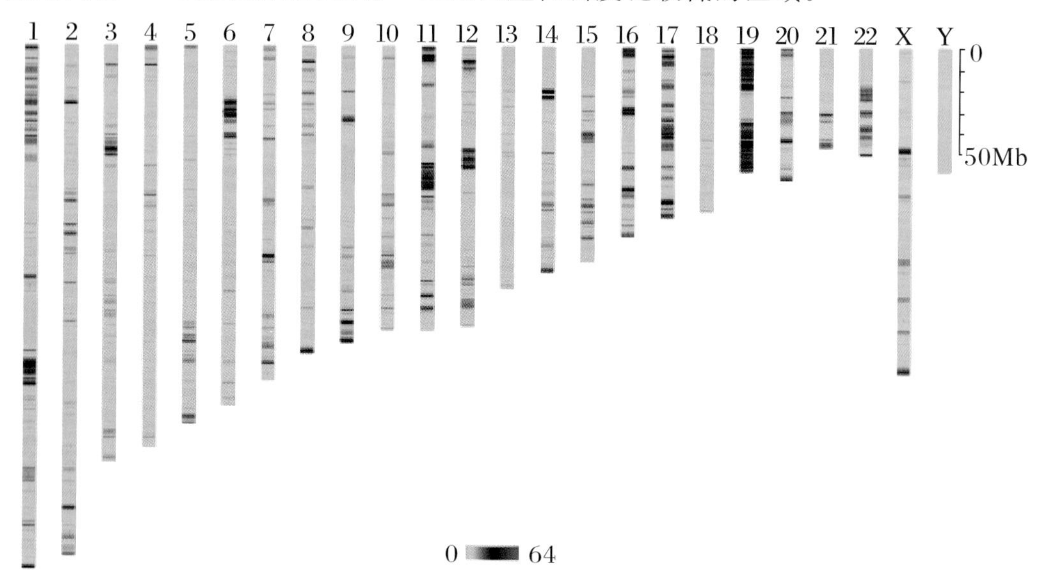

图 3 - 1　蛋白质编码基因座位在染色体上的分布*

* 图中编码基因数据来自 asia.ensembl.org，版本为 release 60。

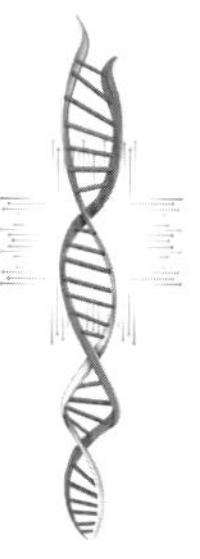

2. DNA 重复序列

DNA 序列中包含了许多重复序列，主要可以分为串联重复序列和散在重复序列两大类。

散在重复序列以转座元件(transposable element)为主，如图 3－2 所示，人类 45％的基因组序列由转座子来源的重复序列构成，是核基因组序列的一个主要组成部分。转座元件也称转座子(transposon)，是基因组中的一段可移动的不连续序列，能够在转录或逆转录的过程中，通过内切酶的作用，出现在与其原来位置不同的新的基因座上。转座子可以按其转座方式粗略地分为Ⅰ型转座子和Ⅱ型转座子。Ⅰ型转座子，即逆转录转座子(retrotransposon)，是一种需 RNA 参与转座过程的转座子，其在结构上与复制的过程中与反转录病毒有一定程度上的相似之处。它先转录为 mRNA，再在逆转录酶的作用下逆转录为新的 DNA，转座子在此过程中插入一个新的位置，从而完成转座。每转座 1 次其片段的数量就会增加 1 份，从

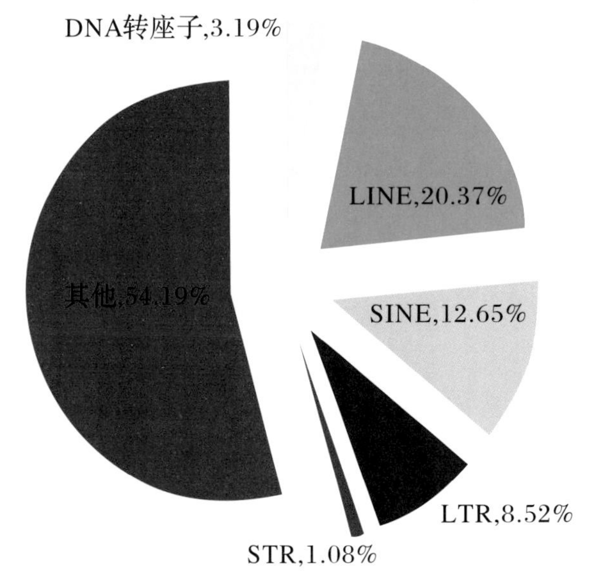

图 3－2　人类基因组中各类转座元件分布图

在人类基因组中，非转座因子占 54.19％，LTR 逆转录转座子占 8.52％，DNA 转座子占 3.19％；其余为非 LTR 逆转录转座子，包括16.9％的 L1，10.6％的 Alu，0.2％的 SVA 及其他非 LTR 逆转录转座子。

而增强了转座子的基因组。逆转录转座子还可以再细分为LTR逆转录转座子和非LTR逆转录转座子。前者是指具有长末端重复序列的转座子，例如Tyl-copia类和Ty3-gypsy类转座子。如图3－2所示，LTR逆转录转座子在人的基因组上占8.52％的区域。这类逆转录转座子可以编码逆转录酶或整合酶，从而自主地进行转录，其转座机制同逆转录病毒相似，但其方式与逆转录病毒大不相同；后者包括LINE（长散在重复序列）类和SINE（短散在重复序列）类。Ⅱ型转座子，即DNA转座子，可以通过DNA的复制或剪切两种方式得到转座片段，插入DNA序列中完成转座过程。

串联重复序列占基因组的1％，在群体遗传结构分析中占有重要的地位。正如第1章内容提到的，STR作为第二代遗传标记是分析中华民族遗传结构的重要工具。和蛋白质编码基因一样，其在染色体间及染色体内部的分布是不均匀的，如表3－3所示，1号染色体的STR座位最多，为八万四千多个，常染色体中21号染色体的STR座位最少，为一万两千个，性染色体中Y染色体的STR座位最少，为八千多个。而STR的总碱基数和STR座位个数在染色体的分布基本相同，不过2号染色体的STR总长度比1号染色体的STR略长。如图3－3所示，串联重复序列在同一条染色体不同区域的分布也是不均一的。

表3－3　短重复序列(STR)在不同染色体上的分布特征

染色体	SRT位点数	STR总长度（碱基）	染色体	SRT位点数	STR总长度（碱基）
1	84249	2557712	8	50090	1571335
2	82835	2631444	9	43341	1358102
3	66640	1999720	10	48427	1667756
4	63869	2066653	11	45672	1417605
5	59722	1855168	12	49389	1543214
6	58111	1765277	13	32461	993904
7	57626	1856986	14	31441	968519

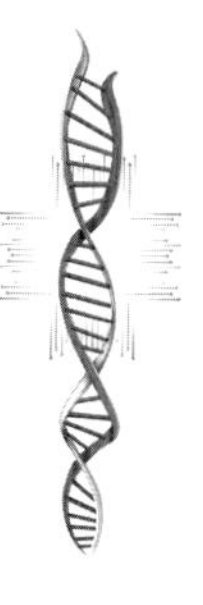

续表 3-3

染色体	SRT 位点数	STR 总长度（碱基）	染色体	SRT 位点数	STR 总长度（碱基）
15	29923	922766	20	23362	758946
16	34514	1169391	21	12834	534985
17	34171	1040677	22	14838	526004
18	26142	815923	X	54823	1880973
19	30380	1014283	Y	8679	434565

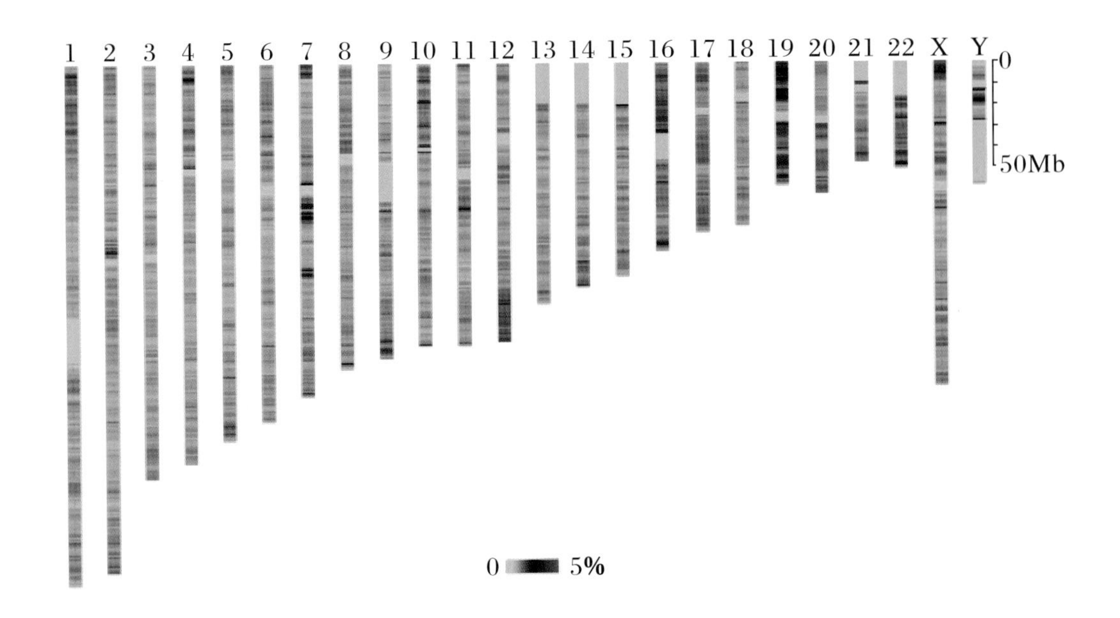

图 3-3　短重复序列在染色体上的分布

3.1.2　核基因组的功能

核基因组承载了生物体内绝大部分的遗传信息。尽管不同生物的基因组的大小以及复杂程度各不相同，其所携带的遗传信息量也有巨大差异，但核基因组在生物正常生命活动中的功能却大同小异。核基因组在遗传过程中的功能为贮存、传递并表达遗传信息。

4 种碱基的不同排列组合构成了遗传信息最基础的存在形态。生物体要表达其最基本的性状，离不开对 DNA 的转录与翻译。核基因组包含了，除线粒体基因组、叶绿体基因组以外的，所有带有遗传信息的 DNA 分子，通过高度压缩并与组蛋白结合，以复合体的形式储存在染色质或染色体上，稳定地存在于细胞核内。

除了贮存遗传信息，通过复制将所有的遗传信息稳定、忠实地遗传给子代细胞也是核基因组的功能之一。在 DNA 复制的过程中，人类的体细胞是通过有丝分裂(mitosis)进行复制的，而生殖细胞则是通过减数分裂(meiosis)进行复制。核基因组以其所携带的遗传信息为模板，在相关调控序列的帮助下复制并遗传给子代细胞。DNA 复制的过程中需要许多蛋白质及酶类的参与，这些物质相互配合、作用，使得 DNA 复制过程的保守性及准确性得以保证。核基因组的相关结构中，端粒(telomere)在 DNA 复制过程中也发挥了独特的作用。DNA 进行复制时染色体可能会发生断裂，断端可能发生融合或被酶降解。染色体末端端粒的存在使得染色体末端的遗传信息得到了保护，防止遗传信息的丢失，同时在相关酶的作用下使末端双链稳定地完成复制。

将 DNA 携带的遗传信息通过 RNA 和蛋白质在生物体内表达也是核基因组的功能。遗传信息从 DNA 传递给 RNA，再从 RNA 传递给蛋白质，完成遗传信息的转录和翻译的过程。为了将遗传信息表达出来，核基因组的各个组成部分都需要发挥其具体的作用，以确保遗传信息稳定、忠实的表达。

3.2 核基因组的 STR 变异与民族遗传特征

短串联重复序列(STR)广泛分布于人类的基因组中，通过第 1 章的介绍，我们知道不同个体同一位点的 STR 变异主要体现在核心单元重复次数的不同。研究表明，个体间的核心单元重复次数的不同主要是由 DNA 的复制、修复、重组造成的。

STR 的变异检测，早在 20 世纪 80 年代，法医学家们在法医物证检验的领域就利用十几个 STR 位点的组合进行个体识别。目前广泛应用的方法是用复合扩增的方

法对多个STR位点进行多态性的分型，一次检验能获得较多的DNA多态性信息。

STR作为群体遗传结构估算等遗传分析的重要遗传标记，其个数越多带来的信息越多，其推断的结果也就越准确，这样大量的，甚至全基因组的STR鉴定及分型的方法将成为主要的需求。人类基因组多样性计划(HGDP)项目部分涉及到中华民族的STR多态性的数据，我们对这些数据进行整理分析，便于读者对中华民族STR遗传结构进行初步认识。

3.2.1 STR的变异机制

从第1章开始，我们就不断提到STR这种遗传标记，后文也将利用STR的变异或多态性来估算人类群体结构变异，本小节从STR的角度介绍基因组变异。不同个体同一位点的STR变异，主要体现在核心单元重复次数的不同，如1.2节图1-9中所示，个体一的D18S51为纯和(两个等位基因)的(AGAA)8，个体2的D18S51为纯和的(AGAA)9，个体一和个体二的差异为一个重复单元。我们看到了个体间的核心单元重复次数的不同，研究表明这种变异主要是由DNA的复制、修复、重组导致的，接下来我们将从DNA复制的角度描述STR变异产生的机制。

1. 简单重复DNA的异常结构

关于重复序列扩增的发生机制，第一个分子模型是基于复制滑动(replication slippage)提出的。在DNA复制过程中，DNA聚合酶从DNA模板链上滑脱，当DNA聚合酶再次结合到DNA模板链上时发生错误而没有准确结合到脱落点上，一段模板链的序列在新合成的DNA中产生了两份拷贝，从而形成了STR的变异。然而，这种简单的观点不能解释为何在整个基因组上只存在有少数的重复序列扩增，而且，到底是什么因素决定了STR扩增的最大长度和特征。有关扩增发生机制的第二个突破，在于科学家们发现所有扩增的重复序列都有异常的结构特点。单链的(CNG)n重复序列形成了发夹结构(hairpin-like structure)，如图3-4所示，这样的结构中有着正确的Waston-Crick碱基配对，也有着碱基错配。在生理条件下，这种不完美发夹状结构的稳定性按照以下序列依次递减，即CGG > CTG > CAG = CCG，这是由错配碱基能量形成的。

同样，含有(CCTG)n・(CAGG)n重复序列的DNA链也可以形成发夹结构。除了发夹结构，单链的(CGG)n、(CCG)n和(CGCG4CG4)n也可以折叠成四重螺旋结构(tetrahelical structures),该结构由交织的 G 四联体和 i 序列构成(图3－5)。

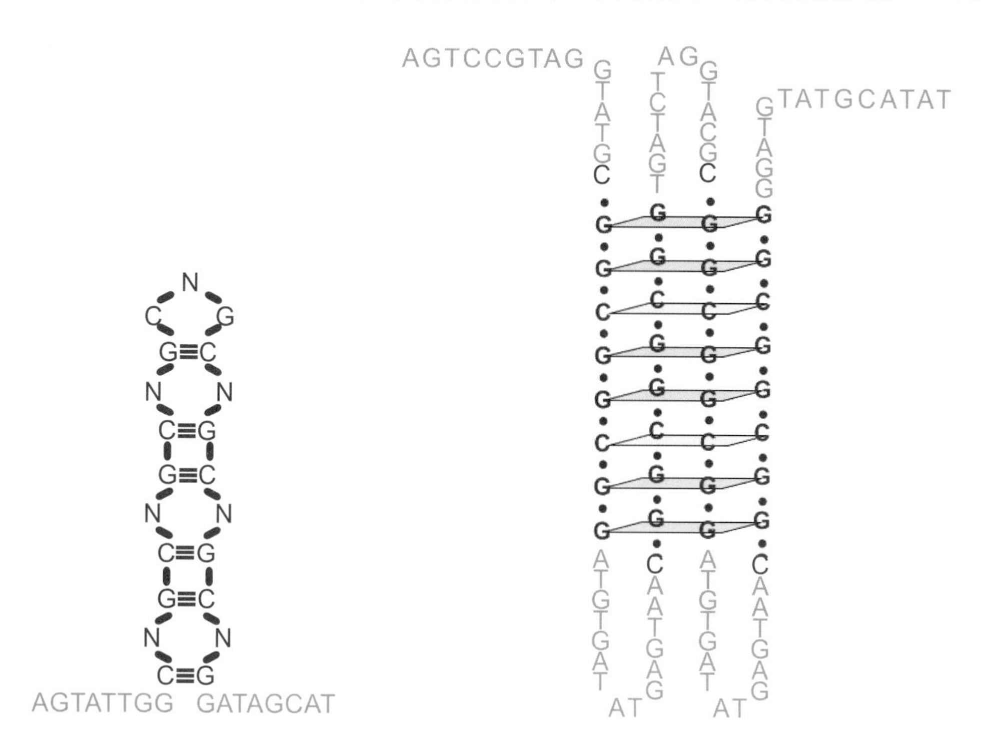

图 3－4　(CNG)n 重复序列形成的不完美发夹结构

图 3－5　(CGG)n 重复序列形成的四重螺旋结构

对于包含可扩增重复序列的 DNA 片段来说,DNA 的变性以及复性可以促进滑链 DNA 构象的形成。在这样的情形下,DNA 双链的不准确重新配对产生了 DNA 滑脱,这样的 DNA 双链折叠形成了发夹状结构(图 3－6)。对于有可能产生错配而形成发夹状结构的序列来说,由于这些可进行重复扩增的互补链之间存在着差异,因此产生的滑链 DNA 是不对称的。例如,当(CTG)n·(CAG)n 重复转变成滑链结构时,CAG 重复序列主要是以随机成环的方式存在,而 CTG 重复序列主要是以发夹形式存在。这种结构的不对称性具有十分重要的生物学意义,因为一条链的重复序列通常比其互补链更容易产生异常结构。

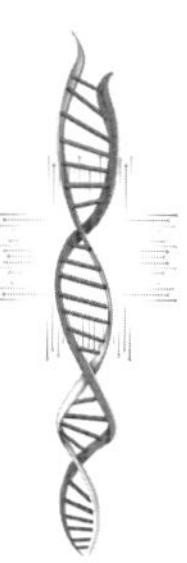

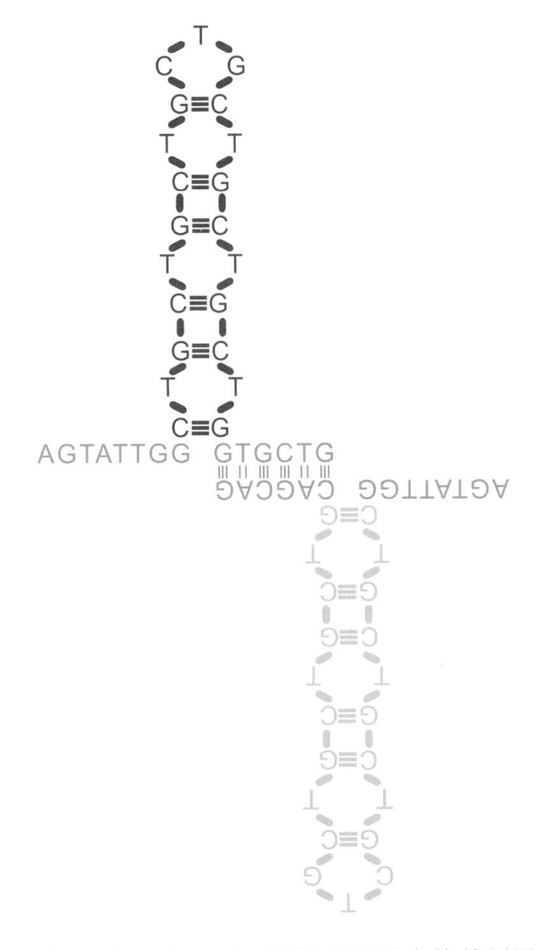

图 3-6 (CTG)*n*·(CAG)*n* 重复序列形成的单侧滑链结构

在双链 DNA 中,滑链结构(slipped-stranded structures)不是唯一的由重复序列形成的异常结构。在负超螺旋的影响下,(GAA)*n*·(TTC)*n*(同型嘌呤-同型嘧啶)重复序列扩增结构可以转化称为 H-DNA 的分子内三重螺旋结构(图 3-7);该重复序列也可以形成更长的 H-NDA 的异构体,称为粘性 DNA。粘性 DNA 的主要元件是一条复合三链(图 3-7),其中两条链必须在位置上相距较远,且还必须具有存在于环形 DNA 上的(GAA)*n*·(TTC)*n* 的重复序列,这样才能够满足构成这种复合三链的条件;第四股链的确切构象有待阐明。

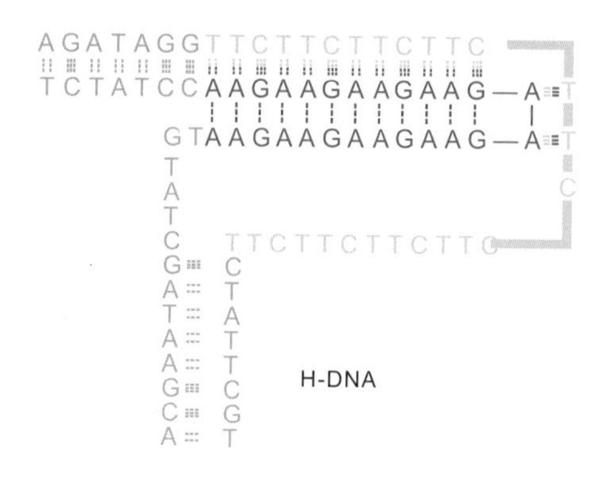

图 3－7　(GAA)*n*・(TTC)*n* 重复序列形成的 H-DNA 以及粘性 DNA

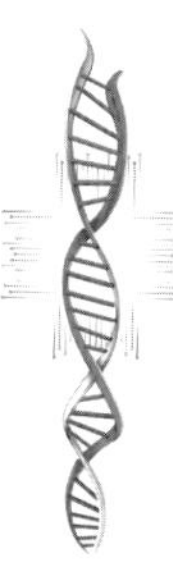

2. DNA 复制模型

通常情况下，我们认为可扩增重复序列的异常结构特征使得它们具有不稳定性。的确，没有结构形成倾向的重复序列具有更高的遗传稳定性。并且，长的串联重复序列等位基因常常被打断，这种现象可能是由于这些异常结构的不稳定性造成的。这些现象引出了以下观点，DNA 复制过程中的两条重复序列之间的错配，并以异常的重复序列滑链结构存在的形式，是导致重复序列不稳定的基础。在完成下一轮复制后，重复序列是扩增还是收缩取决于滑链结构所在的 DNA 链，如图 3－8 所示，在新生链上产生发夹结构会导致重复序列扩增(左图)，而在模板链上形成的发夹结构则会导致重复序列收缩(右图)。

图 3－9 所示为基于重复叉停滞以及重启的复制模型。当后随链的 DNA 复制跳过后随模板链上的发夹结构时，便产生了重复收缩(图的上半部分)。而重复扩增(图的下半部分)可以发生于复制叉的逆转和重启过程中，这导致了以先导链为模板的新生链上重复序列发夹结构的形成。而这些滑链中间体可以在遗传过程中形成，例如 DNA 生物复制、修复和重组，这些过程均涉及 DNA 链的分离。现有的实验可以证明，这三个生物遗传过程都能产生重复序列扩增。值得注意的是，这些异常结构在以上过程中只存在瞬时中间体，这使得我们很难通过直接检测的手段去了解这一过程。

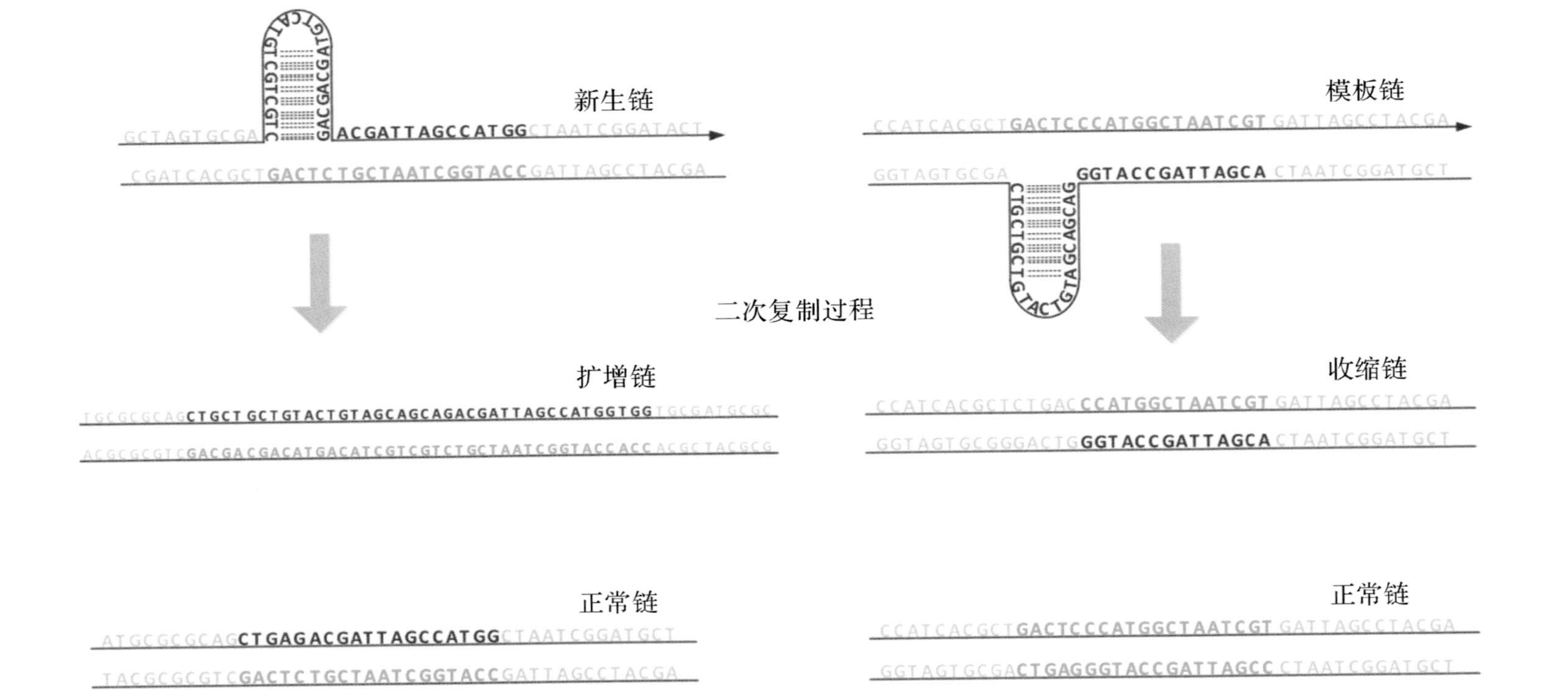

图 3－8　重复序列扩增与收缩

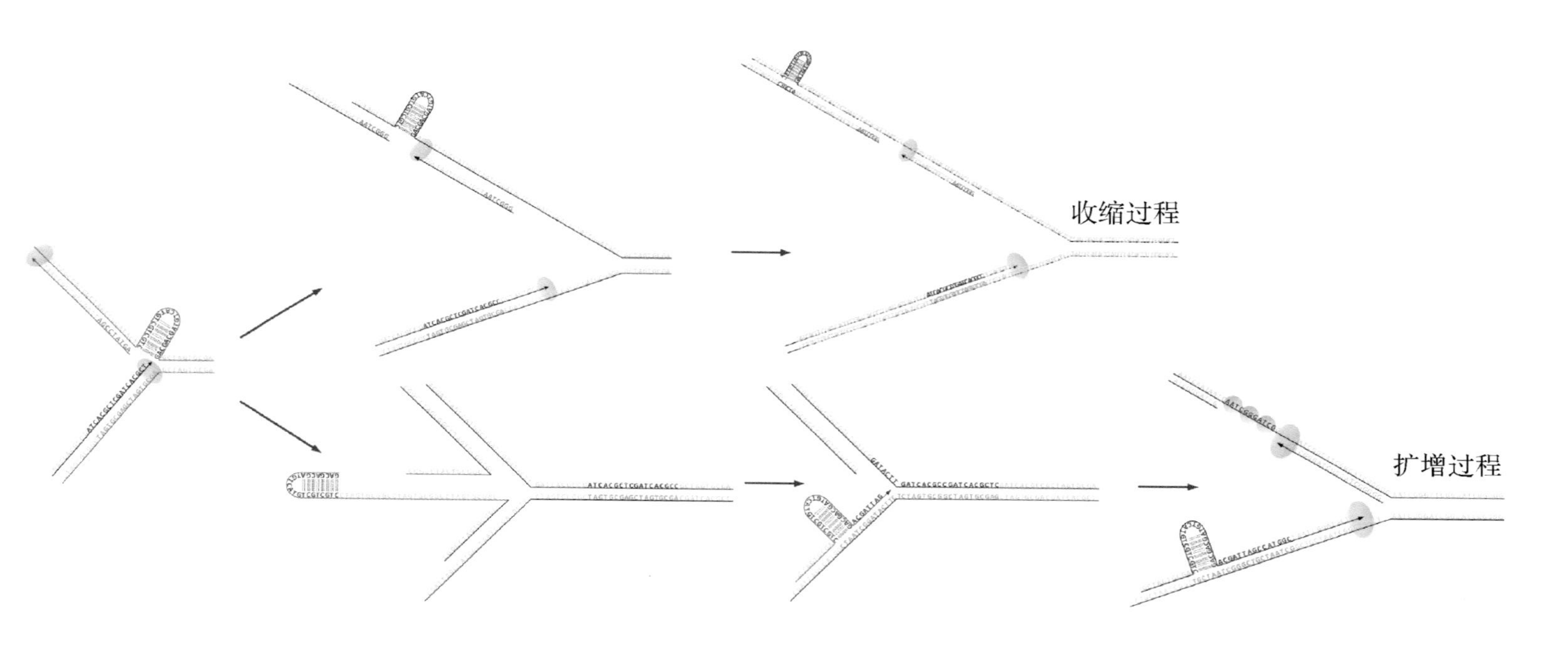

图 3－9　基于重复叉停滞以及重启的复制模型

此图中具有滑链结构倾向的链的复制过程用红色表示，互补链用绿色表示，侧翼DNA序列用淡灰色表示。DNA聚合酶用蓝色表示，冈崎片段的引物用蓝色字母串表示，单链DNA的结合蛋白用灰色的圆表示。

很多重复序列扩增的模型认为序列扩增发生在 DNA 复制过程中主要有两方面原因。首先，在没有大量 DNA 合成的情况下，DNA 重复序列的快速积累并不能够得到很好的解释。其次，在复制叉（replication fork）产生的过程中，一部分后随模板链即冈崎片段，总是以单链的形式存在。在这个区域内重复序列的出现，可以使得这条链比较容易折叠为一种罕见的二级结构。重复扩增 DNA 体外合成的研究也支持这种观点。在 DNA 体外合成的过程中，可扩增重复序列形成的异常 DNA 结构，使得多种 DNA 酶作用发生延缓。在偶然的情况下，这种延缓作用包含了重复序列 DNA 链产生错配，造成了重复序列的扩增或收缩。对细菌、酵母以及哺乳动物细胞的实验表明，可扩增重复序列（expandable repeats）的稳定性很大程度上取决于其相对于复制起点的方向。尽管这些研究在重要的实验细节以及给予的解释上不尽相同，但它们普遍认为，当具有结构倾向的重复序列为后随模板链时，不稳定性是最显著的。重复序列的稳定性也取决于它们到复制起点的距离。也就是说，结构倾向型重复序列作为后随模板链的功能以及重复序列距离复制起点的准确距离，是决定重复序列不稳定性的重要因素。

对酵母复制突变体的研究也非常有力地支持了重复序列扩增与 DNA 复制作用之间存在密切关系的这种说法。重复序列扩增和收缩的频率受到了几个蛋白质编码基因突变的显著影响，这几个基因编码的蛋白为瓣状核酸内切酶（flap endonuclease，EFN1），DNA 聚合酶-δ（DNA polymerase-δ），增殖细胞核抗原（proliferating cell nuclear antigen），钳位装载复合大亚基（the large subunit of the clamp-loading complex），解旋酶 Srs2（helicase Srs2，也被称为 hpr5）。这些蛋白质参与了后随链的合成，先导链与后随链合成之间的调节，以及复制叉的重启。这些基因发生的突变，特别是瓣状核酸内切酶基因的敲除，造成了很多微卫星 DNA 和小卫星 DNA 的不稳定；而解旋酶 Srs2 的敲除，只会影响可扩增重复序列。通过酵母研究发现，解旋酶 Srs2 在 DNA 复制后的修复期抑制了重复序列的扩增。因此可以得出结论，在复制叉发生传递后，留下了一些重复序列扩增的 DNA 中间体，如果这些中间体仍然处于未被修复的情况，那么它们就可以被转化成重复扩增的状态。

这种观点在对原核细胞和真核细胞的观察中得到验证，科学家们直接观察到复制叉通过扩增重复序列时的异常过程。在所有已研究的系统中，科学家发现了各种可扩增重复序列延迟复制叉的现象。几乎在所有的情况下，只要重复序列接近扩增的长度阈值，复制延迟的现象就会变得显而易见，而且当具有结构形成倾向的重复序列属于后随模板模板链的一部分时，这种现象将会变得更加显著。而在延迟位点区域附近，后随链看起来是在进行复制，这也暗示了后随模板链的合成问题。最后，复制延迟方向上的重复序列变得尤其不稳定。

科学家们基于这些数据和研究结果，提出了重复不稳定性的复制模型（图 3-9），这是一个基于延迟和重新启动的模型。在后随链模板的复制过程中，一个稳定的二级结构的形成，延迟了后随链的合成、打乱了与先导链之间的协同作用。这可能会导致先导链的继续合成；同时在跳过一个或多个冈崎片段后，后随链的合成就会得到恢复，然后在后随模板链的新合成链上留下一个缺口。如果 DNA 聚合酶参与了缺口的修复，并且跳过了后随模板链的重复序列的发夹结构，那么重复序列就会收缩或者减少。另外一种情形是，如果重复序列造成复制延迟，那么就会触发复制叉逆转，它将形成一个古怪的“鸡爪”结构，在该结构包含一个先导链新合成链的单链重复延伸，而这种结构非常容易形成发夹状折叠的构象。当逆转的复制叉返回到重启复制的状态时，额外的重复序列将会增加至前导链。

该模型可以在分子水平上解释重复序列扩增的一些遗传特征。首先，在后随模板链上异常二级结构的形成，更可能是由于复制运行的长度与冈崎片段长度相近造成的。因此，在不同重复序列的相似扩增阈值，看起来可以简单地反映真核冈崎片段的平均大小（约 200bp）。其次，在较长的重复序列中，从遗传学角度看，连续复制的延迟和重启会逐步增加它们的不稳定性。最后，在各种模型以及生物体中，重复序列扩大或缩小的倾向存在的差异，可以通过这些生物体内发生复制叉反转和复制叉旁路的不同概率进行解释。

3.2.2 核基因组的 STR 变异检测

短串联重复序列（STR）广泛分布于人类的基因组中，它作为遗传标记有着广泛的优点：突变率很高，符合孟德尔遗传，数量众多，在基因组分布均匀、DNA 片段比较小，以及有丰富的遗传多态性。STR 变异或者多态性表现在片段大小的差异，这些差异主要体现在重复单元个数的变化。由于 STR 在人类个体识别中所体现的显著差异，在制作基因图谱、连锁遗传分析、人类个体识别等领域具有越来越重要的作用。STR 的变异检测，首先在法医物证检验的领域发展起来，早在 20 世纪 80 年代，法医学家们就利用十几个 STR 位点的组合进行个体识别，实现了批量化、快速化检测。近年来，用 PCR 的方法对 STR 位点进行多态性的分型，STR 位

点扩增片段相近，扩增条件类似，能够进行多个位点的复合扩增，一次检验能获得较多的DNA多态性信息。在STR位点中，由于其核心重复序列的重复次数不同，一个STR位点具有多个等位基因，不同等位基因由于片段长度的差异可以利用电泳的方法进行分离，然后采用放射性同位素标记、银染或荧光标记等方法进行检测。对于一般的法医物证检验，可以采用商业化的检测试剂盒，如Identifiler、CODIS、PowerPlex PCR试剂盒。

STR作为群体遗传结构估算等遗传分析的重要遗传标记，其个数越多带来的信息越多，其推断的结果也就越准确，这样大量的，甚至全基因组的STR鉴定及分型的方法也就成为主要的需求。尽管STR应用广泛，但它在全基因组测序的研究中并没有作为常规分析，缺乏方便和强大的分析工具可能是其中的一个原因。同时，STR鉴定给主流的高通量测序分析方法带来了巨大的挑战。首先，并不是所有比对上STR位点的测序读长（read）都包含有用的信息。如果某个单一读长（single read）或成对读长（paired-end read）包含一个不完整的STR基因座，那么它只能为该STR位点提供一个重复序列长度的下界值。只有那些包含一个完整STR的测序读长才可以用于STR等位基因分型。其次，主流的比对工具，比如BWA，通常会用更长的运行时间来换取允许插入缺失的比对。如此一来，通过这些软件来进行STR分型，就会需要繁琐的允许插入缺失的比对以及过长的程序运行时间，即使对于重复单元为三核苷酸的STR来说，情况也是一样的。第三，STR基因座的PCR扩增可能带来假阳性，这是由于在扩增过程中DNA聚合酶会出现连续滑动现象，PCR中就可能会出现与模板长度不一样的扩增产物。PCR扩增是全基因组测序的文库构建的标准步骤，这样就要求STR分析方法应该建模来尝试消除这种干扰，以提高精确度。

这里，我们介绍一种利用全基因组测序数据检测STR的软件包——lobSTR，它是科学家M. Gymrek等人[1]开发的，并于2012年发表在国际知名期刊*Genome Research*上。如图3-10所示，该软件的算法包括三步。第一步，识别：快速扫描基因组文库，标记含有完整STR座位的测序读长，并记录STR序列特征。这种从头开始的程序，依赖于一种使用快速熵度量法寻找含有完整STR座位的测序读长，然后使用快速的傅里叶变换（Fourier transform）表征STR特征。第二步，比对：lobSTR使用分而治之法，通过把挑选出来的测序读长中的STR的侧翼序列比对到参考基因组上，来计算STR在基因组上的位置，并估算STR长度。在这里使用

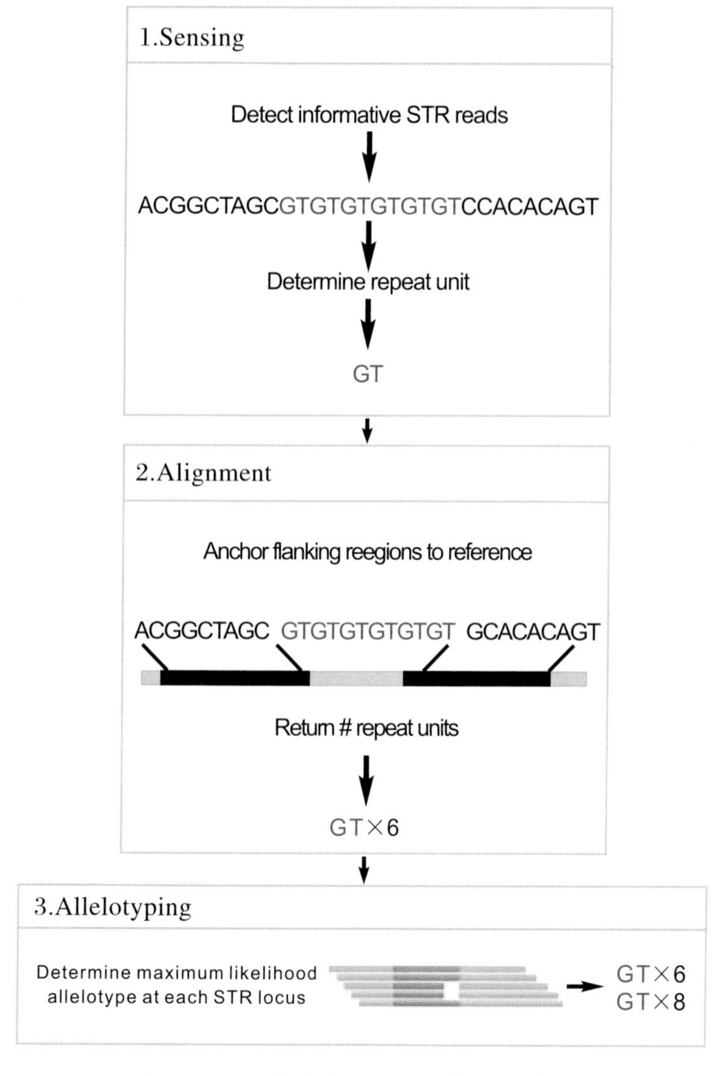

图 3－10　软件包 lobSTR 算法示意图

一种修饰过的参照物，利用从第一步筛选出来的信息来增加比对的特异性。这一步避免了主流的比对工具的繁琐的容许插入缺失的比对，而且重要的是，实际上这些比对软件没有考虑 STR 变异。第三步，分型：使用统计学方法，可以对基因组文库构建中 PCR 产生的 STR 变异的假阳性进行建模，以提高对真实等位基因的识别能力。

lobSTR 软件为鉴定 STR 变异提供了一个完整的解决方案，它的输入文件是采集原始的测序数据，输出结果是每一个可识别的 STR 基因座的等位基因。该软件的输入文件，是一个或更多的 FASTA/FASTQ 或 BAM 格式的测序数据；输出文件有两个，一个是包含 STR 的测序读长的比对文件（BAM 格式），另外一个是每个基因座位的等位基因（自定义制表符分隔的文本格式）。

3.2.3　STR 变异速率

非重复的真核细胞 DNA 序列，以每代每个核苷酸 10^{-8} 突变的速度变异。相对非重复序列，微卫星的突变率有几个数量级的增加，通常的速度是每代每个位点 10^{-4}～10^{-3} 突变。科学家们利用人类基因组比对和亲子鉴定的方法对许多不同位点进行分析，结果显示了更高的平均突变速率——每代每个配子约 2×10^{-3}（表 3-4）。然而，这些估算的数据不能直接用于其他生物，因为突变速率在物种之间可能是不同的，例如，在黑腹果蝇的平均突变速率明显较低（6×10^{-6}～9×10^{-6}）。造成物种之间这种差异的原因尚不清楚。

最近研究中的一项重要发现是，微卫星突变率在物种之间不止存在差异，而且差异极大，物种内部也是如此，也就是说，在同一物种的不同位点之间也存在差异。造成这种差异的一个主要因素是 STR 的长度。对大多数研究的物种来说，STR 位点的平均长度正比于其长度多态性的程度，这表明长 STR 比短的 STR 更易突变。有学者在不同位点上直接估算突变速率，其做法和结果支持并拓展了这个观点。重要的是，该观点进一步暗示，突变率对重复序列长度的依赖性这种规律可能适用于同一基因的不同等位基因，即长的等位基因突变更快。因此，同一 STR 基因座内的长等位基因表现出极高的突变率，例如，鸟类、果蝇和蚂蚁。此外，通过人的双核苷和四核苷酸 STR 的突变率的综合分析表明，等位基因的大小与突变的发生率呈正相关。这一正相关关系可以通过复制滑动理论得到合理的解释，即复制滑动在重复单元数多的重复序列上发生的概率更高、次数更多。

群体遗传分析需要估算 STR 突变速率，而 STR 突变速率的异质性为此带来了若干问题。重要的是，重复序列长度对突变速率的影响告诫我们，不要过分依赖于利用少量 STR 位点研究得出的平均突变率，因为这些估算数字未必能代表全基因组范围内的 STR 的变异速率。具体来说，在亲子鉴定中用于基因分型的 STR 位点可能在基因组内是最具多态性的位点。考虑到长度多态性与突变率之间的关系，这些 STR 位点可能比基因组平均突变速率更高。举例来说，我们将观测的 2×10^{-3} 的突变率（表 3－4）作为人类基因组中微卫星突变率的整体平均水平，可能有待验证。

表 3－4　人的平均 STR 突变速率

微卫星类型	突变率	位点数	突变数	参考文献
Y 染色体四核苷酸重复序列	3×10^{-3}	8	13	[3]
Y 染色体双核苷酸重复序列	2×10^{-3}	7	1	[3]
Y 染色体四核苷酸重复序列	2×10^{-3}	7	4	[4]
常染色体四核苷酸重复序列	2×10^{-3}	9	23	[5]
常染色体四核苷酸重复序列	1×10^{-3}	273	425	[6]
常染色体四核苷酸重复序列	2×10^{-3}	12	19	[7]
常染色体双核苷酸重复序列	6×10^{-4}	15	6	[7]
常染色体不同重复序列	1×10^{-3}	5	11	[4]

3.2.4　中华民族 STR 遗传特征

在这里，为了研究中华民族的 STR 多态性，我们将人类基因组多样性计划（HGDP）项目中部分涉及到中华民族基因组的数据进行统计，方便读者借助这一国际重大项目来对中华民族的 STR 多态性进行初步认识。

3.2.4.1　样本和 STR 位点的选择

HGDP 项目中涉及到中华民族基因组的研究成果是比较丰富的，如表 3－5 所示，项目中研究的部分成果也发表在 *Science*、*Plos Genetics* 等国际著名期刊杂志上[2-5]。从表 3－5 可以看出，虽然研究的 STR 位点数目一直在变化，但对于中华民族来说，研究的民族数和个体数没有发生较大变化，一直稳定在 15 个民族（汉族和北方汉族作为一个民族的两个群体）182 个个体左右。这里，我们从中选出一个阶段性研究成果来对中华民族的 STR 多态性进行分析和展示。

表 3-5 HGDP 项目各阶段研究内容总结

STR 位点数	民族个数	中华民族个数	中华民族人数	参考文献
377	52	15	183	[2]
783	53	15	182	[3]
627	44	15	182	[4]
645	267	15	182	[5]

在研究 STR 多态性问题时，民族的选择是否合理和科学，这关系到整个HGDP项目的合理性和科学性，是科学家首要考虑的问题。就世界范围内来讲，所选的民族必须有代表性，且在地理范围上分布合理。第 1 章的表 1-4，为我们展示了 HGDP 项目所选的民族在世界范围内的分布情况。从表中，我们可以看到HGDP项目所选的民族主要来自于非洲、欧洲、西亚、中南亚、东亚、大洋洲以及美洲本土。根据中华民族的地理分布以及亲缘关系等一系列影响因素，HGDP 项目抽样选择了包括汉族、傣族、达斡尔族、拉祜族、苗族、蒙古族、纳西族、畲族、土族、土家族、维吾尔族、锡伯族、彝族、赫哲族、鄂伦春族等 15 个民族。如图 3-11 所示，考虑到人口总数及其他因素，研究者们对汉族人口抽样最多，为 35 个个体；对

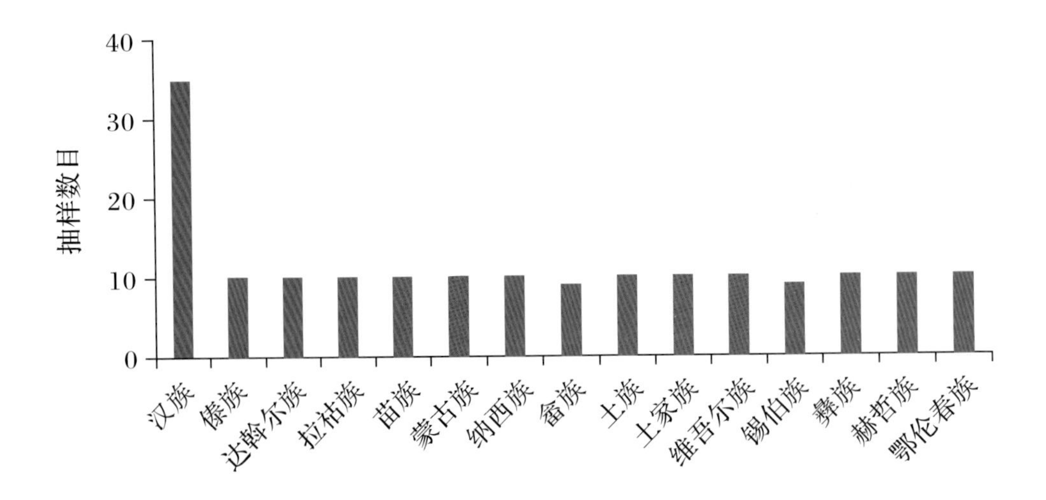

图 3-11 中华民族群体样本数目分布

畲族以及锡伯族抽样最少，各为 9 个个体；其余的民族各抽样 10 个个体。

STR 的一个重要指标是核心单元(core unit)的长度。在第 1 章介绍 STR 时，我们提到 STR 在核心单元长度一般为 2～10bp。HGDP 项目的一期研究成果于 2002 年发表在 *Science* 上，该研究选取了 377 个 STR 位点，主要是拥有 2bp、3bp 以及 4bp 核心单元的 STR 位点，主要以核心单元为 4bp 的 STR 位点为主[2]。如图 3－12所示，2bp 的重复序列有 45 个，占 12％；3bp 的重复序列有 58 个，占 15％；4bp 的重复序列有 274 个，占 73％。

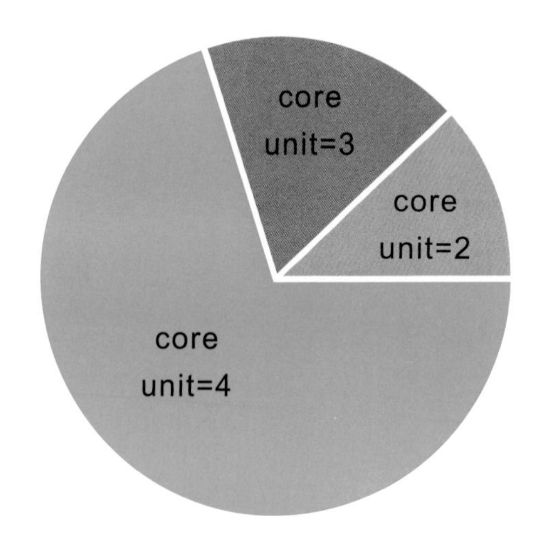

图 3－12　所选 STR 位点的不同重复序列核心单元碱基数分布图

该研究只选取了常染色体的 STR 位点，其数目在不同染色体上是不同的。1 号染色体的基因位点个数为 30，是 22 个染色体中基因位点个数最多的，而 21 号的基因位点个数为 7，是 22 个染色体中最少的。接下来，我们分析了这些位点在染色体上的分布：我们在 STR 数据库中找到了这些位点，它们有着以厘摩(cM)为单位的在染色体上的位置，我们按照各位点在染色体上的相对位置将位点在 1～22 号染色体上进行定位，画出位置分布图。图 3－13 中灰色矩形为各染色体，红色线条为 STR 位点，如图所示，这些 377 个位点在 22 条常染色体上分布得较为平均且距离相当。

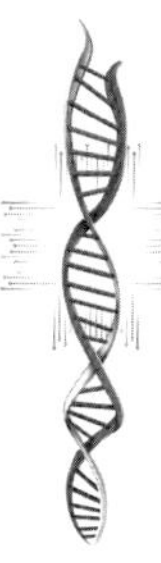

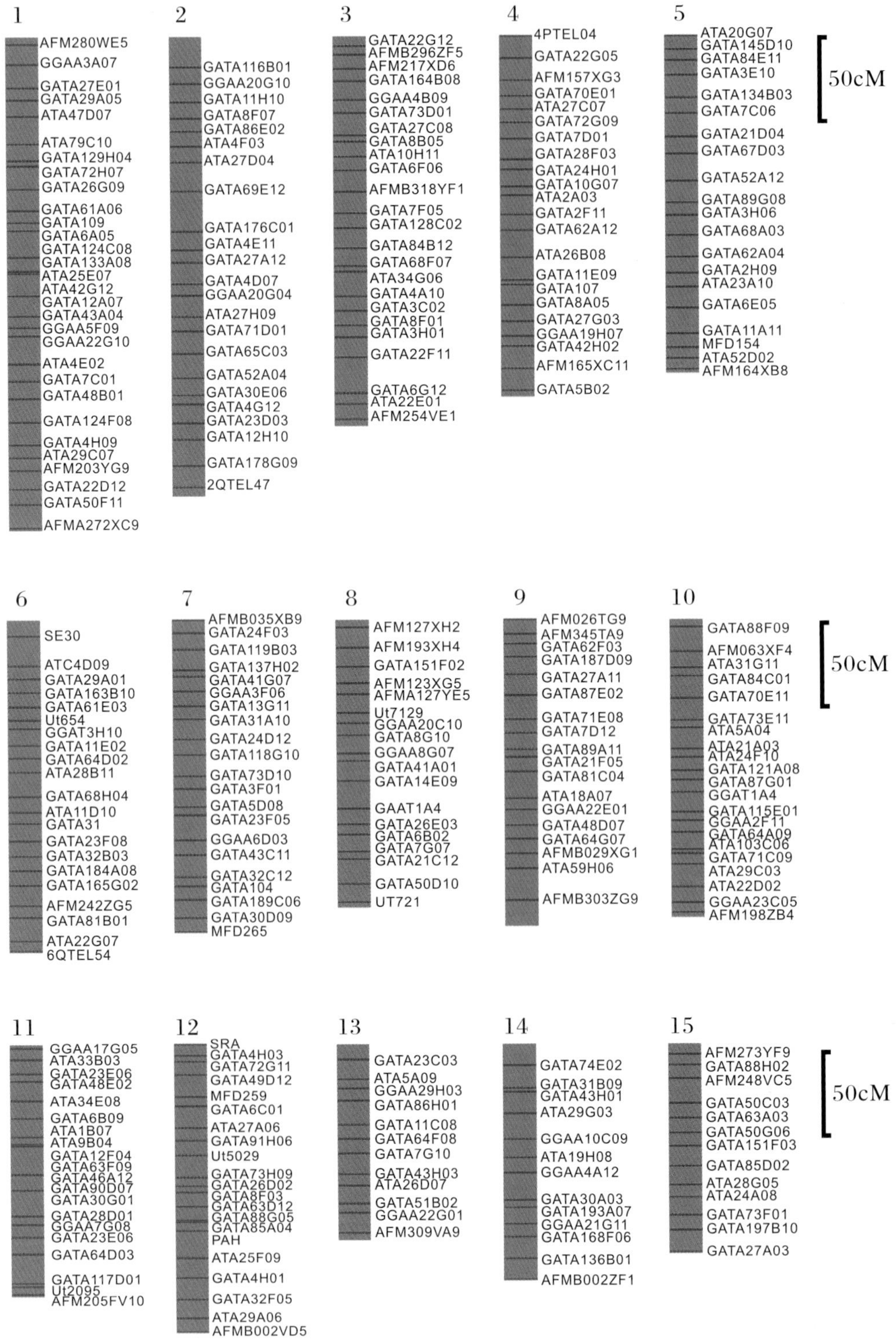

图 3－13　所选 STR 位点在常染色体上的位置分布*

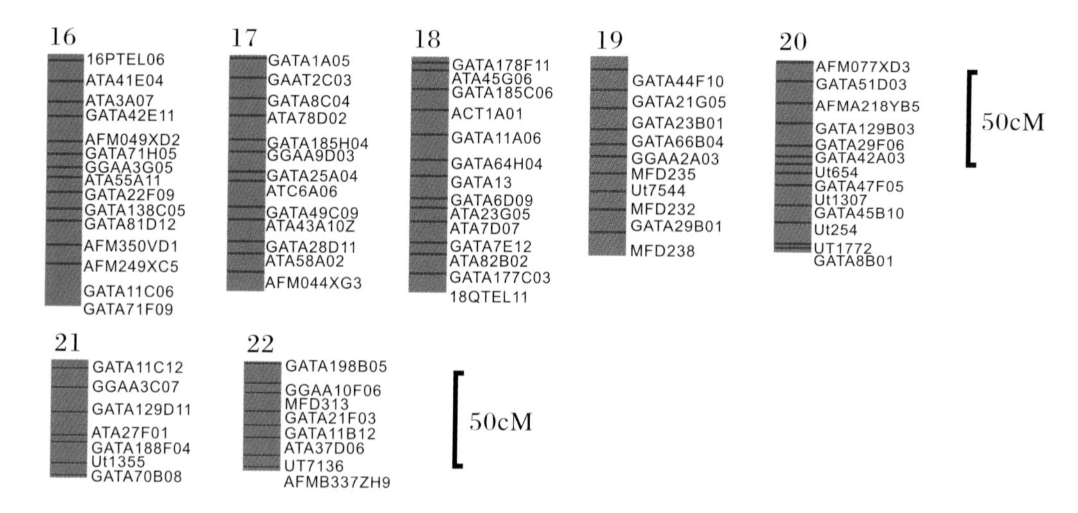

图 3-13(续) 所选 STR 位点在常染色体上的位置分布*

3.2.4.2 中华民族 STR 多态性

以上我们对 HGDP 项目中的样本和位点选择做了简单的介绍和展示，相信这些介绍和展示可以让读者比较直观地去了解这个宏伟的计划。下面的图表是我们针对 HGDP 项目的部分数据进行的总结和分析，希望这些工作可以为读者在认识中华民族 STR 多态性的内容上有所帮助。

1. 杂合度

在研究群体遗传变异时，科学家们会以群体的杂合度作为一个重要指标来进行分析。在群体遗传学中，杂合度(heterozygosity)指杂合个体在群体中的百分比。平均杂合度越高，意味着存在更高的等位基因多态性。这里，我们用下面的公式通过样本对群体的杂合度进行估算：$H_e=\frac{n}{n-1}(1-\sum_{i=1}^{N}P_i^2)$，其中 n 表示样本数目，P_i 为某 STR 位点的等位基因频率，N 表示该基因座的等位基因数目。我们将每个民族的 377 个位点的杂合度做了统一整合，并将每个位点的所有等位基因找出，做平均值处理。通过对群体总杂合度的总结和统计(如表 3-6 所示)，我们可

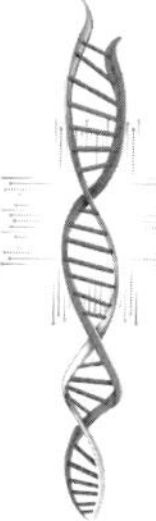

* 图中数据来自参考文献[2]。

以从宏观的角度对这些民族的多态性有个初步的认识。从表中可以看到,15个民族中杂合度最高的为锡伯族0.735,最低的为拉祜族0.699,所有的杂合度稳定在0.7左右。每个位点的等位基因数有所差异,汉族的平均等位基因个数相对较多,而拉祜族、畲族以及赫哲族的平均等位基因个数较少,说明汉族的基因位点多态性相对较高,而拉祜族、畲族以及赫哲族的多态性相对较低。

表3-6　群体杂合度统计

种群	样本量	杂合度	等位基因数(均值)
汉族	35	0.724	6.80
傣族	10	0.722	5.14
达斡尔族	10	0.731	5.22
赫哲族	10	0.718	4.95
拉祜族	10	0.699	4.80
苗族	10	0.717	5.16
鄂伦春族	10	0.723	5.10
畲族	9	0.709	4.88
土家族	10	0.718	5.17
土族	10	0.728	5.30
锡伯族	9	0.735	5.14
彝族	10	0.732	5.26
蒙古族	10	0.730	5.30
纳西族	10	0.713	5.07
维吾尔族	10	0.715	5.76

以上为宏观的数据展示,以下显示每个位点的杂合情况。我们将所有377个位点的杂合度单独计算,按照民族总体杂合度的大小将377个位点依次排列,并将

所有位点的杂合度分为4个区间，即绿色、蓝色、黄色和红色分别表示杂合度为0～0.67、0.67～0.76、0.76～0.81、0.81～1.00四个区间。结果展示在图3－14上，从图中可以看到，大部分的STR位点在民族之间都是有差异的，而杂合度大多集中在0.67～0.81之间。各个民族在杂合度较小和较大的区间差异不明显，但在杂合度为0.67～0.76以及0.76～0.81的区间上差异比较大。

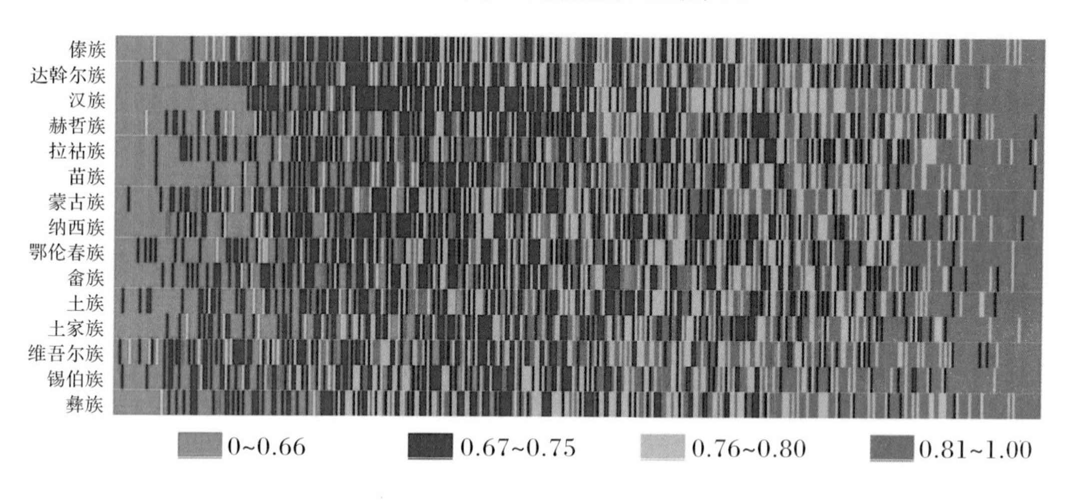

图3－14 所选STR位点的杂合度热度图*

通过上面的热度图，我们对各民族之间的杂合度差异有了一个直观的印象。那么，具体是哪些STR位点的杂合度在不同民族之间具有较大的差异呢？为了找寻这些位点，我们使用方差这个工具。由统计学原理可知，一组数据的方差越大，则这组数据参差不齐的程度也就越大，即这些数据之间的差异也就越大。我们将377个位点的杂合度的方差依次计算出，按照方差的大小进行排序。表3－7展示了方差最大的10个STR位点，从这些位点上可以看出民族在这些位点上的杂合度差异非常大。例如，苗族在D3S2409位点上的杂合度为0，即没有等位基因，而维吾尔族在该位点上的杂合度最高，达到了72%；在D6S1009基因位点上拉祜族的杂合度最低，不到10%，而土族和蒙古族在该位点上的杂合度高达80%。

* 图中数据来自参考文献[2]。

表 3－7　杂合度差异最大的 STR 位点列表

民族	STR 位点									
	D3S2409	D6S1009	D11S969	D6S2522	D17S1298	D6S1021	D4S1652	D20S103	D17S2195	D3S4523
傣族	0.19	0.72	0.19	0.48	0.35	0.57	0.59	0.28	0.75	0.28
达斡尔族	0.56	0.78	0.79	0.52	0.43	0.54	0.73	0.50	0.76	0.76
汉族	0.43	0.77	0.77	0.39	0.33	0.53	0.64	0.36	0.71	0.48
赫哲族	0.48	0.74	0.80	0	0.28	0.43	0.68	0.57	0.43	0.65
拉祜族	0.58	0.10	0.60	0.54	0	0.56	0.68	0.28	0.48	0.66
苗族	0	0.70	0.72	0.63	0.27	0.19	0.43	0.36	0.49	0.47
蒙古族	0.28	0.85	0.79	0.39	0.35	0.68	0.35	0.44	0.79	0.44
纳西族	0.35	0.58	0.79	0.39	0.56	0.55	0.53	0.44	0.73	0.58
鄂伦春族	0.66	0.82	0.75	0.53	0.10	0.67	0.74	0.43	0.42	0.59
畲族	0.29	0.75	0.70	0.65	0.39	0.31	0.48	0.37	0.78	0.56
土族	0.36	0.85	0.85	0.34	0.51	0.64	0.75	0.72	0.65	0.67
土家族	0.28	0.51	0.71	0.28	0.10	0.62	0.36	0.28	0.43	0.51
维吾尔族	0.72	0.79	0.69	0.48	0.42	0.36	0.81	0.51	0.74	0.67
锡伯族	0.54	0.76	0.81	0.60	0.45	0.50	0.65	0.73	0.59	0.48
彝族	0.50	0.82	0.75	0.41	0.29	0.30	0.52	0.59	0.56	0.46

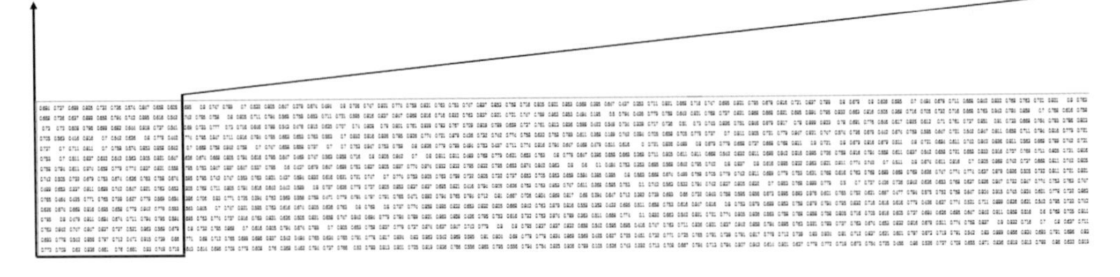

注：表中数据来自参考文献[2]。

2. 等位基因

接下来，让我们从等位基因的角度来观察 STR 多态性，以及民族间 STR 多态性的差异。对于单个位点来说，存在的等位基因个数越多，那么在这个位点表现出的多态性也就越高。我们将所有 STR 位点在 15 个民族中的等位基因一一找出，对每个位点所具有的等位基因个数进行了统计，从 STR 等位基因分布图(图 3－15)上可以看到，大部分 STR 位点的等位基因个数集中在 7 到 13 个之间，在这个范围内，一共有 330 个位点，占到总位点个数的 87.5%。

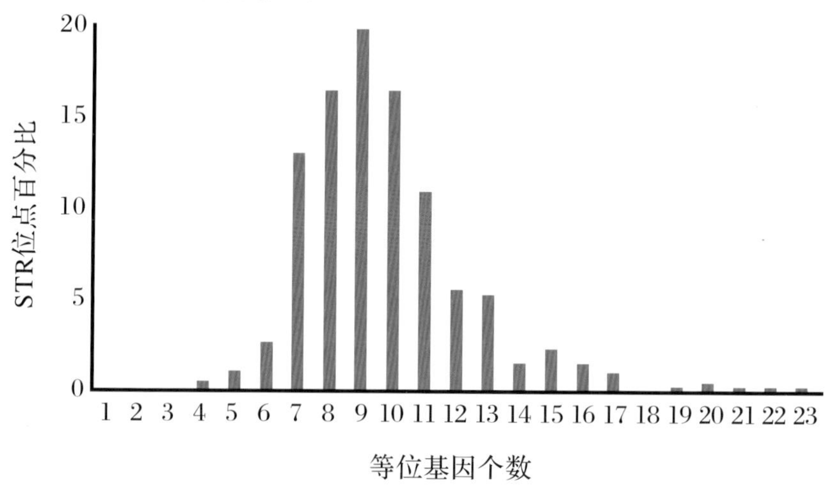

图 3－15　不同等位基因个数的 STR 的分布图*

民族之间的相同 STR 位点上等位基因个数可能会不同，有些民族具有某些 STR 位点的等位基因，而有些民族却不具有。在这 15 个民族中，有多少等位基因是所有民族共有的，而又有多少等位基因是一些民族独有的呢？这些信息对于研究中华民族 STR 多态性是非常有帮助的。我们进一步对等位基因在 15 个民族中的出现次数进行了统计。图 3－16 为我们呈现了等位基因在所有民族中总体的分布趋势：接近 500 个等位基因为一个民族特有的，超过 800 个等位基因出现在所有 15 个民族中，而其他各有不到 250 个等位基因出现在 2～15 个民族中。这张图，在民族间等位基因的差异的层面上，给了我们一个整体上的概况。随后，我们找到这些大约 500 个民族

* 图中数据来自参考文献[2]。

特有 STR 等位基因，在表 3－8 到表 3－22 中，我们展示了这里涉及的 15 个民族特有的等位基因，以及这些基因所在染色体和频率。

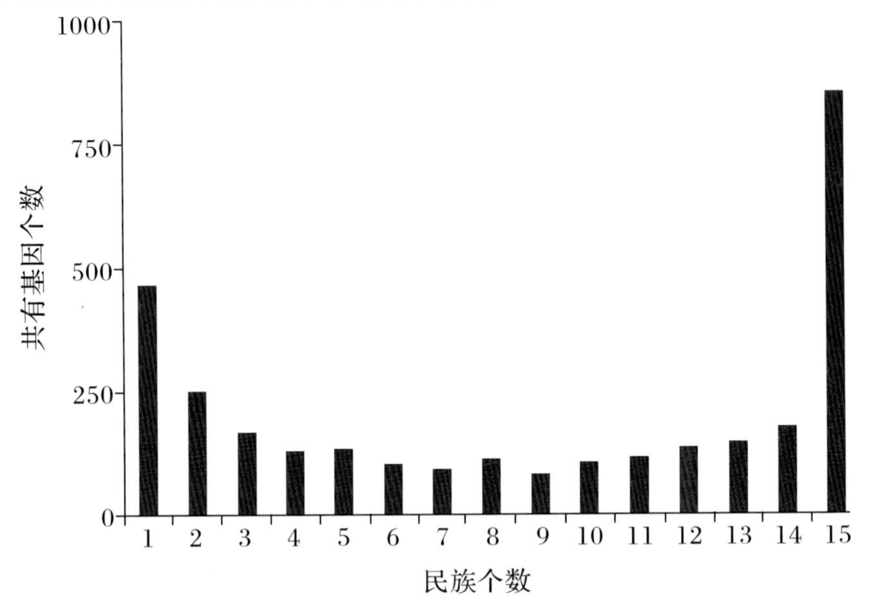

图 3－16　等位基因频率分布*

表 3－8　赫哲族特有等位基因

染色体	特有等位基因	频率	染色体	特有等位基因	频率
1	NA-D1S-4-196	0.05	15	D15S1507-200	0.05
2	D2S441-131	0.05	15	D15S165-208	0.05
3	D3S2403-272	0.05	16	D16S539-148	0.05
5	D5S817-276	0.05	18	D18S851-266	0.05
9	D9S1838-181	0.10	19	D19S589-189	0.10
12	D12S1045-103	0.05			

注：表中数据来自参考文献[2]。

* 图中数据来自参考文献[2]。

表 3－9　傣族特有等位基因

染色体	特有等位基因	频率	染色体	特有等位基因	频率
1	D1S2682-143	0.05	11	D11S4464-225	0.05
2	D2S1394-154	0.05	12	D12S269-127	0.05
3	D3S1764-261	0.05	14	D14S1434-236	0.05
3	D3S1768-182	0.10	14	D14S617-157	0.05
3	D3S2427-215	0.05	15	D15S822-310	0.05
4	D4S2394-259	0.05	17	D17S1290-222	0.05
9	D9S1779-154	0.05	17	D17S2195-180	0.05
9	D9S934-206	0.10	20	D20S159-326	0.05
10	D10S1225-196	0.05	21	D21S1446-231	0.05
10	D10S2327-228	0.05	22	D22S689-194	0.05

注：表中数据来自参考文献[2]。

表 3－10　拉祜族特有等位基因

染色体	特有等位基因	频率	染色体	特有等位基因	频率
1	D1S1589-199	0.05	8	D8S560-166	0.05
3	D3S2387-195	0.10	9	D9S1118-146	0.05
3	D3S2403-276	0.05	9	D9S2169-303	0.05
4	D4S2417-275	0.05	10	D10S1239-168	0.05
4	D4S403-231	0.05	10	D10S189-190	0.05
5	D5S1725-212	0.05	11	D11S969-153	0.05
5	NA-D5S-1-226	0.05	12	D12S1638-134	0.05
6	D6S2522-204	0.05	14	D14S1007-132	0.05
7	D7S1802-201	0.10	14	D14S606-262	0.10
7	D7S2204-213	0.05	15	NA-D15S-1-266	0.05
7	D7S2477-140	0.05	19	D19S1034-236	0.10

注：表中数据来自参考文献[2]。

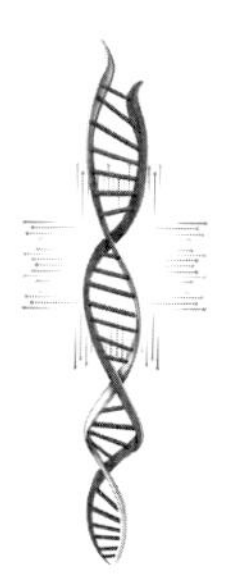

表 3－11　汉族特有等位基因

染色体	特有等位基因	频率	染色体	特有等位基因	频率
1	D1S1597-183	0.01	4	D4S408-237	0.01
1	D1S1660-222	0.01	4	NA-D4S-1-206	0.01
1	D1S3462-245	0.01	4	NA-D4S-1-162	0.01
1	D1S468-181	0.01	5	D5S1501-104	0.01
1	D1S534-194	0.01	5	D5S2500-145	0.01
1	D1S551-166	0.01	5	D5S2505-281	0.01
2	D2S1328-138	0.03	5	D5S2505-277	0.03
2	D2S1334-250	0.03	5	D5S817-261	0.01
2	D2S1400-123	0.01	6	D6S1031-269	0.01
2	D2S1788-175	0.01	6	D6S1040-289	0.01
2	D2S405-233	0.01	6	D6S1051-243	0.03
2	TPO-D2S-137	0.01	6	D6S2439-230	0.01
3	D3S1262-102	0.01	6	D6S305-206	0.03
3	D3S1560-259	0.01	7	D7S1808-244	0.01
3	D3S1746-248	0.01	7	D7S1808-280	0.01
3	D3S2387-219	0.04	7	D7S2477-170	0.01
3	D3S2387-223	0.01	7	D7S2477-174	0.01
3	D3S2418-87	0.01	7	D7S2477-154	0.01
3	D3S2418-120	0.01	7	D7S559-195	0.04
3	D3S2427-227	0.01	8	D8S1110-290	0.04
3	D3S2427-255	0.03	8	D8S1136-237	0.03
3	D3S4545-252	0.01	8	D8S2324-192	0.01
4	D4S1627-205	0.01	9	D9S1120-310	0.01
4	D4S1629-161	0.01	9	D9S1871-165	0.01

续表 3-11

染色体	特有等位基因	频率	染色体	特有等位基因	频率
9	D9S301-245	0.01	14	D14S1426-146	0.01
9	D9S930-274	0.01	14	D14S588-109	0.01
9	D9S934-234	0.03	15	D15S128-195	0.01
9	D9S938-397	0.01	15	D15S659-166	0.01
10	D10S1208-206	0.03	16	D16S2616-142	0.01
10	D10S1230-117	0.01	16	D16S3253-171	0.01
10	D10S1426-152	0.01	16	D16S422-212	0.03
11	D11S1981-138	0.01	16	D16S516-160	0.01
11	D11S1986-212	0.01	16	D16S516-176	0.04
11	D11S1986-256	0.01	17	D17S2193-122	0.01
11	D11S2000-201	0.01	17	NA-D17S-1-202	0.01
11	D11S2002-252	0.01	18	D18S542-202	0.01
11	D11S2006-335	0.01	18	NA-D18S-1-358	0.01
11	D11S2006-311	0.01	19	D19S245-191	0.01
11	D11S4459-243	0.01	19	D19S591-84	0.01
12	D12S1064-205	0.01	20	D20S1143-160	0.01
12	D12S1294-200	0.01	20	D20S1143-184	0.01
12	D12S1300-143	0.01	20	D20S159-318	0.03
12	D12S1300-111	0.01	20	D20S480-312	0.01
12	D12S1638-118	0.01	20	D20S481-221	0.01
12	D12S269-133	0.01	21	D21S1411-321	0.01
12	D12S373-196	0.01	22	D22S1045-146	0.03
13	D13S787-243	0.01	22	D22S683-204	0.03
14	D14S1007-134	0.01	22	D22S683-164	0.01
14	D14S1426-165	0.01	22	D22S689-216	0.01

注：表中数据来自参考文献[2]。

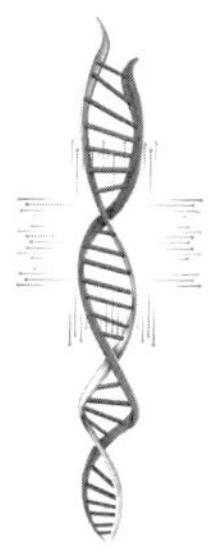

表 3－12 苗族特有等位基因

染色体	特有等位基因	频率	染色体	特有等位基因	频率
2	D2S2952-213	0.05	14	D14S1007-136	0.05
2	D2S434-258	0.05	15	D15S1515-196	0.05
4	D4S1625-214	0.05	16	D16S3253-191	0.05
4	D4S2367-151	0.05	16	D16S3401-181	0.05
4	D4S2431-218	0.05	17	D17S1290-218	0.10
5	D5S2500-137	0.05	17	D17S784-226	0.05
5	D5S2505-257	0.05	18	D18S1357-117	0.05
8	D8S1477-187	0.05	18	D18S1376-211	0.05
11	D11S1993-248	0.05	19	D19S254-114	0.05
12	D12S372-170	0.05	19	D19S586-254	0.05
13	D13S1807-214	0.05			

注：表中数据来自参考文献[2]。

表 3－13 纳西族特有等位基因

染色体	特有等位基因	频率	染色体	特有等位基因	频率
1	D1S2134-301	0.05	6	D6S1027-144	0.05
1	D1S549-169	0.05	7	D7S1818-171	0.05
2	D2S405-237	0.05	8	D8S1132-144	0.05
3	D3S2387-217	0.10	8	NA-D8S-1-148	0.05
3	D3S2403-280	0.05	14	D14S742-384	0.05
3	D3S2418-114	0.05	15	D15S659-170	0.05
3	D3S3039-284	0.10	15	NA-D15S-1-298	0.05
5	D5S1725-176	0.05			

注：表中数据来自参考文献[2]。

表 3－14　蒙古族特有等位基因

染色体	特有等位基因	频率	染色体	特有等位基因	频率
1	D1S1728-170	0.05	9	D9S1871-179	0.05
1	D1S2134-277	0.05	10	D10S1221-192	0.05
1	D1S3462-248	0.05	10	D10S1423-218	0.05
1	D1S518-223	0.05	10	D10S1435-244	0.05
1	D1S549-197	0.10	11	D11S2000-239	0.05
3	D3S1560-237	0.05	11	D11S969-157	0.05
3	D3S1766-208	0.05	12	D12S395-255	0.05
3	D3S1766-236	0.05	12	D12S395-259	0.05
3	D3S2432-122	0.05	14	D14S608-188	0.05
3	D3S3038-187	0.05	14	NA-D14S-1-335	0.05
3	D3S3045-204	0.05	15	D15S642-196	0.05
4	D4S2632-122	0.05	16	D16S3396-130	0.05
4	D4S2632-182	0.05	16	D16S422-210	0.05
4	D4S3360-178	0.05	16	D16S764-96	0.10
5	D5S1501-116	0.05	17	D17S784-224	0.05
5	D5S2501-338	0.05	20	D20S201-226	0.05
5	D5S408-242	0.05	21	D21S1437-123	0.05
6	D6S1027-123	0.05	22	D22S1169-136	0.05
7	D7S559-219	0.05			

注：数据来自参考文献[2]。

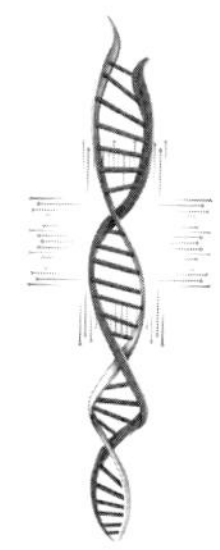

表 3－15　鄂伦春族特有等位基因

染色体	特有等位基因	频率	染色体	特有等位基因	频率
2	D2S2968-167	0.05	11	D11S2371-185	0.05
2	D2S2972-208	0.05	11	NA-D11S-1-147	0.05
3	D3S2427-247	0.10	13	D13S895-143	0.05
4	D4S1652-134	0.05	14	D14S587-286	0.05
4	D4S1652-145	0.05	16	D16S748-208	0.05
6	D6S1959-186	0.05	17	D17S2193-89	0.05
8	D8S1136-261	0.05	18	D18S1376-196	0.05
8	D8S503-228	0.05	18	D18S542-180	0.05
8	NA-D8S-1-152	0.05	19	D19S254-130	0.05
9	D9S1118-172	0.05	19	D19S591-92	0.05
9	D9S1122-186	0.05	20	D20S451-306	0.05
9	D9S1779-152	0.05	20	D20S481-205	0.05
9	D9S1779-156	0.05	21	D21S2055-113	0.05
9	D9S910-111	0.05	22	D22S686-192	0.05

注：表中数据来自参考文献[2]。

表 3－16　畲族特有等位基因

染色体	特有等位基因	频率	染色体	特有等位基因	频率
1	D1S534-198	0.06	9	D9S1825-119	0.06
2	D2S1356-234	0.06	11	D11S2363-285	0.11
5	D5S1501-90	0.06	13	D13S895-147	0.11
5	D5S408-252	0.06	15	D15S642-222	0.06
7	D7S820-204	0.06	16	D16S403-128	0.06
8	D8S2324-220	0.06	21	D21S1440-169	0.06
9	D9S1121-228	0.06			

注：表中数据来自参考文献[2]。

表 3－17　土族特有等位基因

染色体	特有等位基因	频率	染色体	特有等位基因	频率
1	D1S235-199	0.05	8	D8S1477-143	0.05
2	D2S1400-127	0.05	8	D8S560-164	0.05
2	D2S1776-288	0.05	9	D9S1779-138	0.05
3	D3S1560-231	0.05	9	D9S1825-143	0.05
3	D3S2387-207	0.05	11	D11S1984-210	0.05
3	D3S2387-215	0.05	11	D11S1998-161	0.10
3	D3S2398-262	0.05	11	D11S1998-137	0.05
4	D4S1625-210	0.05	11	D11S4464-253	0.05
6	D6S1021-156	0.05	12	NA-D12S-1-157	0.05
6	D6S2410-228	0.05	14	D14S617-153	0.05
6	D6S2439-262	0.10	15	D15S652-321	0.05
6	D6S474-147	0.05	16	D16S2624-128	0.05
6	D6S942-204	0.05	16	NA-D16S-1-168	0.05
6	D6S942-228	0.05	17	D17S1298-258	0.05
7	D7S1804-242	0.05	18	D18S1364-179	0.05
7	D7S3056-192	0.05	21	D21S1440-172	0.05
7	D7S3058-243	0.05	22	D22S683-162	0.05

注:表中数据来自参考文献[2]。

表 3－18　土家族特有等位基因

染色体	特有等位基因	频率	染色体	特有等位基因	频率
1	NA-D1S-4-181	0.05	9	D9S1118-176	0.05
2	D2S2944-100	0.05	9	NA-D9S-1-176	0.05
4	D4S2431-274	0.05	10	D10S212-202	0.05
6	D6S1040-265	0.05	12	D12S1045-82	0.05
7	D7S1808-276	0.05	18	D18S877-141	0.05
7	D7S1818-203	0.05	19	D19S254-154	0.05
7	D7S559-193	0.05	20	D20S482-171	0.05
7	D7S820-213	0.05	22	D22S683-170	0.05

注:表中数据来自参考文献[2]。

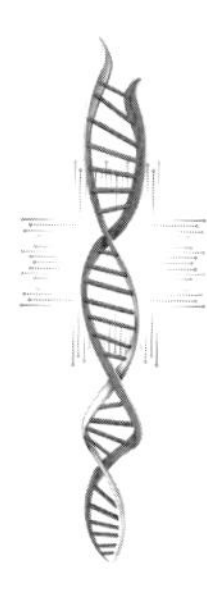

表 3－19　维吾尔族特有等位基因

染色体	特有等位基因	频率	染色体	特有等位基因	频率
1	D1S1728-174	0.05	9	D9S1779-134	0.10
1	D1S549-161	0.05	9	D9S922-243	0.05
2	D2S1360-164	0.10	9	D9S925-171	0.05
2	D2S410-156	0.05	9	D9S938-433	0.05
3	D3S1764-253	0.05	10	D10S1222-248	0.05
3	D3S1766-212	0.05	10	D10S1425-188	0.10
3	D3S2460-143	0.05	10	NA-D10S-2-240	0.05
4	D4S1625-186	0.05	11	D11S1304-176	0.05
4	D4S1644-186	0.05	11	D11S1993-227	0.05
4	D4S1652-154	0.05	11	D11S2363-253	0.05
4	D4S1652-126	0.05	11	D11S4459-258	0.05
4	D4S2397-129	0.05	14	D14S588-141	0.05
4	D4S2397-126	0.05	14	D14S599-125	0.05
4	D4S2417-251	0.05	14	D14S608-228	0.05
4	D4S2632-186	0.20	15	D15S165-194	0.05
5	D5S1457-101	0.05	15	D15S822-250	0.05
5	D5S2488-259	0.05	16	D16S422-178	0.05
5	D5S816-253	0.05	16	D16S516-162	0.05
5	D5S820-218	0.05	18	D18S1390-153	0.05
6	F13A1-D6S-218	0.05	18	D18S542-184	0.05
7	D7S3061-114	0.10	19	D19S254-110	0.05
8	D8S1128-228	0.05	19	D19S433-225	0.05
8	D8S261-126	0.05	21	D21S1411-277	0.05
8	D8S560-144	0.05	22	D22S1169-132	0.05
9	D9S1121-200	0.05	22	D22S683-208	0.05
9	D9S1779-136	0.05			

注：表中数据来自参考文献[2]。

表 3－20　锡伯族特有等位基因

染色体	特有等位基因	频率	染色体	特有等位基因	频率
1	D1S235-197	0.06	9	D9S925-203	0.06
1	D1S468-173	0.06	10	D10S1248-265	0.06
2	D2S434-286	0.06	10	D10S1430-176	0.06
3	D3S1560-261	0.06	11	D11S1986-192	0.06
3	D3S1768-214	0.06	13	D13S796-140	0.06
3	D3S2427-223	0.06	15	D15S643-197	0.06
6	D6S1017-179	0.06	18	D18S1371-137	0.06
6	D6S1056-259	0.06	19	D19S1034-240	0.06
6	NA-D6S-1-161	0.06	19	D19S246-197	0.06
7	D7S3046-354	0.06	19	D19S714-232	0.06
8	D8S262-116	0.06			

注：表中数据来自参考文献[2]。

表 3－21　彝族特有等位基因

染色体	特有等位基因	频率	染色体	特有等位基因	频率
1	D1S1609-162	0.05	9	D9S1838-177	0.05
1	D1S1665-243	0.05	9	D9S1871-153	0.05
2	D2S1384-169	0.05	9	NA-D9S-1-180	0.05
4	D4S1627-177	0.05	12	D12S1301-96	0.05
4	D4S2623-249	0.05	14	D14S592-219	0.05
4	D4S3243-154	0.05	14	D14S608-192	0.05
4	D4S3360-176	0.05	16	D16S3401-179	0.05
5	NA-D5S-1-253	0.05	16	D16S764-120	0.05
6	D6S1021-132	0.05	17	D17S1308-296	0.05
7	NA-D7S-1-181	0.05	17	D17S784-242	0.05
8	D8S261-144	0.05	19	D19S254-158	0.05
8	NA-D8S-1-127	0.05	21	D21S2055-145	0.05

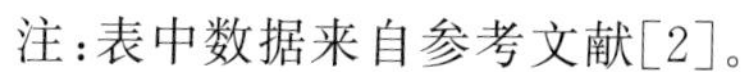
注：表中数据来自参考文献[2]。

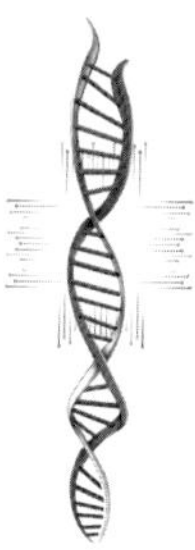

表 3－22　达斡尔族特有等位基因

染色体	特有等位基因	频率	染色体	特有等位基因	频率
1	D1S3721-196	0.05	8	D8S1128-272	0.05
1	D1S1612-152	0.05	9	D9S1871-167	0.05
2	D2S1790-280	0.05	9	D9S934-238	0.05
3	D3S3644-184	0.05	12	D12S2070-92	0.05
3	D3S4545-217	0.10	12	D12S1042-139	0.05
3	D3S1744-127	0.05	12	NA-D12S-1-233	0.05
3	D3S1746-271	0.05	13	D13S800-291	0.05
4	D4S403-219	0.05	15	D15S1515-200	0.05
4	D4S2394-235	0.05	15	D15S642-220	0.05
5	D5S2488-286	0.05	15	D15S643-213	0.05
5	NA-D5S-1-225	0.05	16	D16S3401-149	0.05
6	D6S2410-224	0.05	17	D17S1301-167	0.05
6	F13A1-D6S-223	0.05	18	D18S858-193	0.05
6	D6S1051-215	0.05	18	D18S1370-128	0.05
7	D7S1799-167	0.05	22	D22S1045-137	0.05
7	D7S821-238	0.05			

注：表中数据来自参考文献[2]。

3.3　核基因组的 SNP 多态性与民族遗传特征

在中华各民族群体中，核基因上存在着大量的 STR 变异（见 3.2 节），表示了在这些 STR 位点上存在着非常高的遗传多态性。中华各民族群体，在基因组的 SNP 座位上，其遗传多态性是什么样的呢？测序技术的发展，尤其是第二代测序技术的出现，使得科学家们鉴定群体的基因组水平上的 SNP 成为了可能。科学家 J. Z. Li 等人[6]利用人类基因多样性的芯片（human genome diversity panel）对包含中国 15 个民族（汉族和北方汉族作为汉族的两个群体）的 52 个群体进行了 SNP

的分型。这个芯片,包含了大约 65 万个 SNP 座位。为了展示中华民族的 SNP 遗传特征,我们就这 65 万个 SNP 进行分析并展示中华民族的遗传特征。

3.3.1 基因组 SNP 的检测

测序技术的出现和发展为遗传变异检测带来了机遇,而人类基因组 DNA 序列解读的完成,极大地推动了人类的单核苷酸多态性及基因型的检测。检测 SNP 的方法很多,这里只介绍利用测序数据进行 SNP 的检测,检测流程展示在图 3-17中。

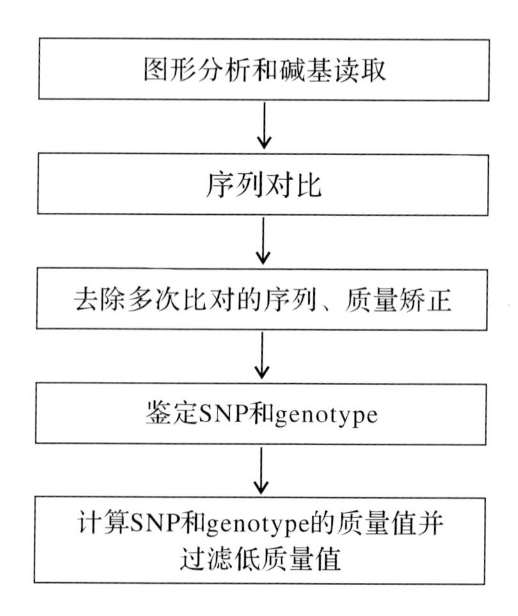

图 3-17 利用 DNA 测序技术进行单核苷酸多态性检测的流程

如图所示,第一步,在测序仪器上读取信号如 Sanger 测序产生的峰图和第二代测序技术产生的高密度碱基信号图,分析图形、荧光信号(如 Illumina 平台),或者碱基的电信号(如 PGM 平台),以便读取碱基;第二步,把测序的片段比对到参考基因组上,这一步是一个比较复杂的过程,有很多软件包可以实现,例如 MEGABLAST(适用于长片段)、SOAP(适用于短序列)等;第三步,过滤比对的结果,最为主要的是去除比对到 DNA 序列多个位置的测序片段,尤其是那些因为比对相似性差异不大而很难确定该序列是来自基因组的哪个位置的序列,这一步能

降低假阳性,此外还需要根据错误率对质量值进行校正;第四步,依据 SNP 和 genotype的定义,对 DNA 序列上的每个碱基鉴定该个体的等位基因和基因型;最后,根据错误概率计算 SNP 和 genotype 的质量值,把质量值低的结果过滤掉。

SNP 的检测是随着 DNA 测序技术的发展而进步的。在 DNA 测序技术发明之后,科学家们就完成了一些单核苷酸多态性的检测,不过主要的人类的单核苷酸多态性的检测结果是在人类基因组计划(HGP)开始之后完成的。人类基因组计划在等级鸟枪法(hierarchical shortgun)的测序策略上,采用重叠(overlap)的组装策略,即 BAC 之间进行比对、利用两个 BAC 的重叠部分把这两个 BAC 组装成更长的片段;组装时人们发现,BAC 之间重叠的部分并不是完全相同的,有些以单碱基为主的差异,这些差异主要是两个 BAC 来自不同单倍体造成的。截至 2001 年,在组装人类基因组的同时,人类基因组团队鉴定了大约 10 万个候选 SNP。国际单核苷酸多态性图谱工作团队(The International SNP Mapping Working Group),也提交了大约 10 万个候选 SNP。该团队使用的 DNA 样本来自 450 个美国居民,这些美国居民的祖先来自世界各大洲的 24 个民族,其中有 108 个个体来自亚洲。这个团队利用了全基因组鸟枪法(whole genome shortgun)的策略,利用第一代测序技术进行测序,使用 MEGABLAST 软件包把测序的片段比对到人的参考基因组上,进而得到 SNP。

国际人类单倍型图谱计划(The International HapMap Project),则在更大的群体中鉴定基因型、等位基因频率和连锁类型。计划总共包括三个阶段:第一阶段,对来自 4 个群体的 269 个个体(其中包括 45 个来自北京的汉族人),利用 SNP 数据库中次等位基因频率(minor allele frequency)大于 0.05 的 SNP 位点,利用芯片技术鉴定了大约 1 兆个基因型、等位基因频率及相关数据,并对 10 个 0.5 兆碱基的片段在该群体中进行了测序和基因型鉴定,数据在 2005 年 10 月发布;第二阶段,利用芯片技术对上述群体进行了更多的基因型分型,其鉴定的 3.1 兆基因型、等位基因频率及其他相关数据在 2007 年 10 月发布;第三阶段,对来自 11 个群体的 1184 个个体(其中包括 168 个来自北京的汉族人和 170 来自美国丹佛市的汉族人),利用芯片技术鉴定了大约 1.6 兆个基因型、等位基因频率及相关数据,并对 10 个 0.1 兆碱基的片段在该群体的亚群中(692)进行了测序和基因型鉴定,数据在 2009 年春天发布。国际人类单倍型图谱计划主要用到了生物芯片技术进行鉴定 SNP,这里的芯片主要是指寡核苷酸微阵列(oligonucleotide microarray),即把探针单元集成在微型器件(例如硅片)上,利用核苷酸碱基间的互补配对,检测每个探针分子的杂交信号(如用荧光标记检测荧光信号)进而获取样品的碱基信息。

千人基因组计划(The 1000 Genomes Project),依托中国深圳华大基因研究院、英国桑格研究所、美国的国立卫生研究院(NIH)下属的美国人类基因组研究所,自2008年1月22日启动,利用测序技术(主要是第二代测序技术),开展全基因组测序,旨在绘制人类基因组遗传多态性图谱。首先,该计划对来自4个民族的179个个体进行了低深度全基因组测序(测序深度为2~6倍基因组),其中包括30个居住在北京的汉族人,对来自两个家庭的6个个体进行了高深度全基因组测序(平均测序深度为42倍基因组),对来自7个民族群体的697个个体进行外显子测序(共测序906个基因的8420个外显子,平均深度大于50倍基因组),得到15兆的SNP,这些SNP的等位基因频率(allele frequency)大于1%,此外还得到1兆的短插入缺失突变(short insertions and deletions)和2万个大的结构变异(structural variation),数据于2010年10月发布。该计划随后对来自14个民族群体的1092个个体开展了基因组测序,其中包括97个居住在北京市的中国汉族人和100个居住在湖南省或者福建省的南方汉族人,得到38兆的SNP、1.4兆的短插入缺失突变和0.14兆的结构变异。分析结果显示,不同群体携带不同的稀有突变(rare variations)、高频突变(common variations)和低频突变(low-frequency variants)。目前该项目还在进行中,更多个体将被测序,从而在更大程度上解读人类群体中的变异。

这些大的国际项目以及其他项目产生的单核苷酸变异的数据,主要存放在单核苷酸多态性数据库(dbSNP)上。这些变异数据可用来做群体遗传学分析、功能分析、药物基因组学(pharmacogenomics)分析、关联分析(association studies)和进化相关分析(evolutionary studies)。

3.3.2 中华民族的基因组SNP遗传特征

为了展示中华民族的SNP遗传特征,这里我们对人类基因组多样性计划所涉及的中华民族的SNP数据进行统计分析,方便读者借助这一国际重大项目来对中华民族的SNP多态性进行初步认识。科学家J. Z. Li等人利用人类基因多样性的芯片(human genome diversity panel)对包含中国15个民族的52个群体进行了SNP的分型(表3-23),并进行了群体的SNP遗传特征分析和遗传结构推断,其成

果于2008年发表在*Science*上[6]。这个芯片包含了大约65万个SNP座位，本小节就这65万个SNP进行分析并展示中华民族的遗传特征。

表3-23 群体样本信息

民族	区域	男性人数	女性人数	总人数	备注
San	非洲	5		5	
Biaka Pygmies	非洲	22		22	
Mbuti Pygmies	非洲	11	2	13	姆布蒂人
Bantu	非洲	18	1	19	班图人
Mandenka	非洲	15	7	22	
Yoruba	非洲	11	10	21	约鲁巴人
Bedouin	中东	26	19	45	贝都因人
Druze	中东	12	30	42	德鲁士人
Mozabite	中东	19	8	27	
Palestinian	中东	16	30	46	巴勒斯坦人
Tuscan	欧洲	5	2	7	托斯卡纳人
Sardinian	欧洲	16	12	28	
Italian	欧洲	7	5	12	意大利人
French	欧洲	12	16	28	法国人
Basque	欧洲	16	8	24	巴斯克人
Orcadian	欧洲	7	8	15	
Russian	欧洲	16	9	25	俄国人
Adygei	欧洲	7	10	17	阿迪格人
Makrani	中南亚	20	5	25	莫克兰人
Balochi	中南亚	24		24	俾路支人
Brahui	中南亚	25		25	布拉灰人
Kalash	中南亚	18	5	23	卡拉什人
Pathan	中南亚	18	4	22	
Sindhi	中南亚	20	4	24	信德人
Burusho	中南亚	20	5	25	

续表 3-23

民族	区域	男性人数	女性人数	总人数	备注
Hazara	中南亚	22		22	哈扎拉人
Uygur	东亚	8	2	10	维吾尔族
Oroqen	东亚	6	3	9	鄂伦春族
Hezhen	东亚	5	4	9	赫哲族
Daur	东亚	7	2	9	达斡尔族
Mongola	东亚	7	3	10	蒙古族
Xibo	东亚	8	1	9	锡伯族
Tu	东亚	7	3	10	土族
Naxi	东亚	6	2	8	纳西族
Yizu	东亚	9	1	10	彝族
Han	东亚	16	18	34	汉族
Tujia	东亚	9	1	10	土家族
Miaozu	东亚	7	3	10	苗族
She	东亚	7	3	10	畲族
Dai	东亚	7	3	10	傣族
Lahu	东亚	7	1	8	拉祜族
Japanese	东亚	21	7	28	日本人
Cambodian	东亚	6	4	10	柬埔寨人
Yakut	东亚	18	7	25	雅库特人
Papuan	大洋洲	13	4	17	巴布亚人
Melanesian	大洋洲	4	7	11	美拉尼西亚人
Pima	美洲	8	6	14	比马人
Maya	美洲	2	19	21	玛雅人
Colombian	美洲	2	5	7	哥伦比亚人
Karitiana	美洲	5	8	13	
Surui	美洲	4	4	8	苏鲁族

1. SNP 的位点特征

我们先来看一下这个科学研究选用的 SNP 位点。科学家们选用了 660918 个 SNP 座位，其中包括 163 个线粒体基因的 SNP、16497 个性染色体核基因组 SNP、644258 个常染色核基因组 SNP。不同染色体的 SNP 个数是不同的。如图 3－18 所示，2 号染色体有着最多的 SNP，个数为 53765，Y 染色体的 SNP 个数最少，仅有 10 个。所选用的 SNP 不仅仅在染色体之间有差异，其在同一染色体上的分布也是不同的。如图 3－19 所示，黄色、红色、紫色表示 SNP 位点比较密集的部分，这些颜色在染色体上的分布是不均匀的，这代表了 SNP 在染色体上的分布也是不均一的。

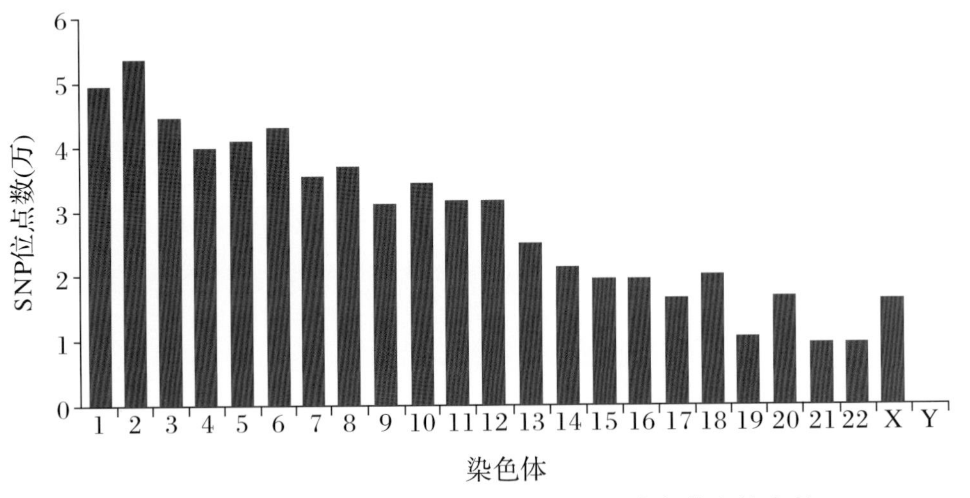

图 3－18　研究中所选的 SNP 位点在不同染色体上的个数

在这项研究中，科学家们通过把黑猩猩的测序数据比对到人的基因组上来定义出基因组每个位置上的基因型和等位基因，比较人类群体的基因型和黑猩猩的基因型进而定义出祖先等位基因(ancestral allele)，科学家们总共定义出了芯片上 95.5% SNP 位点的祖先等位基因。然后，科学家们比较了各个民族或群体中的祖先等位基因频率(ancestral allele frequency)的分布，发现约鲁巴(Yoruban)这个民族有着较多的高频祖先等位基因(频率>0.6)的 SNP 位点，见图 3－20 的左上角的子图；相对于约鲁巴和法兰西民族(French)而言，汉族(北方汉族和汉族数据合在一起)有着较多的低频祖先等位基因的 SNP 位点，而且汉族有着较多的频率为 100%的祖先等位基因的 SNP 位点，见图 3－20 的左下角的子图；相对于其他民族，日本民族的祖先等位基因频率分布和中国汉族的祖先等位基因频率分布比较相似。

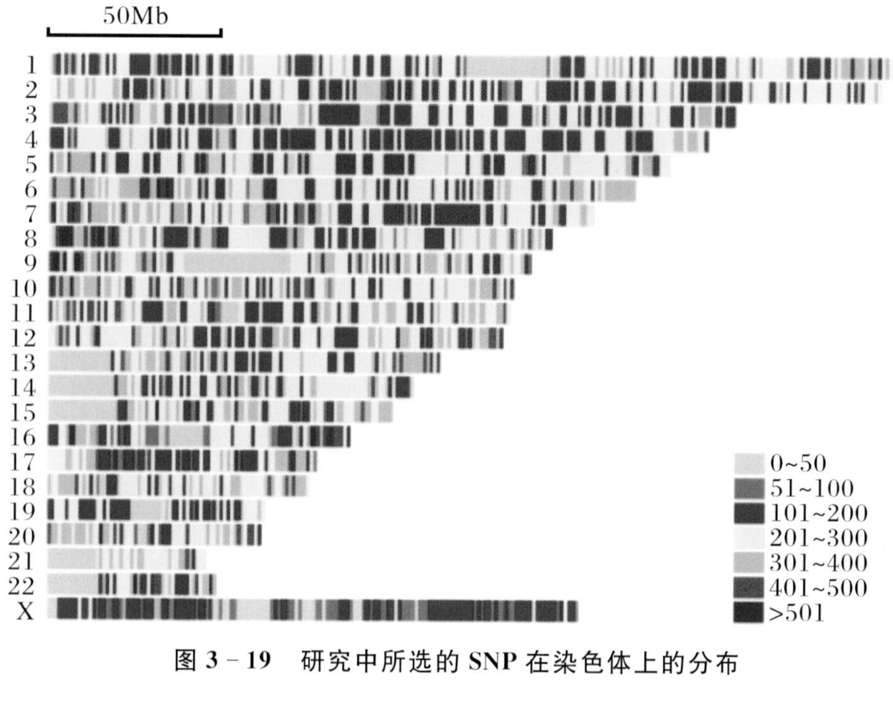

图 3－19　研究中所选的 SNP 在染色体上的分布

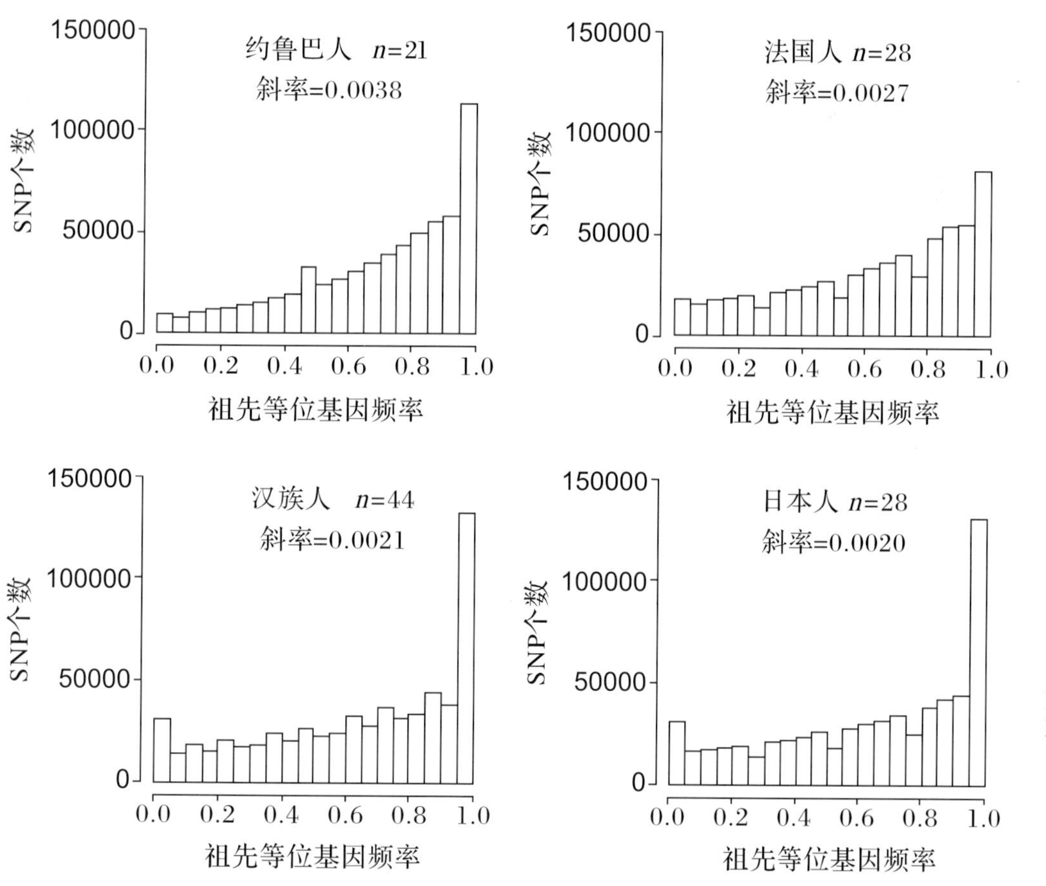

图 3－20　祖先等位基因频率在民族间的比较

2. SNP 的民族特征

我们分析了中华民族相对于其他 36 个民族来说特异性的 SNP 位点。在全部的 65 万个 SNP 位点中，可能有些 SNP 位点在 15 个中华民族中没有检测到多态性，我们扫描了全部位点并找到了 56421 个这样的位点，这些位点上 15 个中华民族的所有个体有着相同的基因型。我们进一步就这些 SNP 位点按照中华民族的基因型进行了分类，发现最多的基因型是 CC 或者 GG，这两种基因型的 SNP 位点各自大约为 1.5 万个，而基因型为 AA 或 TT 的 SNP 位点各自为 1.2 万个；如果考虑到其他 36 个民族的基因型，其详细的分类见表 3－24。

表 3－24 中华民族没有多态性的 SNP 座位

中华民族的基因型	其他民族的基因型	SNP 位点个数	中华民族的基因型	其他民族的基因型	SNP 位点个数
GG	AA,GG	16	AA	AA,AC	510
GG	AG,GG	2562	AA	AA,AG	2101
GG	GG,TG	563	AA	AA,CC	1
GG	GG,TT	3	AA	AA,GG	21
GG	AA,AG,GG	9948	AA	AA,AC,CC	1947
GG	GG,TG,TT	2194	AA	AA,AG,GG	8278
TC	TC,TT	1	CC	AC,CC	570
TT	CC,TT	28	CC	CC,TC	2630
TT	GG,TT	1	CC	CC,TT	12
TT	TC,TT	2090	CC	AA,AC,CC	2236
TT	TG,TT	487	CC	CC,TC,TT	9986
TT	CC,TC,TT	8255			
TT	GG,TG,TT	1981			

我们不仅找到了中华民族特有的没有多态性的 SNP 位点，同时也扫描到了中华民族有多态性、其他 36 个民族没有多态性的 SNP 位点。在这个研究公布的数据中，我们共找到 3 个中华民族特有的 SNP 位点，如表 3－25 所示，它们是

rs1042178、rs17153827 和 MitoA4825G。在 rs17153827 位点上，中华民族的多态性比较高，多达 11 个民族有着第二个等位基因，最高的等位基因频率发生在拉祜族(为 12.5%)。而线粒体 SNP 位点 MitoA4825G，其第二个等位基因 G，出现在蒙古族、土家族和土族群体中。

表 3－25　中华民族特有的 SNP

SNP 座位	民族	基因型 1	人数	基因型 2	人数
rs1042178	Xibo	AA	9	—	—
rs1042178	Yi	AA	10	—	—
rs1042178	She	AA	10	—	—
rs1042178	Mongola	AA	10	—	—
rs1042178	Naxi	AA	8	—	—
rs1042178	Hezhen	AA	8	—	—
rs1042178	Uygur	AA	10	—	—
rs1042178	Lahu	AA	8	—	—
rs1042178	Oroqen	AA	9	—	—
rs1042178	Dai	AA	10	—	—
rs1042178	Tujia	AA	10	—	—
rs1042178	Tu	AA	9	AG	1
rs1042178	Han	AA	34	—	—
rs1042178	Miao	AA	10	—	—
rs1042178	Daur	AA	9	—	—
rs17153827	Xibo	AA	9	—	—
rs17153827	Yi	AA	9	AG	1
rs17153827	She	AA	9	AG	1
rs17153827	Mongola	AA	9	AG	1
rs17153827	Naxi	AA	7	AG	1
rs17153827	Hezhen	AA	8	—	—

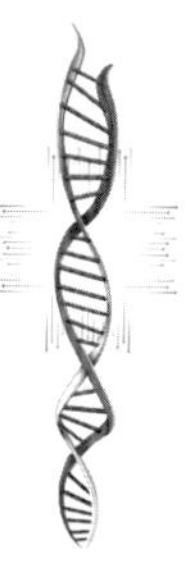

续表 3 - 25

SNP 座位	民族	基因型 1	人数	基因型 2	人数
rs17153827	Uygur	AA	9	AG	1
rs17153827	Lahu	AA	6	AG	2
rs17153827	Oroqen	AA	9	—	—
rs17153827	Dai	AA	8	AG	2
rs17153827	Tujia	AA	8	AG	2
rs17153827	Tu	AA	10	—	—
rs17153827	Han	AA	30	AG	4
rs17153827	Miao	AA	8	AG	2
rs17153827	Daur	AA	8	AG	1
MitoA4825G	Xibo	AA	9	—	—
MitoA4825G	Yi	AA	9	—	—
MitoA4825G	She	AA	10	—	—
MitoA4825G	Mongola	AA	6	GG	1
MitoA4825G	Naxi	AA	5	—	—
MitoA4825G	Hezhen	AA	8	—	—
MitoA4825G	Uygur	AA	10	—	—
MitoA4825G	Lahu	AA	7	—	—
MitoA4825G	Oroqen	AA	9	—	—
MitoA4825G	Dai	AA	10	—	—
MitoA4825G	Tujia	AA	8	GG	1
MitoA4825G	Tu	AA	9	GG	1
MitoA4825G	Han	AA	32	—	—
MitoA4825G	Miao	AA	8	—	—
MitoA4825G	Daur	AA	9	—	—

最后，我们分析了中华民族有多态性的SNP位点在哪些中华民族中出现。我们先把SNP按照在多少个民族中出现多态性进行了分类，结果展示在图3-21中。

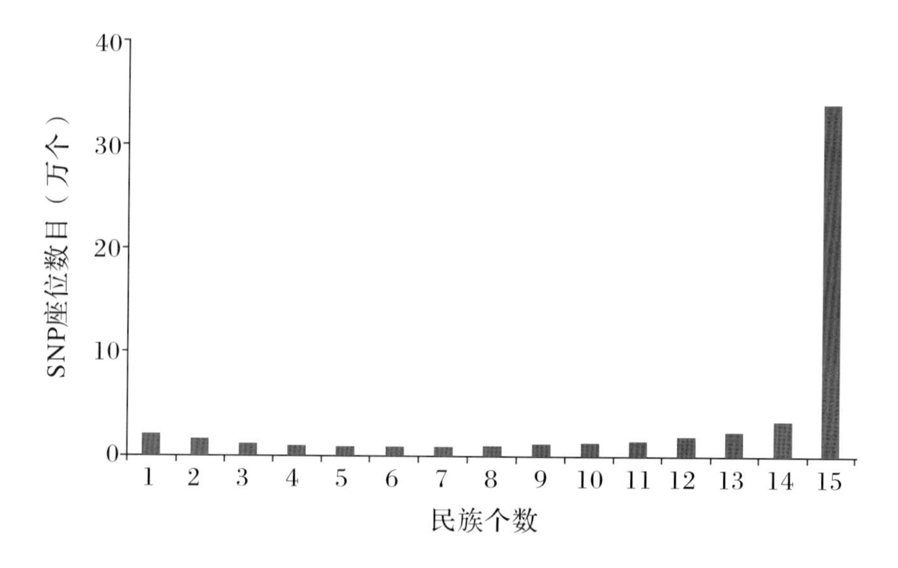

图3-21 有多态性的SNP座位在民族间的分布

横坐标表示群体民族的个数，即具有两种以上基因型的民族的个数。

在图3-21上我们可以看到，大约56%的SNP位点上在所有的15个中华民族的群体中出现两个及两个以上的等位基因，即所有群体在这些位点上有多态性；大约90%的SNP，在其位点上在5个或者以上的中华民族的群体中出现多态性；而只有20071个SNP座位，在这些位点上只在一个中华民族的群体出现多态性，这些单核苷酸多态性就是就中国群体而言某些中华民族特有的多态性。接下来，我们对这些民族特有的SNP位点进行了分析（图3-22），发现大部分的多态性发生在维吾尔族中，而畲族特有的多态性位点最少（127个）。

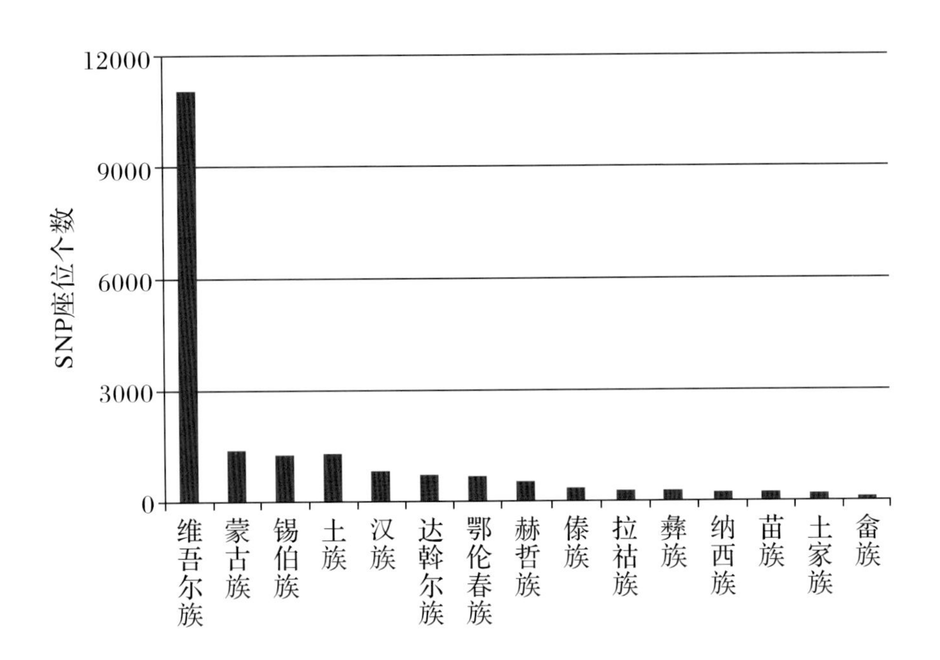

图 3-22 民族特有的 SNP 个数

参考文献

[1] Gymrek M, Golan D, Rosset S,et al. lobSTR: A short tandem repeat profiler for personal genomes[J]. Genome Res, 2012,22(6):1154-1162.

[2] Rosenberg N A, Pritchard J K, Weber J L, et al. Genetic Structure of Human Populations[J]. Science, 2002, 298(5602): 2381-2385.

[3] Rosenberg N A, Mahajan S, Ramachandran S. Clines, clusters, and the effect of study design on the inference of human population structure [J]. Plos Genetics, 2005, 1(6):e70.

[4] Pemberton T J, Sandefur C I, Jakobsson M,et al. Sequence determinants of human microsatellite variability[J]. BMC Genomics,2009,10:612.

[5] Pemberton T J, DeGiorgio M, Rosenberg N A. Population structure in a

comprehensive genomic data set on human microsatellite variation[J]. G3 (Bethesda), 2013,3(5): 891 - 907.

[6] Li J Z, Absher D M, Tang H, et al. Worldwide Human Relationships Inferred from Genome-Wide Patterns of Variation[J]. Science, 2008, 319(5866):1100 - 1104.

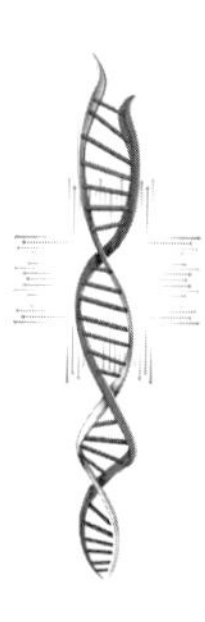

第 4 章　中华民族个人基因组与中华民族遗传特征

人类基因组计划(HGP)始于 1990 年,目标是获得人类基因组中绝大部分常染色体的高准确性序列。最初的工作包括两方面:①绘制人类基因组和小鼠基因组的遗传图谱和物理图谱为基因组组装提供主要的框架,并用于遗传病研究;②对具有较小、较简单的基因组的生物体进行测序,作为人类基因组测序和组装的方法开发平台,最终帮助解释人类基因组。随着这两方面的成功,国际人类基因组测序联盟(IHGSC)和 Celera Genomics 分别报道了序列草图,并且 IHGSC 一直进行着不断完善人类基因序列的工作。

民族个体基因组的研究,与国际人类单倍型图谱计划、人类基因组多样性计划等一样,对民族遗传变异的解读有着重大的贡献。华大基因研究院在 2008 年完成并发表了中华民族第一个基因组图谱,即炎黄基因组,随后该研究院于 2014 年完成并发表了蒙古人的个人基因组图谱,这两个基因组图谱对解读中华民族的变异有着特殊的作用。在炎黄基因组图谱完成之前(2008 年之前),单倍型图谱计划和人类基因组多样性计划鉴定了近百个民族的遗传多态性,以 STR、SNP 为主;炎黄基因组开启了第二代测序技术构建基因组图谱的时代,不仅能找到 SNP,也能找到插入缺失(InDel)的 DNA 序列,还能借助组装较为准确地鉴定出大的结构变异序列(structure variation)。

4.1　IHGSC 基因组

国际人类基因组测序联盟(IHGSC)[1]开展了基因组的研究并发表了多篇文章,这里我们以 2004 年 10 月发表在 *Nature* 上[2]版本为 Build 35 的基因组为例,来展示这个基因组的特点。这个版本的基因组序列有 2851330913 个核苷酸,几乎覆盖整个基因组常染色体部分;这些序列中只有 341 个未知序列片段(gap),其中 33 个(总共约 198Mb)为异染色质,其他 308 个 gap(总共约 28Mb)是常染色质。常染色体基因组长度约为 2.88Gb,而整个人类基因组约 3.08Gb。这个版本的基因组能在较长的区域内有着较高的连续性,不同方法评估的结果比较一致:如表 4-1 所示,N50 的长度为 38.5Mb,平均长度为 40.9Mb,这些值是典型人类基因长度的 1000 倍。对于个体染色体臂,四分之三的情况下 N50 的长度超过臂长的一半。这里解释下 N50 这个概念,N50 是指一个 Contig 长度,read 拼接后会获得一些不同长度的 Contig。将所有的 Contig 长度相加,能获得一个 Contig 总长度。将所有 Contig 以从长到短进行排序后依次相加,当相加的长度达到 Contig 总长度的一半时,最后一个加上的 Contig 长度即为 Contig N50。Contig 指组装的一段没有 N 的连续的 DNA 序列(N 代表没有测定的碱基)。

表 4-1 染色体臂的长度和连续性

染色体	估算长度(碱基)	N50(碱基)	平均长度(碱基)
1p	121147476	16783271	33566574
1q	104135370	56331646	36675159
2p	91748045	68373980	53478029
2q	148270183	84213156	54482973
3p	90587544	66080833	54853737
3q	106018194	100530261	96935077
4p	49501045	9040907	13797821
4q	138910172	92070735	66386026
5p	46441398	46378398	46378398
5q	131416467	41199371	33564217
6p	58938125	48945890	42200138
6q	109037573	61695806	46408435
7p	57864988	4797,097	40050874
7q	97763150	64426257	46810648
8p	43958052	9464880	9872060

续表 4-1

染色体	估算长度(碱基)	N50(碱基)	平均长度(碱基)
8q	99316773	57155273	47945192
9p	46035928	39435726	34619306
9q	74393339	40394264	29078785
10p	39244941	20794160	15791760
10q	93788686	30112613	31833318
11p	51450781	49571094	48044101
11q	80001602	17911127	26070918
12p	34747961	27615668	23435010
12q	96306849	32815934	29605325
13p	近端着丝点的染色体臂	NA	NA
13q	96274979	67740325	54830719
14p	近端着丝点的染色体臂	NA	NA
14q	88298584	88290585	88290585
15p	近端着丝点的染色体臂	NA	NA
15q	82078915	53619965	38049097
16p	35143302	25336229	20462803
16q	43883952	42003582	40305188
17p	22187133	21163833	20341190
17q	56487608	11472733	15591618
18p	15400898	15400898	15400898
18q	59352257	33548238	26073241
19p	26923622	15825424	12506733
19q	33888028	31383029	31383029
20p	26267569	26259569	26259569
20q	34402734	26144333	21428992

续表 4-1

染色体	估算长度(碱基)	N50(碱基)	平均长度(碱基)
21p	490223	490223	490223
21q	33684323	28617429	24743931
22p	近端着丝点的染色体臂	NA	NA
22q	35224709	23276302	16327958
Xp	58465033	33063353	22383515
Xq	93359231	27718692	25766623
Yp	11237315	6265435	4331076
Yq	15464376	10002238	8061778
总和	2879539433	38509590	40970092

4.1.1 IHGSC 基因组质量

人类基因组序列是生物医学研究的一个永久性基础,因此评价其质量并表征其依然存在的缺陷是很重要的。为了这个目的,我们需要进行许多比较和一致性检测,这里主要展示了准确性和覆盖度的评估信息。

1. 准确度评估

准确度评估是为了检测基于克隆的测序过程中可能发生的潜在问题,包括:单个克隆中序列组装产生的错误,连接相邻已完成序列组装的克隆以得到最终产物时产生的错误。人群中存在着序列多态性,序列克隆的差异可能是由测序错误或组装错误产生,也可能是由真正的多态性造成,因此,多态性的存在使得准确性评估变得更为复杂。我们从以下几个方面对准确性评估进行阐述:独立的质量评估、克隆重叠区、连接分析,以及缺失的序列分析。

首先,在 HGP 整个项目进行过程中,定期进行了质量评估(QA)。并且在最后阶段,一个独立小组随机选取了一些组装完成的克隆,产生了一些额外的测序数据并完成了组装。简而言之,QA 分析检测了约 34Mb 的序列,发现小片段(定义为长度≤50 碱基,平均长度为 1.3 个碱基)错误的错误率为 1.1/10 万,长片段(定义为长度>50 碱基)错误的错误率为 0.03/10 万。小片段错误的主要类型是单碱基置

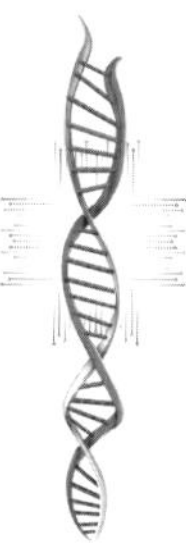

换，而其他的小片段错误和长片段错误主要与串联重复序列的连续拷贝有关。

其次，科学家们进行了克隆重叠区分析。通过检测已完成组装的相邻的大片段克隆之间的重叠区域，科学家们将质量评估分析扩展到了一个更大的区域（约174Mb）。如果两个这种克隆来自人类基因组中的同一拷贝，那么重叠区的任何序列差异都反映了两个拷贝中的一个存在错误；通过比较两个独立的克隆，该质量评估方法还能检测克隆的人工错误。科学家们检查了来自相同文库的4356个有着大幅度重叠的克隆，其中一半克隆预估来自同一单倍型，另一半来自不同的单倍型。科学家们计算了重叠区的单碱基错配数（不包括插入缺失），其分布情况见图4－1，该分布呈现双峰。第一个峰与来自同一个单倍型的克隆预期一致，每个碱基的错误率约10^{-5}；第二个峰与来自不同单倍型的克隆预期一致，每个碱基的多态率约为10^{-3}，第二个峰与来自不同文库的克隆多态性分布相匹配。随后，科学家们利用克隆的重叠区域，估算了插入缺失（InDel）的错误率，错误率为每十万个碱基中发生0.55个插入缺失的错误事件，绝大多数发生于串联重复序列。相比之下，不同文库中克隆的非重叠区域插入缺失的多态性率比重叠区域至少高出20倍。

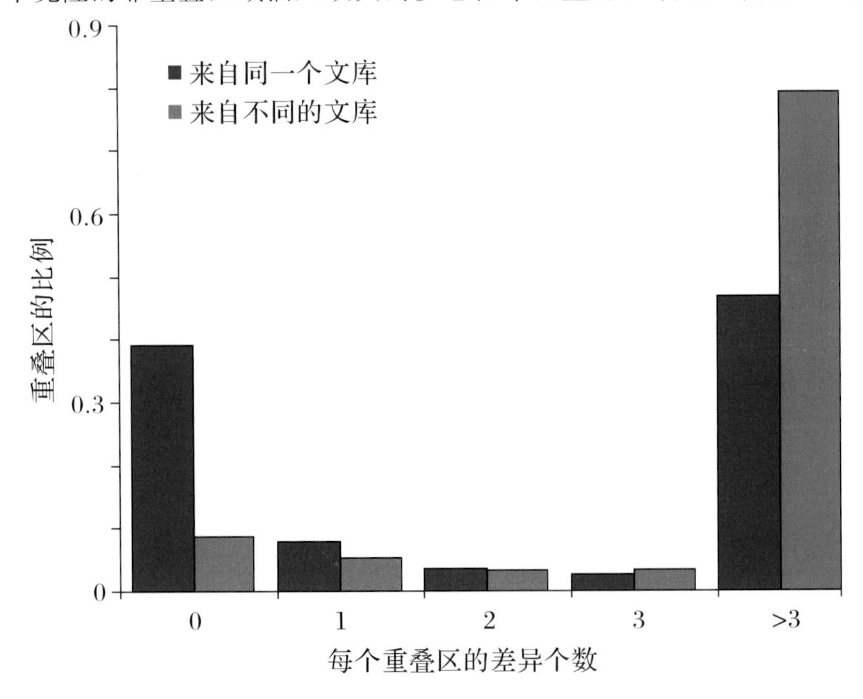

图4－1　重叠区的差异（单核苷酸替换）个数分布图

再次，科学家们利用末端测序的克隆长片段序列，评价了基因组的完整性（即组装的连接分析）。具体来说，科学家们随机打断人类DNA，创建了一个fosmid质粒文库，并测序了约75万个克隆末端。这一类的质粒克隆的插入片段大小约为40kb，科学家们将福斯质粒末端序列与基因组序列进行比对。多数情况下（86%），两端序列都可以唯一定位于人类基因组，并且这两个定位在99%的情况下都在39.5±7.5kb内。一些质粒不能唯一定位到基因组上，因为它们的一个或者两个末端几乎全是重复序列。利用能唯一定位的质粒，科学家们试图评价相邻的、用于构建基因组序列的长片段克隆之间的顺序、方向、连接的准确性。一个连接被判断为准确的条件，是有一个或者多个跨过这个位置的质粒（即质粒的两个末端比对到这个连接的两侧），并且这些质粒得出的相邻片段的顺序和方向一致。总计约97%的连接是正确的。剩下的3%，约一半的链接可以被质粒支持是正确的，只是这些质粒的一个末端唯一定位在基因组上，而另外一个末端能比对到基因组的多个位置上。

接下来科学家们使用这些质粒的测序数据集扫描了基因组序列，以便找到大小为几千个碱基的缺失（deletion）。在每一个位点上，科学家们计算了每个跨越该位点的质粒比对大小（定义为质粒末端在基因组上的距离），之后又计算了所有跨越该点的质粒的平均比对大小。我们又寻找了实际大小远低于预期的区域，这个区域表明了基因组序列和质粒文库来源DNA具有很大不同，例如图4-2。这种差异可以反映基因组序列中的错误，即基因组序列中丢掉了质粒克隆中的一段序列，也可能反映了DNA在群体中的多态性。

科学家们发现了242个可能存在缺失的候选区域（平均大小约5千个碱基）。然后将这些区域与黑猩猩的基因组序列进行比对，因为人类基因组与非洲黑猩猩基因组相比大片段插入缺失相对很少，所以这种比较能够体现出真实的缺失。与黑猩猩的基因组序列比较结果显示，35%的情况下存在缺失。其中的一部分缺失又经过了多样本基因组DNA的PCR验证。对于这242个区域来说，大约三分之二是人类群体缺失多态性，而三分之一是目前基因组序列的实际错误。总体而言，这个版本的基因组序列可能包含大约50～100个错误的缺失（平均大小约5kb），这可能是由于组装错误或者大片段克隆增殖过程中的突变造成的。

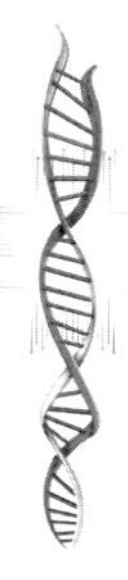

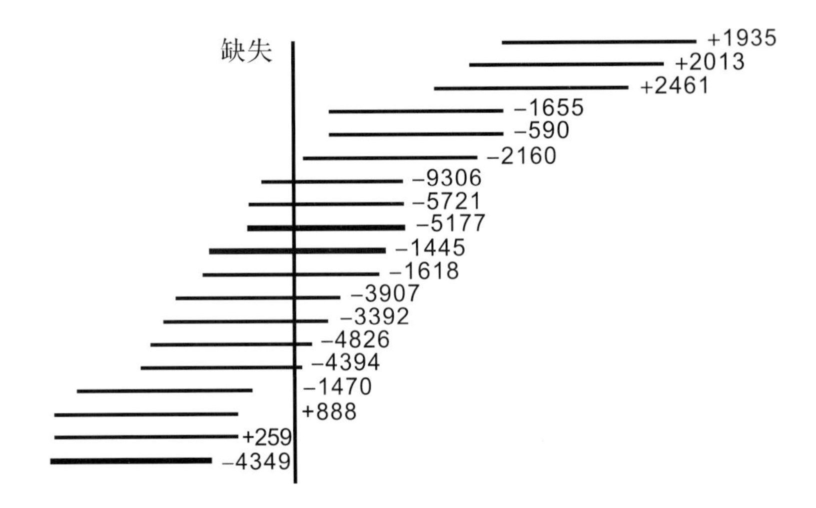

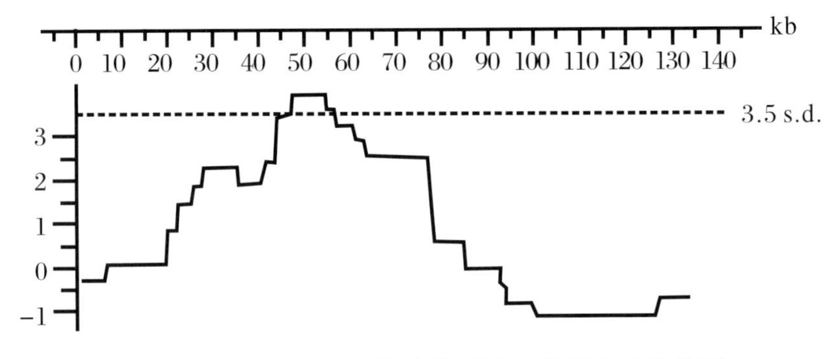

图 4-2　基于 fosmid 末端成对测序的插入缺失检测

中间的最粗的横线表示 10 号染色体的一部分，上面部分的短横线表示 fosmid 质粒，其旁边的数值表示每个质粒的实际大小和平均值的差值；对于每一个位点，估算了差值的标准差，画在图的下面部分，虚线表示 3.5 倍标准差。45 到 55 kb 之间，被检查出来有一个质粒 DNA 和基因组不同的缺失，如竖线所示。实验证据表明，这是一个 5800 个碱基插入/缺失的多态性，不是一个基因组序列的组装错误。

2. 覆盖度评估

覆盖率检验是通过评估独立抽样的序列，如 cDNA 克隆和随机基因组克隆，来衡量该版本的基因组序列中常染色体基因组缺失的比例。

科学家们首先分析了公共数据（REFSEQ 和 MGC）中已知的 cDNA 序列。该分析涉及 17458 个不同基因座位，跨越 925 兆碱基的基因组序列。这些 cDNA 序列的绝大部分（99.74%），可以全长、高相似度比对到这个基因组序列上；0.5%的部分，能比对到基因组的多个位置上；0.04%的 cDNA 序列则表现出异常高的序列差异（>2%），但这些几乎都是具有高度多态性的免疫相关基因（如主要组织相容性基因和免疫球蛋白相关基因）。

我们分析了剩下的 0.28%的 cDNA：其中 0.06%的 cDNA 序列看起来在这个版本的基因组序列上完全缺失，0.22%的 cDNA 在基因组上部分缺失（即连续的一段序列缺失）。对于几乎所有的完全缺失的 cDNA，其基因的基因组定位已知或可以推测得到，它们就相当于这个基因组序列中的一段未知序列（用 N 来表示）。对于部分缺失的 cDNA，超过一半的情况是位于一段未知序列的旁边；其余的则可能是这个版本的基因组序列中的错误或缺失多态性。

另外，科学家们分析了 5000 个小片段质粒（3000～4000 个碱基的长度）成对的末端序列，这些质粒的制备是人类 SNP 计划中的一部分。排除异染色质重复和其他可能的人工错误后，科学家们发现 99.3%的这些序列能准确地比对到基因组上，0.6%的成对序列的两端都无法比对到基因组上，剩下的 0.1%只有一端能够准确定位。cDNA 和质粒分析表明现行基因组序列包含了人类基因组中超过 99%的常染色质。

4.1.2 基于 IHGSC 基因组序列的人类基因组特征

目前的基因组序列使得科学家们能够对人类基因组进行更精确的分析，尤其是紧密依赖于高度精确性和近乎完整性的分析。我们在此选择 4 个实例（近期大片段复制、蛋白质编码基因、丢失的基因、获得的基因），基于 IHGSC 基因组序列来阐述人类基因组特征。

1. 近期大片段复制

人类基因组的一个著名的特点是其基因组中包含着大量的近期大片段复制（recent segmental duplication）事件。其异常结构往往使它们更容易出现缺失或重

排，进而引起一些表型效应，具有很高的医学价值，最显著的例子包括：威廉斯综合征(7q)、腓骨肌萎缩症(17p)、迪乔治综合征(22q)和男性原发性无精少弱精症(Y)。一些片段重复区域最近也已被证明与进化相关，这些区域中编码序列受到了强阳性选择。在IHGSC基因组版本以前，对重复片段进行精确分析是不可能的，因为草图序列包含了大量假的、人为产生的复制序列；而这个版本去除了大量的人为产生的复制事件，使得真实的片段复制事件可以用来进行可靠的研究。

在IHGSC基因组版本的基因组序列中，近期大片段复制约占常染色体基因组的5.3%(近期大片段复制重复序列的定义：非转座元件的拷贝，长度≥1 kb，序列相似性≥90%；相当于发生在最近四千万年的复制事件)。人类基因组中近期大片段复制的比例和序列同源性程度明显高于小鼠基因组和大鼠基因组。染色体上近期大片段复制的分布是不均匀的，如染色体内和染色体间重复的比例就不同。Y染色体是一个极端的例子，它携带的近期复制的片段超过总长度的25%，见图4-3；包括极度相似的近期复制的片段1.45Mb，其序列同源性约为99.97%。此外，许多着丝粒周缘和亚端粒区也散布着很多片段重复，明显是插入易位造成的。

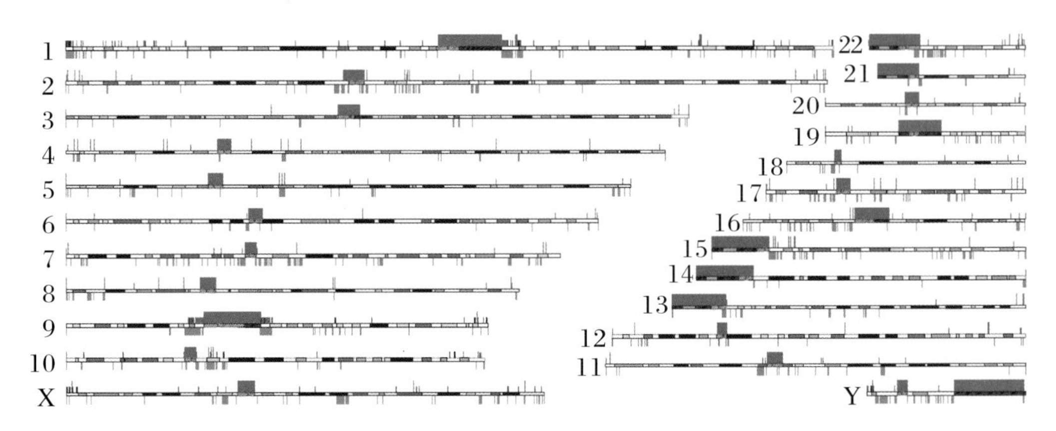

图4-3 基因组序列的近期大片段复制和未知序列在染色体上的分布

近期大片段复制标示为蓝色，要求长度≥10kb并且相似性≥95%。未知序列(gap)标示为染色体上面的红色部分。

2. 蛋白质编码基因

基因组分析的一个中心目标就是全方位地识别所有基因。这项任务依然很有挑战性，但也大大受益于这个版本完整的基因组序列和其他得到改进的资源（如cDNA资源和生物信息计算方法）。目前的基因目录（Ensembl 34d）中共有22287个基因座位（总共34214个转录体），包括19438个已知基因和2188个预测基因。这些基因位点共有231667个外显子，每个位点约10.4个外显子，每个转录体约有9.1个外显子。编码外显子的总长度约34Mb，约占常染色体基因的1.2%，转录子的非翻译区估计长度为21Mb，约占常染色体基因组的0.7%。

根据现有证据，我们估计蛋白质编码基因座位的总数应该在20000～25000个。下限似乎更可靠，因为目前已知的基因为19599个；上限则是基于对额外基因数量的估计。尽管我们使用cDNA、序列表达标签（EST）和跨物种同源性序列进行了自动和人工基因注释，依然只增加了2188个预测的基因。这些预测基因中真实基因的数量可能远远低于2000个，序列碎片和虚假预测都可能产生假基因。例如，预测出的这2188个基因的转录本的外显子（约4.7个）比已知的基因的转录本的外显子要少（约9.7个），而且编码的开放阅读框（ORF）要短（约847个，已知基因的氨基酸约1487个）。另一方面，这些预测的基因可能并不完整，因为一些蛋白质编码基因肯定没有被检测到。最容易出现问题的是那些开放阅读框较短的基因（<100个氨基酸），这类基因外显子单一，或进化非常迅速。即使我们假设这类基因只占总数的10%，基因总数仍低于25000个。20000～25000的范围也与最近根据跨物种同源序列估计的蛋白质编码基因数量一致。

这近乎完整的基因组序列使得我们能够系统搜索那些假基因。染色体基于生物信息方法的自动注释主要集中于识别起源相近的较大的假基因，最近发表的研究已经使用更为灵敏的方法来检测较小的存在时间较长的假基因，并且已经识别了约20000个加工或未加工的假基因。这显然仍然低估了假基因的数量，因为这种分析方法有可能会忽略了那些非常“老”的或主要包含非翻译区的假基因。因此假基因的总数可能超过了功能基因。

3. 人类谱系中产生的新基因

新基因的产生往往是非常有趣的，因为它为适应性进化提供了原材料，额外的基因拷贝能够对阳性选择产生积极的回应。这个版本的基因组序列的质量和完整性使人们可以研究这个问题。

科学家们搜索了相邻的同源基因簇，这些基因簇可能来自局部基因复制，再通过衡量相对中性的同义位点的替换率（K_S）来评估这些基因之间差异。科学家们搜

索了 K_S<0.30 的相邻基因组对，这意味着来自共同祖先的基因间差异平均 K_S<0.15。此阈值与啮齿动物谱系分化后产生的复制大致相符，既包括近期的基因复制也包括了更加久远一些的基因复制事件。科学家们共找到 1183 个这种性状的邻近基因。这些基因往往属于一个更大的同源基因簇，这个同源基因簇涵盖了差异更大的基因，也反应出更早复制的基因。人类基因和小鼠基因的系统进化树分析证实，在几乎所有情况下(97%)这些基因在物种内部较两个物种之间的关系更近，这可以推导出复制产生的基因是在人类与啮齿动物谱系分离后产生的。近期的复制事件多集中在与免疫和嗅觉功能相关的基因上，也集中在参与生殖功能的基因上。例如，肿瘤/睾丸(CT)抗原基因家族，它们通常在睾丸中表达，在癌症中高表达。

从近期复制的 K_S分析结果(见图 4-4)上，我们可以看到一个峰，在这个峰的基因具有很高的相似性(K_S≤0.015)，这意味着这些复制事件大约发生在 300 万～400 万年前。对于这一点的解释有以下几种可能：第一，它可能反映了灵长类动物中基因复制率的一个真正爆发时期；第二，这可能在一定程度上反映了旧的基因复制事件的基因转换在不间断地进行着；第三，这主要反映了复制基因的瞬态，这类基因相对缺失的特征时间太"年轻"。如果是这样，那这些新基因中的大部分由于缺乏功能性则注定要被淘汰。与第一种解释相反，这种解释预测在大多数哺乳动

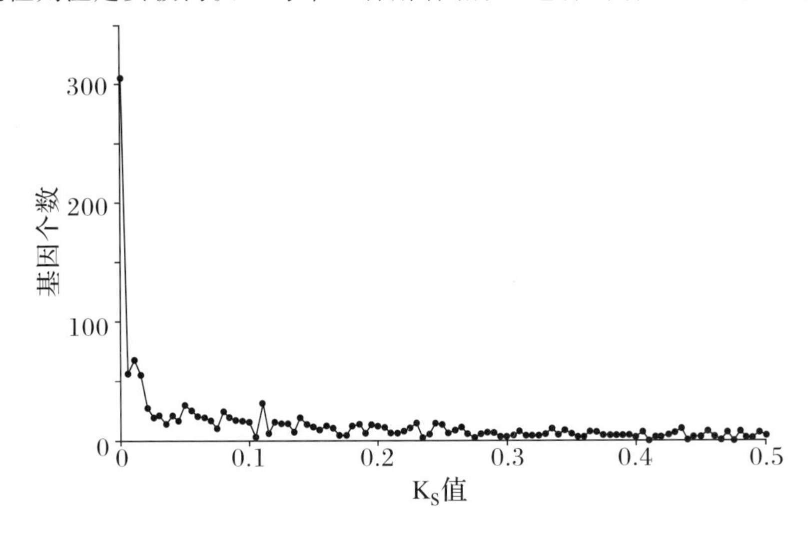

图 4-4 近期基因复制的 K_S值分布图

物中都应该能观察到类似的情况。

4. 人类谱系中消失的基因

基因消失是与谱系进化相关的另一现象，但这种现象很难用早期的草图序列进行分析。为了研究基因消失，科学家们扫描了基因组序列以便找寻最近出现的非加工假基因，即近乎完整的、并且含有最近发生失活突变的基因。具体来说，科学家们研究了基因组间区域，这些区域的两端边界都有两个连续的基因，每个基因都属于在人类、小鼠和大鼠中的 1∶1∶1 的直系同源基因，基因间区域至少包含 50 个基因。接下来他们检测了 Ensembl 基因预测的这三种基因组中相应的基因间区域，并举例说明了小鼠基因组和大鼠基因组中包含 1∶1 直系同源基因，但人类基因组中似乎没有预测到同源基因。在每个实例中，通过比对啮齿类动物的基因与相应的人类基因组间区域来寻找人类假基因的确切证据——即基因组序列中包含一个或多个失活突变的高度相似序列，同时要求失活突变出现在任意人的 mRNA 序列的相应位点中(这一分析排除了许多由于退化而没有与啮齿类动物同源物表现出足够相似性的“老的”假基因)。

科学家们共鉴定了 37 个候选假基因，平均终止密码子变异和移码变异为 0.8 和 1.6 个。科学家们仔细检查了这些基因，以确保它们不是因为组装错误造成的。其中 34 个基因得到了完整的实验数据：在 34 个基因中有 33 个是假基因，另外一个则是由于当前基因组序列中的错误。19 个假基因有两个或更多的失活突变，并且在黑猩猩中也是假基因。另外 14 个恰好有一个失活突变的假基因又分为三类：8 个假基因也存在于黑猩猩中；5 个在人类中是假基因在黑猩猩中则是功能基因；1 个是人类群体中出现的分离多态性。人类群体的这 32 个假基因中，10 个是嗅觉受体。因此嗅觉受体在基因产生和消失分析中都显著性地出现，表明了这一大基因家族的动态的增加和减少，最终的净效应就是人类相对啮齿动物功能性嗅觉受体总体数量的显著减少。剩下的 22 个新假基因则多种多样，包含有阳离子氨基酸转运体同源基因、丝氨酸苏氨酸激酶、钙网蛋白、假定的 G 蛋白偶联受体和半胱氨酸蛋白酶抑制剂同源基因。

4.2 炎黄基因组

人类基因组精细图谱的完成是科学领域的重大进步，加速了人类遗传学研究，对生物医药的发展也有着重大贡献。随着对遗传易感因素(genetic risk factor)的深入研究与了解,科学家们不断开发出新的工具来解读个人的遗传组成,以便进行个体化、精准化治疗。科学家J. C. Venter和J. D. Watson宣布了他们自己的基因组,个人基因组计划(Personal Genome Project)[3]也于2005年启动。炎黄基因组是首个中国汉族人基因组(如图4-5所示)也是首个完成测序的非欧洲人类的(东亚洲)基因组,代表了占世界人口30%的东亚群体。炎黄基因组序列以及相关分析为获得群体和个人基因组遗传变异开启了重要的一步,这也是全世界第一次使用第二代测序技术完成的个人基因组图谱。炎黄基因组存储的数据库是最早为个人基因组数据建立的平台之一,是对Watson基因组和Venter基因组极好的补充。

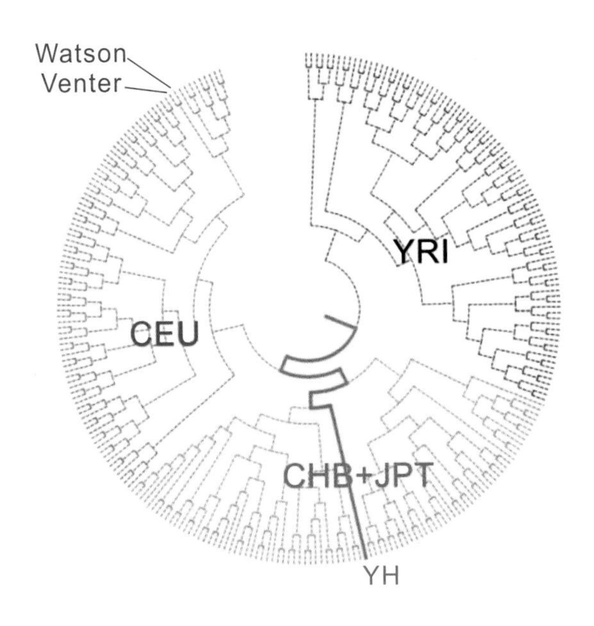

图4-5 炎黄、Watson、Venter基因组在种族-地理群体中的位置

该树是通过对炎黄、Watson、Venter基因组和270个HapMap个体的8万多个等位基因(其中的一部分)聚类得到的。图中CHB:北京汉族群体;JPT:东京日本群体;CEU:祖居北欧和西欧的美国犹他州人群体;YRI:尼日利亚伊巴丹约鲁巴人群体。

4.2.1 炎黄基因组测序数据

炎黄基因组的样本来源于某汉族男子的静脉外周血，且确认该名男子不患有任何已知的遗传性疾病。科学家们对这个捐赠者的样本构建了G带核型，结果见图4-6，并把G带核型分析作为标准进行基因组分析标准，通过比较核型没有发现明显的染色体异常。然后，科学家们利用第二代测序技术平台(具体来说是Illumina Genome Analysers)，对该DNA样本进行了全基因组测序[3]。为了最小化测序技术可能会产生的系统偏差，这次实验使用了多个文库方案：8个单末端的文库和2个双末端的文库。有关炎黄基因组所使用的第二代测序技术的详细实验参数可参照表4-2。其中YHCDSA和YHCDSB是来源于相同的实验胶片但是试用了不同的PCR循环的文库[4]，YHCDSC、YHCDSD和YHCDSE来自相同的实验胶片但是试用了不同的PCR循环的文库。

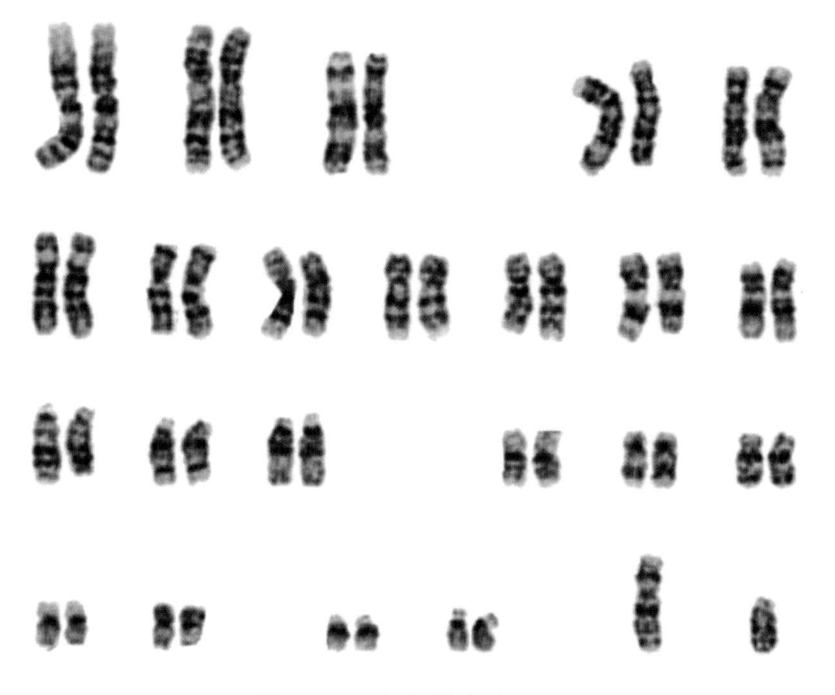

图4-6 炎黄样本的核型

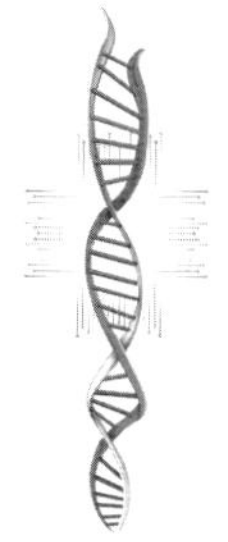

表 4-2　全基因组测序的实验参数

文库类型	文库名称	起始 DNA 量	PCR 循环数	文库浓度(ng/μl)
单末端	YHDASA	5	18	20.0
	YHDBSA	5	18	10.0
	YHCDSA	2	18	39.5
	YHCDSB	2	12	32.9
	YHCDSC	2	15	42.6
	YHCDSD	2	10	26.2
	YHCDSE	2	8	23.4
	YHCDSF	2	18	17.0
双末端	YHPEA	5	18	9.3
	YHPEB	5	18	10.1

测序数据的平均读长(read)为 35 个碱基，双末端文库的测序数据插入片段(即两端间隔)大小分别为 135bp 和 440bp。测序总共收集了 33 亿条 read，高质量的数据约为 117.7Gb(Gb 为 10 亿碱基)，其中 72Gb 是单末端的 read，45.7Gb 是双末端的 read，测序的原始数据已经被提交到了 EBI/NCBI(数据提取码为 ERA000005)。

对测序的下机数据过滤后，使用短寡核苷酸序列比对软件包(SOAP 软件)进行比对分析，共计 102.9Gb 的序列能比对到 NCBI 中人的参考基因组(版本为 build36.1)，占总体数据的 87.4%。如表 4-3 所示，这些数据平均覆盖度为 36 乘(即平均每一个基因组上的位置被测序 36 次)，其中单末端 read 覆盖度为 22.5 乘，双末端 read 覆盖度为 13.5 乘。总体来说，测序数据覆盖到了参考基因组的 99.97%的序列，即这些序列可以被一条或者一条以上的 read 比对上。比对上的 read 中，大约 86.1%是唯一比对的(即只比对到基因组的一个座位上)，与参考基因组相比，单核苷酸的错配率(mismatch rate)为 1.45%。

表 4-3　数据产生和序列比对

类型	read 个数	比对的 read 数	碱基数 (Gb)	比对碱基数(Gb)	有效深度(乘)	唯一比对 read(%)	错配率 (%)
单末端	2019025890	1921271902	72	64.4	22.5	83.6	1.62
双末端	1315249404	1028695924	45.7	38.5	13.5	90.2	1.16
全部	3334275294	2949967826	117.7	102.9	36	86.1	1.45

与单末端的 read 相比，双末端的 read 有更高的唯一比对率，双末端 read 和单末端 read 的唯一比对率分别为 83.6%和 90.2%。为了测试这个结果的准确性，科学家们利用参考基因组产生了模拟数据，然后把模拟 read 比对到参考基因组上，其结果与上述结果趋势一致：双末端 read 的唯一比对率为 95.1%，单末端 read 的唯一比对率为 86.0%。

单碱基的测序深度在基因组中呈现出泊松分布类似的分布图，结果见图 4-7。常染色体上碱基测序深度的中位数为 34，性染色体上碱基测序深度的中位数为

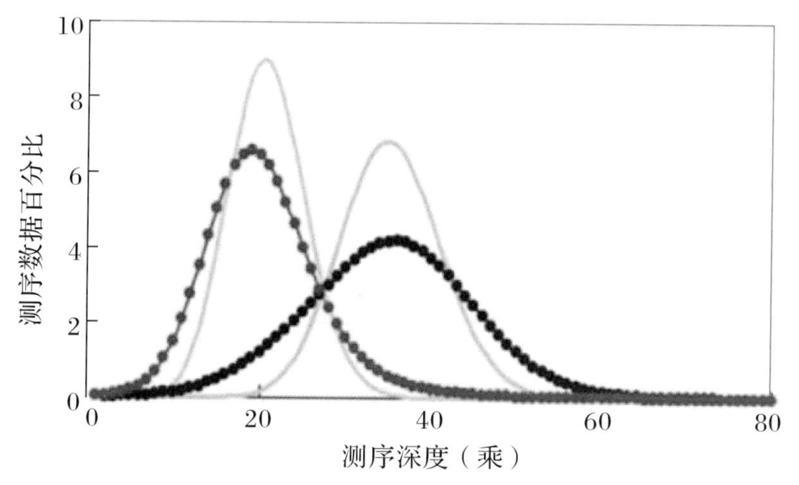

图 4-7　常染色体和性染色体测序深度分布图

红色点线表示性染色体测序深度分布；黄色线表示理论上的泊松分布(其中位数对应于性染色体)；深蓝点线表示常染色体测序深度分布图；浅蓝色线表示理论上的泊松分布(其中位数对应于常染色体测序深度)。

19。不过常染色体深度分布图的方差是泊松分布的 2.5 倍，而性染色体深度分布图的方差是泊松分布的 2 倍，这种差异可以由许多因素造成。例如，染色体的局部结构可以影响 DNA 打断成碎片的随机性，尤其是当 DNA 被打断成 135～500 个碱基的长度时。

另外，PCR 的扩增效果与 GC 含量紧密相关，科学家们观察到测序深度与 GC 含量之间呈负线性相关。如图 4－8 所示：4 号染色体有着最低的 GC 含量(38.2%)和最高的测序深度(36×)；19 号染色体有着最高的 GC 深度却有着最低的测序深度(28×)。掌握这样的测序偏向性模式，能更好地指导我们在面对不同特征的基因组区域时能生成足够数量的序列数据。

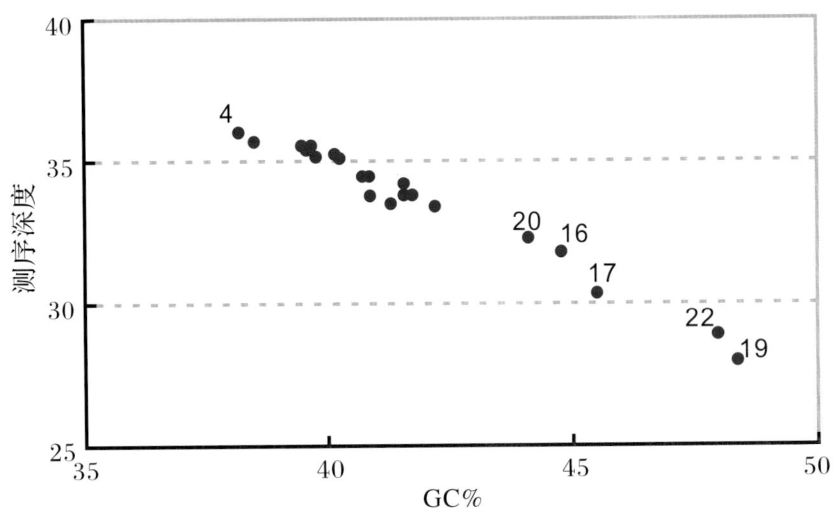

图 4－8　每条染色体的 GC 含量与染色体测序深度中位数的相关性

图中每个点表示一个染色体，点上方标的数字是染色体号。

我们使用唯一比对的单末端和双末端 read 构建炎黄基因组的一致(consensus，指多数 read 支持的)序列，并且用来检测单碱基多态性(SNP)、插入缺失(InDel)、结构突变(SV)等突变。

4.2.2　炎黄基因组变异

科学家们首先鉴定了炎黄个体的 SNP 和 InDel。对于炎黄基因组 SNP 位点的鉴定，在这个研究中科学家们利用了贝叶斯算法以及之前在相应位点观察到的SNP概率，来估计基因组上每个位置的基因型和它的准确性；并为每一个位点估算一个分数，来评判SNP的准确性。对于SNP的检测，科学家们用了一系列的筛选方法去除不确定的一致序列。炎黄基因组最后得到的一致序列能够覆盖参考序列的92%(92.6%的常染色体，83.1%的性染色体)，在这些基因组序列中，最终鉴定了307万个SNP。剩下8%的参考序列是一些没有唯一比对的read的重复序列(6.6%)，或者是一些序列其比对上的read没有通过筛选条件(1.4%)。科学家们进行了InDel的鉴定，为了去掉可能的假阳性，只留下有三对read支持的InDel，并且只考虑成对的双末端read而不考虑单末端read；受到测序读长所限(读长为35碱基)，该研究只鉴定了长度为3碱基或者3碱基以下的InDel。在这个研究中，科学家们共鉴定了135262个InDel。

科学家们进一步将炎黄基因组中检测到的SNP和InDel与当时的数据库数据进行了比较分析，结果如图4-9所示，共有226万(73.5%)个炎黄SNP存在于数据库中并且已被验证、40万个SNP(12.9%)存在数据库中但没有得到验证，余下

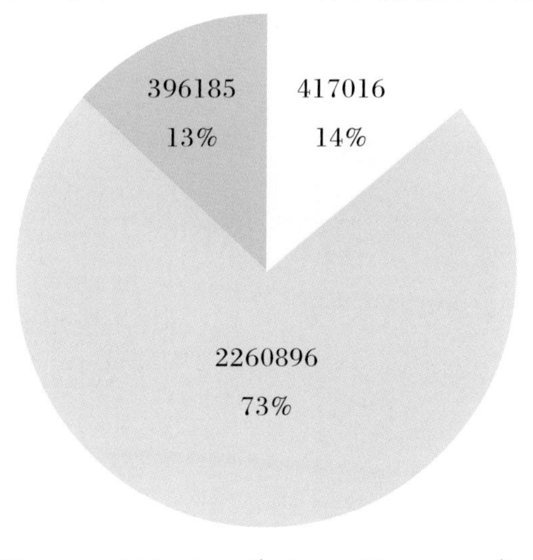

图4-9　检测到的SNP的分类

dbSNP来自http://www.ncbi.nlm.nih.gov/SNP/，版本为build 128。其中的SNP可以分成两类：验证的和未验证的。

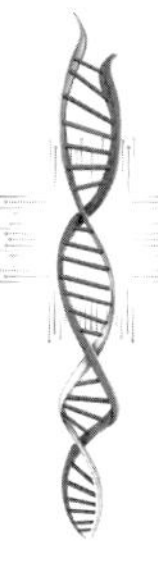

的 42 万个 SNP 是新的(即在数据库中找不到的)。在炎黄基因组项目得到的 135262 个小 InDel 中,出现在 dbSNP 数据库的比率(40.9%)远小于检测到的 SNP 出现在该数据库的比率(86.4%),剩余的 59.1%的插入缺失序列是新发现的。这个原因主要是该数据库中的 InDel 比较少,只有 13727 个经过验证的和 1589264 个未验证的 1～3bp 的插入缺失。

在这个项目中,为了验证 SNP 的准确性,科学家们使用芯片进行 SNP 的基因分型。炎黄基因组的一致序列包含了芯片中 99.22%的基因型,通过测序检测出来的基因型和芯片检测出来的基因型的一致率为 99.90%,详细结果见表 4-4。

表 4-4 测序得到的等位基因分析与芯片(Illumina 1M)结果的比较

测序	类型	芯片				全部	一致率(%)
		纯合-参考	纯合-突变	杂合-参考	杂合-突变		
纯合-参考	2	566825	—	—	—	567266	99.92
	1	—	—	227	—		
	0	—	205	—	9		
纯合-突变	2	—	217179	—	—	217242	99.97
	1	—	—	24	0		
	0	32	7	0	0		
杂合-参考	2	—	—	245749	—	246314	99.77
	1	289	252	24	0		
	0	—	0	—	0		
杂合-突变	2	—	—	—	0	22	0
	1	—	14	0	8		
	0	0	0	0	—		
不存在		1789	1658	4626	0	8073	—
全部		568935	219315	250650	17	1038917	99.9
覆盖度(%)		99.69	99.24	98.15	100	99.22	—

注:这里把芯片得到的基因型和测序得到的基因型分成四类:纯合-参考,两个等位基因一样并且与参考序列相同;纯合-突变,两个等位基因一样并且与参考序列不同;杂合-

参考，两个等位基因不同并且其中一个等位基因与参考序列相同；杂合-突变，两个等位基因不同并且都与参考序列不同。并且把同一个基因座位上的每一对芯片得到的基因型、测序得到的基因型分型的一致情况分为三类：2，两个等位基因都相同；1，其中一个等位基因相同；0，两个等位基因都不同。

科学家们进一步用PCR扩增技术和一代测序技术，来确定这些测序检测出来的基因型和芯片检测出来的基因型不一致的部分是由于测序错误还是芯片分型错误。在这个验证实验中，科学家们随机选取了50个SNP座位和45个插入缺失座位。验证的结果见表4-5，在检测的50个SNP中，有41个SNP的基因型(82.0%)是和测序结果一致的，表明该研究基于基因组测序得到的基因型的准确性是非常高的。在对插入缺失的验证中，非编码区的验证通过率为100%，编码区的造成移码突变的插入缺失的验证通过率为90%。

表4-5 验证的SNP座位的基因型

染色体	位置	等位基因（参考）	基因型（芯片）	基因型（测序）	基因型（验证）
chr1	9246497	G	A	A/G	A/G
chr1	89424678	T	G	T	G/T
chr1	151224511	G	A	A/G	A
chr1	159466318	C	G	C	C/G
chr1	246703885	T	C/T	T	C/T
chr13	19118659	C	T	C	C
chr13	40413371	C	T	C/T	C/T
chr18	9926185	C	T	C	C
chr20	20432043	A	A/G	A	A/G
chr21	42383506	A	G	C	C
chr22	42566124	C	G	C	C
chr22	42656063	C	C	C/T	C/T
chr3	49911106	T	T	C/T	C/T
chr5	167790949	G	G	G/T	G/T

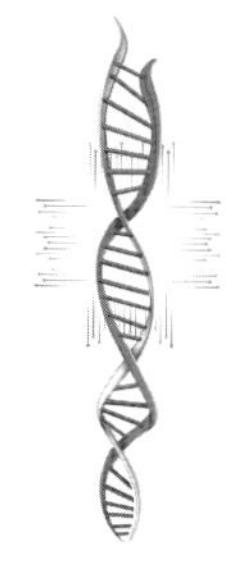

续表 4-5

染色体	位置	等位基因（参考）	基因型（芯片）	基因型（测序）	基因型（验证）
chr5	177098726	T	G	T	T
chr6	32889501	A	C	A	A
chr6	32889531	A	A/G	A	A/G
chr6	32892653	T	C	T	T
chr6	32922919	T	C	T	T
chr6	32926213	A	G	A	A
chr6	33025521	A	C	A	A
chr6	33083234	G	C/T	G	G
chr6	33083785	C	G	C	C
chr6	33083846	C	A/G	C	C
chr6	33083873	C	A	C	C
chr6	33144976	C	C/T	C	C
chr6	33160936	C	T	C/T	C/T
chr6	33160959	C	A	C	C
chr6	109874623	G	G	G/T	G/T
chr6	160565823	A	T	A	A
chr3	194823710	C	C	T	T
chr3	20488623	T	T	A/T	T
chr22	17291157	G	G	A	A
chr19	6958107	C	C	T	C
chr14	68188719	C	C	T	T
chr13	106746878	C	C	C/G	C/G
chr12	87870390	T	T	C/T	C/T
chr10	73438998	C	C	A	A
chr10	42012431	C	C	A	A
chr1	196703432	A	A	C	C

续表 4-5

染色体	位置	等位基因（参考）	基因型（芯片）	基因型（测序）	基因型（验证）
chr5	180400101	T	T	C/T	C/T
chr20	49514667	T	T	C	C
chr20	16542573	G	G	A/G	G
chr14	80154882	A	A	A/T	A/T
chr14	62342276	C	C	G	G
chr13	41039770	A	A	C	C
chr12	88904520	T	T	C	C
chr10	14292681	C	C	C/G	C/G
chr16	12613937	C	C	G	G
chr15	48108942	A	A	G	G

科学家们在这个项目中测试了测序深度对基因组覆盖度和 SNP 检测的影响。为了确定什么样的测序深度能提供二倍体人的基因组的最佳基因组覆盖范围和最低的 SNP 错误率，从已经比对到 12 号染色体的 read 中随机提取不同深度的数据集合。然后用这些抽样的数据进行 SNP 鉴定，把鉴定的结果与芯片得到的基因型进行比较分析。分析结果如图 4-10 所示，当深度大于 10 乘的时候，对于单末端测序的 read 来说，组装的一致序列可以覆盖到参考基因组的 83.63%；对于双末端测序的 read 来说，组装的一致序列可以覆盖到参考基因组的 95.88%。因此，更大的测序深度对基因组的覆盖率仅仅有较小的提升。然而，当测序深度增加时，SNP 的错误率会显著减小。除此之外，相比于单末端测序，用双末端测序也可以明显减少 SNP 的错误率。需要注意的是，SNP 的错误率在纯合子和杂合子中是明显不同的。

炎黄基因组及序列变异的构建使得我们能够比较代表不同民族的个体基因组的差异。科学家们将炎黄基因组与 Watson 基因组、Venter 基因组的 SNP 进行了比较分析，结果展示在图 4-11 中。就三个基因组的 SNP 而言，其有 115 万个 SNP 位点是共有的。三个基因组又都有各自特有的 SNP 位点：炎黄基因组有 978370 个特有SNP，占炎黄基因组总体 SNP 数量的 31.8%；Venter 基因组有 924333 个特有

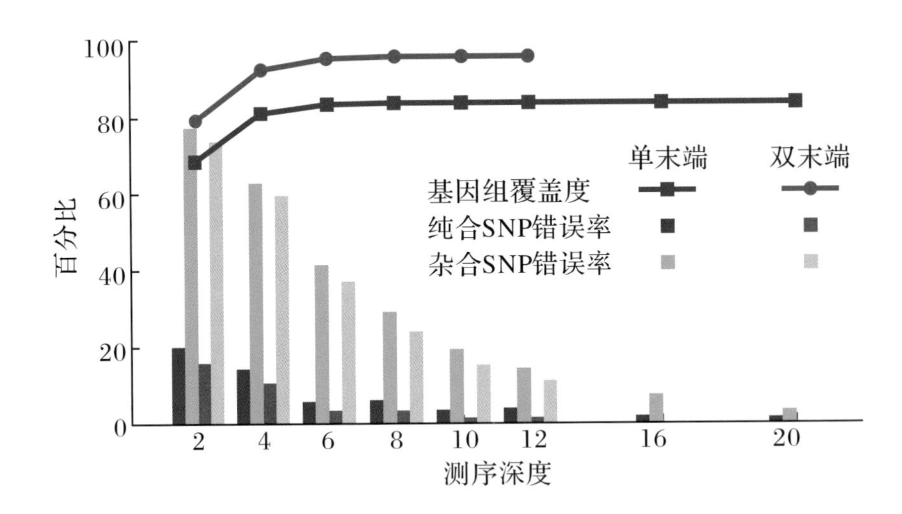

图 4-10　测序深度对一致序列的基因组覆盖度和 SNP 检测准确性的影响

参考基因组序列为 12 号染色体的参考基因组序列，随机抽样的 read 为 22.5 乘的单末端测序和 13.5 乘的双末端测序的子集。这里把 SNP 分为纯合和杂合两种情况进行分析。

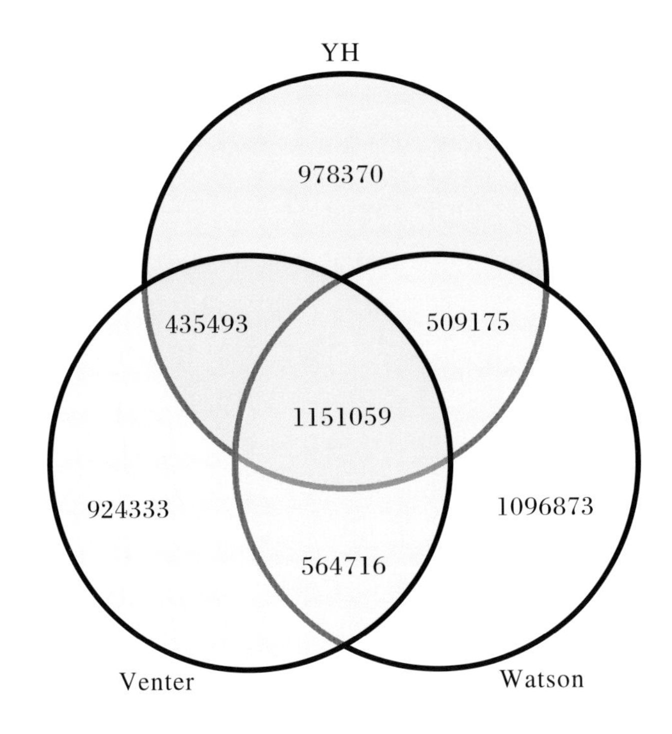

图 4-11　炎黄(YH)基因组、Venter 基因组、Watson 基因组间的 SNP 比较分析

SNP，占 Venter 基因组总体 SNP 数量的 30.1%；Waston 基因组有 1096873 个特有 SNP，占 Waston 基因组总体 SNP 数量的 33.0%。这三个个人基因组也有相似比例的非同义(non-synonymous)SNP 位点：炎黄基因组有 7062 个非同义 SNP，占炎黄基因组总体 SNP 数量的0.23%；Venter 基因组有 6889 个非同义 SNP，占 Venter 基因组总体 SNP 数量的 0.22%；Waston 基因组有 7319 个非同义 SNP，占 Waston 基因组总体 SNP 数量的 0.20%。其中有 2622 个非同义 SNP 位点是三个基因组共有的，占炎黄基因组的非同义 SNP 总数的 37.1%。

科学家们接下来利用基因组测序数据鉴定了结构变异(structure variation)。在这个项目中，科学家们只选择了双末端都能比对到基因组上的 read 来鉴定结构变异，并利用比对异常的双末端 read 来鉴定炎黄基因组相对于参考序列的结构变异的边界。这里的"比对异常"定义为 read 两端比对到基因组上的方向异常或者

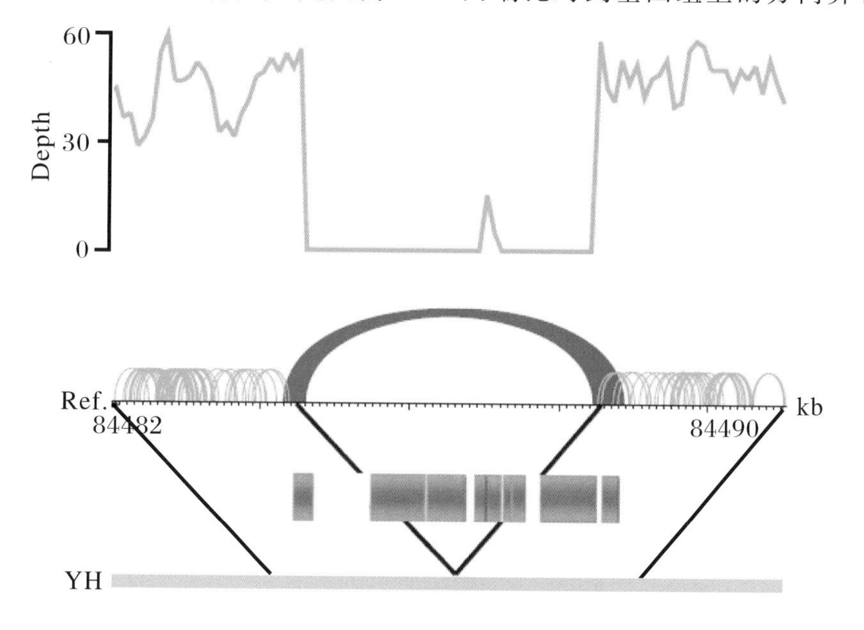

图 4-12 利用测序数据检测结构变异的一个例子

Depth 表示测序深度，Ref. 表示参考基因组序列(1 号染色体)，YH 表示炎黄基因组序列。测序深度是单末端和双末端 read 的和。参考基因组上蓝色的曲线表示正常比对到基因组上的一对 read，红色曲线表示异常比对到基因组上的 read。

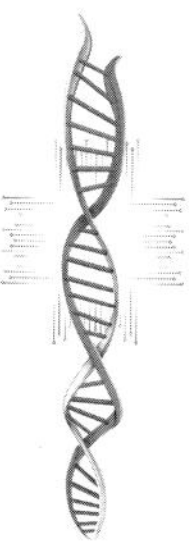

比对到基因组上的长度异常。例如在图4-12中,比对异常的read被标记为红色。这里,科学家们总共鉴定出2682处结构变异,结果见表4-6。因为炎黄基因组项目测序方法产生的双末端内的插入序列片段虽小但很精确,所以可以鉴定长度超过100个碱基的突变,大概是插入序列大小标准偏差的6倍。鉴定的结构变异平均中值长度为492bp,比基因组数据库中的变异小很多(DGV:30.8kb)。这表明这种方法对检测小片段的结构变异更灵敏。运用双末端比对方法,科学家们鉴定的缺失情况(2441个)远多于复制事件(33个)。这可能是由于缺失事件是通过检测异常的长插入序列造成,然而长度超过双末端插入跨度的序列的插入事件可能未能被检测出。

表4-6 结构变异列表

类型	总数	已知		转座元件	
		个数	%	个数	%
复制	33	23	70	19	58
倒位	17	11	65	15	88
缺失	2441	1613	66	1834	75
其他	191	117	61	58	30
总计	2682	1764	66	1926	72

注:已知的结构变异来自DGV:http://projects.tcag.ca/variation/。

科学家们比较每个基因组序列片段的单末端与双末端测序深度的比值,找到4819个基因组区域,在这些区域里,这个比值要显著高于全基因组的平均水平($P<0.001$)。进一步的分析表明,90.8%的这些区域可能是由于重复序列的插入或者缺失,例如哺乳类动物散在重复序列(MIR)有2067个,短散在重复序列(SINE)类型中的Alu元件(692个)和长散在重复序列(LINE)类型中的L1元件(1601个)。

有研究表明,新的序列(无法锚定在NCBI参考基因组中的序列)是结构变异的主要源头。为搜索炎黄基因组特有的基因序列,科学家们分析了没有比对到参考基因组上的4.87亿条read。在这之中,0.39%的可以比对到没有锚定到染色体的参考序列上,1.09%可比对至Venter基因组的特有序列上,0.67%可比对到通过其他研究鉴定出的新的参考序列上。科学家们进一步使用软件包Velvet,对这些read进行从头组装,仅能将1731355个read组装成20949个长度大于100bp的片段。在这些序列片段中，总共10398个片段(49.6%)可以比对到GenBank中的没有定位到基因组上的克隆序列上。剩下的短片段，961个(4.6%)能比对到黑猩猩和老鼠的基因组上，并且相似性超过90%，这可能由于欧洲后裔发生了缺失事件或是在参考基因组和Venter基因组中有部分序列未被收录。

虽然鉴定出的大多数结构变异都发生在转座子或重复序列处，不过在炎黄基因组中，科学家们也发现了结构变异导致全部或部分的33个基因的缺失，并且30.3%都是纯合子缺失，增大了它们影响基因功能的可能性。例如在炎黄基因组的19号染色体上的*CYP4F12*基因上发生的倒位(inversion)事件使基因分成两个片段，结果见图4-13，使用PCR、扩增出此段并进行测序以证实倒位的断裂位点。也在这个基因的保守外显子中发现有非同义突变，表明它可能是中性的不存在选择。

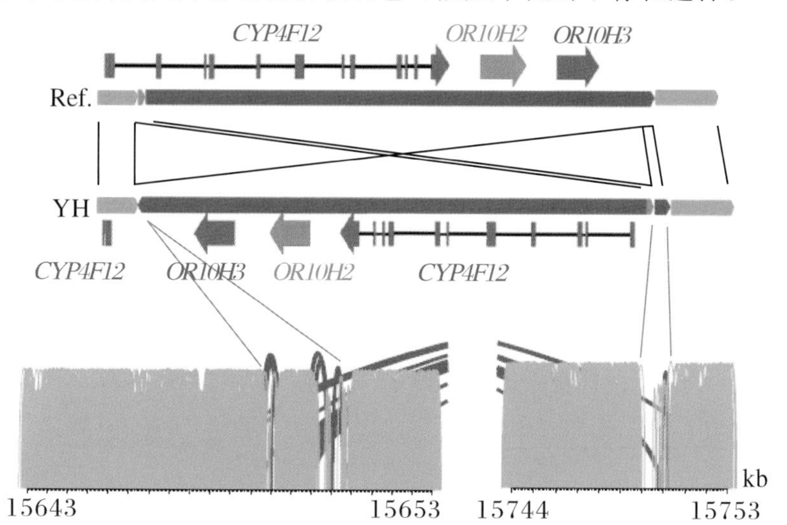

图4-13 利用测序数据检测到的19号染色体的一个倒位

结果表明基因组序列发生了倒位，并重新插入到基因组上。这个倒位涉及到三个基因，其中基因*CYP4F12*的最后一个外显子被破坏了。参考基因组上蓝色的曲线表示正常比对到基因组上的一对read，红色曲线表示异常比对到基因组上的read。

4.2.3 炎黄基因组数据库

炎黄基因组数据库(http://yh.genomics.org.cn/)是一个允许用户浏览和下

载第一个亚洲人的二倍体基因组数据的服务器。这个平台的目的在于促进亚洲人基因组的研究，提高组织和描述大规模基因组数据的能力。有了通用基因组浏览器（GBrowse），科学家们能够用 MapView 软件进行基因组序列、单核苷酸多态性和图谱当中测序 read 的图形化展示。这个数据库是最早为个人基因组数据建立的平台之一。

1. 测序数据和变异数据

数据信息如表 4－7 和表 4－8 所示，数据库中的数据是 Illumina 公司的 GA 测序仪所产生的，共计 117.7Gb 的测序数据，其中 72Gb 是单末端的 read，45.7Gb 是双末端的 read。这个基因组测序的平均覆盖度为 36 乘，共计 102.9Gb 的核苷酸通过 SOAP 软件比对到 NCBI 的参考基因组上。共计鉴定出 307 万个 SNP，其中部分使用 Illumina 公司的 1M 芯片进行了验证。利用唯一比对的 read 组装了炎黄基因组的一致序列，覆盖到基因组的 92%（常染色体的 92.6%，性染色体的 83.1%）。这些数据已经存储在 EBI、NCBI 的 Short read Archive 中。SNP 和插入缺失已报送至 NCBI 的 SNP 数据库，并录入 SNP 数据库的 130 版。

表 4－7　炎黄基因组数据库的核苷酸数据信息

核苷酸信息	数据
测序数据	117.7Gb
比对到基因组的数据	102.9Gb
基因组覆盖度	99.97%

表 4－8　炎黄基因组数据库的多态性数据信息

类型	个数
SNP	307 万个
插入缺失	135262 个
结构变异	2682 个

2. 基因组图型界面浏览

所有的炎黄 SNP 可以在人类基因突变数据库（HGMD）的学术版浏览。人类基因突变数据库是现有最好的突变数据库之一，它包含了 53643 个变异及相应的表型。不过,人类基因突变数据库使用内部的编码去识别突变。在炎黄基因组数据库中,为了可以使用人类基因突变数据库的编码来查询,科学家们将带有侧翼序列的突变与参考基因组进行比对,来获得它们的精确位置。由此总共获得了116个基因内的1495个SNP,这116个基因与已知的一些疾病具有相关性。

在炎黄基因组数据库中,基因组的一致序列(consensus sequence)和307万个SNP已经录入MapView中并可以查阅,界面见图4-14所示。

图4-14 炎黄基因组数据库MapView功能展示图

该数据库提供了三个主要功能模块:MapView(基因组相关数据的图形化视窗)、表型(phenotype)和BLAST网页服务。在MapView窗口中可以看到read比对情况。

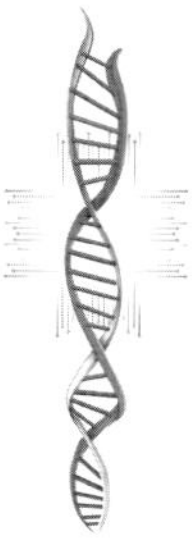

MapView 是基于 GMOD 开发的通用基因组浏览器(GBrowse)设计的;可视化窗口默认设置参数为 80bp。为方便医学方向的研究,科学家们整合了在线人类孟德尔遗传数据库(OMIM)中的突变,人类基因组单体图人群的 SNP 频率和这个 MapView 中的炎黄基因组基因型,使用 SNP 数据库编码作为交互界面的搜索选项。人类单倍型计划里面确定的 SNP 频率以饼状图的形式呈现出来,使用户可以很便利地检查炎黄基因型与 CHB 人群是否一致。因为使用了深度测序,所以可视化的窗口显示了所有比对到基因组上的测序 read,并突出了每个 read 里面不匹配(mismatch)的核苷酸。大约有 190Gb 的 read 导入了炎黄基因组数据库,而且我们修改通用基因组浏览器的 EST 模块来实现实时的序列比对情况。

总共有 53643 个人类基因突变数据库的标记被用于筛选炎黄基因组的 SNP,以便检索表型相关的信息。根据生理特征,将表型/疾病分为 18 类,疾病的名称、记录的次数以及其他一些详细信息记录在树状结构中。对于每个疾病,我们在以下的框图中罗列了相关的记录:基因组中的位置、SNP 数据库的编码、HGMD 的编码、基因符号、参考等位基因、易感等位基因和炎黄等位基因。由于 HGMD 中的大部分记录仅用 HGMD 内部的编码而没有使用 SNP 数据库的编码,所以可以在炎黄基因组数据库的 MapView 上查找感兴趣的突变以获得详细的基因信息,这些信息可以通过点击它们的染色体位置获得。

数据库提供了在线的 BLAST 比对,以满足用户来比对自定义的查询序列和炎黄基因组一致序列(如图 4 - 15 所示)。这些序列能够以 FASTA 格式粘贴在查询窗口或者从本地磁盘上传。炎黄基因组数据库是由深圳华大基因研究院开发和维护的,深圳华大基因研究院是一个非营利性的研究单位,它为用户免费提供数据库。MySQL 和 JSP 分别用于构建数据库和界面工具。

可以通过插入一个基因组的位置、或一个基因符号、或一个 SNP 数据库的编码或者一个炎黄 SNP 的编码来完成一次搜索。在 MapView 主要的显示窗口,所有同炎黄基因组相关的信息都显示在基因组浏览器内。这个浏览器包含了 Entrez 基因、OMIM 相关的疾病、SNP 数据库内的 SNP、人类单倍体图中的 SNP 和炎黄基因型。这个窗口当中所有的测序 read 都以一种方式呈现,以便用户检查每一个鉴定出的 SNP。这些序列一个接一个地重叠,而且不匹配的核酸用灰色标出。自定义的注释文件可以以记事本的格式上传或从远程 URL 上传。浏览器窗口可以通过改变图像的宽度和区域范围,以及突出感兴趣的区域。

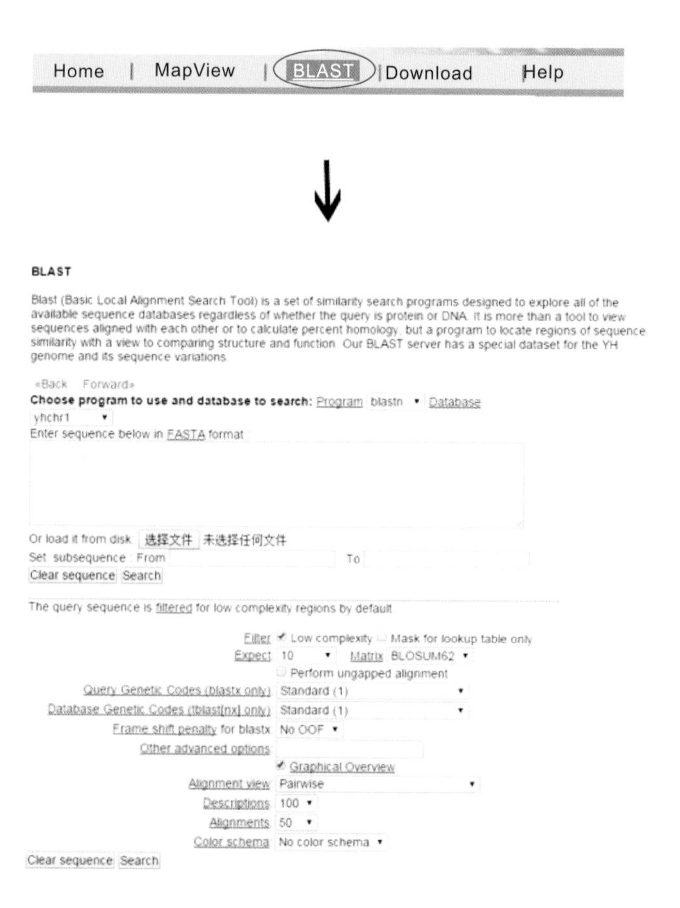

图 4－15　炎黄基因组数据库 BLAST 网页服务功能展示图

在表型页面上，同时提供了搜索以及浏览的选项。基于各自的生理学功能，所有的疾病被分为 18 类。当用户输入一个关键词，详细结果会显示在一个表格内，这些表格可以通过染色体的位置、基因符号和疾病名称重新排序。提供比对的数据库当中的 BLAST 服务包含了大部分的 Blast 程序(BlastN，BlastX，TBlastN and TBlastX)。

此外，通过点击可用的外部链接可以很容易地获取 BLAST 的使用帮助。数据库包含了所有原始的和处理后的数据，包括炎黄基因组序列、炎黄基因组变异、注释以及短读序列的比对，数据库当中的序列和比对也用染色体以有序形式呈现。所有的数据都可以下载。

4.3 蒙古人基因组

蒙古族，是主要分布于东亚地区的一个传统游牧民族，是中国的少数民族之一，此外，蒙古族在俄罗斯等亚欧国家也有分布。在中国的蒙古族大约有1000万人口。蒙古族作为历史悠久的游牧民族，已经通过对环境的适应演变成一个现代化的民族，拥有民族独特的文化、语言、生活习惯和生理生物特征。

在蒙古人基因组项目中，科学家们使用第二代测序技术完成了个人基因组测序，其平均测序深度大于100乘，通过分层的从头组装方法得到了高质量的蒙古人基因组草图[5]。根据人的参考基因组(GRch37)，构建了一个高分辨率的蒙古人个人遗传变异图谱，包括单核苷酸多态性、插入缺失、结构变异、新产生序列以及单倍体图谱。随着蒙古人第一例基因组的测序完成，蒙古人参考基因组完成构建及深入分析研究，极大地加快了对蒙古族人特征进化、疾病研究以及个体化医疗的进展，推动了中国民族基因组研究的脚步。

4.3.1 基因组测序和蒙古人基因组

科学家们选取了一位蒙古族的男性的外周血为基因组测序的研究材料，该样本捐赠者居住于内蒙古自治区。DNA提取后，利用第二代测序技术在Illumina HiSeq 2000的平台上，构建了各种插入片段大小的文库，如表4-9所示。对这些文库进行测序，共完成了56个read的测序、产生了3923.7亿个碱基的测序数据。

表4-9 蒙古人基因的全部测序数据

插入片段(bp)	read(bp)	数据量(Gb)	测序深度(×)
170	98	106.65	35.55
500	98	128.83	42.94
800	98	47.72	15.91
2000	49	45.60	15.20
5000	49	25.94	8.65
10000	49	14.94	4.98

续表 4-9

插入片段(bp)	read(bp)	数据量(Gb)	测序深度（×）
20000	49	14.72	4.91
40000	49	7.98	2.66
—	—	392.37	130.79

测序数据有两个用途，小片段(限于插入片段长度为 500 个碱基)的测序数据用来进行变异检测，全部的数据用来进行从头组装。用来进行变异数据鉴定的数据是来自插入片段长度为 500 个碱基的 4 个文库的数据。如表 4-10 所示，使用了 4 个小片段文库的测序，共产出了 13.9 亿个 read(1392 亿个碱基)，其中高质量(达到 Q20)的 read 达 93.8%。过滤后的 read 进行了人参照基因组比对，得到在基因组上的非 N 区域的基因覆盖度为 46.5×。单 read 覆盖度可以覆盖人参考基因的 99.74%的有效区域。另外，在唯一比对的 read 中，仅有 0.48%的 read 在参照基因组中为错误比对。

表 4-10　用于变异检测的测序数据

文库	产生数据			唯一比对数据		错配(%)	测序深度(×)
	read(M)	碱基(G)	Q20(%)	read(M)	碱基(G)		
SZAXPI000218-2	329.1	32.91	94.36	293.1	29.31	0.47	
SZAXPI000217-2	357.7	35.77	93.3	316.73	31.67	0.52	
SZAXPI000216-2	342.2	34.22	94.02	304.02	30.4	0.47	
SZAXPI000216-2	362.98	36.3	93.37	324.01	32.4	0.44	
总计	1391.97	139.2	93.75	1237.87	123.79	0.48	46.49

科学家们利用基于 read 较短的二代测序数据开发的组装软件 SOAPdenovo2，利用了分层组装的策略进行了从头组装：先构建了 Contig(指基于 read 重叠组装的、连续的、没有未知序列 N 的基因组序列)，然后按照插入片段大小逐步添加双

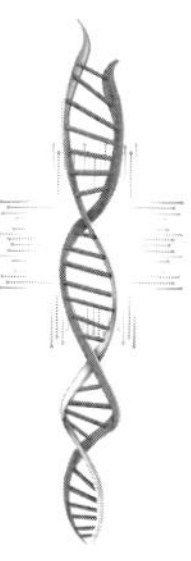

末端测序 read 进行 Scaffold(指基于成对的双末端连接的、连续的、但有未知序列 N 的基因组序列)的构建。组装之前,科学家们先去掉了一些 read,包括:PCR 复制产生的、接头(adaptor)污染以及低质量的 read。然后,利用小插入片段的数据(插入片段长度小于 1 千碱基)构建 Contig,其结果如表 4-11 所示,Contig 的 N50 长度为 5.6 万个碱基、总长度约为 28 亿个碱基。然后,利用成对的双末端 read 比对信息构建 Scaffold,结果如表 4-11 所示:Scaffold 的 N50 长度为 7.6 兆碱基,总长度为 28.8 亿碱基,431 个长度大约 1.4 兆的 Scaffold 能覆盖 90%的基因组(即 N90 的值为 1.4 兆),最长的 Scaffold 长度为 35 兆。科学家们试着把长于 2 万个碱基的 Scaffold 锚定到染色体上,最终完成了其中的 96%的 Scaffold 的染色体定位。

表 4-11　蒙古人基因组从头组装结果

类型	Contig		Scaffold	
	长度(碱基)	个数	长度(碱基)	个数
N90	13773	52725	1461661	431
N80	24225	37548	2880171	292
N70	34160	27774	4350155	210
N60	44637	20547	5856852	154
N50	56244	14915	7632466	111
最长	517634	—	35963476	—
总长	2823488473	—	2881945563	—
总个数(>2 千碱基)	—	84214	—	3251

科学家们对这个从头组装版本进行了仔细的评估。首先,以组装好的序列作为参考序列,把组装所用的 read 比对到这个参考序列上,计算单碱基的深度并画出其分布图,结果如图 4-16 所示,98.69%的序列能够被 20 条及以上的 read 覆盖到,表明了在单碱基水平上组装的准确性比较高。其次,为了评估组装的完整性和质量,科学家们从 NCBI 数据库中随机选取了 42 个组装好的细菌人工染色体(BAC)序列,使用比对软件包 Nucmer 和 BLAST 把这些 BAC 序列比对到组装的序列上,96.68%的 BAC 序列都能比对到基因组上。科学家们进一步评价了基因

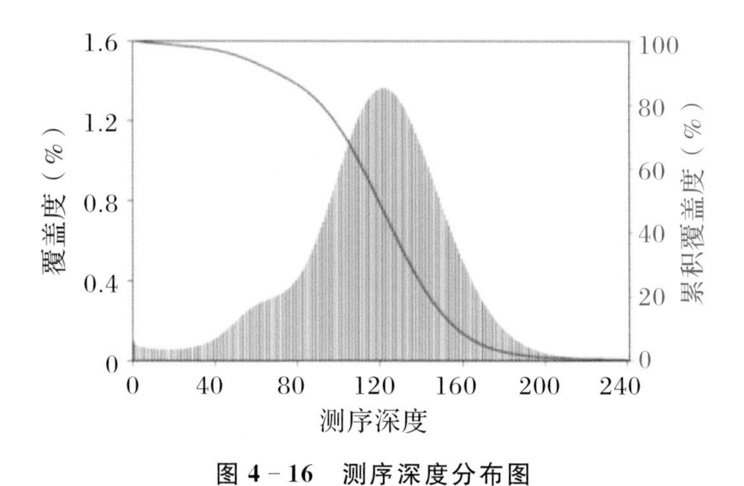

图 4-16 测序深度分布图

区的完整性，从 NCBI 数据库中下载了 7974 条 EST（序列表达标签），利用 BLAST 把 EST 比对到基因组上，98.3%的 EST 序列能比对到基因组上，说明基因区的完整性更好！然后，科学家们比较了蒙古人基因组、炎黄基因组、NCBI 参考基因组的 GC 分布图，结果如图 4-17 所示，三者没有显著性差异，特别是蒙古人基因组与炎黄基因组几乎重合。

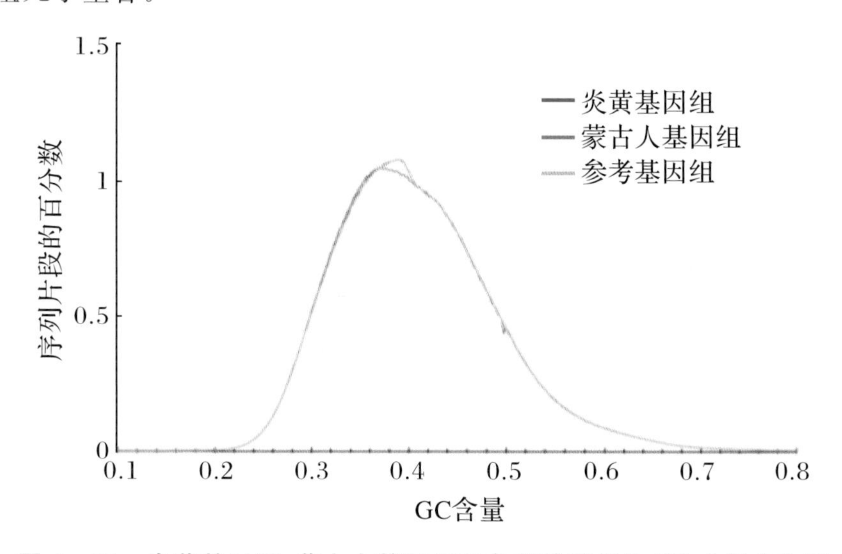

图 4-17 炎黄基因组、蒙古人基因组和参考基因组的 GC 含量分布图

把基因组切成 500 碱基的窗口，步长为 250 碱基，计算每个窗口的 GC 含量。

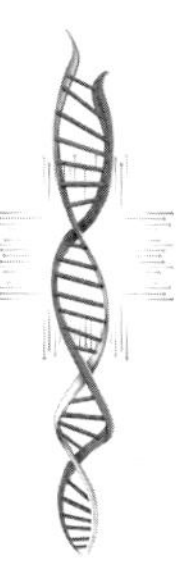

科学家们使用从头预测和同源比对的方法，对蒙古人基因组进行了功能元件的预测。在以转座元件为主的重复序列预测中，科学家们使用软件包 RepeatModeler 构建了重复序列文库(repeat library)，也下载了公共数据库中的重复序列文库 RepBase(16.01)，然后使用软件包 RepeatMasker (version 3.3.0) (http://repeatmasker.org) 把这些重复序列文库比对到蒙古人基因组上得到了基因组的重复序列；科学家们也使用了软件包 Tandem Repeat Finder 预测短串联重复序列。结果如表 4-12 所示，共计预测出 1362 兆碱基的重复序列，占基因组的 47.3%；其中长度最长的重复序列种类为 LINE(长散在重复序列)，占基因组的 31.3%。利用类似整合策略，科学家们鉴定了 21264 个蛋白质编码基因，其中 mRNA 的平均长度为 4.1 万个碱基，蛋白编码区的平均长度为 1500 个碱基，外显子的平均长度为 177 个碱基，这些参数与参考基因组基本相近。

表 4-12 蒙古人基因组重复序列预测结果

类型	RepBase(长度)		从头预测	整合	
	核酸比对	蛋白比对	(碱基)	长度(碱基)	%
DNA	96383540	13240959	21787112	111090342	3.85
LINE	501089904	256109180	724782571	900943951	31.26
SINE	343194499	0	317834902	499494260	17.33
LTR	246883403	41181566	405389025	562523038	19.52
其他	23105756	0	37402	23105776	0.8
未明确类型	2764213	0	160054	2924072	0.1
共计	1193220360	310483089	1169594154	1362421445	47.27

4.3.2 蒙古人基因组变异

1. SNP 和 InDel 检测

为了绘制蒙古人基因组的个人遗传突变图谱，首先通过使用 BWA 比对软件将高质量的、插入片段为 500 的 read(表 4-10)比对到参照基因组中。接着，采用多重算法鉴定得到高质量的 SNP，如图 4-18 所示：分别使用 SOAPsnp、GATK 以及 SAMtools 等生物信息学分析软件鉴定蒙古人基因组中的 SNP。

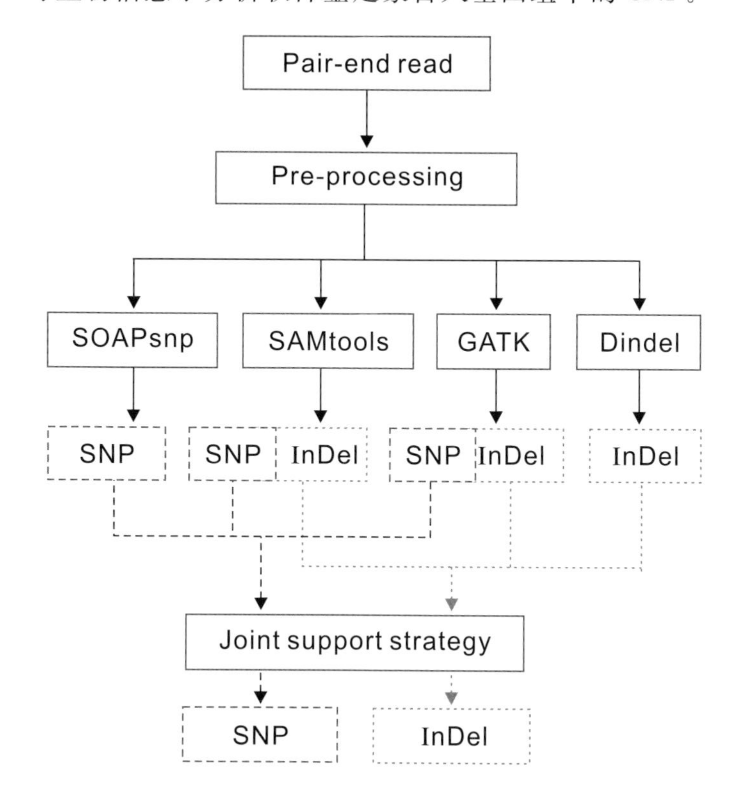

图 4－18　蒙古人基因组的 SNP 和 InDel 检测分析方法

Pair-end read：双末端测序的 read；Pre-processing：预处理过程，指去除 PCR 带来的复制、接头污染和低质量的 read；Joint support strategy：指两个或者三个软件包支持的 SNP 或者 InDel 作为最终的结果。

SOAPsnp、GATK 和 SAMtools 这 3 个比对软件的原始 SNP 结果采取了严格的过滤条件。对于来自 SOAPsnp 的结果采用以下过滤条件：①基因型质量值≥13；②每个等位基因的支持 read≥3；③每个 SNP 座位上全部比对上的 read 数目≤100，并且其中唯一比对的 read 占全部 read 的百分比≥50％；④每个位点的拷贝数≤2。

软件包 GATK 和 SAMtools 的过滤条件是：①基因型质量值≥13；②测序深度为 6～100。两个或者三个软件包支持的 SNP 作为最终结果，科学家们鉴定了

3742234 高质量的 SNP，其在染色体上的分布是不均匀的，如图 4－19 所示。

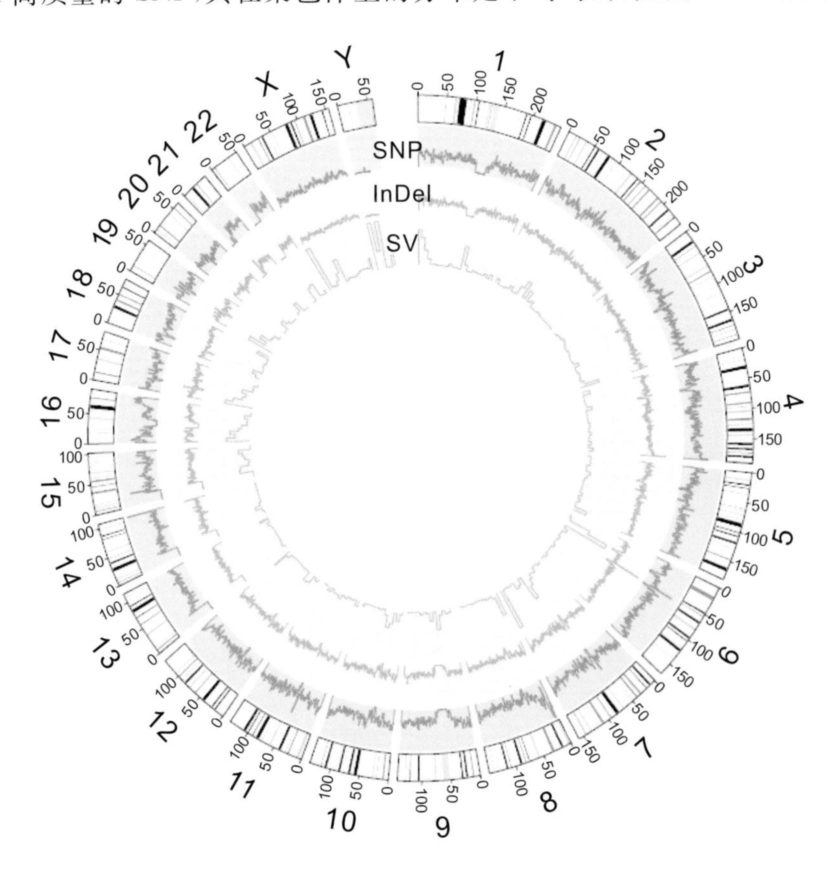

图 4－19　蒙古人基因组遗传变异在染色体上的分布

SNP 和 InDel 的窗口大小是 1 兆碱基，read 是 0.5 兆碱基；

SV 表示结构变异，窗口大小是 2 兆碱基，read 是 1 兆碱基。

关于短的插入缺失（<50 碱基）的鉴定，科学家们选用了 GATK、SAMtools 和 Dindel 这 3 种软件包进行预测。对于每个软件鉴定出的原始短插入缺失，采用了相同的过滤条件：①基因型质量值≥13；②测序深度≥6。然后过滤掉只有一个软件包支持的突变，将两个或者三个软件包支持的插入缺失作为最终结果。蒙古人基因项目中，检测出 756234 个插入缺失突变，其中共有 315889 个纯合突变和 440345 个杂合突变；其在染色体上的密度分布见图 4－19，其中有些染色体区域的

密度比较高。

科学家们进一步验证了鉴定出来的SNP和插入缺失的准确性。首先,将蒙古人的基因组SNP与芯片(Illumina 2.5M)得到的基因型进行了比较,对于芯片得到的基因型,先过滤掉错误的和低质量的数据,然后与基因组测序得到的相应SNP位点的基因型做一致性分析。结果见表4-13,在总的2356566个SNP座位中,两个等位基因都一致的比例达到了98.48%,只有一个等位基因相同的比例为1.06%,两个等位基因都不一致的比例为0.46%。其次,科学家们利用PCR和Sanger测序的方法对一部分SNP和短的InDel进行验证。检验的34个SNP中,31个SNP的两个等位基因都是正确的,另外3个SNP位点,只有一个单等位基因是正确的。在这34个SNP位点中,有18个SNP存在外显子中,其中17个在实验结果中得到验证。对于短的插入缺失,验证了其中的54个变异,其中存在外显子上的26个,内含子上的8个,存在基因间的17个,实验结果共成功确认了51个插入缺失是正确的。

表4-13 测序得到的等位基因分析与芯片(Illumina 2.5M)结果的比较

测序	类型	芯片				全部	一致率(%)
		纯合-参考	纯合-突变	杂合-参考	杂合-突变		
纯合-参考	2	1634148	—	—	—	1657917	98.57
	1	—	—	13215	0		0.80
	0	—	10536	—	18		0.63
纯合-突变	2	—	290380	—	—	290750	99.87
	1	—	—	99	0		0.04
	0	185	85	1	0		0.09
杂合-参考	2	—	—	396231	0	407676	97.19
	1	8097	3212	119	0		2.80
	0	—	14	—	3		0.01

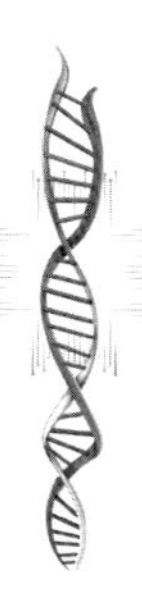

续表 4-13

测序	类型	芯片				全部	一致率(%)
		纯合-参考	纯合-突变	杂合-参考	杂合-突变		
杂合-突变	2	—	—	—	0	223	0
	1	—	164	35	0		89.24
	0	24	0	0	—		10.67

注:这里把芯片得到的基因型、测序得到的基因型分成四类:纯合-参考,两个等位基因一样并且与参考序列相同;纯合-突变,两个等位基因一样并且与参考序列不同;杂合-参考,两个等位基因不同并且其中一个等位基因与参考序列相同;杂合-突变,两个等位基因不同并且都与参考序列不同。并且把同一个基因座位上的每一对芯片得到的基因型、测序得到的基因型分型的一致情况分为三类:2,两个等位基因都相同;1,其中一个等位基因相同;0,两个等位基因都不同。

2. SNP 和 InDel 分析

科学家们进一步查找了蒙古人基因组的 SNP 和插入缺失在公共数据库中的分布,这里的公共数据库包括 dbSNP((build 135)和千人基因组项目产生的变异数据库(released in May 2011)。结果如图 4-20 所示,在蒙古族人基因组鉴定的

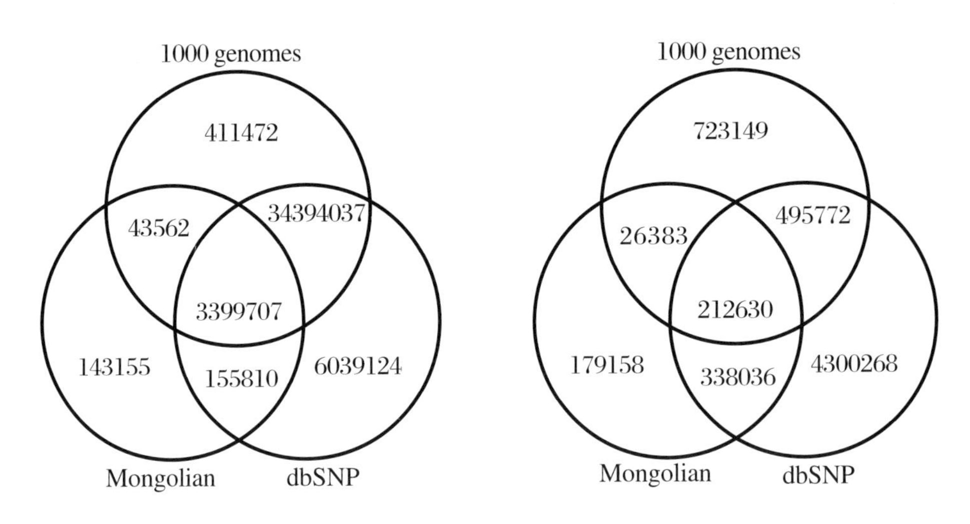

图 4-20 蒙古人基因组、dbSNP、千人基因组的 SNP(左)和 InDel(右)的维恩图

SNP 中，90.85%的 SNP(3399707 个)在 dbSNP 和千人基因组项目变异数据库都出现，4.16%的 SNP(155810 个)只出现在 dbSNP 中，1.16%的 SNP(43562 个)只出现在千人基因组项目变异数据库中，不出现在数据库的、新发现的 SNP 占总数的 3.83%(143155 个)。在蒙古族人基因组鉴定的插入缺失中，28.12%的(212630 个)在 dbSNP 和千人基因组项目变异数据库都出现，44.7%的 (338036 个)只出现在 dbSNP 中，3.49%的 (26383 个)只出现在千人基因组项目变异数据库中，不出现在数据库的、新发现的占总数的 23.69%(179158 个)。

科学家们接下来使用 ANNOVAR 软件对 SNP 和 InDel 进行注释(即查找这些变异在基因组上不同功能原件上的分布及可能的功能)。发现 60.58%的 SNP 和 58.25% 的 InDel 定位于基因间区域；34.36%的 SNP 和 36.85%的 InDel 定位于内含子中；1.15%的 SNP 和 1.34%的 InDel 分布在基因的潜在功能调节区域(基因起始位置的 2kb 以内的区域内)；0.57%的 SNP 和 0.07%的 InDel 分布在基因的蛋白编码区域(CDS)中，说明了基因组编码区域相对保守性。另外，有 532 个 SNP 和 514 个 InDel(见表 4－14)，分别定位于 535 个和 468 个基因中，且这些突变很可能严重影响基因的功能，例如终止密码子新产生(中间密码子突变成终止密码子)、终止密码子丢失(终止密码子突变成其他密码子)、剪接位点突变以及移码突变等。

表 4－14　影响基因功能的 SNP 和 InDel

类型	变异数	基因数
SNP	532	535
剪接位点	438	441
中间密码子突变成终止密码子	64	64
终止密码子突变成其他密码子	30	30
InDel	514	468
非移码突变	182	173
移码突变	332	295

3. 结构变异的检测和多态性分析

科学家们采用了基于组装的方法，检测了蒙古人基因组的结构变异。主要步

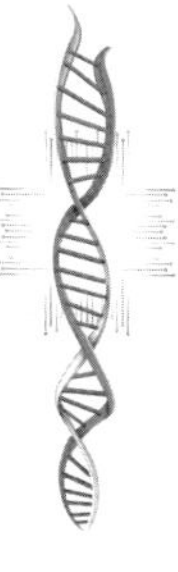

骤：①使用 BLAT 软件将组装好的蒙古人的基因组序列比对到参考基因组上，再用 LASTZ 软件做精确的比对；②用软件包 SOAPsv 鉴定候选的结构变异，候选结构变异的长度范围在 50 碱基到 10 万碱基之间。

鉴定结果如表 4－15 所示，蒙古人基因组共有 15088 个长度大于 50 碱基的插入缺失，1210 个长度范围在 8bp 到 45kb 不等的倒位（inversion）。蒙古人基因组的结构变异的长度分布与炎黄基因组的结构变异的长度分布非常相似，在长度为 300 的地方出现一个峰，主要是由于的 Alu（短散在重复序列的一种）元件的插入缺失所致。不过，蒙古人基因组中比 YH 基因组有更少的短结构变异（<100 碱基）和更多的大的结构变异（>100 碱基）。

表 4－15　蒙古人基因组的结构变异

类型	变异数	最短变异长度（碱基）	最长变异长度（碱基）
插入	11221	51	81977
缺失	3867	51	13647
倒位	1210	8	45728

参考文献

[1] International Human Genome Sequencing Consortium. Finishing the euchromatic sequence of the human genome[J]. Nature,2004,431：931－945.

[2] Stein L D. Human genome：End of the beginning[J]. Nature，2004，431：915－916.

[3] Wang J，Wang W，Li R Q. The diploid genome sequence of an Asian individual [J]. Nature，2008，456(7218)：60－65.

[4] Li G，Ma L，Song C，et al. The YH database：the first Asian diploid genome database[J]. Nucleic Acids Res，2009，37：D1025－D1028.

[5] Bai H H，Guo X S，Zhang D. The Genome of a Mongolian Individual Reveals the Genetic Imprints of Mongolians on Modern Human Populations[J]. Genome Biol Evol，2014，6(12)：3122－3136.

第5章　中华民族群体基因组与遗传变异

炎黄基因组[1-2]和蒙古人基因组[3]，相对于人类基因组多样性计划[4]和国际人类单倍型图谱计划来说，鉴定了大量的民族特有的遗传变异，为中华民族的基因组变异研究提供了宝贵的资源。在后续的相关遗传研究，广大的科研工作者不仅可以得到汉族和蒙古族精准的基因组图谱，也可以得到大量的民族特有的SNP、插入缺失和结构变异，这些细致的研究有利于深入理解中华民族的起源、适应、进化等。而这些特有的遗传变异在人类基因组多样性计划和国际人类单倍型图谱计划由于受限于芯片只能检测已知的突变特点而很难检测到。

个人基因组虽然精美，但是只能从一个个体上去研究一个民族，抽到的个体的某些遗传变异可能在民族群体中的出现频率很高也可能很低，所以一个个体的基因组只能在某种程度上代表一个民族。而真正去研究一个民族群体，需要从群体基因组的层面上反映一个民族的基因组的遗传组成。本章基于千人基因组计划的汉族、傣族群体基因组数据，展示中华民族的群体基因组变异。

5.1　样本及基因组数据

千人基因组计划（The 1000 Genomes Project）是2008年1月由中国、英国、美国等国的科学家们共同发起的一项测序计划。旨在进行大规模的人类基因组测序，发现不同人类种群中各种类型的DNA多样性，绘制迄今为止最详尽的人类基因组遗传多态性图谱。具体来说，利用第二代高通量测序技术鉴定并表征世界上五个主要群体（欧洲群体、东亚群体、南亚群体、西非群体和美洲群体）中95%或者更多的基因组变异，这些基因组变异在群体中的频率≥1%（来自多态性的经典定义）；同时该项目也鉴定了编码区的频率≤0.1%的等位基因，是由于功能性等位基因通常位于编码区并且频率较低。

千人基因组计划的实验阶段(pilot study)的目的是开发和比较不同的高通量全基因组测序平台策略,开展了三个项目:①179 人的低深度测序(2×～6×),其中 30 个个体来自中国北京的汉族(Han Chinese individuals in Beijing, CHB);②两个核心家系中六个个体的高深度测序;③697 人的 8140 个外显子的深度测序。鉴定了 15 兆 SNP、1 兆短序列插入缺失和 2 万个结构变异,其成果于 2010 年 10 月发表在期刊《自然》上。

该项目的第一阶段(phase 1),结合使用低深度全基因组和高深度外显子组测序的方法,对来自 14 个种群的 1092 个个体进行重测序,其中有中国汉族 197 人(北方汉族 CHB,97 人;南方汉族 CHS,100 人);鉴定了 38 兆 SNP、1.4 兆短序列插入缺失及 1.4 万个结构变异;其成果于 2012 年 11 月发表在《自然》上。第二阶段(phase 2),样本量进一步扩大到 1700,这些数据主要用来改进已有的方法并开发新的方法。第三阶段(phase 3),样本量进一步扩大到 2504(来自 26 个群体),中国汉族人数增加到 208,另外增加了 93 个中国傣族(CDX)个体,利用低深度全基因组、高深度外显子组和高密度芯片的组合策略,共鉴定了 84.7 兆 SNP、3.6 兆短序列插入缺失和 6 万个结构变异;其成果于 2015 年 10 月发表在《自然》上。

5.1.1 样本分布

本章基于千人基因组计划的基因组数据展示中华民族的群体基因组变异,主要是汉族群体、傣族群体,并选用尼日利亚的伊巴丹约鲁巴人群体(YRI)和来自英格兰和苏格兰的英国人群体(GBR)作为对照,其采样地点如图 5-1 所示。在样本选取环节,千人基因组计划最后阶段共选取了 208 个汉族个体、93 个傣族个体、108 个约鲁巴人、和 91 个英国人,本章基于这些个体基因组数据展示中华民族的群体基因组变异。

图 5－1　群体样本采集的地点

CHB：北方汉族；CHS：南方汉族；CDX：傣族；GBR：英国人；YRI：约鲁巴人。

5.1.2　基因组测序量概况

本章中所选的汉族和傣族群体的基因组测序情况如图 5－2 和图 5－3 所示，在千人基因组项目中，对所选的四个民族的样本同时进行了低深度全基因组测序和高深度外显子组测序。中华民族群体的低深度全基因组测序的测序量大多在

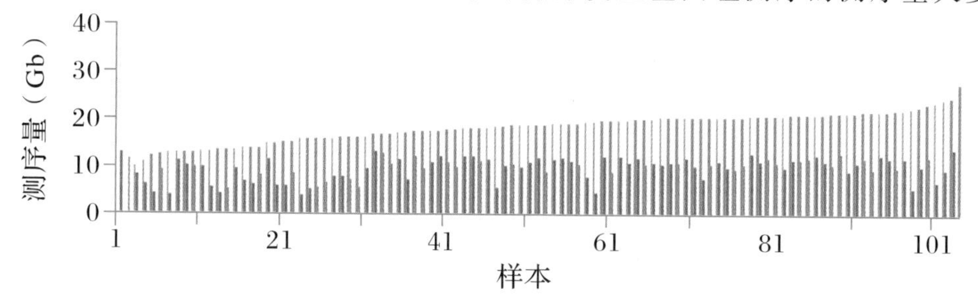

图 5－2　傣族群体中每个个体的测序量

蓝色表示全基因组低深度测序策略下产生的测序量，红色表示高深度外显子组策略下产生的测序量。

10Gb 到 40Gb 之间，高深度外显子组测序量大多在 5Gb 到 20Gb 之间。

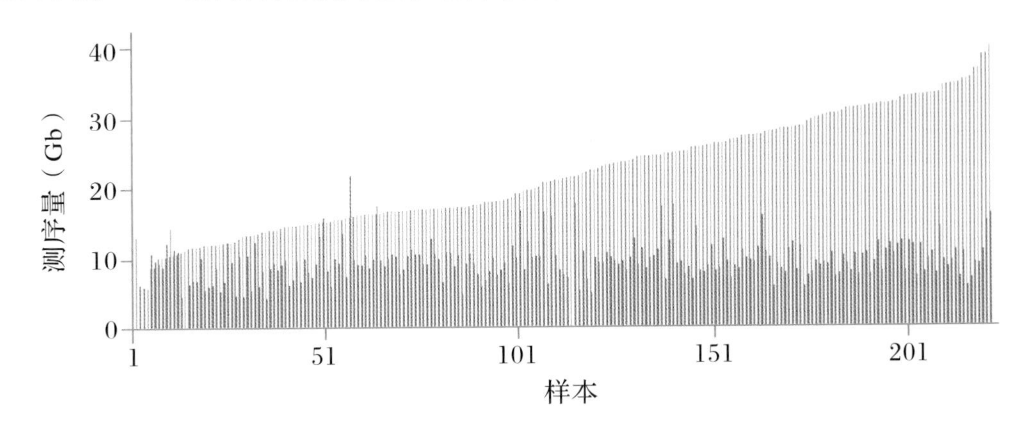

图 5－3　汉族群体中每个个体的测序量

蓝色表示全基因组低深度测序策略下产生的测序量，红色表示高深度外显子组策略下产生的测序量。

不同民族群体样本的基因组测序深度均一性略有不同，如图 5－4 所示，傣族的深度分布图只出现一个峰（21×），且峰宽比较窄，即傣族群体的测序深度比较均匀，大部分个体的深度在 21×左右；而汉族的深度分布图呈现两个峰，且峰宽比较大，说明汉族群体的测序深度不均匀；约鲁巴人群体和英国人群体测序比汉族群体

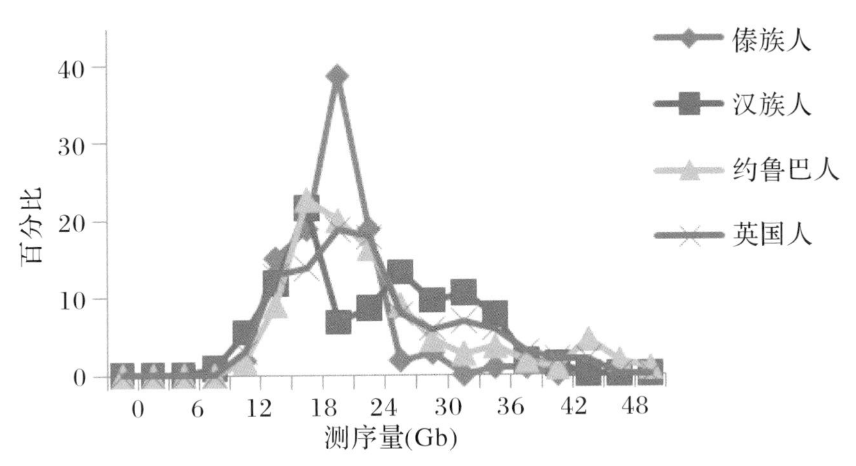

图 5－4　中华民族群体、约鲁巴人和英国人低深度测序量分布图

测序均匀些(图 5－5)。

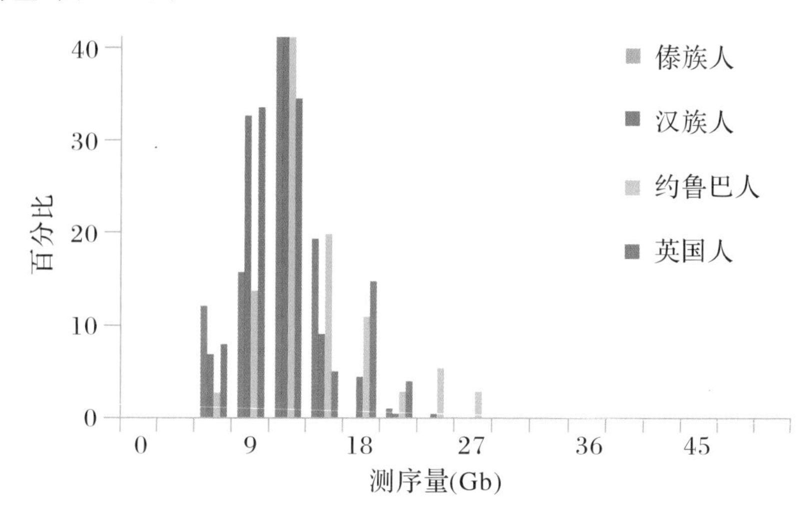

图 5－5　中华民族群体、约鲁巴人和英国人外显子组测序量分布图

在开始研究民族群体基因组变异之前，让我们简单看一下做群体基因组遗传变异检测的特点。对于不同类型的变异来说，其检测和分型的方法和操作流程是有差别的，但是所有的工作流程都有以下四个特征：①发现，把测序的数据(即read)比对到参考序列，检测一个样本或者多个样本与参考序列不同的候选位点或区域；②过滤，使用高质量的控制方法去除可能是假阳性的候选位点；③基因分型，估算每个个体在变异位点或区域上的等位基因；④验证，使用独立的技术分析新发现的变异子集，估计错误发生率(false discovery rate，FDR)。检测到的变异的质量受到多个因素的影响，包括从图像转换成碱基的质量、read 的局部序列比对的精确性以及单个基因型定义方法等。

千人基因组计划在各个环节上有着不小的创新。首先，对图像处理软件得到的碱基质量值进行经验校正：构建读出的质量分数、在 read 中的位置及其他特征与参考序列(非 dbSNP 位点)不匹配(mismatch)碱基个数的函数关系。其次，在潜在的变异位点，所有样本的 read 放在一起进行比对，这样可以检测到包含短插入缺失的次等位基因，这种重比对步骤能够减少大部分的错误，因为局部错误比对(尤其在插入缺失旁)是变异错误的主要来源。最后，利用多种变异检测算法得到一致的结果，与用任何一个单独的方法相比，其错误率降低了 30％～50％。

5.2 中华民族的基因组 STR 特征

千人基因组计划中，科学家们利用软件包 lobSTR 检测了短串联重复序列 STR。这个软件包在本书的 3.2 节中展示过其检测流程，这里展示的结果是利用 lobSTR2.0.2 版本得到的，软件包的下载地址是 http://lobstr.teamerlich.org/。将每个个体的低深度全基因组和外显子组测序数据分别与参考序列进行比对，先利用 samtools 去除 PCR 带来的复制（完全相同的 read），然后运行 lobSTR 检测每个个体的基因型。单碱基的寡序列（homopolymer）因为准确性不高而被过滤掉。共对 673984 个 STR 座位进行了分型，全部 2500 多个个体的 STR 分型结果，可以从网页下载：ftp://ftp-trace.ncbi.nih.gov/1000genomes/ftp/release/20130502/supporting/strs/。

接下来，让我们看一下每个个体有效的 STR 座位（可用来分型的 STR 座位），要求这些 STR 座位的测序产生足够的 read 以便进行准确的分型。采用全基因组和外显子组测序方案，与固定位点扩增分型方法和芯片的方法具有很大的不同，主要差异在于测序的随机性，导致某些 STR 座位没有被测序到，或者测序量不足以进行准确的 STR 分型。例如，全基因组平均测序 10×，即每个基因组上的每个位置期望被测序 10 次，对于某个具体的基因组座位来说，其实际被测序的次数与期望值有差异，即可能小于或者大于 10 次。

5.2.1 民族有效 STR 座位

此处展示了用全基因测序数据鉴定出的傣族、汉族群体的每个个体的有效 STR 座位数。如图 5-6 所示，在傣族群体中有效 STR 座位在 40 万个到 60 万个之间。个体的有效 STR 座位在汉族群体中差异更大，如图 5-7 所示，有几个个体只有 20 万个有效 STR 座位，多数个体的有效 STR 座位在 50 万个左右。

图 5-8 进一步比较了不同群体中的有效 STR 个数分布，从图中我们可以看到，傣族的个体有效 STR 座位分布最均匀（峰宽最窄），汉族的分布最宽即分布差异最大，约鲁巴人和英国人的有效 STR 座位分布介于傣族和汉族之间。

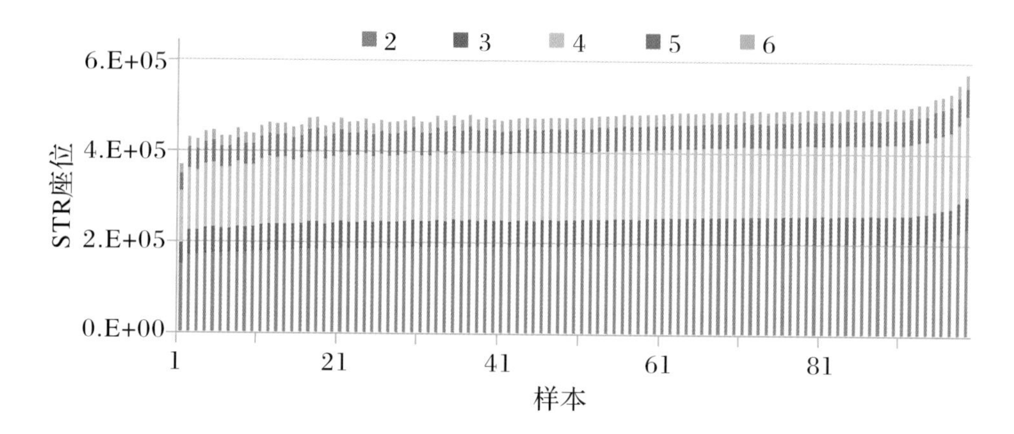

图 5－6　傣族有效 STR 座位数个体分布图

不同颜色表示 STR 的核心单元(core unit)长度。

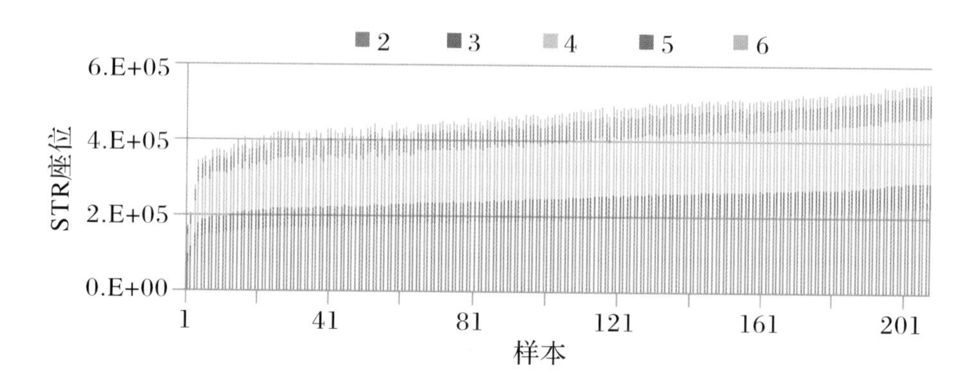

图 5－7　汉族有效 STR 座位数个体分布图

不同颜色表示 STR 的核心单元(core unit)长度。

为了比较群体间的差异，这里定义了群体有效 STR 座位：在该群体中的至少一个个体，该 STR 座位为有效 STR 座位。从这个角度来计算群体的有效 STR 座位，我们发现这四个群体的有效 STR 座位大约都在 65 万个左右。另外，不同核心长度的有效 STR 座位是不同的，千人基因组计划中科学家们只鉴定了 STR 核心单位长度 2～6，其中大约 40%的有效 STR 座位核心长度为 2，大约 30%的有效 STR 座位核心长度为 4，这两个比例在汉族人群和傣族人群中基本一致且比较均

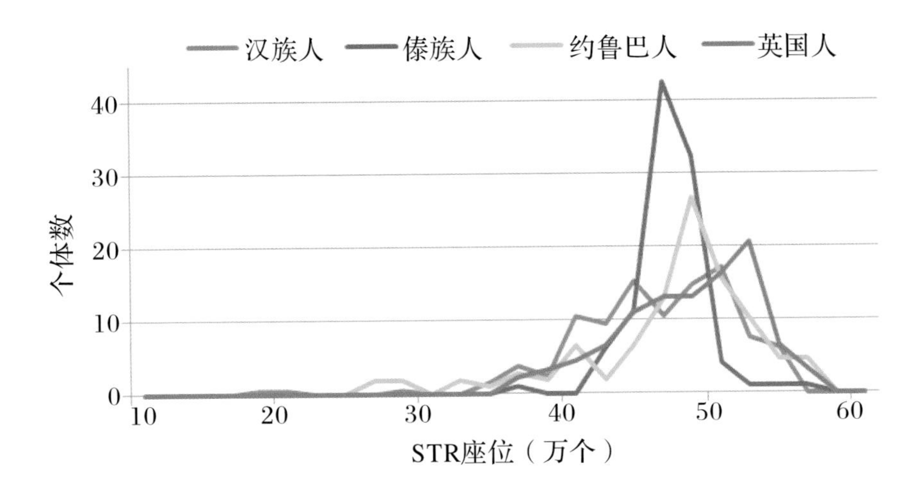

图 5-8　不同民族的有效 STR 座位分布图

匀，结果见图 5-6 和图 5-7。

5.2.2　民族多态性 STR 座位

利用全基因组测序数据和全外显子组测序数据，科学家们在千人基因组计划不仅鉴定了有效的 STR 座位，并且鉴定了每个个体在每个有效 STR 位点上的基因型，根据基因型我们统计了每个群体中有多态性的 STR(定义为群体中有两个或者两个以上等位基因的 STR 座位)。在千人基因组计划中，每个群体中鉴定出的多态性 STR 如表 5-1 所示，汉族人群中共鉴定出 55 万个多态性 STR，其中包括 2.7 万个 X 染色体或者 Y 染色体上的多态性 STR。结果如图 5-9 所示，从 STR 核心单元的长度分布上来看，最多的是核心单元长度为 2 的 STR，其次是核心单元长度为 4 的 STR，和图 5-6 所展示的有效 STR 的组成比较相似。该多态性 STR 总数要多于傣族和其他两个群体，这个可能是由于汉族样本数最多。约鲁巴人群体鉴定出大约 48 万个多态性 STR，英国人群体鉴定出 49 万个多态性 STR，而傣族群体中共鉴定出 38.6 万个多态性 STR。上面一段我们提到这四个群体的有效 STR 座位差不多都在 65 万个左右，有多态性的 STR 可能代表着傣族群体在这些 STR 座位上有着较低的遗传多态性。

表 5-1　千人基因组计划中鉴定出有多态性的 STR

染色体	汉族人	傣族人	约鲁巴人	英国人
常染色体	523420	366874	455718	468572
性染色体	27869	18632	23604	24330
全部	551289	385506	479322	492902

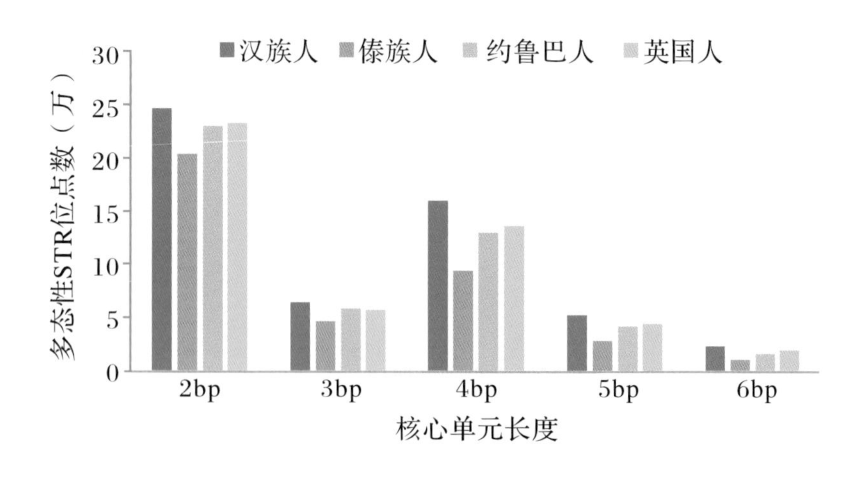

图 5-9　多态性 STR 的核心单元的长度分布图

以下从不同角度比较不同群体的 STR 遗传多态性，进一步验证傣族群体的 STR 遗传多态性较低这个观点。

首先，我们观察了每个群体在这些有多态性的 STR 座位的等位基因数，结果如表 5-2 所示，这些 STR 座位上的平均等位基因数在四个群体中是有差异的，其中汉族人的平均等位基因数最高，而傣族人的平均等位基因数最低。汉族人的平均等位基因数最高的现状可能与群体的样本数最多有关(是其他单个群体样本总数的 2 倍左右)，不能与其他三个群体在这个指标上直接比较。傣族人群体样本数和约鲁巴人、英国人群体样本数差不多，其平均等位基因个数最少，说明了该群体的 STR 遗传多态性最小。

表 5-2 有多态性的 STR 的等位基因个数均值

	汉族人	傣族人	约鲁巴人	英国人
平均等位基因数	4.38	3.66	4.23	3.86

其次,我们把群体中的 STR 按照其等位基因个数进行了分类,然后观察不同群体的具有不同等位基因个数的 STR 分布情况,结果展示在图 5-10。从图上我们可以看到各个群体的多态性 STR 位点主要为具有 2 到 5 个等位基因的位点,其中傣族有着 43%的多态性 STR 位点在该群体中有两个等位基因,而这个比例在约鲁巴人和英国人群体中都约为 34%,而且傣族具有三等位基因、四等位基因、五等位基因的 STR 座位的比例明显为四个群体最低。从不同等位基因个数的 STR 分布图上,我们可以进一步确认傣族群体的 STR 多态性在这四个群体中最低。

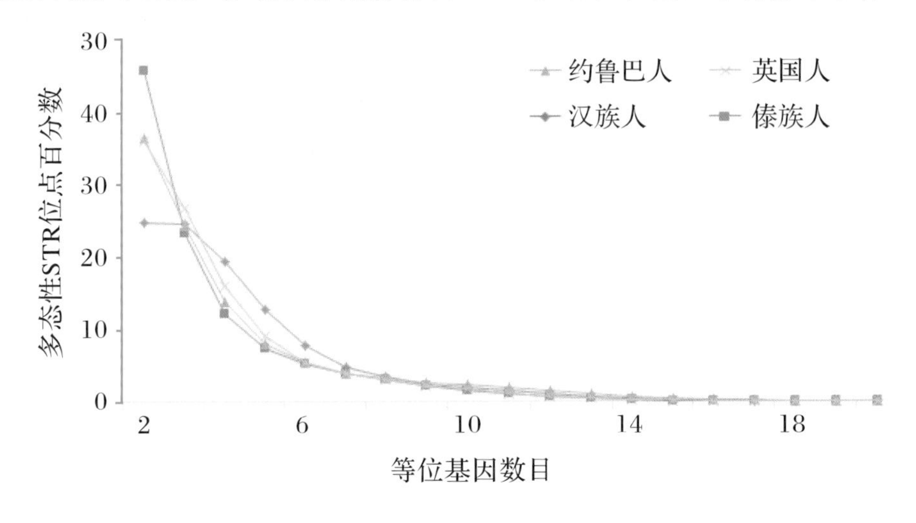

图 5-10 群体中具有不同等位基因个数的 STR 分布图

最后,我们计算每个多态性 STR 位点的群体杂合度,并观察了所有 STR 位点杂合度的分布,如图 5-11。不同民族的群体杂合度具有相似的分布规律:大部分位点杂合度值小于 0.1,在杂合度为 0.5 处出现较小的峰值,并且杂合度大于 0.9 的 STR 位点非常少。

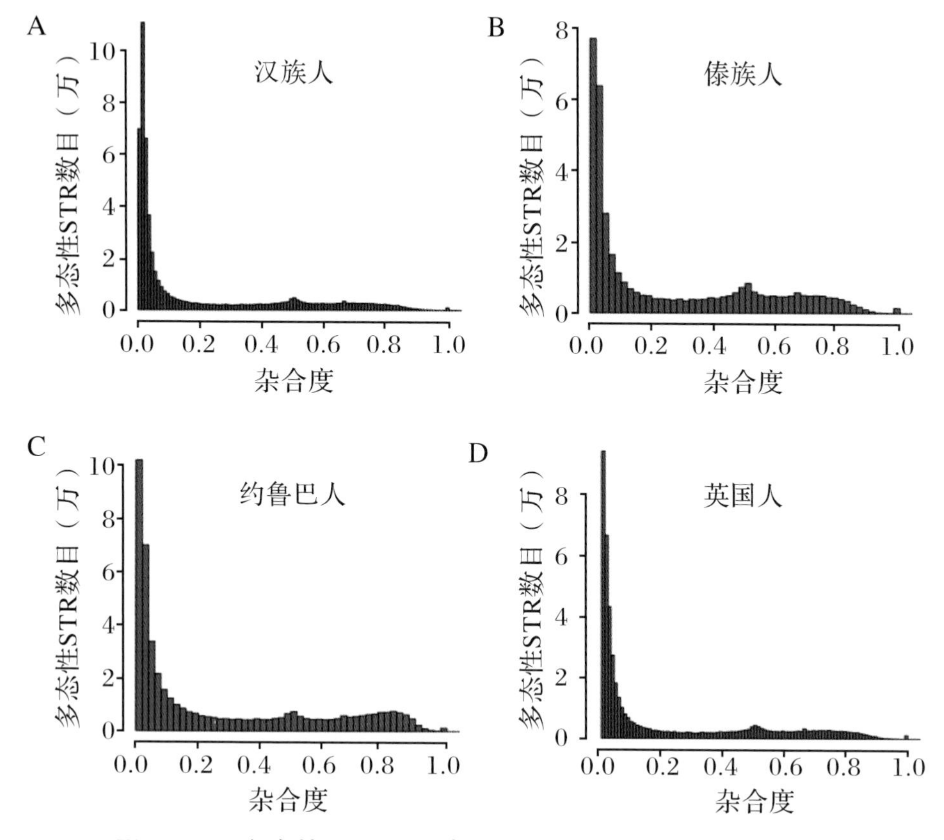

图 5-11　多态性 STR 的群体杂合度分布及与其他民族的比较

5.2.3　民族间共有的多态性 STR 座位及分布

不同群体的多态性 STR 位点总数不同，不同群体中具有多态性的 STR 位点也应该不同。为了展示不同群体的相同和不同，我们首先统计了任意两个民族群体的共有的多态性 STR 位点，结果如表 5-3 所示，其中汉族群体和傣族群体共有的多态性 STR 位点为 36.8 万个，傣族群体和约鲁巴人群体共有的多态性 STR 位点为 34.4 万个，傣族群体和英国人群体共有的多态性 STR 位点为 34.6 万个，这个结果展示了汉族群体和傣族群体的共有的多态性 STR 更多，说明了汉族群体和傣族群体的亲缘关系更近。汉族群体和约鲁巴人群体、英国人群体共有的多态性 STR 位点比较多，多于约鲁巴人群体和英国人群体的共有的多态性 STR，这个可能主要因为汉族个体样本量比较大具有的多态性 STR 最多的缘故。

表 5-3　千人基因组计划中鉴定出两个民族共有的有多态性的 STR

	汉族人	傣族人	约鲁巴人	英国人
汉族人	—	—	—	—
傣族人	368128	—	—	—
约鲁巴人	440698	344059	—	—
英国人	454820	346108	407141	—

接下来，我们就这些共有的多态性 STR 在染色体上的分布进行了统计。

首先，看一下汉族和傣族群体共有的多态性 STR 在染色体上的分布。这里计算了每一兆碱基的共有多态性 STR 个数，结果如图 5-12 所示，这些位点在染色体上的分布是不均匀的。例如，1 号染色体的两端密度比较高而中间部分密度比

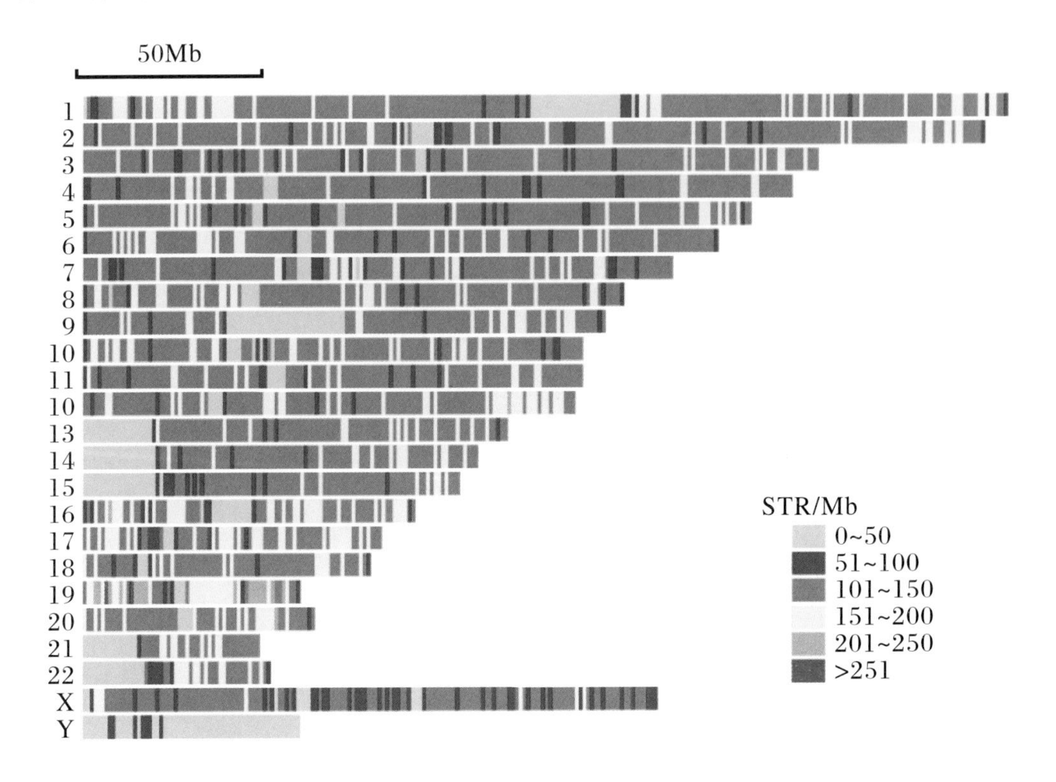

图 5-12　汉族和傣族群体共有的多态性 STR 密度分布图

较小，而17号和19号染色体整体的密度比其他染色体要高出不少，Y染色体的密度最小。

其次，我们统计了这四个群体的共有的多态性STR，总数约为31.4万个，这个数值只比傣族人群体和约鲁巴人群体共有的多态性STR少了3万个。这里，我们也展示了这些STR在染色体的分布，结果如图5-13所示，其在染色体上的分布特征与图5-11差不多。例如，19号染色体的密度最高，而Y染色体的密度最小。

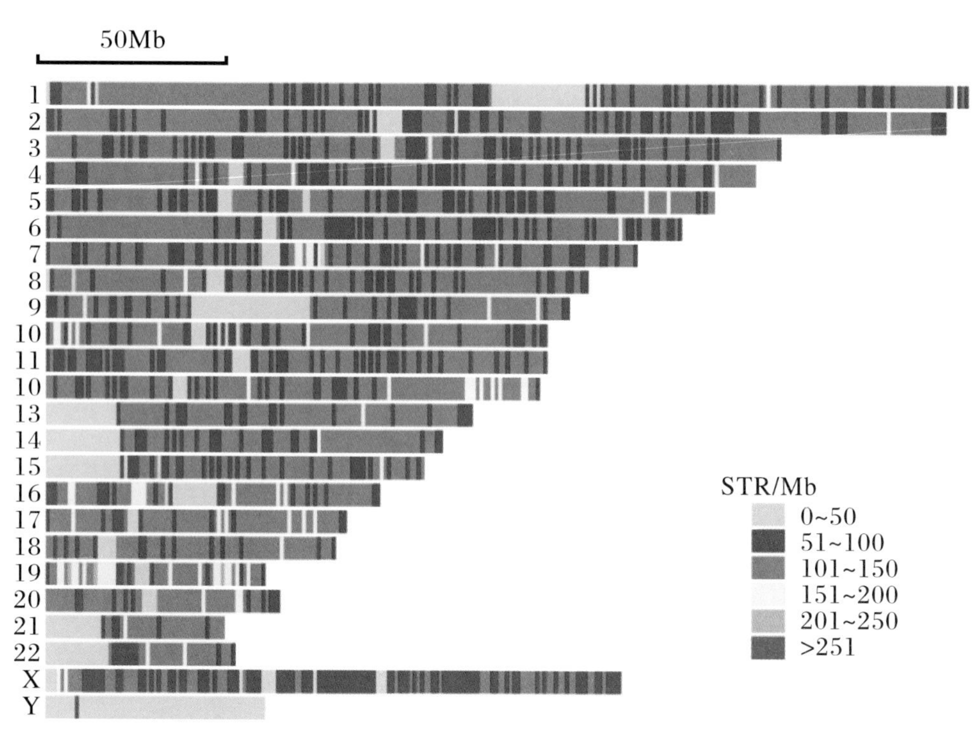

图5-13　四个群体共有的多态性STR密度分布图

5.2.4　民族特有的STR座位及分布

这里将民族特有的多态性STR位点限定为：在某个民族群体中存在并且在其他三个民族群体没有多态性的STR位点。在某个STR位点上，某个群体在现有的样本上能检测到多态性，表明这个群体在这个位点上肯定有多态性，另外一个群

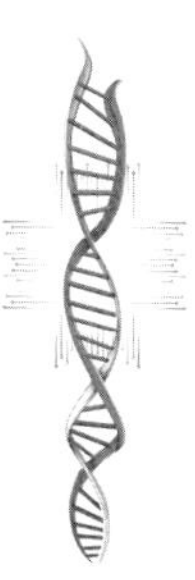

体在现有的样本中没有检测到多态性，但是随着样本的增加可能出现多态性，所以这里群体特有的多态性 STR 是相对于某些群体某些样本的，不是绝对的。在千人基因组项目的数据中，我们统计了在这四个群体间的民族特有的多态性 STR，结果如表 5－4 所示，汉族共有 3.3 万个特有的多态性 STR，约鲁巴人和英国人各自有大约 1.6 万个民族特有的多态性 STR，而傣族群体特有的多态性 STR 最少，为 0.4 万个。傣族特有的多态性 STR 最少，也从另外一个侧面证明了傣族群体 STR 多态性小。

表 5－4　民族特有的多态性的 STR

染色体	汉族人	傣族人	约鲁巴人	英国人
常染色体	31002	4076	14874	14463
X 染色体	2065	245	942	992
Y 染色体	356	53	151	193
总数	33423	4374	15967	15648

民族群体特有的多态性 STR 有着特殊的特征：多态性相对比较少，其核心单元长度以 4 为主，不同民族的 STR 在染色体上的分布特征不一致。这些特征是从以下统计分析中总结得到的。

首先，我们统计了这些民族特有的多态性 STR 的平均等位基因个数，结果如表 5－5 所示。汉族群体特有的多态性 STR 的平均等位基因个数为 2.58 个，约鲁巴人和英国人的特有的多态性 STR 的平均等位基因个数约为 2.3 个，傣族群体的这个统计值最小，为 2.1 个。从整体上来说，这些 STR 的平均等位基因个数比全部 STR 的平均等位基因个数少了三分之一还多，如表 5－2 中所示的傣族群体全部 STR 的平均等位基因个数为 3.7。这些说明了民族特有的多态性 STR 的多态性比较小。

表 5－5　民族特有的多态性 STR 的等位基因个数

	汉族人	傣族人	约鲁巴人	英国人
平均等位基因个数	2.58	2.08	2.27	2.30

接着，我们统计了民族特有的多态性 STR 的核心单元长度，结果如图 5－14 所示，大约接近一半的民族特有多态性 STR 的核心单元长度为 4，其次有大约 20％的民族特有多态性 STR 的核心单元长度为 2，这个民族特有的多态性 STR 与全部 STR 的核心单元长度分布明显不同：40％左右的全部 STR 的核心单元长度最高为 2，其次为核心单元长度为 4 的 STR。

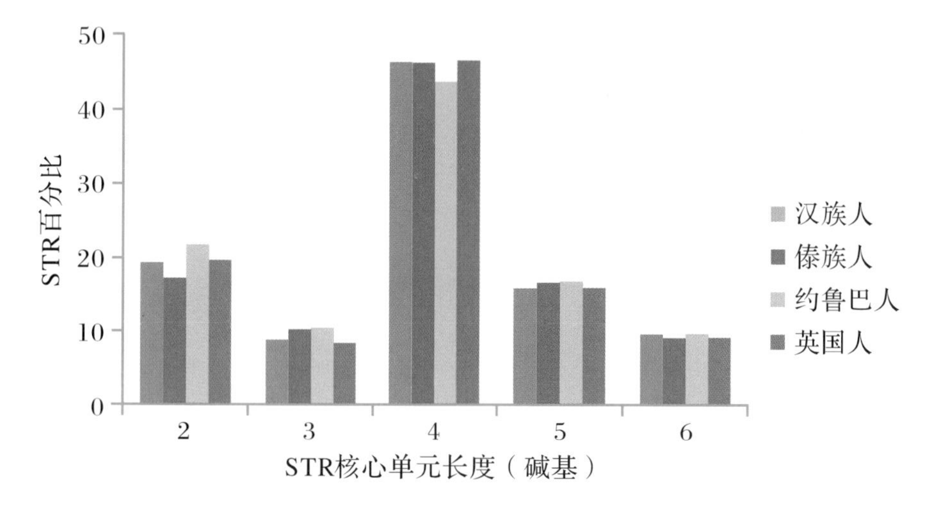

图 5－14　民族特有多态性 STR 不同核心单元长度分布图

最后，我们把傣族和汉族群体特有的多态性 STR 在染色体上的分布画了出来，结果如图 5－15、图 5－16 所示。这两个民族特有的多态性 STR 在染色体上的分布特征有些不同：傣族群体的特有的多态性 STR 在染色体上的分布比较均匀，大部分为每兆碱基的 STR 数目为 1～5 个；汉族群体特有的多态性 STR 在染色体间和内部的分布是不均匀的，19 号染色体和 X 染色体的多态性 STR 密度明显比较高。

对于每个群体特有的多态性 STR，我们计算了群体杂合度并观察了杂合度分布特征，如图 5－17。首先，不同民族特有 STR 的杂合度分布规律基本一致，90％以上的 STR 位点群体杂合度小于 0.1。另外，与全部 STR 杂合度分布图比较可以看出，民族特有的 STR 的杂合度更小，换言之，民族特有的 STR，以 0.1 以下的低杂合度分布为主，高于 0.2 的位点则非常少。说明民族特有的 STR 以低杂合度位点为主，这一结论与表 5－4 所体现的民族特有 STR 多态性低这一结论相一致。

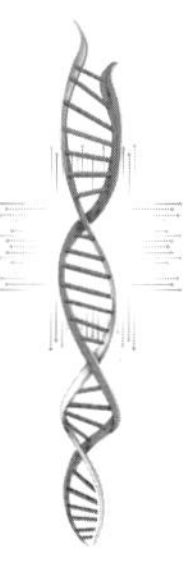

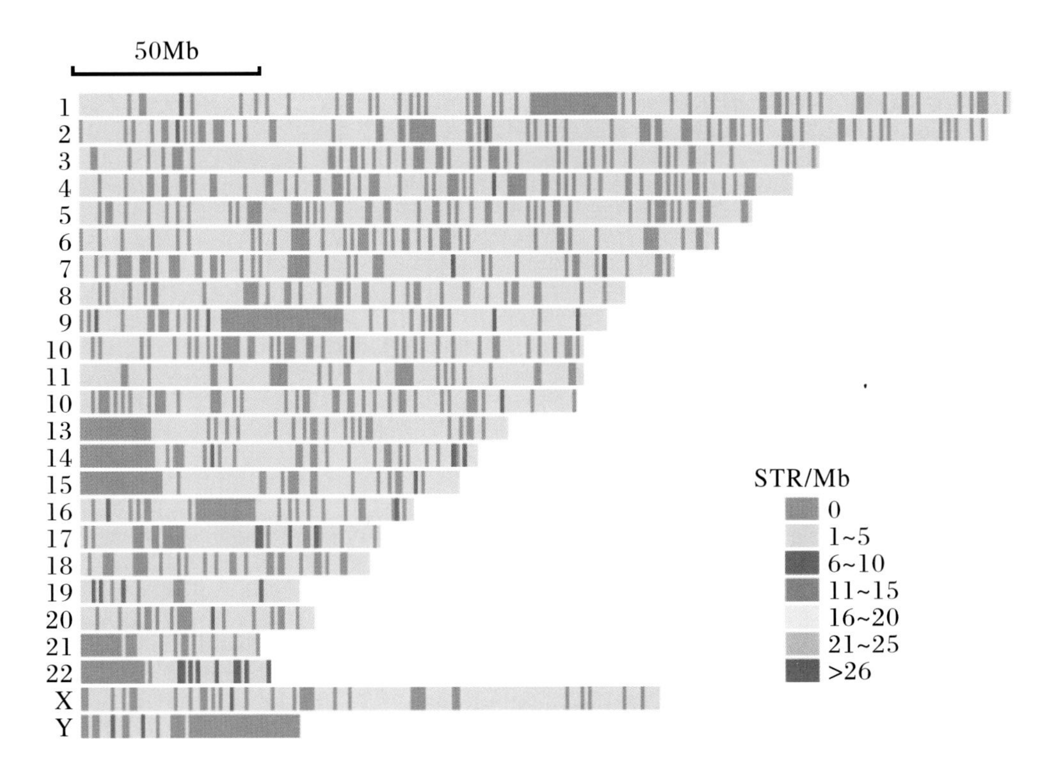

图 5－15　傣族群体特有的多态性 STR 染色体分布图

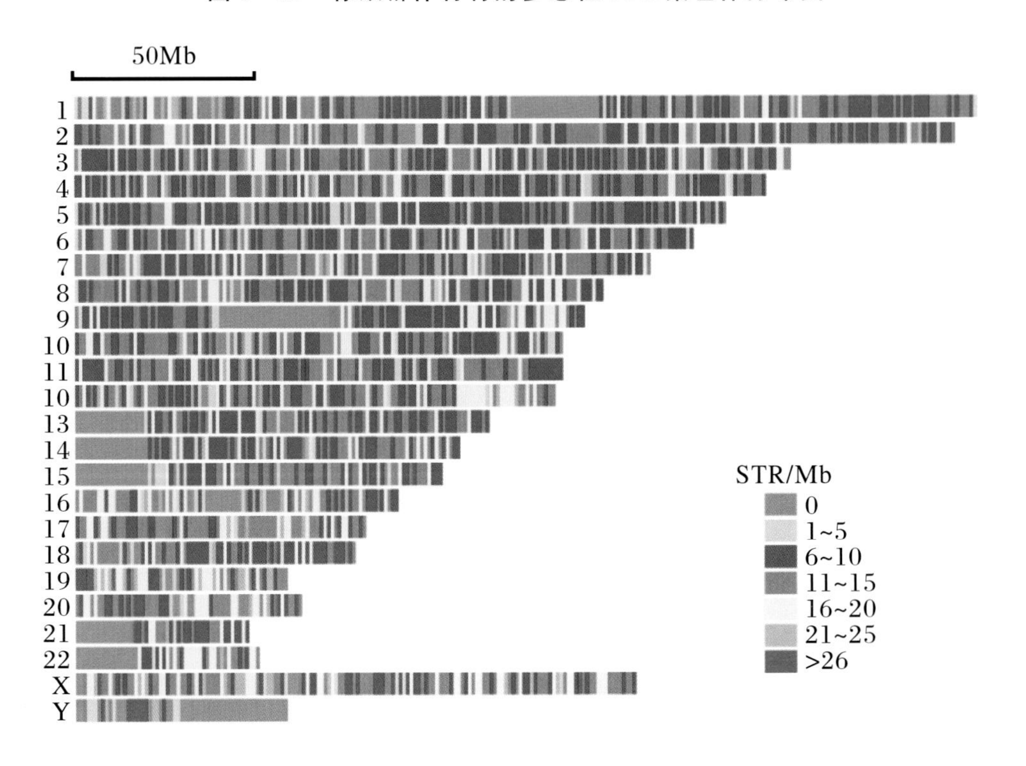

图 5－16　汉族群体特有的多态性 STR 染色体分布图

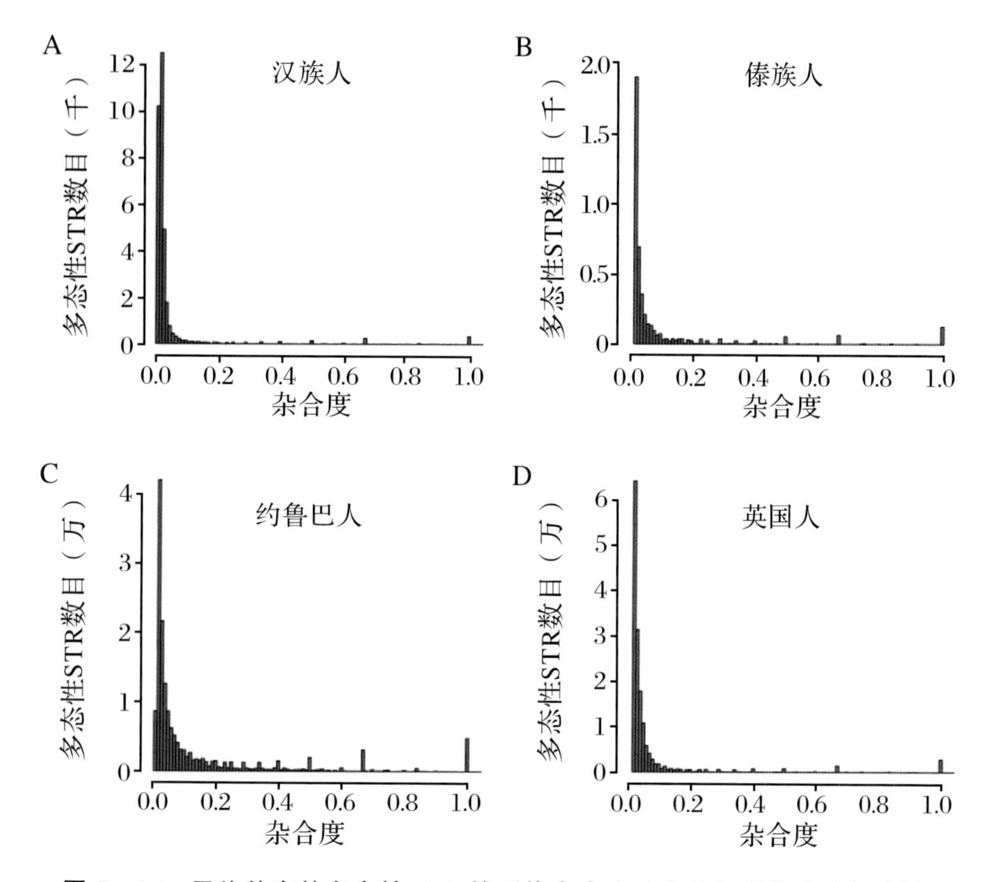

图 5-17　民族特有的多态性 STR 的群体杂合度分布及与其他民族的比较

5.3　中华民族的基因组 SNP 特征

基于千人基因组计划数据，我们对汉族人、傣族人 SNP 的个体分布以及频率分布以民族共有和特有 SNP 的分布特征进行统计，并与英国人及约鲁巴人的 SNP 数据进行比较。

5.3.1　SNP 在个体中的分布

在 SNP 的个体分布统计中，我们先计算了不同人群中每个个体的 SNP 数目，其中包括：①该个体中的杂合 SNP 位点；②该个体的纯合位点但基因型与参考序

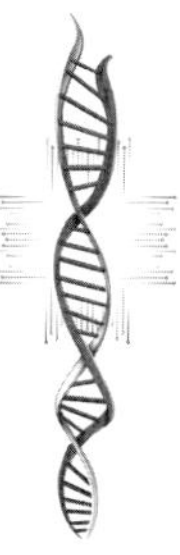

列不同。然后我们通过中位数、均数、方差、标准差及最大值和最小值等参数来刻画SNP在群体中的分布特征。如表5－6所示，汉族人、傣族人和英国人个体SNP数目的中位数值很接近，均为355万左右，远远小于约鲁巴人的434万。在所有4个人群中，SNP数目的均数值与中位数值基本一致。不同人群的方差差别较大，傣族人的方差最大，傣族人和汉族人均明显高于英国人和约鲁巴人的方差，说明傣族人和汉族人中SNP数目在个体间差异较大，且傣族个体间的差异水平大于汉族个体。从SNP数目的最大值和最小值也可以得出相同结论，傣族人SNP最多个体与最少个体相差14.6万个SNP，汉族人SNP最多个体与最少个体相差8.1万个SNP，远远高于英国人的6.0万和约鲁巴人的6.1万个SNP。位于外显子区域的SNP大约占SNP总数的1%，我们对外显子区域SNP分布特征也做了相同统计，发现其分布规律与总SNP类似，见表5－7。

表5－6　不同群体的常染色体SNP统计学特征比较

统计参数	汉族人	傣族人	英国人	约鲁巴人
中位数	3549970.9	3546809.3	3544085.9	4337832.5
均数	3548882.5	3549878.0	3547359.0	4337859.0
方差	244682156	378535436	177450082	156156968
标准差	15642.319	19455.9871	13321.039	12496.278
最大值	3588361	3573865	3570655	4367779
最小值	3507345	3427954	3510145	4306651

表5－7　不同群体外显子区SNP的统计学特征比较

统计参数	汉族人	傣族人	英国人	约鲁巴人
中位数	34290	34279	34132	42109
均数	34301.99	34301.39	34142.81	42135.45
方差	73182.17	78618.15	92763.32	84327.34
标准差	270.522	280.3893	304.5707	290.3917
最大值	35040	34860	34761	43059
最小值	33666	33421	33223	41329

5.3.2 民族特有 SNP 及分布

对群体总 SNP 分析之后，我们进一步对人群特有的 SNP 个数进行统计。图 5-18展示了四个群体的特有 SNP 数目以及和其他民族共有 SNP 数目。汉族人特有的 SNP 数为 358.1 万个，傣族人特有 SNP 143.6 万个，英国人群特有 SNP 93.0 万个，约鲁巴人特有 137.1 万个 SNP。汉族人特有 SNP 约占其 SNP 总数的四分之一，这一比例高于傣族人，更高于英国人和约鲁巴人。

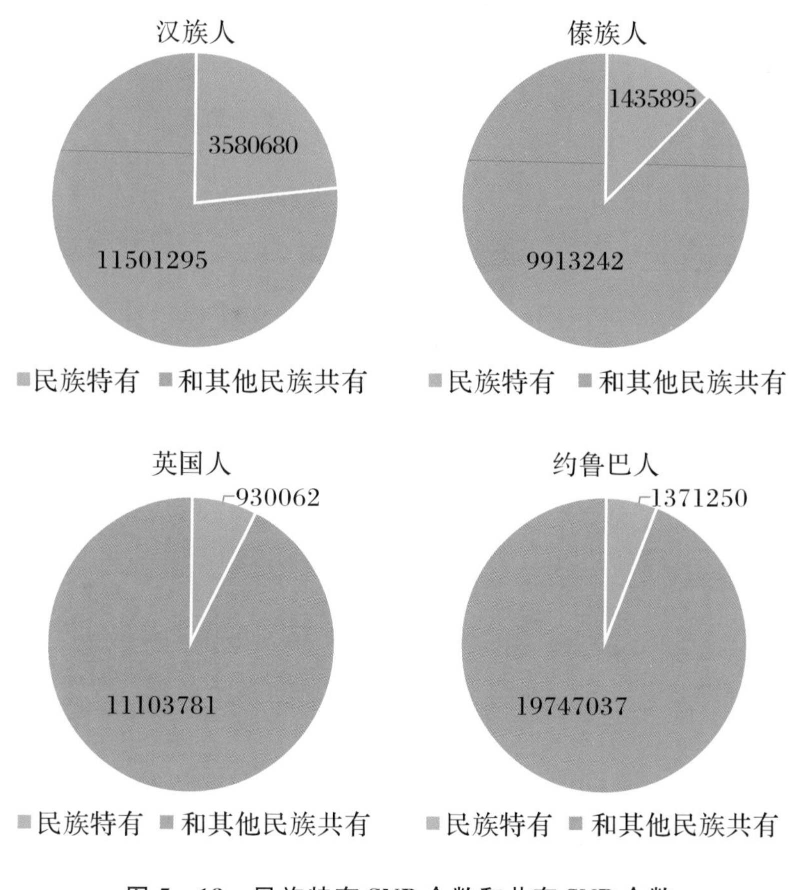

图 5-18 民族特有 SNP 个数和共有 SNP 个数

对于民族特有的SNP，在统计数目的基础上，我们对其在基因组不同染色体上的分布也进行了描绘(图5-19～图5-22)。以1Mb长度为单位，汉族人群特有的SNP密度主要集中在1201～1500SNP/Mb，远远高于英国人群的301～600 SNP/Mb。傣族人和约鲁巴人群特有的SNP密度相当，都分布在601～900 SNP/Mb范围内。从图5-19～图5-22上，我们可以看到民族特有的SNP在染色体上的分布是不均一的，如汉族人特有的SNP在7、8、9、16号染色体的3′端密度比较高，而这一特征也可以在傣族和其他两个民族特有的SNP的分布上看到。

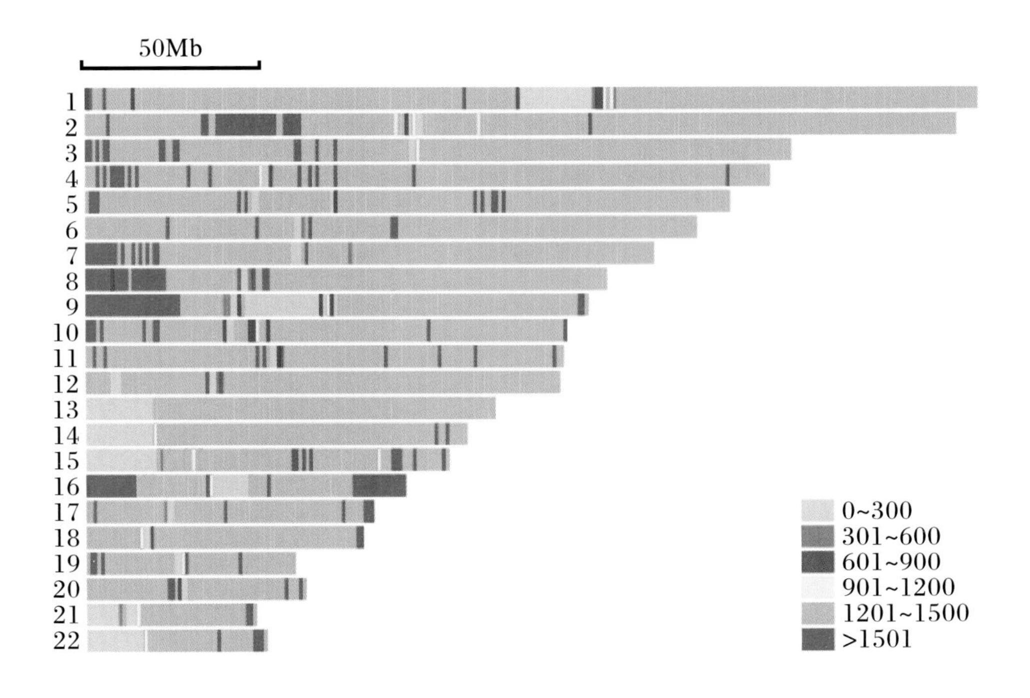

图5-19　汉族人特有的SNP在染色体上的分布

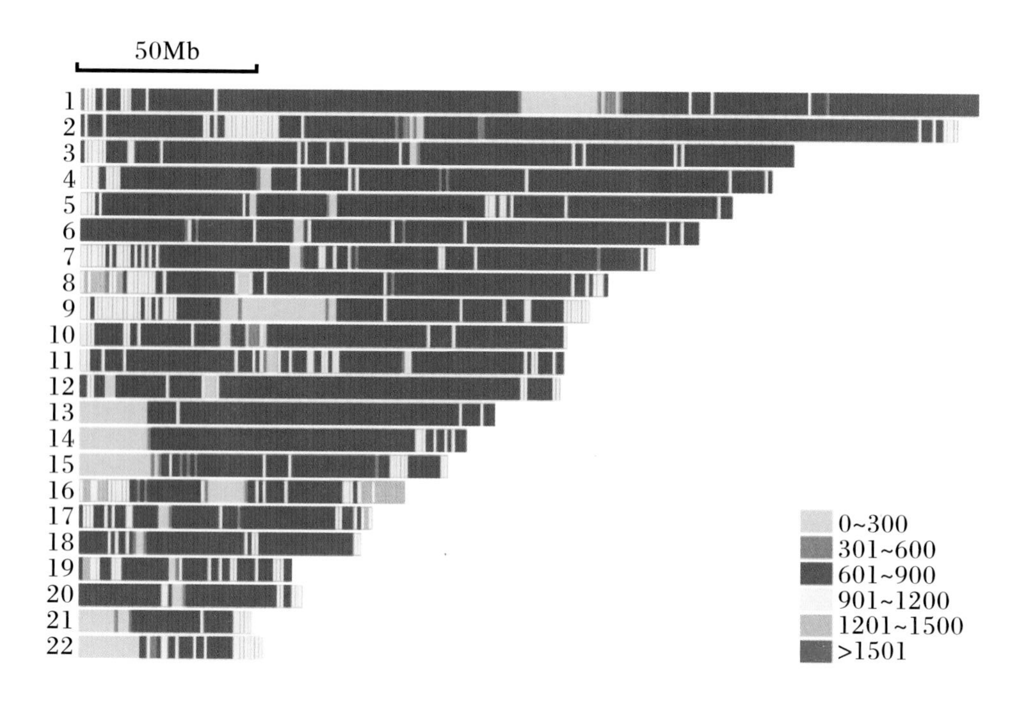

图 5－20　傣族人特有的 SNP 在染色体上的分布

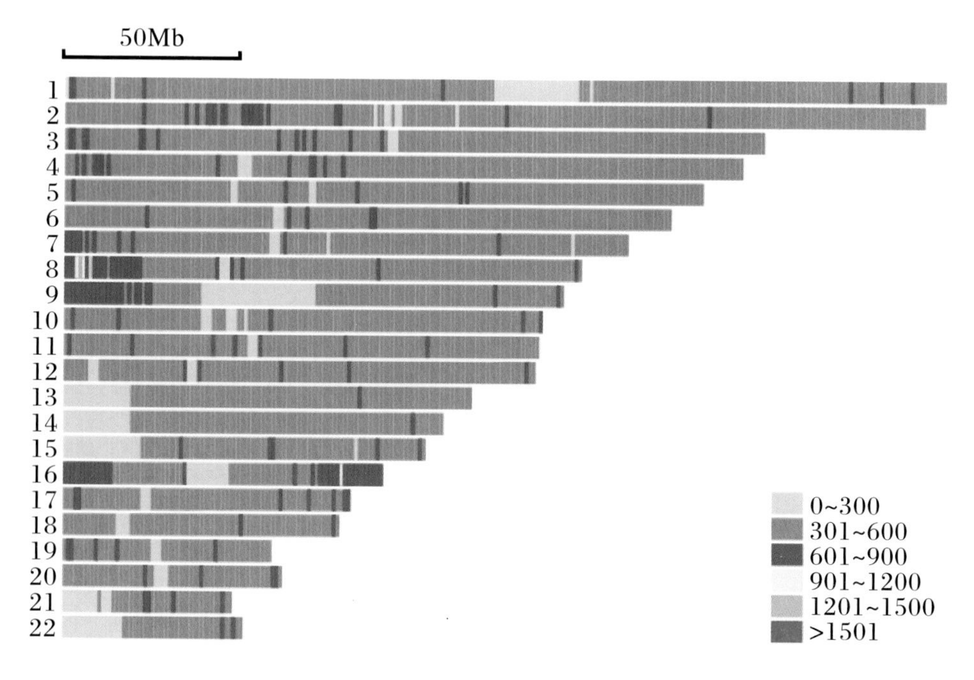

图 5－21　英国人特有的 SNP 在染色体上的分布

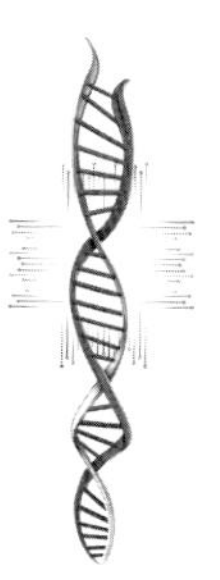

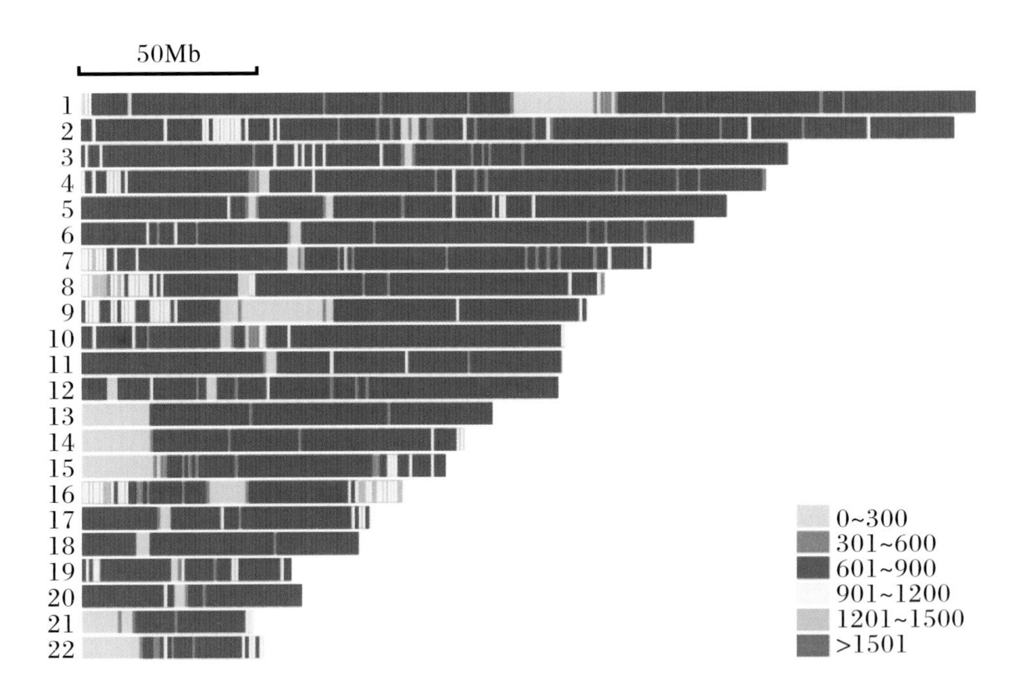

图 5-22 约鲁巴人特有的 SNP 在染色体上的分布

5.3.3 SNP 频率分布特征

除了统计 SNP 数目与染色体分布之外，我们还计算了 SNP 在人群中的分布频率并绘制了次等位基因频率图，如图 5-23 所示。各人群的次等位基因频率分布规律类似：频率 0.05 的 SNP 占比最高，在 0.05 到 0.2 这一频率区段内，SNP 迅速减少，频率大于 0.2 的 SNP 数目很少且分布较均匀。在频率为 0.05 时，汉族人的 SNP 数目比傣族人和英国人的 SNP 数目多出约 50%，但少于约鲁巴人的 SNP 数目。

各民族绝大部分的特有 SNP 的次等位基因频率均小于 0.05，结果见图 5-24。与图 5-23 相比，民族特有 SNP 的次等位基因频率非常小。对汉族人群而言，特有 SNP 更以小于 0.02 的低频 SNP 为主。

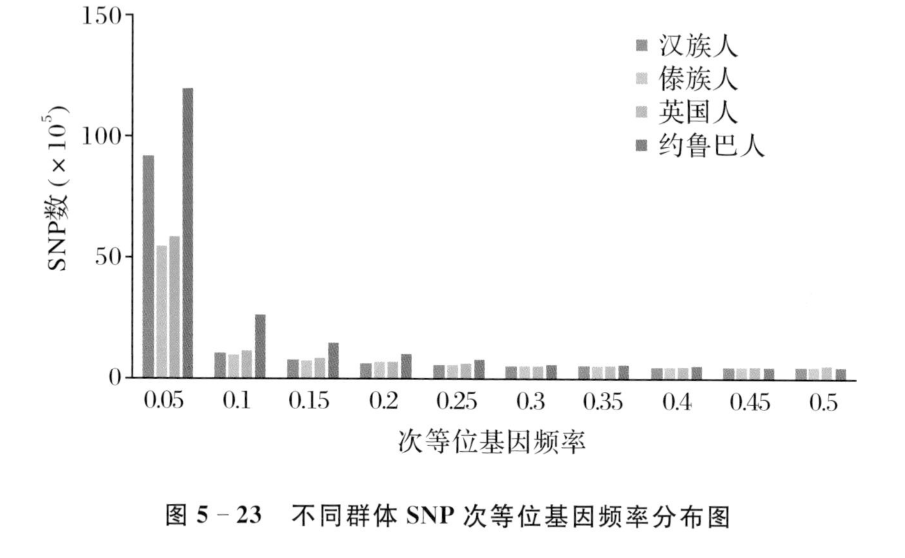

图 5－23 不同群体 SNP 次等位基因频率分布图

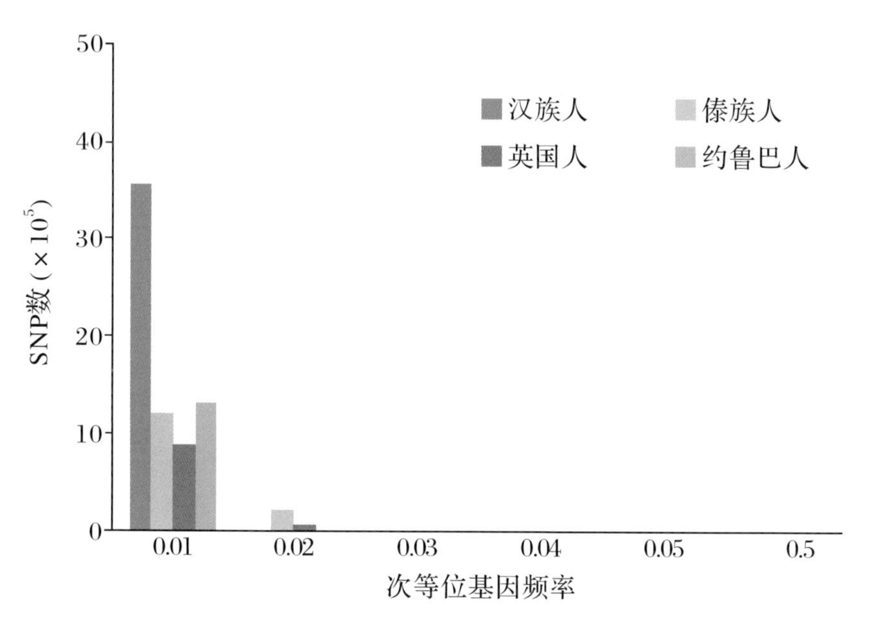

图 5－24 不同群体特有 SNP 的频率分布图

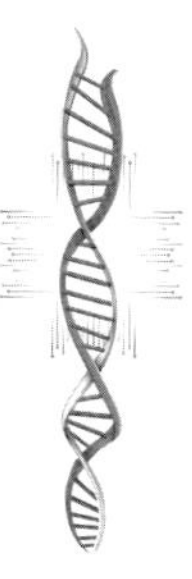

我们进一步分析了汉族群体的低频 SNP，结果见图 5－25。在频率为 0.05 的所有 SNP 当中，有约 60%的 SNP 为汉族人特有。这两部分结果显示，民族特有的 SNP 以低频为主。

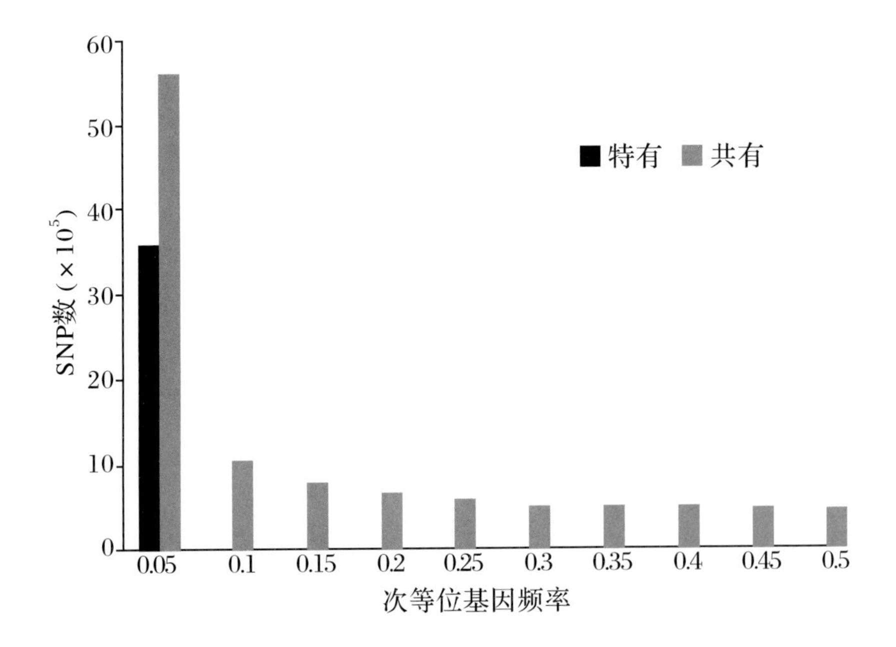

图 5－25　汉族特有 SNP 和共有 SNP 的频率分布比较

在考察 SNP 频率分布的基础上，我们进一步对杂合 SNP 的分布进行了分析。

首先，对所有 205 个汉族个体，我们统计了每个个体杂合 SNP 及纯合 SNP 个数，发现个体间杂合 SNP 占比基本一致，结果见图 5－26。

接下来，对每个 SNP 位点，计算了杂合个体数目占人群总数的比例，即杂合 SNP 频率。图 5－27 和图 5－28 展示的分别是民族所有的杂合 SNP 频率和民族特有的杂合 SNP 频率，其趋势与 SNP 频率分布类似。

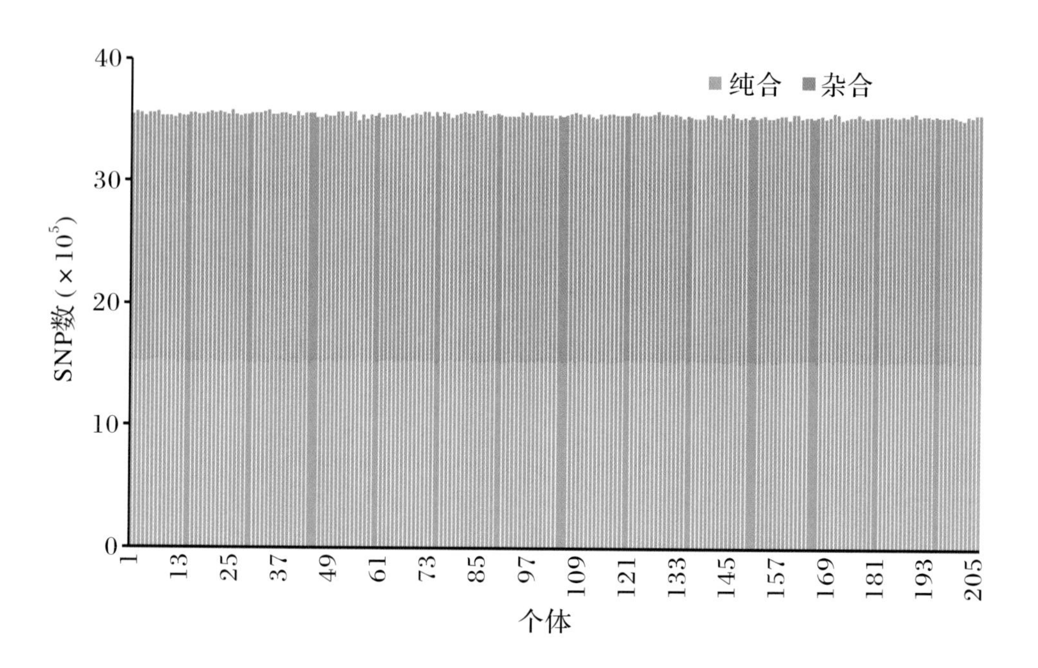

图 5-26　汉族个体的 SNP 总数分布图

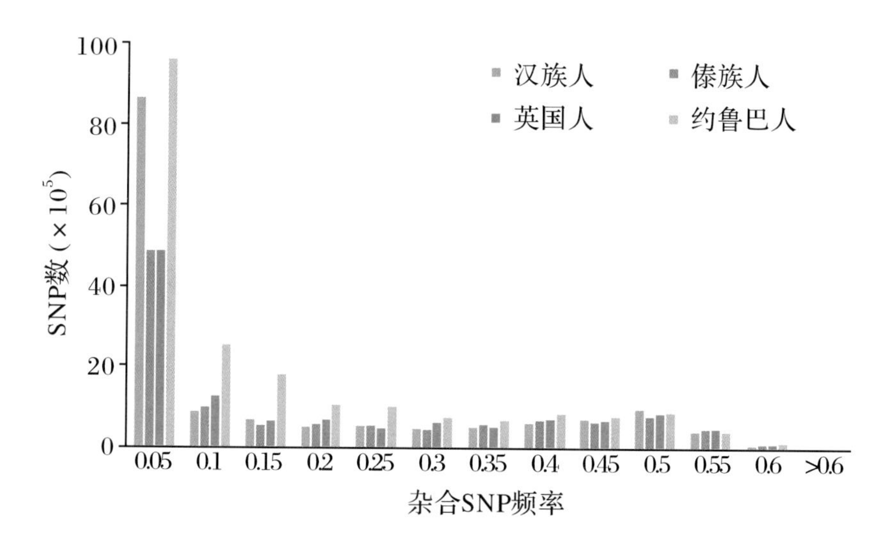

图 5-27　杂合 SNP 频率分布图

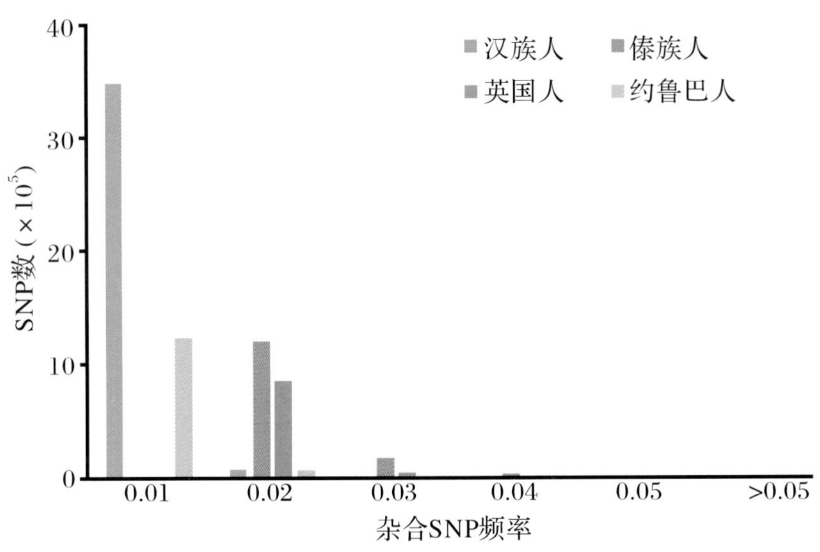

图 5－28　民族特有杂合 SNP 频率分布

5.3.4　SNP 在功能元件中的分布

我们进一步检测了民族所有 SNP 和民族特有 SNP 在不同功能元件中的分布情况(图 5－29 和图 5－30)。在不同民族中,无论是所有 SNP 还是民族特有 SNP,90%以上的 SNP 位于外显子区域。如表 5－8 所示,在民族所有 SNP 中,约有2.3%的

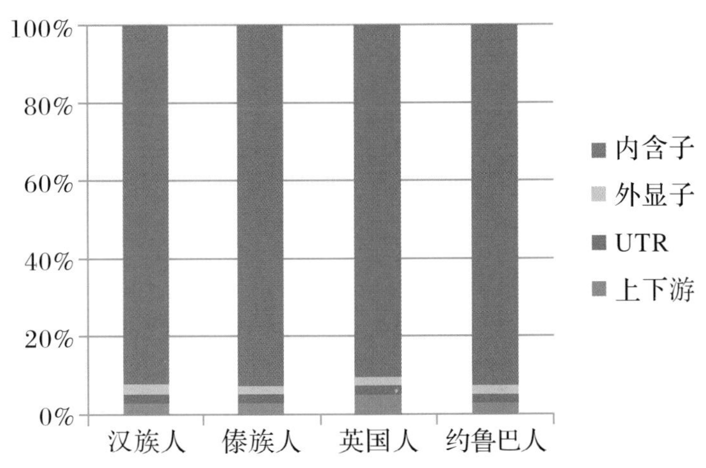

图 5－29　汉族人所有 SNP 在不同功能元件的分布及与其他民族比较

SNP位于外显子区域；而在民族特有SNP中，位于外显子区域的SNP占比上升到3.9%～4.2%之间。值得一提的是，汉族人位于基因上下游调控区域的SNP占比为2.94%，与傣族人和约鲁巴人类似，但是英国人群中这一比例高达5.07%。

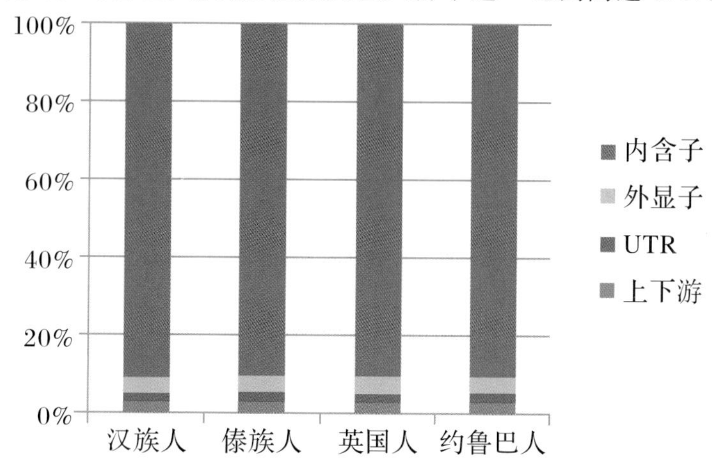

图5－30　汉族人特有SNP在不同功能元件的分布及与其他民族比较

表5－8　民族所有SNP及特有SNP在不同功能元件的分布比较

功能元件	所有SNP				特有SNP			
	汉族人	傣族人	英国人	约鲁巴人	汉族人	傣族人	英国人	约鲁巴人
基因上下游	2.94	2.95	5.07	2.94	2.65	2.90	2.68	2.81
UTR	2.16	2.13	2.09	2.16	2.47	2.61	2.50	2.56
外显子	2.42	2.31	2.26	2.23	3.99	3.90	4.21	4.12
内含子	92.48	92.61	90.57	92.67	90.88	90.59	90.62	90.51

5.4　中华民族的基因组InDel特征

继STR和SNP之后，插入缺失(InDel)是群体的又一大变异类型，表现为基因组小片段的插入或缺失。我们对民族所有InDel数目及在基因组不同功能元件中的分布、频率分布以及插入缺失的片段长度分布分别进行了统计。结果显示，汉族

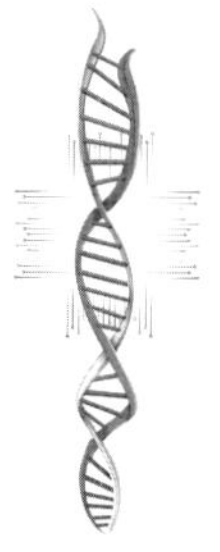

人共有 InDel 140.53 万个，傣族人共有 InDel 125.31 万个，英国人共有 InDel 135.60万个，约鲁巴人共有 InDel 206.20 万个。表 5－9 显示，在所有不同染色体上，InDel 分布区域以基因间区为最多，其次是内含子区域，少数位于基因上、下游和非编码外显子区，位于编码外显子区和剪接位点的 InDel 数目非常少。另外，Y 染色体上的 InDel 数目仅有不到 400 个，约 90％的 InDel(346 个)位于基因间区。

表 5－9　汉族群体 InDel 在不同功能元件的分布

染色体	基因上游	外显子区	内含子区	剪接位点	基因下游	基因间区	UTR3	UTR5
chr1	918	154	44515	33	1021	56452	1256	166
chr2	582	110	42431	27	627	64326	973	115
chr3	474	93	38476	25	613	52465	824	92
chr4	386	81	30521	13	483	62744	610	83
chr5	422	65	27785	16	475	54077	728	93
chr6	552	98	31288	22	631	53625	722	101
chr7	470	101	31232	9	523	41467	643	77
chr8	279	59	23391	13	341	39208	461	70
chr9	345	71	21417	11	453	31786	512	58
chr10	402	65	27752	10	425	35921	567	70
chr11	571	106	24887	23	568	36346	603	103
chr12	519	86	26746	19	615	37582	765	75
chr13	211	34	15491	10	210	33893	289	43
chr14	285	41	16657	11	336	27383	399	62
chr15	271	36	17883	12	358	20322	421	43
chr16	344	65	15636	9	412	20580	475	74
chr17	486	90	18983	21	538	18082	658	87
chr18	129	24	12862	0	153	22835	310	22
chr19	748	137	14333	25	797	15708	679	98
chr20	221	32	11244	4	253	14912	301	40
chr21	119	22	6594	5	144	12211	150	24

续表 5-9

染色体	基因上游	外显子区	内含子区	剪接位点	基因下游	基因间区	UTR3	UTR5
chr22	243	40	8423	8	219	9151	278	46
chrX	306	51	17544	6	388	44419	446	64
chrY	5	0	42	1	4	346	1	0

我们统计了 InDel 的分布频率，分布频率的计算是不同于参考序列的染色体条数占染色体总条数(2 倍于个体总数)的百分比。如图 5-31 所示，以频率低于

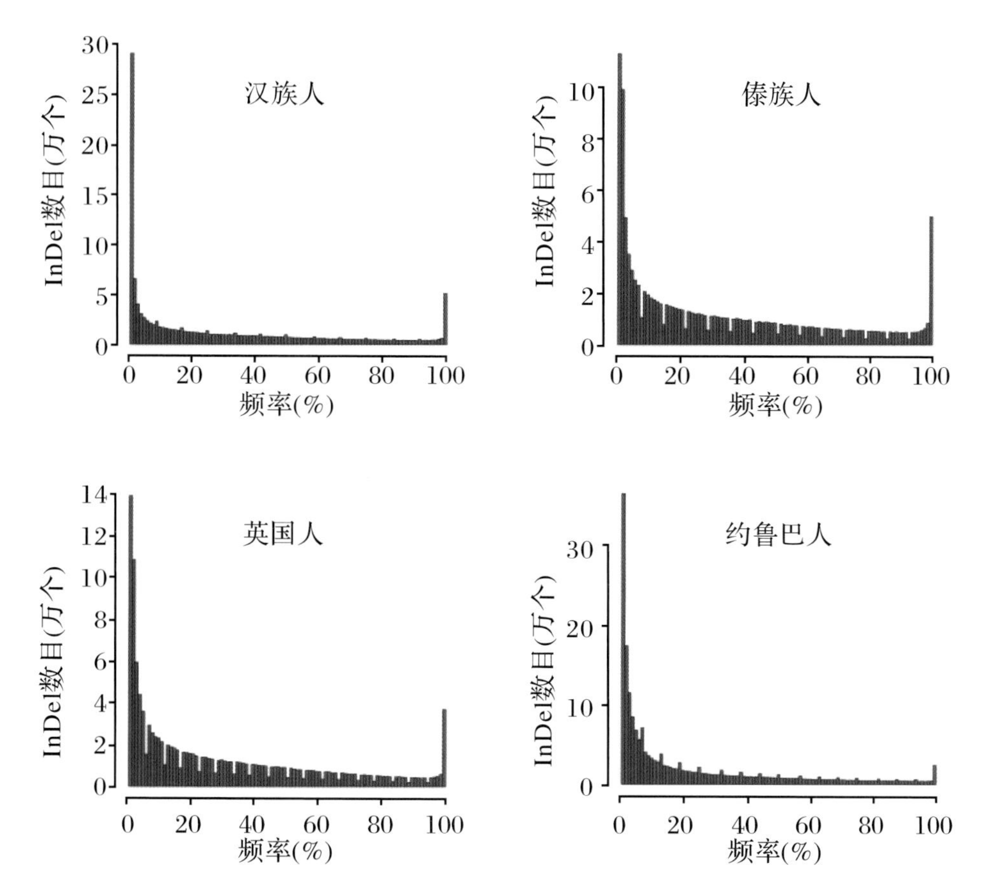

图 5-31　汉族人 InDel 的分布频率及与其他民族的 InDel 分布频率比较

10%的 InDel 为主，随着频率的升高，InDel 数目显著下降，但在汉族人群中约有 5 万个 100%的 InDel 位点，在其他人群中也均有数目相当的频率为 100%的位点，这主要是由于参考序列的个体和其他人群的差异造成。InDel 长度分布如图 5 - 32 所示，插入缺失片段长度主要集中在 10bp 范围内，以长度为 1bp 的 InDel 数目最多，InDel 数目随着插入片段长度的增加而减少。

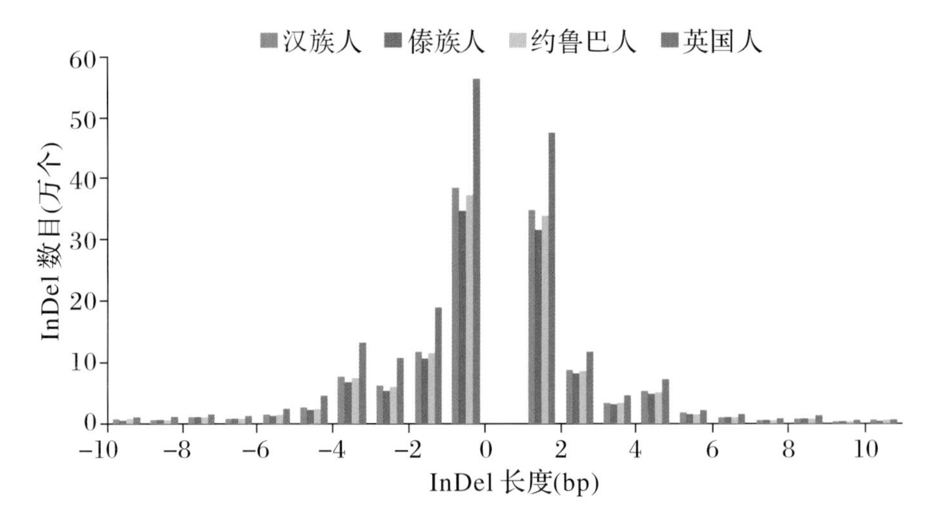

图 5 - 32　汉族人 InDel 的长度分布及与其他民族的比较

接下来，我们研究了汉族人特有的 InDel 数目、频率分布特点以及所处的基因信息情况。图 5 - 33 展示了民族特有 InDel 数目占总数的百分比情况。汉族人特有的 InDel 11.1 万个，占总数的 7.94 %，傣族人特有的 InDel 3.6 万个，仅占总数的 2.85 %，英国人群特有的 InDel 18.1 万，占总数的 13.39%，约鲁巴人特有的 InDel 85.1万，占总数的 41.25 %，高于其他几个民族。

汉族人群特有的 InDel 频率均低于 10%，这一比例与傣族人群类似，而英国人特有的 InDel 中频率大于 10%的位点有 3630 个，特别是约鲁巴人群特有的 InDel 中频率大于 10%的位点有 8.3 万个，远远高于其他民族，如图 5 - 34 所示。在汉族特有的 InDel 中，我们筛选出频率高于 5%的位点 51 个，定义为汉族高频特有的 InDel。对这些 InDel 基因定位后发现，没有 InDel 位于外显子区域，有 26 个 InDel 位点位于内含子区域，其中 3 个 InDel 分别位于 *MIR548F5*、*LOC284395*、*LOC100133669* 三个非编码 RNA 的内含子区域，其他 23 个位点均位于蛋白编码

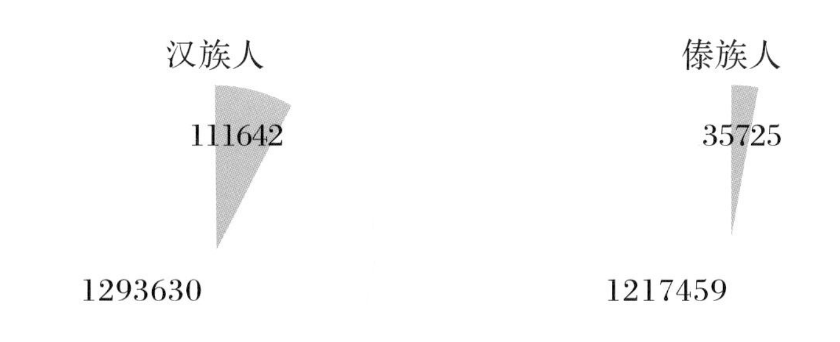

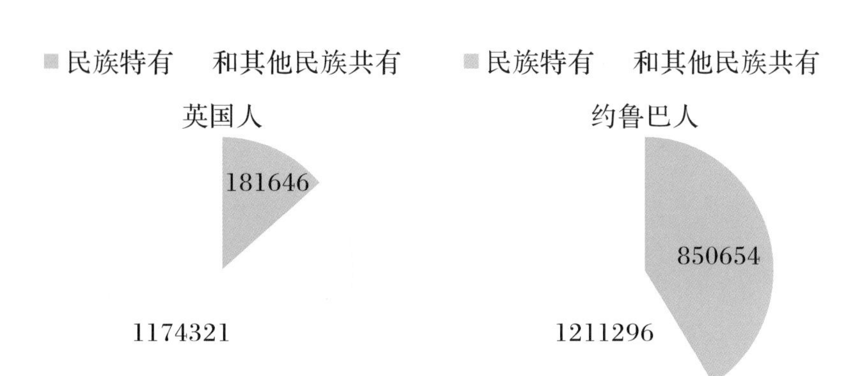

图 5－33 汉族人特有的 InDel 占 InDel 总数的百分比及与其他民族的比较

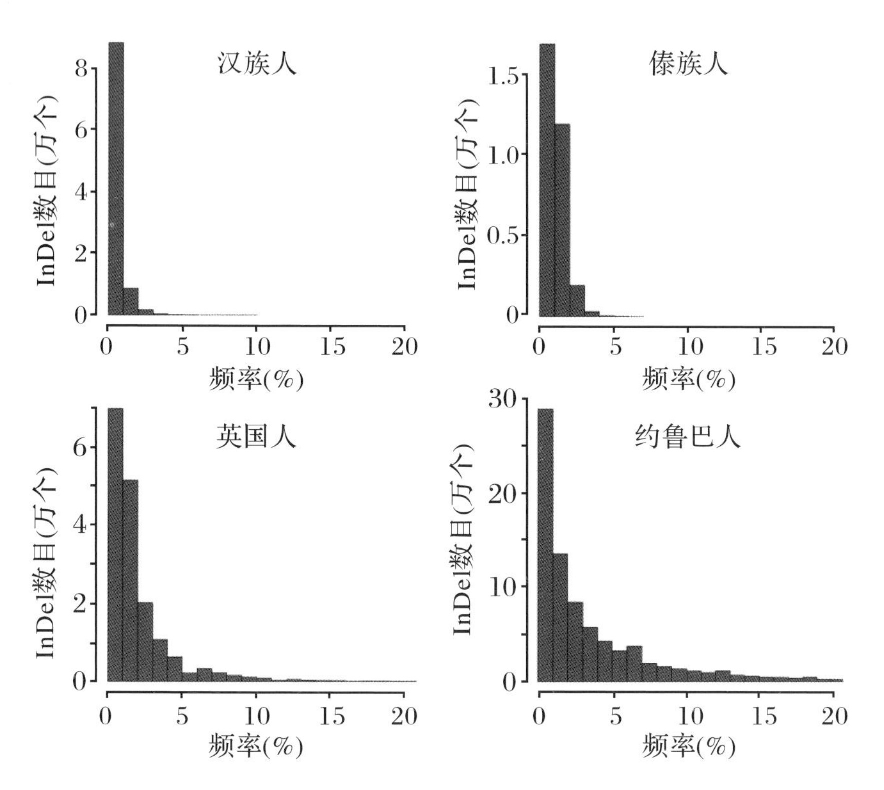

图 5－34 汉族人特有的 InDel 分布频率及与其他民族的 InDel 分布频率比较

基因的内含子区域内，结果如表 5－10 所示。

表 5－10　汉族人特有的高频 InDel(5%)所在的基因

染色体	起始位置	终止位置	参考序列	突变序列	基因	功能区域
1	63941222	63941225	TTTC	T	*ITGB3BP*	内含子
1	150379379	150379381	CAG	C	*RPRD2*	内含子
1	220975286	220975287	CT	C	*MOSC1*	内含子
1	220975317	220975317	T	TAA	*MOSC1*	内含子
2	166059530	166059535	ATAAAG	A	*SCN3A*	内含子
4	38088541	38088541	C	CT	*TBC1D1*	内含子
4	75956048	75956049	GC	G	*PARM1*	内含子
4	164615739	164615740	GT	G	*MARCH1*	内含子
5	171798629	171798629	A	AT	*SH3PXD2B*	内含子
6	15482044	15482046	ACT	A	*JARID2*	内含子
6	143785209	143785210	GA	G	*PEX3*	内含子
6	143831978	143831981	TATG	T	*FUCA2*	内含子
6	146719777	146719777	T	TA	*GRM1*	内含子
8	54819305	54819306	GC	G	*RGS20*	内含子
8	144075213	144075214	AC	A	*LOC100133669*	非编码 RNA 基因的内含子
10	111630707	111630709	TAG	T	*XPNPEP1*	内含子
13	36089490	36089492	CAA	C	*MIR548F5*	非编码 RNA 基因的内含子
14	27048729	27048729	T	TA	*NOVA1*	内含子
14	67148915	67148916	AT	A	*GPHN*	内含子
14	67421339	67421340	TC	T	*GPHN*	内含子

续表 5-10

染色体	起始位置	终止位置	参考序列	突变序列	基因	功能区域
14	67791959	67791965	CCTTCCT	C	*MPP5*	内含子
14	91944886	91944887	AG	A	*SMEK1*	内含子
16	28183256	28183256	C	CT	*XPO6*	内含子
18	77023613	77023616	GTCT	G	*ATP9B*	内含子
19	29780657	29780658	TC	T	*LOC284395*	非编码 RNA 基因的内含子
19	53120738	53120739	CT	C	*ZNF83*	内含子

参考文献

[1] Wang Jun,Wang Wei, Li Ruiqiang,et al. The diploid genome sequence of an Asian individual[J]. Nature,2008,456:60-66.

[2] Li Guoqing, Ma Lijia, Song Chao, et al. The YH database: the first Asian diploid genome database[J]. Nucleic Acids Res,2009,37: D1025-D1028.

[3] Bai Haihua, Guo Xiaosen, Zhang Dong. The Genome of a Mongolian Individual Reveals the Genetic Imprints of Mongolians on Modern Human Populations [J]. Genome Biol Evol,2014,6(12):3122-3136.

[4] International Human Genome Sequencing Consortium. Finishing the euchromatic sequence of the human genome[J]. Nature,2004,431:931-945.

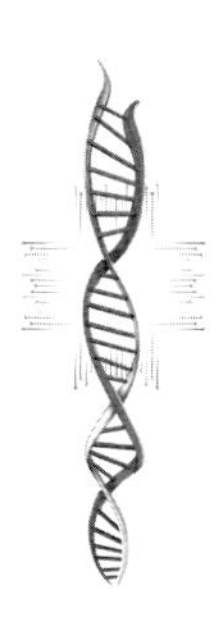

第6章 中华民族群体STR遗传结构特征

短串联重复序列(short tandem repeat,STR)在人类基因组中广泛分布,具有多态信息量大、个体识别力强、突变速率快以及分型效率高等特点,被广泛应用于遗传作图、连锁分析以及法医识别,并可用于探索重现民族群体的遗传结构与进化历程。

本章立足于中华民族群体的基因组多态性研究,收集覆盖了我国56个民族(67个群体)9个CODIS STR位点(D3S1358、TH01、D5S818、D13S317、D7S820、CSF1PO、VWA、TPOX、FGA)的等位基因频率数据,运用群体遗传学和生物信息学分析方法,从基因型与等位基因频率入手,检验哈迪-温伯格平衡,计算法医学参数,观察频率分布特征与人群特异性等位基因,计算人群分化系数与遗传距离,通过系统发生树和主成分分析定位其遗传结构关系,并通过Mantel检验验证地理距离与遗传距离之间的相关性,探索我国民族群体的遗传变异规律。进一步结合地理分布、语系划分以及体质特征,综合解读中华民族人群结构,并扩展纳入26个世界人群诠释中华民族与世界人群的宏观进化关系。同时,在建立中华民族健康群体标准频率数据库的基础上,对基于STR的标准分析体系进行探讨。

6.1 中华民族群体STR遗传特征

运用群体遗传学和生物信息学分析方法,对我国56个民族(67个群体)在9个STR位点上(共计122个等位基因)的等位基因频率数据进行分析,描述等位基因频率分布特征,查找民族特异性等位基因,计算人群分化系数与遗传距离,通过系统发生树和主成分分析定位其遗传结构关系,并通过Mantel检验验证地理距离与遗传距离之间的相关性,探索我国民族群体的遗传变异规律。

6.1.1 中华民族群体 STR 等位基因频率分布与群体特异性等位基因

1. 等位基因频率矩阵

我们搜集覆盖了我国 56 个民族(67 个群体)在 9 个 STR 位点上(共计 122 个等位基因)的基础频率数据,矩阵元素超过 8000 个,因此无法在本章中详细列出,此处仅选取 10 个民族的 1 个位点展示实际获得的等位基因频率矩阵结构(图6-1)。

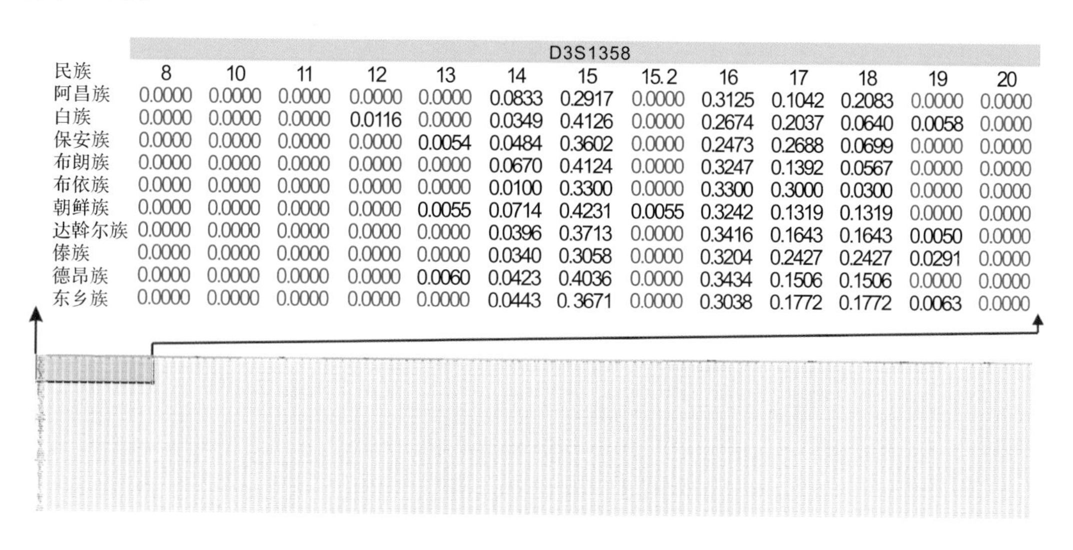

民族	D3S1358												
	8	10	11	12	13	14	15	15.2	16	17	18	19	20
阿昌族	0.0000	0.0000	0.0000	0.0000	0.0000	0.0833	0.2917	0.0000	0.3125	0.1042	0.2083	0.0000	0.0000
白族	0.0000	0.0000	0.0000	0.0116	0.0000	0.0349	0.4126	0.0000	0.2674	0.2037	0.0640	0.0058	0.0000
保安族	0.0000	0.0000	0.0000	0.0000	0.0054	0.0484	0.3602	0.0000	0.2473	0.2688	0.0699	0.0000	0.0000
布朗族	0.0000	0.0000	0.0000	0.0000	0.0000	0.0670	0.4124	0.0000	0.3247	0.1392	0.0567	0.0000	0.0000
布依族	0.0000	0.0000	0.0000	0.0000	0.0000	0.0100	0.3300	0.0000	0.3300	0.3000	0.0300	0.0000	0.0000
朝鲜族	0.0000	0.0000	0.0000	0.0000	0.0055	0.0714	0.4231	0.0055	0.3242	0.1319	0.1319	0.0000	0.0000
达斡尔族	0.0000	0.0000	0.0000	0.0000	0.0000	0.0396	0.3713	0.0000	0.3416	0.1643	0.1643	0.0050	0.0000
傣族	0.0000	0.0000	0.0000	0.0000	0.0000	0.0340	0.3058	0.0000	0.3204	0.2427	0.2427	0.0291	0.0000
德昂族	0.0000	0.0000	0.0000	0.0000	0.0060	0.0423	0.4036	0.0000	0.3434	0.1506	0.1506	0.0000	0.0000
东乡族	0.0000	0.0000	0.0000	0.0000	0.0000	0.0443	0.3671	0.0000	0.3038	0.1772	0.1772	0.0063	0.0000

图 6-1 等位基因频率矩阵结构示意图

所得到的等位基因频率矩阵具有以下结构特点:

(1)等位基因频率矩阵中所有元素均非负,且各民族群体在每个位点上的所有等位基因频率之和为 1;

(2)受实际研究中的样本量所限,样本存在未完全覆盖该民族群体所拥有的全部多态变异信息的可能,加之部分特异性等位基因及稀有基因为个别民族独有,导致矩阵内部分元素为 0;

(3)在所有发表的研究成果中,对数据精度的选择不尽相同,导致不同位点的等位基因频率总和存在细微误差,本章将其控制在 1%以内,符合分析要求;

(4)等位基因频率矩阵中的行和列均无量纲,各数据点间差别很大。例如,朝

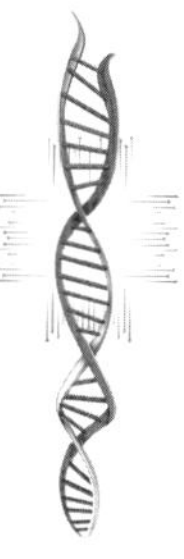

鲜族 D3S1358-15 的频率为 0.4231，D3S1358-13 的频率为 0.0055，二者相差 77 倍。

2. 等位基因频率分布特征

理论上，当民族群体间亲缘关系较近时，其等位基因频率分布特征也会存在相似性，因此可用于初步观察人群间的结构关系。

根据所得的等位基因频率矩阵，首先通过三维空间图像从总体上观察所有 56 个民族（67 个群体）在 9 个 STR 位点上的等位基因频率分布特征（图 6－2）。

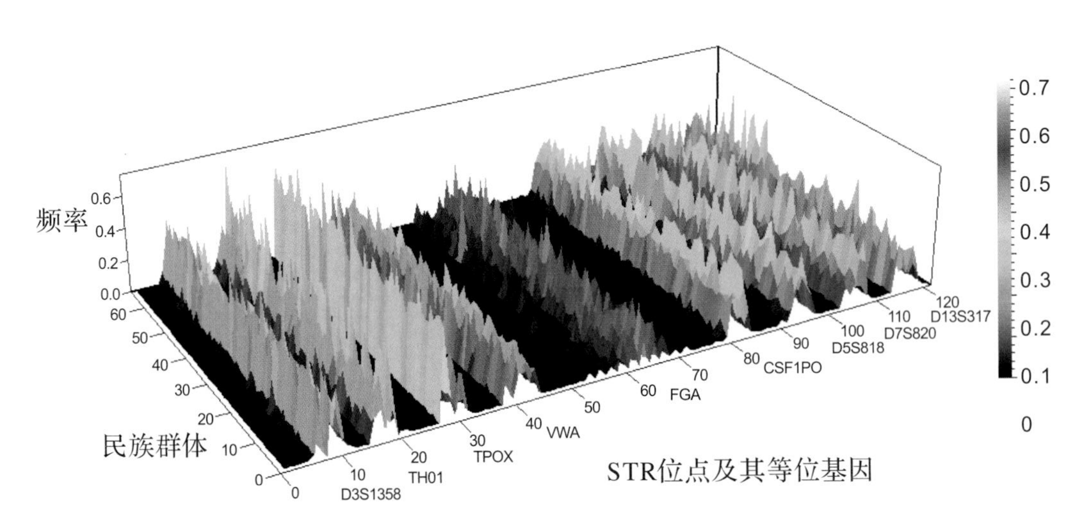

图 6－2　等位基因频率三维分布图

X 轴：民族群体编号；Y 轴：STR 位点与总的等位基因编号；Z 轴：等位基因频率。频率值大小通过颜色展示，参考右侧标尺说明。

从该三维图中可以观察到，我国各民族群体在等位基因频率分布上极为相似。其中，FGA 检测到的等位基因数量最多（27 个），但各个群体的在该位点上的高频等位基因仍集中在 FGA-18 至 FGA-26 这 9 个等位基因片段上。为了能直观观察各民族群体两两之间的频率差异特征，进一步绘制各群体在 9 个 STR 位点上的分布直方图，示意如图 6－3。

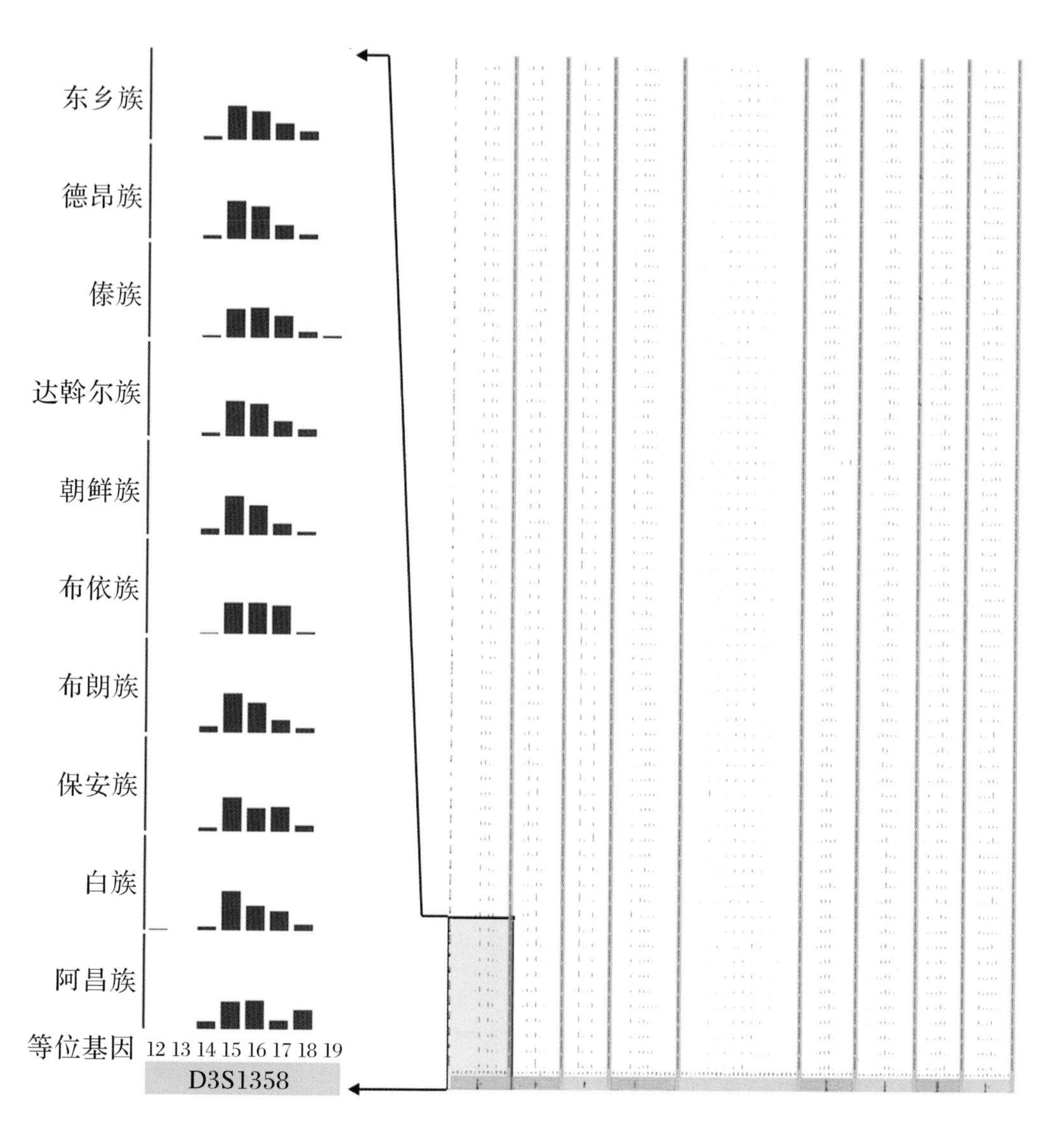

图 6－3　部分民族群体在 D3S1358 位点上的等位基因频率分布直方图

3. 民族特异性等位基因

特异性等位基因的来源包括遗传漂变和基因突变，一般出现在位点等位基因长度范围的边缘且频率极低。一般情况下，可以利用百分比直线图和百分比直方图快速直观地定位民族特异性等位基因(图 6－4)。

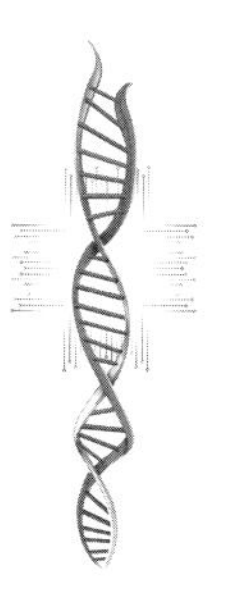

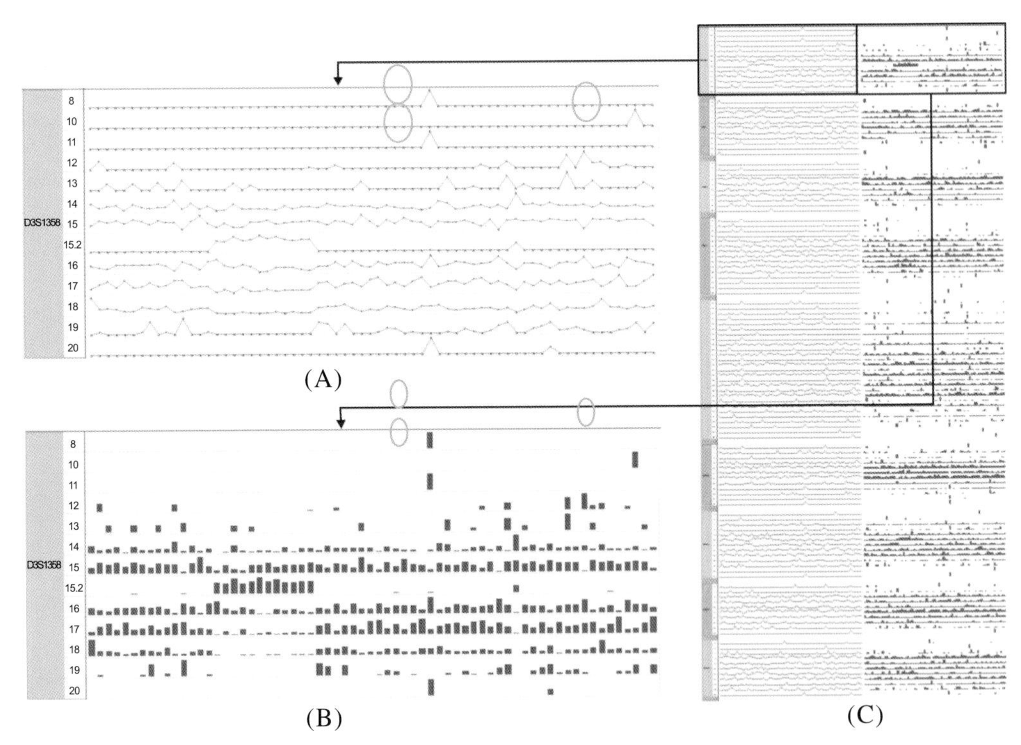

图 6－4　各民族群体在 9 个 STR 位点的等位基因频率分布趋势图

(A)折线图;(B)直方图;(C)本次分析的 9 个位点分布趋势总览示意图。

在实际分析中,共检测到 20 个民族特异性等位基因(表 6－1),频率从 0.0001 到 0.0806 不等。总体上看,具有特异性等位基因的民族群体主要集中在西南地区,其次为中西部地区(如青海、甘肃等地)。其中,珞巴族含有 5 个特异性等位基因分别分布于 4 个 STR 位点上,提示其进化起源可能与其他民族群体存在更大差异;在白族、锡伯族、仫佬族各检测到两个特异性等位基因。

表 6－1　民族特异性等位基因表

民族	等位基因	频率	民族	等位基因	频率
珞巴族	D3S1358-8	0.0054	珞巴族	CSF1PO-18	0.0806
珞巴族	D3S1358-11	0.0161	珞巴族	D5S818-17	0.0108
珞巴族	VWA-24	0.0054	土家族	FGA-32	0.0043

续表 6－1

民族	等位基因	频率	民族	等位基因	频率
仫佬族	VWA-23	0.0027	裕固族	D3S1358-10	0.0114
仫佬族	FGA-16.2	0.0055	独龙族	VWA-22	0.0077
白族	TH01-4	0.0058	佤族	TH01-12	0.0114
白族	TH01-13	0.0058	普米族	D13S317-6	0.0050
锡伯族	D5S818-16	0.0001	瑶族	FGA-46.2	0.0023
锡伯族	D7S820-15	0.0002	塔塔尔族	TPOX-5	0.0050
客家人	TPOX-14	0.0050	塔吉克族	D5S818-3	0.0080

6.1.2 中华民族群体分化参数估算

根据构建的等位基因频率矩阵，计算各民族群体两两之间的固定指数，估算人群分化差异程度，所得 F_{ST} 矩阵表中数值越大则表示二者间差异性越大（图 6－5）。

	阿昌族	白族	保安族	布朗族	布依族	朝鲜族	达斡尔族	傣族	德昂族	东乡族
阿昌族										
白族	0.074629									
保安族	0.065402	0.027566								
布朗族	0.077872	0.049498	0.046624							
布依族	0.079771	0.041012	0.029696	0.056884						
朝鲜族	0.070411	0.023195	0.023984	0.044486	0.040557					
达斡尔族	0.059346	0.027479	0.022083	0.052978	0.030386	0.026457				
傣族	0.075410	0.038439	0.031994	0.060975	0.027217	0.040953	0.030687			
德昂族	0.096552	0.048962	0.054523	0.064605	0.088619	0.059445	0.061284	0.084714		
东乡族	0.048351	0.023116	0.011265	0.038191	0.023991	0.018571	0.011117	0.030870	0.055100	

图 6－5　各民族群体分化参数 F_{ST} 矩阵示意图

为了更直观地展示各民族群体间的分化差异特征，绘制基于 F_{ST} 矩阵的热度

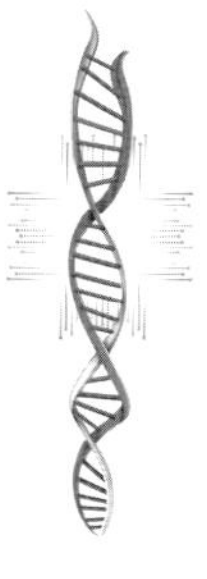

图。将实际计算得到的 F_{ST} 值依照升序排序，选择前33%标记为蓝色，表示分化差异较小的群体，后33%标记为红色，表示分化差异明显的群体，白色表示分化差异介于二者之间（图6-6）。

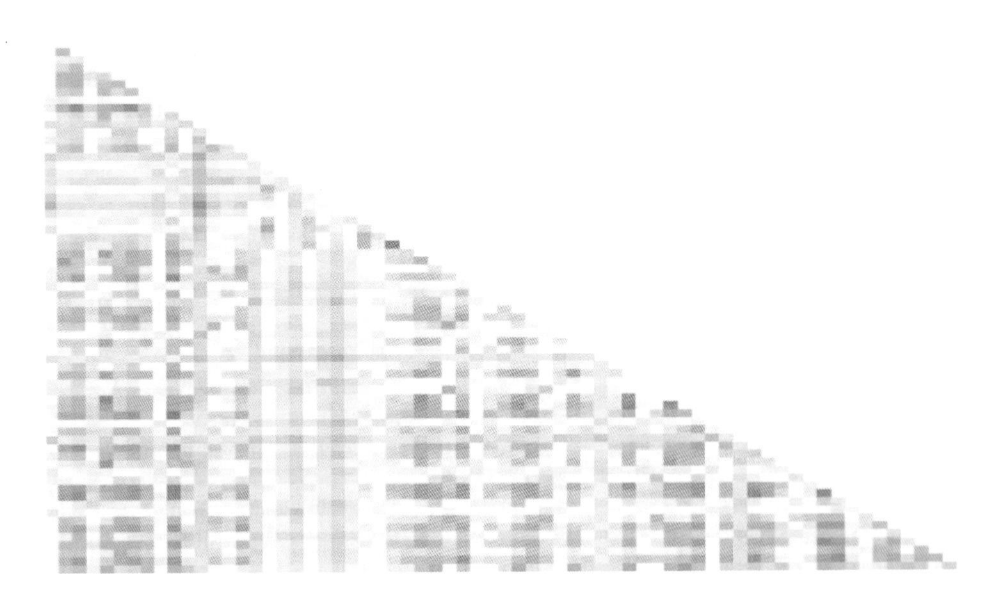

图6-6 各民族群体间 F_{ST} 矩阵热度图

蓝色区域：遗传分化差异较小；红色区域：遗传分化差异较大；白色区域：遗传分化差异在总体中处于平均水平。

6.1.3 中华民族群体系统发生树

基于STR频率数据的特征，根据Nei遗传距离矩阵采用邻接法（Neighbor-Joining）构建我国56个民族（67个群体）的系统发生树（图6-7）。从系统发生树可以看出，我国所有民族群体基本可以划分为南北两个部分，且西北、西南、青藏和台湾地区的少数民族群体分别聚集成簇，与预期结果比较吻合，体现了地理分布对人群演化的影响。其中，相比于大陆地区的汉族群体（以西安汉族为代表），台湾汉族与高山族各分支亲缘关系更近，说明其间存在大量的通婚等基因交流事件。

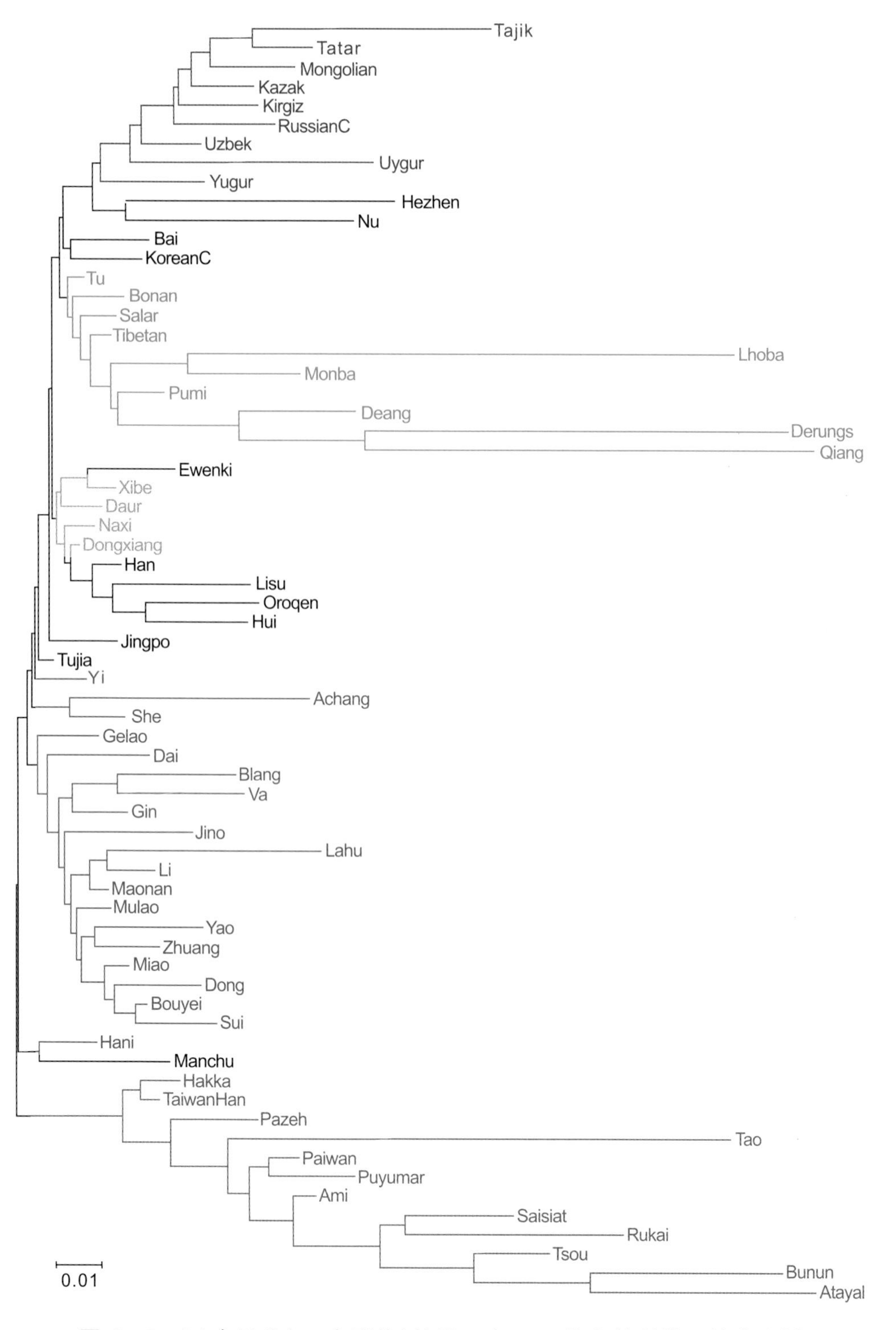

图 6-7　56 个民族(67 个群体)基于 9 个 STR 位点绘制的系统发生树

蓝色分支:西北新疆地区少数民族;绿色分支:青藏地区少数民族;红色分支:西南云贵地区少数民族;紫色分支:台湾高山族群。

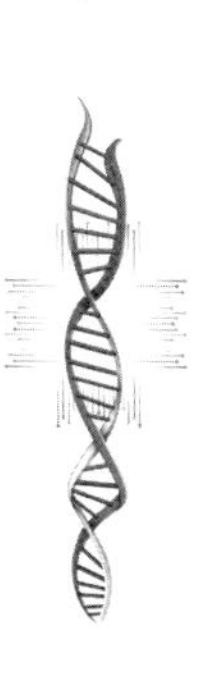

为了进一步研究我国人群与世界各大人种之间的关系，本章从文献数据库中检索纳入26个世界人群作为比较群体，其中包括9个欧洲高加索群体（Swedish、Italian、Spain、Romania、Russian、Polish、Czech、Slovakia、Croatian）、5个非洲尼格罗群体（Angola、Mozambique、Uganda、Namibia、Equatorial Guinea）、10个南亚及东南亚棕色人种群体（India、Bangladeshi、Afghanistan、Indonesian、Malaysia、Australia DA、Australia PA、Australia ET、New Zealand EP、New Zealand WP）和两个东亚人群（Japanese、Korean），计算Nei遗传距离矩阵，构建覆盖四大人种的世界人群系统发生树（图6-8）。

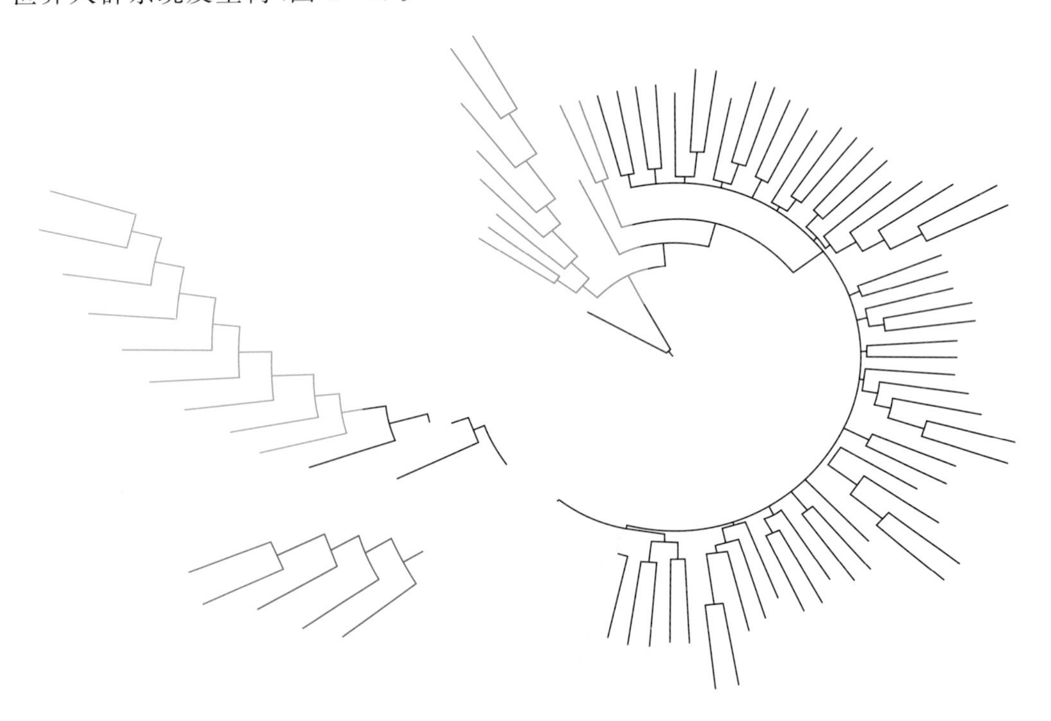

图6-8 世界四大人种93个人群基于9个STR位点构建的系统发生树

蓝色分支：欧洲高加索群体；红色分支：非洲尼格罗群体；黄色分支：棕色人种群体；绿色分支：台湾高山族群体；黑色分支：中华民族群体。

在基于Neighbor-Joininig构建的共计93个人群的系统发生树中，欧洲高加索群体、非洲尼格罗群体以及东南亚棕色人种群体均分别聚集成簇（图中以不同颜色标示)，显示了与我国民族高度的遗传差异性。值得注意的是，阿富汗人群(Afghanistan)与包括塔塔尔族、塔吉克族、哈萨克族、乌孜别克族、维吾尔族在内的新疆族群亲缘关系很近，尤其与前两者之间的遗传相似度甚至高于新疆地区少数民族族群内部的相似度，超出了预期分析结果。

6.1.4 中华民族群体主成分分析

根据等位频率的协方差矩阵，计算特征向量与特征值，提取主成分后绘制主成分分析图，如图 6-9 所示。

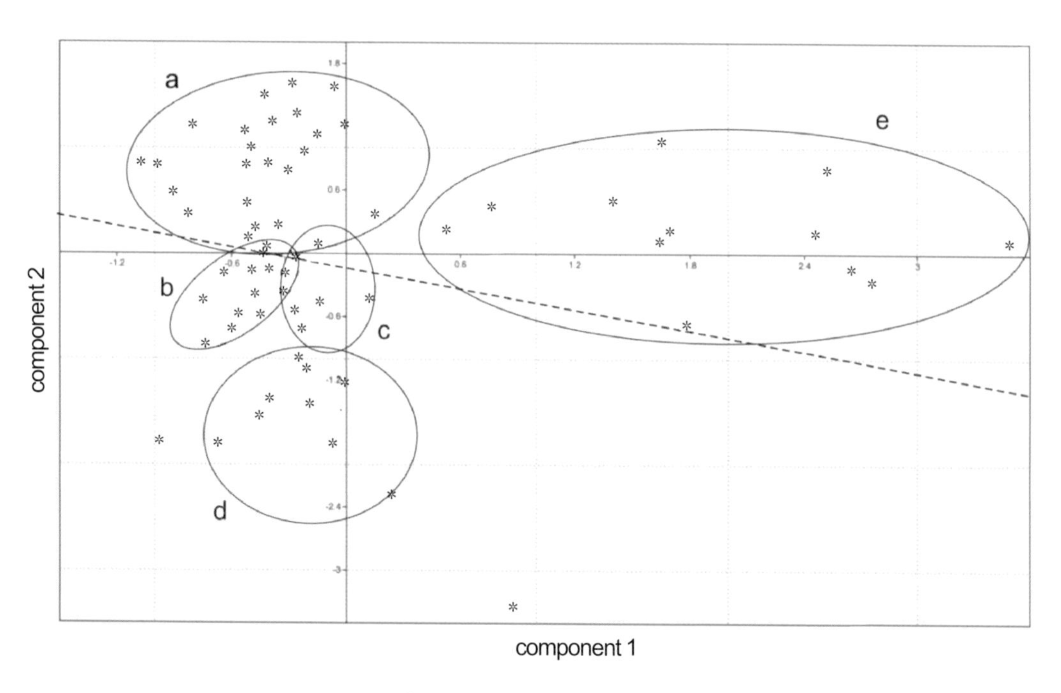

图 6-9 我国民族群体的二维主成分分析图

a：西南地区少数民族；b：青藏地区少数民族；c：东北地区少数民族；d：西北地区少数民族；e：台湾高山族群。虚线为南北民族分界线。

通过二维主成分分析图，我国民族群体被明显划分为南北两大类(图中虚线以上为南方，虚线以下为北方)，并可以区分出 5 个相对比较明显的族群，分别集中在我国西南地区、青藏地区、东北地区、西北地区和台湾地区，该结果与系统发生树所

得的人群遗传结构一致，进一步揭示了地理分布与遗传结构之间存在紧密联系。

6.1.5 中华民族群体地理距离计算与 Mantel 检验

1. 中华民族地理距离计算

依照各民族样本的采样地信息对经纬度进行定位，对经纬度数据格式进行转换后，利用自行编制的地理距离计算模块批量计算 56 个民族（67 个群体）两两间的实际距离，以千米为单位并保留两位小数，得到地理距离矩阵，示意如下（图 6-10）。

	阿昌族	白族	保安族	布朗族	布依族	朝鲜族	达斡尔族	傣族	德昂族	东乡族
阿昌族										
白族	95.15									
保安族	1321.85	1232.98								
布朗族	163.60	165.94	1345.23							
布依族	920.66	847.64	1141.04	795.32						
朝鲜族	3493.98	3400.00	2417.64	3429.42	2722.15					
达斡尔族	3507.58	3412.63	2268.43	3477.61	2878.58	731.63				
傣族	140.09	45.03	1192.73	181.91	812.34	3355.13	3368.08			
德昂族	185.02	90.00	1152.80	206.73	778.18	3310.32	3323.56	44.98		
东乡族	1332.19	1242.16	46.59	1349.96	1117.38	2379.58	2240.62	1201.18	1160.47	

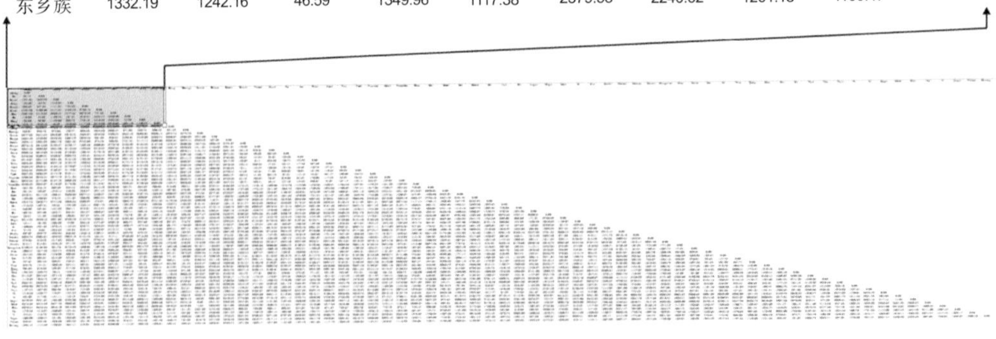

[illegible]

图 6-10 地理距离矩阵示意图

2. Mantel 检验

在本章前述各小节中，等位基因频率分布特征、固定指数 F_{ST}、遗传距离 D_A、系统发生树和主成分分析的结果均提示地理分布与遗传结构之间存在着紧密联系，通过 Mantel 检验可对此类矩阵型数据之间的相关性进行定量分析。为了排除量纲差异对计算结果所造成的影响，首先对两组矩阵进行数据标准化处理，进而采用置换检验（Permutations = 999），得到相关系数 $r = 0.196$，$P = 0.001$，验证了地理距离与遗传距离之间存在显著的相关性（图 6-11）。

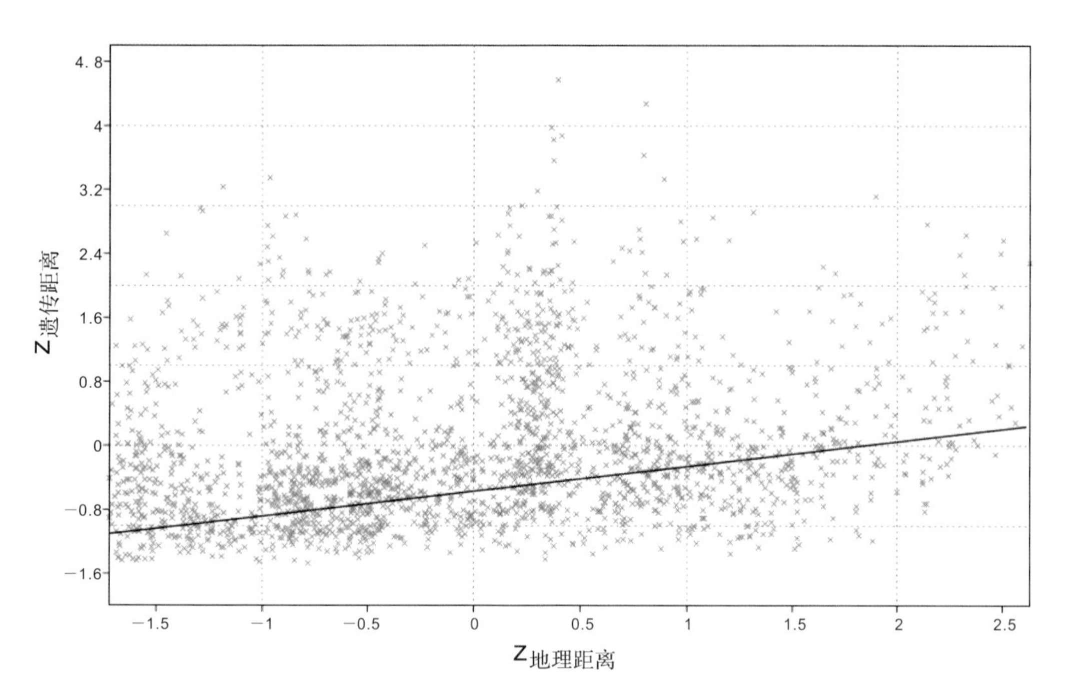

图 6－11　地理距离与遗传距离散点图

横轴为标准化地理距离数据，纵轴为标准化遗传距离数据。

6.2　中华民族群体遗传结构

关于中华民族的起源、迁徙以及进化问题一直是学术界争论的焦点之一。史料记载不可避免地存在不完整性和偏倚性，无法为以上问题做出全面合理的解释。近年来，通过对基因组学、群体遗传学和分子遗传学等科学领域的深入探索，中华民族的遗传结构研究正逐步走向系统化。微卫星标记作为较早应用于人类基因组连锁分析及 DNA 指纹分析等领域的遗传标记，在研究种系进化关系较近的人群时非常有效。L. L. Cavalli-Sforza 教授在对人类基因组多样性计划（HGDP）的回顾与展望中特别指出，在分析人群遗传结构时应尽可能全面地考虑地理、语系以及社会因素的影响[1]。鉴于我国民族群体分化时间并不久远，本章对 9 个常染色体 STR 位点完成了全部 56 个民族（67 个群体）等位基因频率数据的收集整理工作，将遗传学研究结果与地理分布、语系划分与体质特征进行结合，对中华民族群体遗

传结构与进化轨迹进行了解读，并对涉及的群体遗传学研究方法展开探讨。

6.2.1 中华民族群体的划分

与许多其他同类研究得出的结论一致，通过对 STR 位点基因频率在人群中的分布特征进行分析，本章也肯定了我国民族群体在总体水平可以划分为南北两个大的族群。但值得注意的是，我国南北人群的划分并非简单地针对某一纬度而言，而更偏向于以长江、横断山脉等自然界的地理隔阂作为实际的南北分界线。

1. 北方群体

在以长江为主要分界线定义的北方族群中，主要包括下述三个大的亚群。

(1)地处我国新疆地区的塔吉克族、塔塔尔族、哈萨克族、柯尔克孜族、乌孜别克族、维吾尔族、裕固族以及俄罗斯族(本章中俄罗斯族采样地为新疆而非东北)在系统发生树中聚成一簇，在主成分分析图中分布也最为接近，且这几个民族与我国其他民族群体分化差异较大，提示其存在独特的进化途径以及相对封闭的基因交流模式。在语系划分方面，这几个民族群体均属于阿尔泰语系下的突厥语族，其中柯尔克孜族与裕固族为东匈语支，乌孜别克族、维吾尔族、哈萨克族、塔塔尔族和塔吉克族均归属西匈语支。进一步考虑到各民族间极为相似的体质特征，可以发现遗传结构、地理分布、语系划分以及体质特征存在完美的一致性。

(2)生活在西藏地区的藏族、珞巴族和门巴族紧密聚集，并紧邻地处青海、甘肃、四川等地的保安族、撒拉族、土族和羌族，合并形成了青藏族群，其在主成分分析图中也具有与其他民族群体相对独立的分布特征。在语言学研究领域，该族群分别分布于藏缅语族下的藏语支、景颇语支、羌语支，以及阿尔泰语系下的蒙古语族，与遗传结构基本一致。

(3)在我国东北地区，聚居有包括满族、朝鲜族、鄂伦春族、鄂温克族和赫哲族在内的少数民族群体，在系统发生树中聚拢结果并不理想，其中朝鲜族和赫哲族、鄂温克族和鄂伦春族各自聚成两个小簇，但两簇之间相距较远。此外，满族在系统发生树中分布于南方群体中，考虑到由于采样难度样本量仅为 50 例且 D5S818 位点不符合哈迪-温伯格平衡，由此造成的数据偏倚很可能是其出现极大偏差的原因所在，因此在之后的工作中需要针对该民族进一步补充遗传背景纯净的样本，提高该民族数据资源的可靠性。然而，在主成分分析图中，这五个民族却仍能较好地聚拢在一起，体现出与其他民族群体分布特征的差异。导致两种分析结果不一致的原因可能在于，在主成分分析过程中恰好只提取了这几个民族的共性特征，遗传变异信息有所丢失，而在对变异信息覆盖更全面的、基于遗传距离的系统发生树中，未被主成分覆盖的差异性对树形分支分布起到了决定作用。

2. 南方群体

在以长江为主要分界线的南部地区，主要可以划分为两个大的亚群。

（1）西南云贵地区是我国少数民族最为集中的地域，在系统发生树中也紧密聚集成一簇，与其他民族群体分布差异极为明显，簇内民族众多但差异较小，显示其内部分化时间并不久远且存在一定程度的通婚等基因交流现象。簇内还可进一步细分为包括傣族、佤族、布朗族、仡佬族、基诺族等群体在内的云南地区少数民族和以壮族、瑶族、苗族、侗族、水族等为代表的黔桂地区少数民族。此外，海南黎族与黔桂地区的人群遗传关系很近，提示其可能是由部分位于广西地区的民族群体迁徙融合而成，而琼州海峡这一地域屏障并未对该地区的人口迁徙产生大的阻隔。主成分分析的结果与系统发生树高度一致，验证了这些民族群体数据具有很高的可靠性。在语言学方面，该亚群主要归属于汉藏语系中的壮侗语族和苗瑶语族，恰好对应遗传结构中划分出的云南地区和黔桂地区两个少数民族子群体簇，取得了良好的一致性结果。

（2）我国台湾地区聚居有台湾汉族、客家人以及高山族群体，其中大的高山族分支包括布农族、排湾族、赛夏族、达悟族、阿美族、鲁凯族、泰雅族、邹族、巴宰族和卑南族。上述民族在基于 F_{ST} 和 D_A 的热度图中的值均较小，处于前三分之一，且在系统发生树中聚为一簇，群体间关系密切。但有下述三点值得注意。首先，高山族各子群体所在分支较长，说明其遗传进化关系较近但近代少有通婚等基因交流事件。在相关人文资料的记载中，高山族各部落之间依然保持有“老死不与他夷相往来”的传统，可作为这一遗传现象的人文解释。其次，相比于以西安汉族为代表的大陆汉族群体，台湾汉族与高山族各分支群体亲缘关系更为相近，说明二者之间可能存在大量的通婚等基因交流事件，民族在一定程度上已经融合。另有资料报道部分生活在台北等中心城市中的高山族人以汉族自称，这种现象对数据可能存在一定的干扰。第三，在基于 F_{ST} 和 D_A 的热度图中观察到福建畲族与高山族群体之间的遗传距离值较低，提示二者之间分化差异较小，结合两民族的地理分布特征，提示高山族很可能是古代由包括畲族在内的我国大陆东南地区部分民族群体迁徙融合而成。这一点与历史学家的研究成果也同样相吻合，他们发现在台湾出土的新石器时代文物与在福建出土的新石器时代文物极其相似，并认为台湾人主要应是从中国大陆迁移过去的。

此外，还有哈尼族、景颇族、纳西族、怒族和白族在系统发生树中的分布与预期结果差异较大，观察这类民族的邻近分支，可以发现一共性特征，如均为同样在族群中分布不理想的群体，且大都存在样本量偏少以及个别位点不符合哈迪-温伯格平衡的情况。而在涉及矩阵的配对计算中，一个数据元素的偏差会带来该元素所在行和列所有数据的偏倚，大幅度降低涉及该民族群体的计算结果的可信度。因此，例如包括赫哲族在内的少数几个数据可靠性较低的民族群体在纳入计算时，对包括怒族在内的其他个别民族群体可能造成了极大的干扰，在之后的分析中，可以考虑针对数据可信度不高的民族群体进行采样补充或暂时剔除的方法，校正剩余民族群体的遗传结构。

6.2.2 中华民族群体与世界民族群体的遗传进化关系

通过纳入26个世界人群进行参考比较，进一步从人种分化层面探讨了我国民族与世界民族群体之间的遗传进化关系。

在基于Neighbor-Joininig构建的共计93个民族群体的系统发生树中，欧洲高加索群体、非洲尼格罗群体以及棕色人种群体均分别聚集成簇，显示彼此间高度的遗传分化差异。我国民族群体也与世界民族群体区分明显，独立成簇。这里值得注意的是，阿富汗民族群体(Afghanistan)与包括塔塔尔族、塔吉克族、哈萨克族、乌孜别克族、维吾尔族在内的新疆族群亲缘关系很近，尤其与前两者之间的遗传相似度甚至高于新疆地区少数民族族群内部的相似度。考虑其地理分布特征，塔塔尔族和塔吉克族分布于我国新疆自治区西部，与阿富汗等中亚国家来往密切，可能存在高度的人口迁徙、跨族通婚等基因交流事件，而这些则很可能是自古代丝绸之路通商积累遗留的影响，且与姚永刚等人基于线粒体研究所获得的结论一致[2]，印证了丝绸之路作为古代欧亚桥梁的重要作用。同时，从世界语系划分的角度入手，阿富汗人群与我国新疆地区少数民族均归属于阿尔泰语系突厥语族。此外，来自东亚的日本民族群体和韩国民族群体与我国民族群体的遗传差异则很不明显，且日本民族群体与台湾汉族、高山族以及客家人亲缘关系比我国大陆群体更为相近，这可能是因为自我国明朝开始繁盛的海上贸易以及1895年至1945年之间日本人对台湾岛的殖民统治，期间可能存在大量的人口迁徙、跨族通婚等基因交流事件。

进一步观察世界人群的系统发生树，可以发现非洲尼格罗人、南亚以及东南亚棕色人种与我国大陆民族群体、高山族群之间存在递进渐变的演化关系。同时，在语系划分方面，我国南方族群主要归属汉藏语系的壮侗语族、苗瑶语族和南亚语系的孟-高棉语族以及越芒语族，与东南亚民族群体所在的南岛语系存在很大的相似性，当地方言与东南亚语言中的某些发音完全一致。北方族群主要归属阿尔泰语系的突厥语族、蒙古语族、满-通古斯语族以及汉藏语系的藏缅语族，其与中亚国家直至西亚土耳其语均有很大程度上的相似性。而在体质特征方面，我国南方两广地区的民族群体与东南亚群体无论在身高、鼻型、面型以及头颅型都颇为相似，而北方群体如蒙古族则拥有典型的蒙古人种体质特征，如体格较大，面部较为扁平宽阔等。综合以上三方面的特征信息，我们可以推断，包括我国民族群体在内的东亚民族群体主要是由一部分南亚群体自我国南部进入，之后由南向北进行迁徙，在中原地区与少量从帕米尔高原进入我国西北的古代民族群体发生交汇融合形成了现有的民族群体结构，该结论与基于 Y 染色体单倍型的研究结论一致[3]。

我们对来自 31 个省、自治区和直辖市（新疆、天津、北京、山东、黑龙江、青海、河北、宁夏、吉林、陕西、河南、浙江、山西、上海、辽宁、江西、内蒙古、湖南、甘肃、福建、安徽、江苏、四川、重庆、台湾、湖北、云南、贵州、海南、广东和广西）的汉族亚群中 33997 个正常健康的无关个体中的 13 个 STR 位点（FGA、VWA、D3S1358、TH01、TPOX、CSF1PO、D5S818、D7S820、D8S1179、D13S317、D16S539、D18S51 和 D21S11）分别进行了等位基因分型。我们利用通过基因计数法得到的汉族群体等位基因频率数据对汉族的遗传多样性参数进行了估计，发现在汉族人群中各个位点的 Ho 和 Dst 均处于较高水平。前者在 0.726～0.861 之间变化，后者在 0.763～0.870 之间变化。这两个参数在各个亚群中同样维持在较高水平。这些都提示选择的 STR 位点在汉族人群中存在着高度多态性。为了测量存在于亚群体中的遗传多样度，在同时校正样本量的情况下计算了亚群体间总遗传多样度 Dst’和基因分化系数 Gst’。它们都为 0.001，如此低水平的总遗传多样度和基因分化系数共同说明了存在于汉族亚群体之间的遗传分化是很小的。我们使用 Fisher 法进行了等位基因和基因型在 31 个亚群体中的分布差异性检验，发现各个位点等位基因和基因型在所有亚群体间的分布在统计学上具有高度显著性，可以认为等位基因在所有亚群体间的分布并不相同。

为了描述汉族31个亚群间以及汉族与世界人群之间的亲缘关系，我们利用已有的遗传数据绘制了进化树以作分析(图6-12)。从图中我们可以很明显地看出地理分界的人群结构，在很大程度上主要的簇群代表明显不同的地理区域。汉族

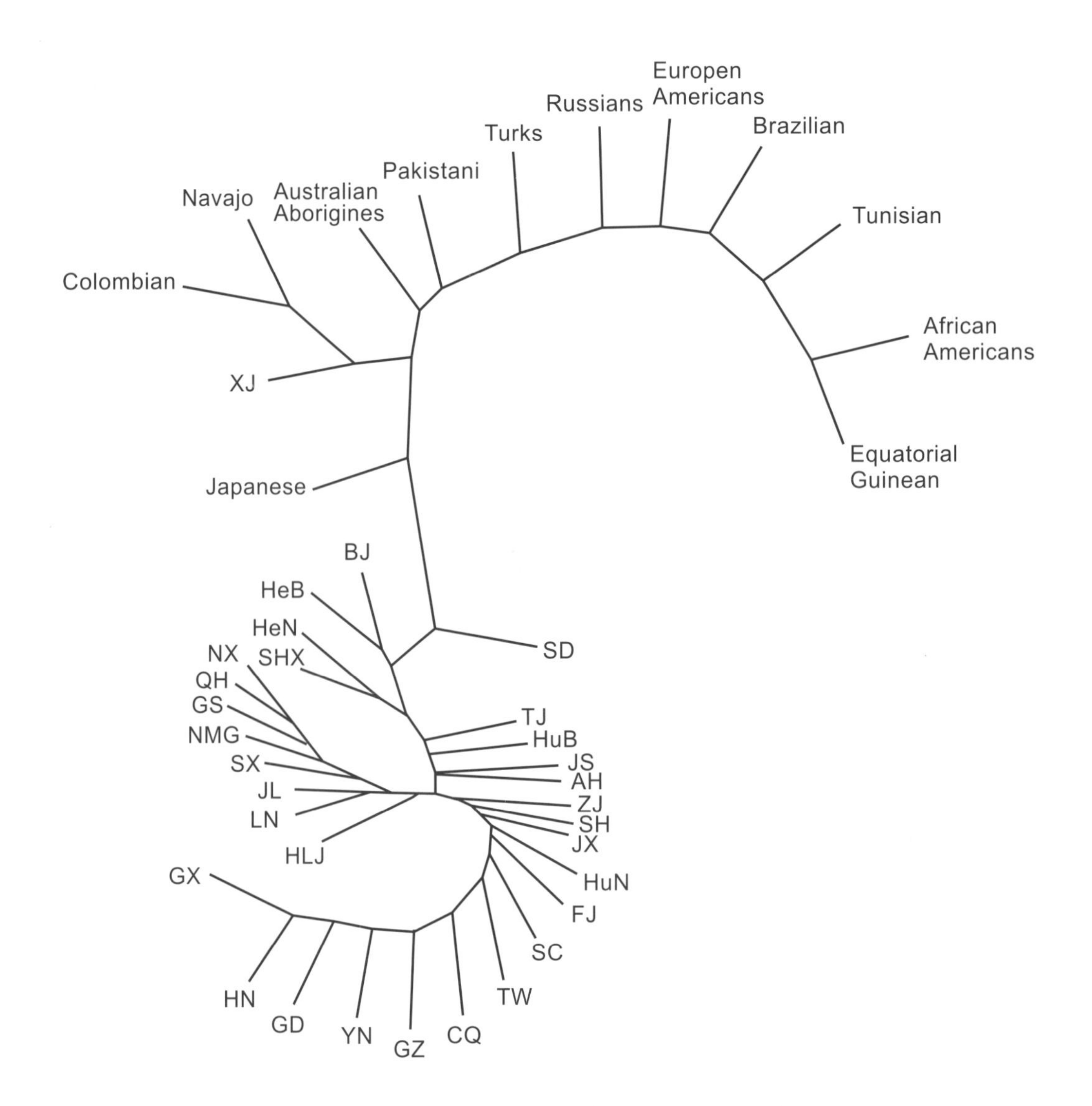

图6-12　31个汉族亚群和12个世界群体的系统发生树

的31个亚群被明显地划分为南方群体和北方群体。在南方群体中，广西、海南、广东、云南、贵州、重庆、台湾、四川、福建、湖南、江西、上海和浙江亚群表现出较高的遗传亲和性，跟北方群体具有相对大的遗传距离。在北方群体中，天津、湖北、江苏、安徽、黑龙江、辽宁、吉林、山西、内蒙古、甘肃、青海、宁夏、陕西、河南、河北、北京、山东和新疆亚群表现出较高的遗传亲和性。此外，我们可以很明显地看出遗传学上南方群体和北方群体基本上是以秦岭-长江为分界的。遗传距离矩阵同样提示，无论是南方群体还是北方群体，除新疆亚群以外，它们之间的遗传距离都低于0.03。汉族群体最接近于来自东亚的日本群体，最远离于来自中非的赤道几内亚群体。遗传距离矩阵显示除新疆亚群以外的汉族群体与日本群体之间的遗传距离介于0.004～0.033之间，而新疆亚群与日本群体之间的遗传距离为0.075。相比之下，汉族群体与赤道几内亚人之间的遗传距离介于0.202～0.246之间。我们还可以观察到中非的赤道几内亚人位于系统树的头端，来自北美洲的Navajo和南美洲的Colombian位于另一端，汉族群体紧邻着南亚群体。同时，遗传距离矩阵也显示，赤道几内亚人与北美洲的Navajo具有最大的遗传距离(0.398)。根据遗传矩阵得到的汉族与世界人群的平均遗传距离显示汉族人群与赤道几内亚群体遗传距离最远，其次是美国黑人和印第安人，而汉族群体与东亚、南亚和欧洲群体遗传距离较近。

用汉族群体(33997个体)和12个世界民族群体的13个STR位点的等位基因频率进行主成分分析，我们发现前三个主成分抽取了97.547%的信息量，累计方差达到97%以上。结果同样显示汉族人群与日本人群距离较近，而非洲人群与南北美洲人群距离最远(图6-13)，与之前进化树的结果相一致。

6.2.3 中国不同地域间群体遗传进化关系

对31个汉族亚群体进行主成分分析，我们发现前两个主成分抽取了98.536%的信息量，而前两个主成分在各个亚群中抽取了超过98%的信息。主成分1可以理解为由东向西的方向，而主成分2可以理解为从南向北的方向，这两个方向使各个亚群得以区分(图6-14)。因此，我们认为基因频率的分布也趋向于由南向北，由东向西两个方向的梯度分布。整体而言，汉族31个亚群体的遗传关系大致上与各个民族群体的地理位置分布一致，具有连续性，但它们之间的遗传分化相当小。

利用分子方差分析进一步考查观察到的汉族群体内部各个亚群的异质性。总

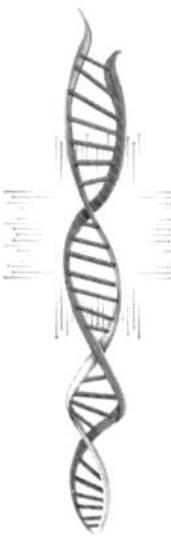

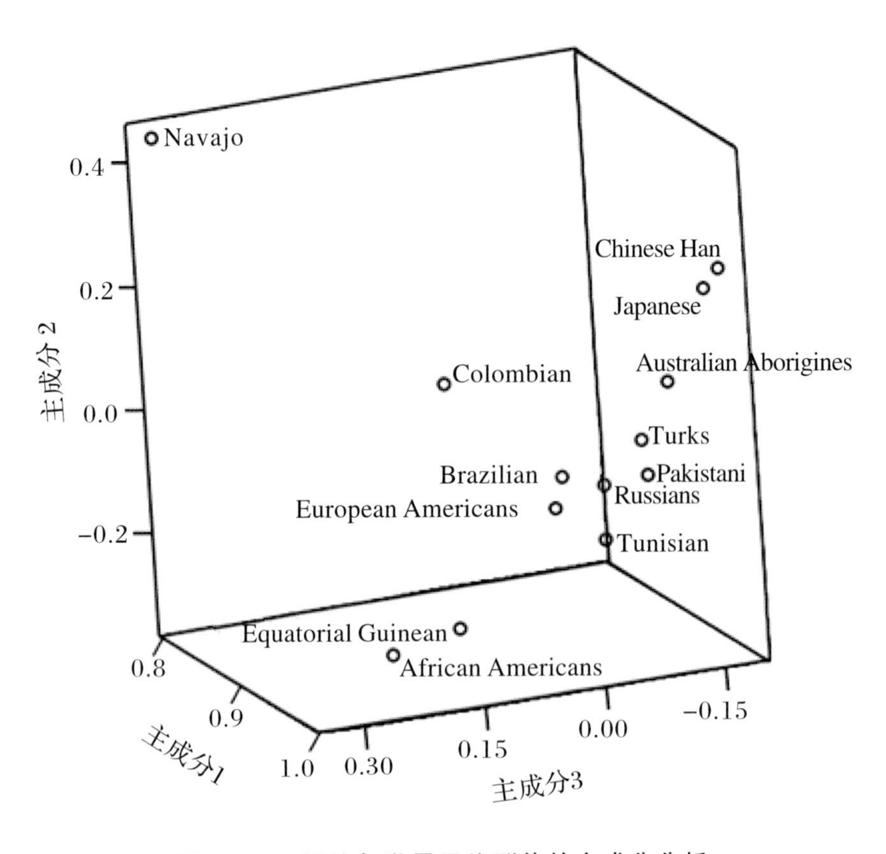

图 6－13　汉族与世界民族群体的主成分分析

的固定指数 F_{st} 为 0.00109(P<0.05)，提示在中国汉族人群间存在多样性并且具有统计学意义。根据进化树和主成分分析所划分的南方群体和北方群体，又得到了 F_{ct} 为 0.00079(P=0.00000)，F_{sc} 为 0.00026(P=0.00000)，F_{ct} 和 F_{sc} 分别表征了区域之间和区域内部的异质性，说明地理上的亚结构是存在的而且在统计学上具有显著性。然而，分子方差分析还把遗传变异的来源进行了划分，汉族人群内的遗传变异 99.768%来自于个体之间，亚群之间的变异则很小(0.016%)，而南方群体和北方群体也仅仅解释了 0.216%的方差。这些结果又提示了分别存在于南方和北方群体内部亚群间的遗传多样性是较为相似的，来自于群体之间的变异虽然存在但是都比较小。

H. C. Harpending 和 R. H. Ward 提出的 R 矩阵模型通过分析大群体内各亚

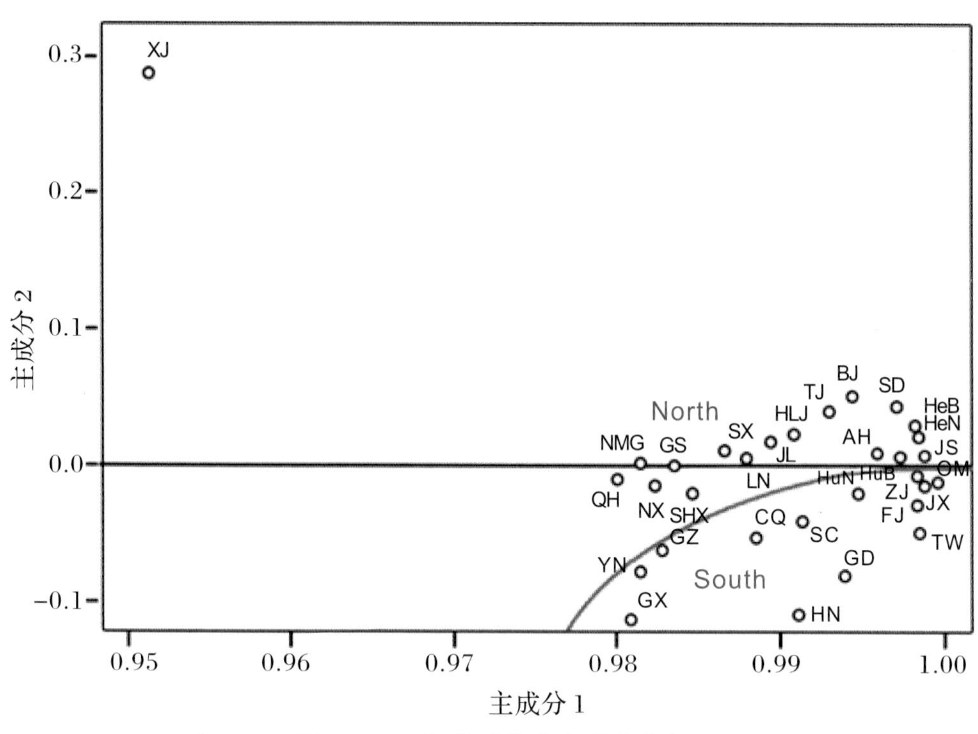

图 6-14 汉族群体的主成分分析

群体等位基因频率的结构特点，从而研究某一地区或某一语系大群体内部各亚群体间的基因流动形式，观测群体间的融合和可能的随机过程的效应[4]。我们首次将该方法应用于中华汉族群体基因流动特征的分析。从根据该模型提出的公式计算得到的 R 系数矩阵中，我们发现亚群亲缘关系越接近，相互间的 R 系数就越大，更明显的是各亚群与本身的 R 系数最大。我们将对角线上的 R 矩阵元素 Rii 以及 13 个 STR 位点的平均期望杂合度进行回归分析，其结果显示青海、内蒙古、宁夏、甘肃和云南处于期望回归直线的下方，但偏离不远，而其余的 26 个亚群则处于期望回归直线的上方，北京、天津、上海、广东、四川、新疆和广西偏离最远，安徽、海南、湖南、黑龙江、福建、吉林和山东与回归直线距离最近，陕西、江苏、台湾、辽宁、江西、贵州、重庆、河南、湖北、河北、山西和浙江则居中（图 6-15）。

对于现代的中华汉族群体而言，虽然南北方群体在遗传地理上的亚结构是存在的，但基于南北方群体内各亚群间存在较为相似的遗传多样性，以及南北方群体间低遗传变异分数（0.216%）的事实，我们可以认为在整个中华汉族基因池内中华

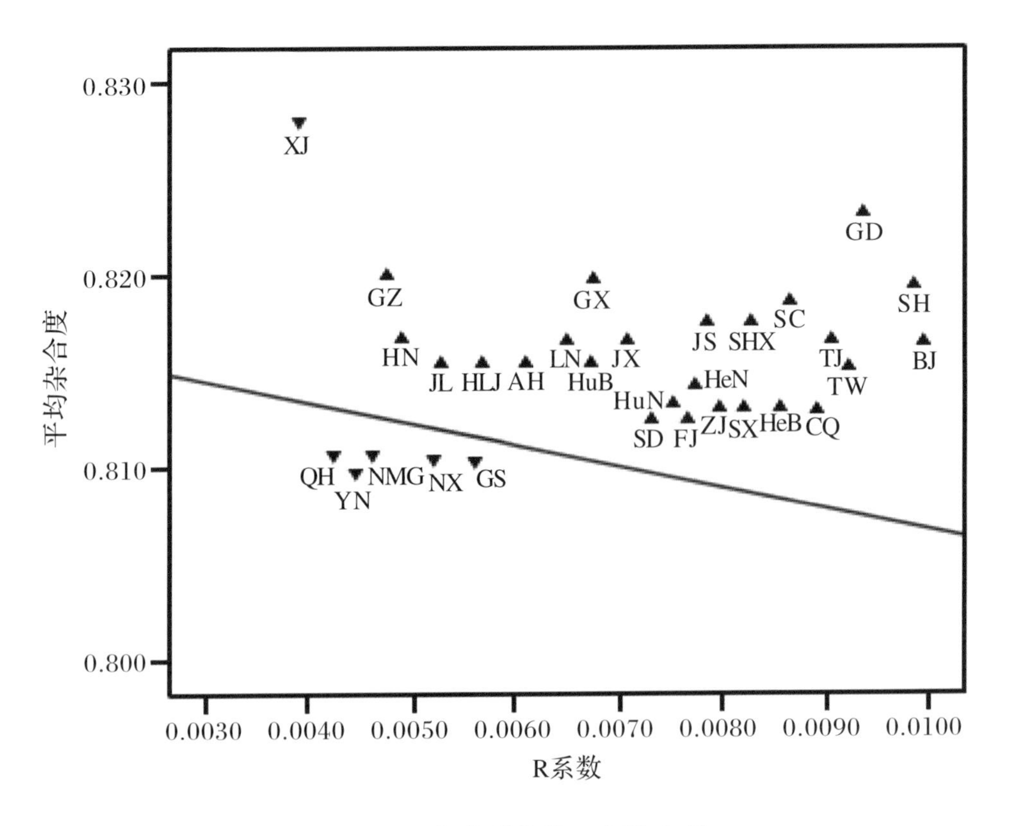

图 6－15　汉族群体的 R 矩阵分析

汉族人群间存在着很大程度的遗传相似性，而且在所划分的南方和北方群体之间并没有发现显著的遗传差异，也就是说从遗传学的角度将中华汉族划分为南北方群体并没有得到很好的 DNA 分子遗传证据的支持。尽管它们代表了不同的民俗或者不同方言的群体，但在它们所包括的各个亚群之间我们发现了更低水平的遗传差异(0.016％)，而且在整体的汉族文化和语言的前提下我们没有得到一个较为清楚的遗传分化模式。

虽然我们清楚地表明二维南北的汉族群体结构有一个连续的梯度特征，这与现在提出的中华汉族群体的多元化扩张假说并不矛盾。此外，来自这 13 个 STR 位点的分析结果显示，遍布中国的 31 个汉族亚群体具有遗传同质性，这也提示了这些汉族亚群可能在历史上经历了一定程度的基因交流。较低的基因分化系数

(0.1%)也进一步证实了亚群间遗传分化较小,同时,31 个亚群相似的较高杂合度和基因多样度说明了它们之间的遗传亲和性。然而,低的基因分化系数并不能得出确切的结论。这是由于这两个区域在过去的两千年历史上曾经历了几次大规模的从北方到南方的人群迁徙,这不仅直接导致了南北方群体之间差异的减小,而且这几次大规模的迁徙所造成比较大的基因交流也正好在我们利用 R 矩阵得出的汉族基因池基因交流的范围内。此外,发生在北方人群之间的迁徙可能减少了北方亚群体之间的差异。譬如,在明代公元 1381 年,从山西迁徙到河南的人口达到 93 万,从山西迁徙到山东的人口达到 121 万,从山西迁徙到河北的人口达到 121 万。事实上,本研究中所划分出的南、北方汉族群体就地理分界线而言并不仅仅是之前大多数学者所认为的长江,而是秦岭-长江的自西向东横向联合分界线。秦岭作为中国地域内唯一一座自西向东的最高山脉的作用不容忽视,而且遗传学上的分界与地理学上的分界应该是基本一致的,我们的结果也恰恰证实了这点。秦岭-长江作为南方和北方的地理屏障,虽然在一定程度上限制了南、北方汉族群体之间的基因流动,但由以秦岭-长江为分界的南方群体和北方群体组成的汉族基因池曾经历过混合和随机的过程。

由于地域上远离所有其他的群体,新疆的汉族亚群也许是一个例外。在 31 个汉族亚群体中,相比较其他亚群而言,他们也许是最具特色的遗传孤立群体。我们认为人口迁徙和地理隔离理论能够很好地解释新疆汉族亚群异于其他汉族亚群的表现。新疆位于亚欧大陆中部,地处中国西北边陲,第二次世界大战后,来自中国各地的汉族人群大量涌入新疆,但相比较近代的迁徙而言,历史上汉族群体大规模迁徙至新疆的行为发生在过去的数百年间。由于当时新疆当地人群密度非常高,尽管汉族群体的文化和风俗最终被接受,但汉族群体对于当地人群基因池的影响微乎其微,反之,这种影响就不可忽视。因此,相比较于来自早期黄河、长江流域的其他汉族亚群而言,新疆汉族亚群的遗传结构表明,新疆汉族亚群受到了当地其他非汉族群体的更多影响。

在中华汉族群体的常染色体基因库与不同世界参考群体基因库的对比中,进化树显示了一个簇中所有中华汉族群体的分组,而在世界其他群体的遗传变异中这样的簇独立于并且不同于中华汉族群体。尽管在统计学上没有发现显著差异,但与其他汉族亚群相比,新疆汉族亚群表现出了较高的杂合度。一个种群的杂合度与它的有效种群大小和遗传隔离度有关,这符合之前提到的汉族人群迁徙至新

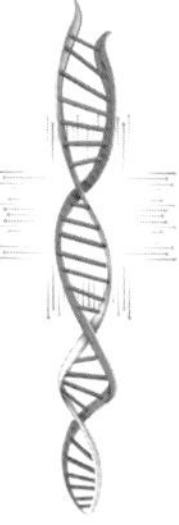

疆的历史原因。在中华汉族群体内得到的 F_{ST} 值(0.00109)比较低,正如进化树显示的那样,在中华汉族群体内有短的内在亚群分支,而且有一个较为清晰的南方和北方的遗传地理亚结构,跟国内外其他研究结果一致。遗传分化的探索和基于地理学上的群体划分是基本一致的,这同时也恰恰揭示了居住在南方和北方汉族群体的遗传相似性。从世界范围看,其他用不同遗传学标记的研究也证实了群体之间的遗传多样性主要来源于群体内部的个体之间,而并非是群体之间。这一结果与在中华汉族南、北方群体间观察到的低遗传变异分数 0.216%以及中华汉族群体内部个体之间的高遗传变异分数 99.889%相吻合,而前者比之前在一个大范围内进行的经典多态性研究所得出的值少了两个数量级。

赵桐茂等人研究了 74 个中国人群的 Gm 和 Km 等位基因或同种异型蛋白,发现在南、北方群体之间有非常明显的遗传差异[5]。肖春杰等人通过分析一套由 38 个经典标记物组成的综合数据也证实了南、北方群体间明显的遗传差异,并且提出,长江大致可作为南、北方的分界线[6]。况少青等人的研究结果也显示了对中国群体使用 DNA 遗传标记(比如微卫星序列)进行分析时也能发现南、北方群体间较为明显的遗传差异[7]。尽管之前的一些研究也观察到了中国南、北方地域的划分以及它们之间明显的遗传差异,但这些结果主要基于零星散落的民族群体数据(包括汉族群体)。研究者只是简单地从某些区域挑选部分个体来代表汉族群体,或者主观地将他们归为"南方汉族群体"和"北方汉族群体"。我们这次针对于中华汉族群体研究的样本来源于中国的 31 个省、自治区和直辖市,这使我们能够达到对现代中华汉族群体最密集的覆盖面。同时,在样本居住地进行采样也使我们能够更加直接地比较中国汉族群体的遗传和地理结构。虽然在既往研究中出现的南、北方人群的划分也在我们的研究中被证实,但这种划分能被地理隔离等许多群体模型解释,尽管如此,它在很大程度上还是与历史上的人口迁徙模式相吻合。此外,这次覆盖中国绝大部分地区对汉族群体的广泛大样本的采样也让本研究能够对中华汉族群体遗传结构有一个较为精准的描述。

虽然在现有的分析中我们找到了中华汉族南、北方群体间较为清楚的微小遗传差异,可以认为它们同属于一个基因库,但考虑到统计学的不确定性,以及对中华汉族祖先群体遗传组成知识的匮乏,我们并没有找到中华汉族群体清晰的遗传分化模式,构建一个能够对数据进行分析并画出系谱的遗传系统则能很好地解决这个问题。因此,当我们联合常染色体、性染色体以及线粒体 DNA 的数据时,我们也许可以得出更好的结论。正如所期待的那样，一些作者研究了Y染色体，基于一些单倍型的相似频率对中华汉族群体的起源和遗传多态性结构进行推断。但这样的结论被新的数据、合理的数值分析以及考古学领域的化石证据所挑战。事实上，当仅仅基于全基因组的一个或几个位点及单倍型(未覆盖全基因组)进行群体推断时应该慎重。正因为如此，中华汉族群体遗传学又提示了一个新的研究方向——复杂群体的历史如何造就现在的汉族基因库。

参考文献

[1] Cavalli-Sforza L L. The Human Genome Diversity Project: past, present and future[J]. Nat Rev Genet, 2005, 6(4): 333 - 340.

[2] Yao Y G, Lu X M, Luo H R, et al. Gene admixture in the silk road region of China: evidence from mtDNA and melanocortin 1 receptor polymorphism[J]. Genes Gene Syst, 2000, 75(4): 173 - 178.

[3] Jin L, Su B. Natives or immigrants: modern human origin in East Asia[J]. Nat Rev Gene, 2000, 1(2): 126 - 133.

[4] Harpending H C, Ward R. Chemical systematics and human populations[M]. Chicago: University of Chicago Press, 1982: 213 - 256.

[5] 赵桐茂，张工梁，朱永明，等. 免疫球蛋白同种异型Gm因子在四十个中国人群中的分布[J]. 人类学学报，1987，6(1)：1 - 9.

[6] 肖春杰，杜若甫，Cavalli-Sforza L L，等. 中国人群基因频率的主成分分析[J]. 中国科学(C辑)，2000，30(4)：434 - 442.

[7] 况少青，傅刚，陈竺，等. 微卫星标记分析在人类基因组多样性研究中的应用[J]. 国际遗传学杂志，1997，20(1)：5 - 9.

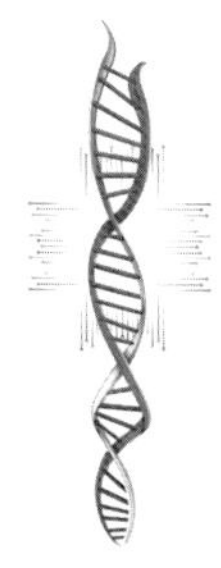

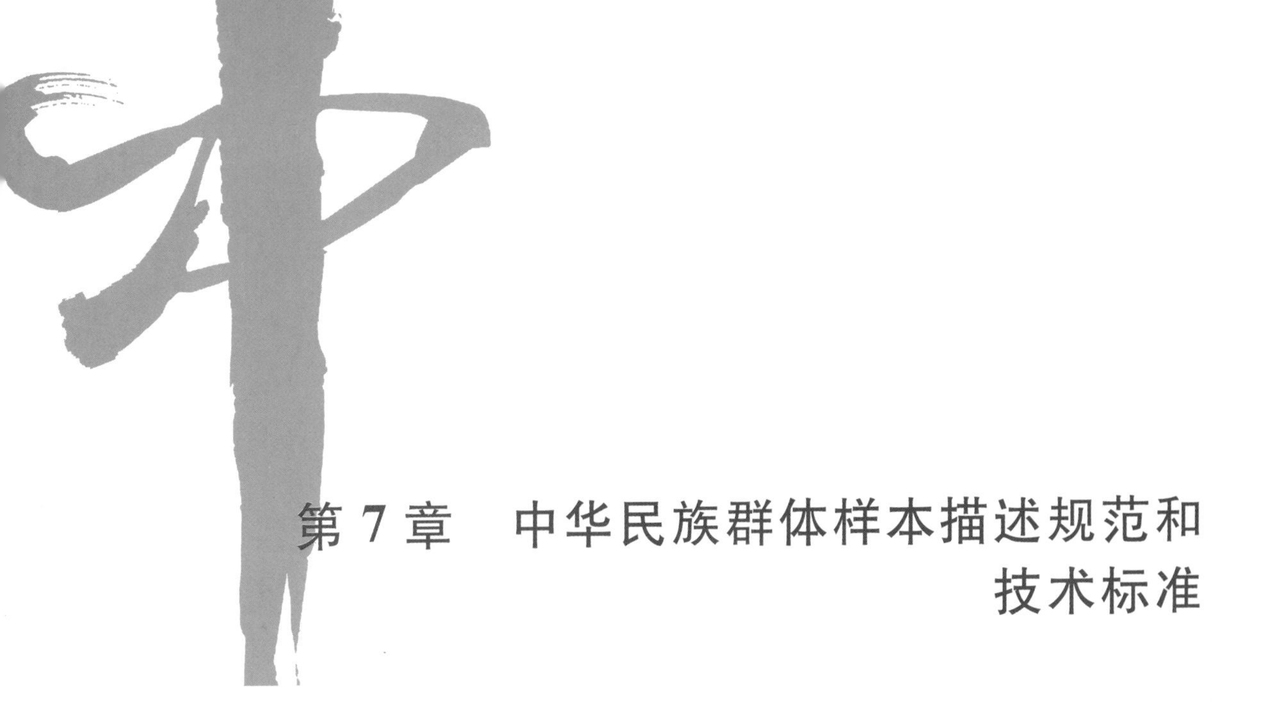

第7章　中华民族群体样本描述规范和技术标准

大数据是数字化时代的新型战略资源，科学基础数据的收集、储存、保留、管理、分析和共享方式的优劣，已经成为决定科技创新能力强弱的关键因素之一，而其中一项最为基本的问题就是研究样本采集、描述、获取数据的标准化流程和技术规范的建立。目前我国尚无对中华民族群体基因组数据库进行分类编码的国家标准或行业标准，为了确保中华民族群体遗传资源能有序、准确、有效地进入数据库保存，制定《中华民族群体基因组数据库描述规范》十分必要。

我们从民族特征信息、自然地理环境信息、经济地理信息、医学地理信息、社会文化信息、体质特征信息六个角度对中华民族遗传资源的个性信息进行系统而详细的描述，结合《中华民族群体基因组数据库描述规范》，形成一套完整的中华民族群体遗传资源数据录入的编码系统，规范遗传资源的采集、描述和收录编辑。

7.1　中华民族群体划分标准及规范

中华民族群体包括中华人民共和国境内的56个民族及若干隔离群。民族特征信息主要包括地理环境、历史进程、生产劳动、生活方式、宗教信仰、文化传统、风尚习俗和民族语言等。

在制定描述规范和技术标准时，我们不仅要考虑资源保藏者和资源使用者的实际情况和需求，还要考虑资源查询的准确性和方便性，需要优先参考国家已有标准体系，结合国际标准，留有一定的可扩展空间，要考虑少数民族遗传资源研究的共性信息和个体信息，为查询者提供详细信息（见表7-1、表7-2）。

表 7－1　民族整体描述信息编码表

民族特征信息		
民族分布(55)	族源(56)	语系(57)
语族(58)	语支(59)	民族语言(60)
民族文字(61)		
样本采集地自然地理信息		
样本采集地经度(62)	样本采集地纬度(63)	样本采集地温度(68)
样本采集地湿度(69)	样本采集地所属省/自治区/直辖市(70)	样本采集地所属市(71)
样本采集地所属县(72)	样本采集地所属乡(73)	

表 7－2　民族描述信息编码表

序号	类别	编码	字段名称	字段说明
1～54	—	—	—	《人类遗传资源平台描述规范》字段
55	#1	101	民族分布	数值型字段,按照民族实际分布情况填写
56	#1	102	族源	字符型字段,填写民族来源
57	#1	103	语系	数值型字段,填写民族语言的归属
58	#1	104	语族	数值型字段,填写民族语言的归属赋值
59	#1	105	语支	数值型字段,按照民族语言的归属赋值
60	#1	106	民族语言	字符型字段,按照本民族所使用的具体语言赋值
61	#1	107	民族文字	数值型字段,按照本民族文字赋值
62	#2	201	样本采集地经度	字符型字段,填写 DDDFF,DDD 为°、FF 为′

续表 7－2

序号	类别	编码	字段名称	字段说明
63	＃2	202	样本采集地纬度	字符型字段，填写 DDDFF，DDD 为°、FF 为′
64	＃2	203	样本采集地海拔	字符型字段，单位为 m
65	＃2	204	样本采集地地貌	按山地、高原、丘陵、盆地、平原五类编码
66	＃2	205	水文-河流分布	字符型字段，填写居住地流经的主要河流分布
67	＃2	206	样本采集地气候类型	数值型字段，按照海洋性、大陆性等不同气候类型编码
68	＃2	207	样本采集地温度	数值型字段，按照热带、温带和寒带等温度类型编码
69	＃2	208	样本采集地湿度	数值型字段，按照干燥、湿润和潮湿等不同湿度类型编码
70	＃3	301	样本采集地所属省/自治区/直辖市	字符型字段，填写样本采集地所在省/自治区/直辖市名称
71	＃3	302	样本采集地所属市	字符型字段，填写样本采集地所属市名
72	＃3	303	样本采集地所属县	字符型字段，填写样本采集地所属县名
73	＃3	304	样本采集地所属乡	字符型字段，填写样本采集地所属乡名

7.1.1 中华民族群体划分个性特征

1. 民族分布

数值型数据　需根据我国少数民族人口及主要分布地区获得该少数民族的主要地域分布信息，并结合我国县以上各行政区划代码表对分布区域进行赋值。按照实际分布填写，当民族跨省市分布时，分别填写两个地区的代码，中间用逗号隔开。如壮族分布于广西和云南两省，填写代码为“4500，5300”。

2. 族源

字符型字段 按照民族起源情况填写。用数字代码9表示不详或不确定。

3. 语系

数值型字段 依据语系分类进行逻辑判断，并对字段进行赋值。可复选，代码中间用逗号隔开(见表7-3)。

表7-3 中国语系分类及代码表

代码	语系	代码	语系
1	汉藏语系	5	南岛语系
2	阿尔泰语系	6	印欧语系
3	南亚语系	7	其他未定语系
4	马来-波利尼亚语系		

4. 语族

数值型字段 依据语族分类进行逻辑判断，并对字段进行赋值。可复选，代码中间用逗号隔开(见表7-4)。

表7-4 中国语族分类及代码表

代码	语族	代码	语族
01	汉语	07	蒙古语族
02	藏缅语族	08	满-通古斯语族
03	壮侗语族	09	斯拉夫语族
04	苗瑶语族	10	印度-伊朗语族
05	突厥语族	11	孟-高棉语族
06	印度尼西亚语族	12	其他未定语族

5. 语支

数值型字段　依据语支分类进行逻辑判断，并对字段进行赋值。可复选，代码中间用逗号隔开(见表 7－5)。

表 7－5　中国语支分类及代码表

代码	语支	代码	语支
01	藏语支	09	仡佬语支
02	彝语支	10	黎语支
03	景颇语支	11	苗语支
04	缅语支	12	瑶语支
05	壮傣语支	13	通古斯语支
06	侗水语支	14	满语支
07	东匈语支	15	其他未定语支
08	西匈语支		

7.1.2　中华民族群体划分文化特征

1. 民族文字

数值型字段　依据文字类型进行逻辑判断，并对字段进行赋值(见表 7－6)。

表 7－6　中国各民族文字类型及代码表

代码	文字类型	代码	文字类型
1	象形文字	6	回鹘文字
2	表意文字	7	阿拉伯字
3	音节文字	8	拉丁字母
4	拼音文字	9	其他
5	斯拉夫字	0	无

2. 民族语言

数值型字段　依据语言分类进行逻辑判断，并对字段进行赋值。可复选，代码中间用逗号隔开（见表 7－7）。

表 7－7　中国各民族语言分类及代码

代码	语言	代码	语言	代码	语言
1	汉语	23	纳西语	45	独龙语
2	藏语	24	基诺语	46	苗语
3	嘉戎语	25	载瓦语	47	布努语
4	门巴语	26	阿昌语	48	勉语
5	景颇语	27	白语	49	畲语
6	彝语	28	土家语	50	布依语
7	哈尼语	29	珞巴语	51	傣语
8	傈僳语	30	羌语	52	仫佬语
9	拉祜语	31	普米语	53	拉珈语
10	侗语	32	水语	54	蒙古语
11	毛南语	33	仡佬语	55	达斡尔语
12	黎语	34	东部裕固语	56	维吾尔语
13	东乡语	35	撒拉语	57	塔塔尔语
14	保安语	36	柯尔克孜语	58	满语
15	哈萨克语	37	西部裕固语	59	鄂温克语
16	图佤语	38	乌兹别克语	60	鄂伦春语
17	锡伯语	39	排湾语	61	布农语
18	赫哲语	40	布朗语	62	德昂语
19	阿眉斯语	41	塔吉克语	63	俄语
20	佤语	42	京语	64	其他未分类语言
21	崩龙语	43	怒语		
22	朝鲜语	44	僜语		

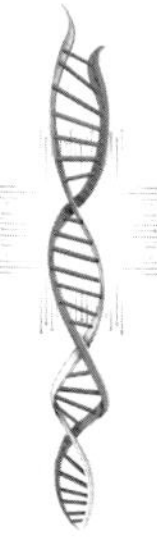

7.1.3 中华民族群体划分遗传特征

我国各民族因祖先不同、地理隔绝等原因，基因组结构具有较大差异，而长久的历史和灾荒、战争等原因，使得人群的迁徙、混杂和交融也比较普遍，这增加了基因遗传结构的复杂性。用基因组相关技术研究群体遗传结构，对研究民族溯源、人群迁徙和进化具有重要意义。

群体划分的遗传特征信息包括等位基因频率、基因型频率、单倍型频率、杂合度、多态信息量、个体识别率、非父排除率、基因多样性、单倍型多样性等群体遗传学数据信息，以及获得这些数字化基因信息所用的标准化技术方法。

1. 限制性片段长度多态性(RFLP)系统分型数据收集标准

选取在中华民族人群中具有高度多态性和个体差异的位点，如 D2S44、D10S28、D2S97、D17S79 等，运用荧光检测 RFLP 分型技术，获得中华民族 RFLP 的多态性遗传学数据。

2. STR 基因扫描分型数据收集标准

以复合 PCR 扩增、基因扫描技术为基础，分析 STR 基因多态性位点如 D3S1358、VWA、FGA、THO1、TPOX、CSFIPO、D5S818、D13S317、D7S820 等和 1 个VNTR 性别分析位点，获得的中华民族群体遗传学数据。

3. X 染色体 STR 基因分型数据收集标准

选取 X 染色体 STR 基因位点，如 DXS6789、DXS6799、DXS6804、DXS7130、DXS7132、DXS7133、DXS7423、DXS7424、DXS8378、DXS101、DXS6807、DXS9902、DXS9895、HPRTB 等，应用复合 PCR 扩增、基因扫描或银染方法，获得中华民族群体遗传学数据。

4. Y 染色体 STR 基因分型数据收集标准

选取 Y 染色体 STR 基因位点，如 DYS19、DYS385a/b、DYS389 Ⅰ/Ⅱ、DYS390、DYS391、DYS392、DYS393、DYS437、DYS438、DYS439 等，通过基因扫描方法获得中华民族群体基因分型数据。

5. HLA 系统基因分型数据收集标准

应用 HLA 系统基因分型方法，包括 DNA 斑点杂交分型、HLA 芯片分型和 HLA 序列分型等技术，研究 HLA-A、HLA-B、HLA-C、HLA-DRB1、HLA-DQB1、HLA-DQA1 位点系统，获得中华民族群体 HLA-A、HLA-B、HLA-C、HLA-

DRB1、HLA-DQB1、HLA-DQA1 基因分型数据。

6. 线粒体基因组序列数据收集标准

对血液、毛发、骨骼、牙齿中的线粒体进行线粒体全基因组序列测定，获得中华民族群体线粒体全基因组序列数据。

7.2 中华民族群体采样标准及规范

样本采集一般是科学研究的早期阶段，但是样本信息的准确性是任何一项科学研究的基础。对于民族群体遗传相关的研究来说，其样本的采集、描述、获取数据的标准化流程和技术规范等有着自身的特点：在样本采集中，一定要规范地描述捐赠者的个人信息、自然地理信息、经济地理信息、医学地理信息和社会文化信息等。

7.2.1 样本采集地样本个人信息

1. 样本个人信息描述标准

个人信息描述主要包括：护照信息（平台资源号、资源编号、内部编号），实物信息（资源归类、资源分类、样本类型、样本定量、采集日期、保存条件、保存期限、实物状态、生物安全、资源用途），基本信息（姓名、性别、出生信息、民族、婚姻信息、职业信息及详细的联系方式），特征信息（鉴定资料、流行病学资料等），采集信息（采集机构、知情同意、采集单位、采集设计、项目支持及成果展示），关联信息（家系信息及图像信息）等，见表 7-8。

表 7-8 样本资源描述编码表

护照信息		
平台资源号(1)	资源编号(2)	内部编号(3)
实物信息		
资源归类(4)	资源分类(5)	样本类型(6)
样本定量(7)	器官来源(8)	采集日期(9)
保存条件(10)	保存期限(11)	实物状态(12)
生物安全(13)	资源用途(14)	

续表 7-8

护照信息		
基本信息		
性别(15)	出生年月(16)	籍贯(17)
民族(18)	居住地(19)	职业(20)
婚姻状况(21)	血型(22)	生命周期(23)
文化程度(24)	健康状况(25)	
特征信息		
鉴定资料(26)	干预资料(27)	流行病学资料(28)
随访资料(29)	家族资料(30)	疾病别名(31)
其他资料(32)		
采集信息		
采集机构(33)	知情同意(34)	保存单位(35)
采集设计(36)	项目经费来源(37)	成果(38)
备注(39)		
关联信息		
家系标记(40)	家系患者(41)	组别标记(42)
病例对照(43)	对象标记(44)	样本说明(45)
图像信息		
图像(46)		
共享信息		
共享方式(47)	获取途径(48)	联系单位(49)
邮政编码(50)	联系电话(51)	联系人(52)

2. 健康群体信息收集标准

以中华民族 56 个民族群体及若干个隔离群行政区划为标准，选取同一行政区内、同一族群或隔离群的100～200个代表个体，这些样本之间没有亲缘关系，个体年龄在16岁至45岁之间。

3. 疾病资源信息收集标准

样本信息主要包括以下内容：样本的一般信息（姓名、性别、出生信息、民族、婚姻信息、职业信息及详细的联系方式），家系图（采用国际标准的识别符号和编码），详细的疾病信息（现病史、既往病史、个人史和家族史、专科检查资料、实验室诊断学资料）以及确诊的疾病名称。

7.2.2 样本采集地自然地理环境信息

1. 样本采集地自然地理信息

（1）样本采集地经度

字符型字段 填写DDDFF，DDD为°、FF为′，采用GPS全球定位系统对经度进行精确定位。

（2）样本采集地纬度

字符型字段 填写DDDFF，DDD为°、FF为′，采用GPS全球定位系统对纬度进行精确定位。

（3）样本采集地海拔

字符型字段 单位为m。

（4）样本采集地地貌

数值型字段 依据地貌进行逻辑判断，并对字段进行赋值。1＝平原，2＝盆地，3＝高原，4＝山地，5＝丘陵（见表7-9）。

表7-9 地貌分类及代码表

代码	地理环境	说 明
1	平原	平原为海拔较低的平坦的广大地区，海拔多在0～500m，一般都在沿海地区。海拔0～200m的地区称为低平原，200～500m的地区称为高平原
2	盆地	盆地特征为四周地形的海拔高度要比盆地自身高，在中间形成一个低地

续表 7-9

代码	地理环境	说 明
3	高原	高原为海拔高度超过 3000m 地势高而平坦的地域
4	山地	山地是指多山的地区。山地与丘陵的差别是山地的高度差异比丘陵要大。高原的总高度一般比较大,但高原上的高度差异本身可能并不很大,山地的平均高度可能并不大,但其高度差异却非常大,这是山地和高原的区分。但一般高原上也可能会有山地,比如青藏高原
5	丘陵	丘陵是一种高度差在平原和山地之间的地形,相对而言比较平坦的地方高度差 50m 就可以被称为丘陵,而在山地附近可能在高度差 100～200m 以上才会被称为丘陵

2. 样本采集地水文-河流分布

字符型字段　填写样本采集地流经的主要河流分布。

3. 样本采集地气候类型

数值型字段　依据气候类型进行逻辑判断,并对字段进行赋值(见表 7-10)。

表 7-10　气候分类及代码

代码	气候类型	说明
1	大陆性气候	通常指处于中纬度大陆腹地的气候,一般也就是指温带大陆性气候,最显著的特征是气温年较差或气温日较差很大
2	海洋性气候	海洋邻近区域的气候,总的特点是气温年变化与日变化都很小
3	季风气候	由于海陆热力性质差异或气压带和风带随季节移动而引起的大范围地区的盛行风随季节而改变的现象
4	沙漠气候	昼夜温差大,可以高达 50℃以上,同时降水奇缺,一般年降雨量不到 50mm。

续表 7－10

代码	气候类型	说明
5	草原气候	草原气候是半干旱至干旱的大陆性气候特征的气候，为荒漠气候与森林气候之间的过渡类型。其特征是降雨量偏少，以夏季阵性降雨为主，气候干燥，高大的树木无法生长。但全年的日照时间较长，拥有较好的热量条件，适于牧草的生长
6	地中海式气候	是亚热带、温带的一种气候类型，由西风带与副热带高气压带交替控制形成。特征为夏季炎热干燥，冬季温和多雨

4. 样本采集地温度

数值型字段　依据温度进行逻辑判断，并对字段进行赋值（见表 7－11）。

表 7－11　温度分类

代码	地球表面温度划分	说明
1	热带	年平均气温高于 20℃
2	温带	年平均气温介于摄氏 0～20℃
3	寒带	年平均气温低于 0℃

5. 样本采集地湿度

数值型字段　依据湿度进行逻辑判断，并对字段进行赋值（见表 7－12）。

表 7－12　湿度分类

代码	湿度分级	说明
1	干燥	年平均湿度低于 40%
2	湿润	年平均湿度在 40%～80%
3	潮湿	年平均湿度高于 80%

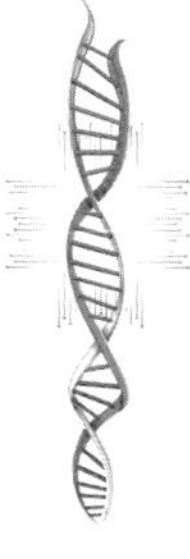

7.2.3 样本采集地经济地理信息

1. 样本采集地所属省/自治区/直辖市

字符型字段 填写样本采集地所在省/自治区/直辖市名称。

2. 样本采集地所属市

字符型字段 填写样本采集地所在市的名称。

3. 样本采集地所属县

字符型字段 填写样本采集地所在县的名称。

4. 样本采集地所属乡

字符型字段 填写样本采集地所在乡的名称。

7.2.4 样本采集地医学地理信息

1. 样本采集地地方病

数值型字段 填写 2＝无,9＝不详,3＝地方性甲状腺肿,4＝克山病,5＝大骨节病,6＝克汀病,7＝地方性氟中毒,8＝钩端螺旋体病,10＝疟疾,11＝血吸虫病,12＝恙虫病,13＝流行性脑脊髓膜炎,14＝流行性出血热,15＝钩虫病,16＝野兔热,17＝其他。可复选。

2. 样本采集地居民地方病发病率

字符型字段 填写样本采集地地方病发病率,按上一条款列举疾病一一填写。填写格式:地方病代码(此病的发病率％)。如 3(0.9％)、4(0.5％)。如有不详,只列举疾病代码,如 3、4(0.5％)。

3. 样本采集地疫源地状况

数值型字段 依据采集地状况进行逻辑判断,1＝是,2＝否,9＝不详,如果是疫源地,用字符型字段注明疾病名称。

7.2.5 样本采集地社会文化信息

1. 样本采集地居民宗教信仰

数值型字段 依据采集地居民宗教信仰进行逻辑判断,并对字段进行赋值,填写 3＝佛教,4＝道教,5＝伊斯兰教,6＝天主教,7＝基督教,8＝其他,2＝无,9＝不详。可复选。

2. 样本采集地民族

数值型字段　由两位阿拉伯数字组成，人体生物样本涉及民族分类均采用经国家认定的民族名称，编码参考国家标准 GB/T3304—1991《中华人民共和国各民族名称的罗马字母拼写法和代码》，补充了两个编码。具体编码参见人类遗传资源共性描述规范。可复选。编码之间用逗号隔开。

3. 样本所属民族婚配取向

字符型字段　对当地民族是否存在民族间的通婚情况及群体通婚比率进行逻辑判断，并对字段进行赋值，填写 3＝族内，4＝族际，9＝不详。在此基础上用字符型字段描述群体百分率(见表 7－13)。

表 7－13　样本所属民族婚配取向

婚配取向	选项	族内(3)	族际(4)	不详(9)
	百分率			

4. 近亲结婚率

数值型字段　填写样本采集地 5 代以内近亲结婚占全部调查结婚数的百分比。填写格式：样本所属群体近亲结婚率。如总样本量为 10，样本中近亲结婚数为 2，则为 20%，每个样本相应表格中填写：20%。

5. 平均近亲指数

字符型字段　亲缘系数(coefficient of relationship)表示双亲间的亲缘程度，是说明双亲间的遗传相关程度，亲缘关系分为旁系亲属和直系亲属两类。

6. 异族结婚率

数值型字段　填写格式：样本整体异族结婚率，如 10%。

7. 通婚距离

数值型字段　按照距离大小进行逻辑判断，并对字段进行赋值，填写 3＝小于 5km，4＝5～15km，5＝大于 15km。在此基础上用字符型字段描述群体百分率(见表 7－14)。

表 7－14　样本所属民族通婚距离

通婚距离	选项	＜5km	5～15km	＞15km
	百分率			

7.3 生物样本数据库的规范标准

中国有着得天独厚的人类遗传资源，人口数量居世界首位，人群分类十分多样化，56个民族绝大部分都有其民族聚居地，并且其中的部分民族迄今为止仍属于“基因隔离群体”，即并未与其他民族群体有过基因交流。然而，随着社会的发展，一些民族或隔离群体开始逐渐与外界通婚或迁移，使得相对单纯的基因组正面临消失的危险。保留完整的、民族群体特有的纯净基因组，就成为了一项迫在眉睫的抢救性工作。中华民族的遗传多样性使得中华民族群体样本库的建立及使用具有重大的意义，通过收集不同民族的群体样本，为民族起源、遗传表型及蛋白表达等相关研究储存丰富的资源。中华民族群体样本数据库的建设及使用，从样本收集到样本分析直至将相关的样本信息录入数据库，均应遵循相对统一的标准。

7.3.1 建立与运行样本库的规范原则

从整体上看，建立样本库需要从规划布局、职能机构、软硬件设施和质量管理四个方面进行规范化管理[1]。

1. 规划布局

在样本库投入建设之前，应进行统筹规划布局。首先，充分考虑样本库所要建立的空间大小及设施，从电力供给、排风散热、空调负荷大小等方面进行设计；其次，人流以及物流的流通走向应设计合理，同时对污染区以及非污染区二者的隔离控制情况进行明确划分；最后，对仪器设备等相关设施应合理布局，避免出现摆放混乱或空间浪费的情况。

2. 职能机构

应明确样本库职能机构的分层管理，可根据样本库的具体投入情况进行职责划分。样本库的负责人为管理样本库的核心人物，应明确其与样本库所开展的活动以及所提供的服务相关的职责，例如组织管理、技术实施、培训教育及咨询服务等。例如，可分为科研管理机构、科学技术管理委员会和伦理委员会，其中科研管理机构负责生物样本库建设的计划、目标与预算的拟定，以及生物样本库建设的组织协调;科学技术管理委员会主要负责生物样本采集与使用的科学审查,应由生物医学领域的专家组成;而伦理委员会则负责对本机构及其所属机构的生物样本收集、使用及处置进行伦理审查、监督和检查,可按照伦理原则不受任何干扰地自主做出决定,伦理委员会应从生物医学领域和管理学、法学、社会学等领域的专家中推举产生,人数不得少于 5 人,其中至少有 1 名医学专业委员,至少有 1 名非医学专业委员,至少有 1 名非本单位委员,并且应当有不同性别的委员,少数民族地区应考虑少数民族委员。

样本库管理层处应备有有关组织规划、人事政策以及不同工作人员的职责划分说明等相关文件,不同的工作任务应授权专人从事,例如提供样本群体的信息采集,样本的收集、接收、处理、贮存、运输和检测,特定类型仪器设备的操作,以及使用样本库信息系统等。考虑到中华民族样本库所保存样本的特殊性,因此,对参与样本库日常工作的所有员工均应进行与之相关的专业培训考核,同时为适应生物科学界的不断变化发展的需求,应适时对员工进行培训以不断改进工作质量,并在每次培训后评审每个员工执行工作的能力,以充分贯彻质量管理体系。

3. 软硬件设施

为保证样本的处理、储存、运输以及检测过程的质量,样本库的软硬件设施配备需与时俱进。为保证所使用的设备安全,仪器设备须根据厂商要求定期维护和更换,同时应增设远程报警,即生物样本库的超低温或深低温存储设备必须安装自动远程监控报警系统。

遵循信息安全技术信息系统安全管理要求(GB/T 20269—2006),生物样本库信息系统应进行权限设置,工作人员只能按照授权进行操作,操作记录应保留供查询。此外,应定期对保存生物样本库数据信息的服务器进行维护,以及定期对保存于服务器上的数据信息进行备份。

4. 质量管理

质量管理可从人员、环境、设备和规则等方面加以规范。

(1)人员管理

基本要求同“职能机构”部分描述。样本存储区域应建立人员出入管理机制,仅允许授权人员进入。

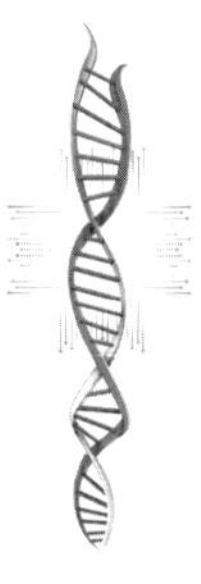

(2)环境管理

生物样本库的设施,包括但不限于能源、照明、环境条件和空间,应有利于样本及相关信息的采集、接收、处理、贮存、运输和检测的正确实施。其环境条件不会使样本及相关信息被破坏,或对所要求的质量产生不良影响。

应将不相容活动的相邻区域进行有效隔离,并采取措施以防止交叉污染。需要确保能源安全以维持样本库相对稳定的环境。应监测、控制并记录对样本及相关信息的质量有影响的环境条件。

(3)设备管理

设备在安装及日常使用中应显示出能够达到规定的性能要求,并符合生物样本库工作的需求。设备初始安装要有认证,确保设备质量和技术参数符合要求,认证包括安装认证 IQ、运行认证 OQ、性能认证 PQ,简称 3Q 认证。如计量、测量或液体处理等设备可能对生物样本及相关数据的采集、处理和检测分析有影响时,应根据具体的要求给出设备校准的要求和校准周期。样本储存容器的选择应充分考虑容器的稳定性,对长期环境条件变化的耐受性,以及对样本质量可能产生的影响。

用于样本及相关信息的采集、接收、处理、贮存、运输和检测并对质量有影响的每一设备及其软件,如可能,均应加以唯一性标识。在电子记录上签署的电子签名和手签名应该链接到它们各自的电子记录以保证电子签名不能够被删去、拷贝或者其他方式的转移。所有储存的样本,都应做适当的标识,确保每一个样本的唯一性。信息数据采集应当遵循统一的描述规范和编码标准,便于数据的统一和共享。所有原始记录都应得到妥善保管,任何数据的更正、修改和补充都应由获得授权的人进行操作,并保存有签名和记录。

(4)规则管理

应制定明确的规章制度并严格遵守,可根据样本类型的特定要求、利益相关方的要求、现有适用的法律法规要求、行业机构发布的规范或指南的要求以及其他有关要求等制定相关规则。应优先使用以国际、区域、国家或行业标准发布的方法。对非标准方法、超出其预定范围使用的标准方法、扩充和修改过的标准方法进行确认,以证实该方法适用于预期的用途。

7.3.2 建立与运行样本库的标准

以上简要介绍了建立样本库所需要考虑的各类因素,以下则具体介绍样本库建立及运行中所需要遵循的标准。

1. 术语和定义

生物样本：任何包含人体生物信息的生物物质，包括人体组织、血液、分泌物、排泄物及其衍生物。

生物样本库：规范化收集、保存和处置离体生物样本的机构，为人类健康、疾病诊断与药物研发等生物医学研究或人类遗传关系研究提供资源。

新鲜样本：离体的、未经处理的生物样本。

冷冻样本：保存于－40℃以下环境中的生物样本。

生物样本库信息管理系统：记录生物样本库所保存的生物样本及其相关临床、病理、随访、伦理审查及知情同意等信息的应用软件及硬件。

样本捐赠者：捐赠个体生物样本以用于生物医学研究的自然人，简称捐赠者。

知情同意书：捐赠者或其法定监护人表示自愿捐赠个体生物样本而签署的文件。

2. 规范性引用文件

样本库建立及运行中需要遵循的国家和行业规范如下：

- GB50052—2009 供配电系统设计规范；
- GB19489—2008 实验室生物安全通用要求；
- GB/T18883—2002 室内空气质量标准；
- GB/T20269—2006 信息安全技术信息系统安全管理要求；
- AQ3013—2008 危险化学品从业单位安全标准化通用规范。

3. 生物样本库的规模

根据样本储存容量，生物样本库的规模分为四个级别，即：小型生物样本库、中型生物样本库、大型生物样本库和超大型生物样本库（详见表 7－15）。

表 7－15　生物样本库的规模

序号	样本库规模	保存环境	样本容量（万份）	存储空间（m^2）
1	小型	深低温	＜5	＜100
		超低温	＜10	
		常温	＜15	

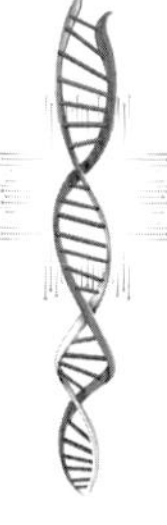

续表 7－15

序号	样本库规模	保存环境	样本容量(万份)	存储空间(m²)
2	中型	深低温	5～15	100～300
		超低温	10～30	
		常温	15～45	
3	大型	深低温	15～30	300～600
		超低温	30～60	
		常温	45～90	
4	超大型	深低温	＞30	＞600
		超低温	＞60	
		常温	＞90	

4. 生物样本库功能区域及主要设备

(1)冷冻生物样本存储区的主要设备

无热源区：

· 液氮罐/柜；

· 液氮供应罐。

有热源区：

· 普通低温冰箱(－40℃)；

· 超低温冰箱(－86℃)；

· 深低温冰箱(－150℃～－135℃)。

(2)生物样本处理区的主要设备

1)组织样本处理区的主要设备

样本临时存放设备：

· 冷藏柜；

· 普通液氮罐；

· 生物样本低温转运设备。

样本取材设备：

· 取材台；

· 组织取材器具。

样本记录设备：

· 数码照相机；

· 标签打印机；

· 生物样本库信息管理系统终端；

· 其他设备。

2)血液、体液及其他样本处理设备

· 水平离心机；

· 电子秤；

· 移液器；

· 冷冻标签打印机；

· 生物样本库信息管理系统终端；

· 其他设备。

5. 职能机构

(1)科研管理机构

1)拟定生物样本库建设的计划、目标与预算；

2)组织协调生物样本库的建设。

(2)科学技术管理委员会

1)委员会应由生物医学领域的专家组成；

2)委员会主要负责生物样本采集与使用的科学审查。

(3)伦理委员会

1)组成

· 伦理委员会应从生物医学领域和管理学、法学、社会学等领域的专家中推举产生，人数不得少于 5 人，其中至少有 1 名医学专业委员，至少有 1 名非医学专业委员，至少有 1 名非本单位委员，并且应当有不同性别的委员。

· 少数民族地区应考虑少数民族委员。

· 伦理委员会委员任期 5 年，可以连任。

· 伦理委员会设主任委员一人，副主任委员若干人，由伦理委员会委员协商推举产生，可以连任。

2)权利

·对本机构及其所属机构的生物样本收集、使用及处置进行伦理审查、监督和检查。

·按照伦理原则不受任何干扰地自主做出决定。

3)义务

·组织开展相关伦理培训。

·为接受伦理审查的方案保密。

·及时传达或者发布审查结果。

(4)样本库执行机构

样本库执行机构负责以下工作:

1)在伦理委员会和科研管理机构许可范围内进行样本的收集;

2)按照规定流程收集、运输、储存与管理样本;

3)根据科研管理机构的审批进行样本出库。

6. 人员配备与资质

生物样本库应配备专业技术人员。生物样本库负责人应为医学相关专业的人员。

每个岗位的专业技术人员应该经过中国医药生物技术协会组织生物样本库分会指定的专业机构培训,考核合格者方可获得分会颁发的资质证书。

7. 伦理准则

1)采集和使用人类生物样本,应建立在保护人的生命和健康,维护人的尊严的基础上;

2)对样本捐赠者的安全、健康和权益的考虑必须高于对科学和社会利益的考虑,力求使样本捐赠者最大程度受益和尽可能避免伤害;

3)尊重和保护样本捐赠者的隐私,如实将涉及样本捐赠者隐私的资料储存和使用目地及保密措施告知样本捐赠者,不得将涉及样本捐赠者隐私的资料和情况向无关的第三者或者传播媒体透露;

4)一般情况下,履行知情同意程序,尊重和保障样本捐赠者自主决定同意或者不同意捐赠,不得使用欺骗、利诱、胁迫等不正当手段使样本捐赠者做出错误的意思表示;

5)对于丧失或者缺乏能力维护自身权力和利益的样本捐赠者(弱势人群),包括儿童、孕妇、智力低下者、精神病患者、囚犯以及经济条件差和文化程度很低者，应当予以特别保护。

8. 安全保障

（1）人员安全

1）对于生物样本库内有使用到有毒有害物质的工作区域，应遵守危险化学品从业单位安全标准化通用规范（AQ3013—2008）。

2）所有生物样本都被视为具有生物危害风险，样本库应采取生物安全预防措施，遵守实验室生物安全通用要求（GB19489—2008）。

（2）样本安全

1）环境维护

· 消防安全。生物样本库必须配置消防给水系统和无水阻燃剂灭火器，并定期进行消防设施检修和维护。

· 供电保障。生物样本库应配备双路市电供电及配置备用电源，并遵循供配电系统设计规范（GB50052—2009）。

· 空间要求。生物样本存储区需有足够的空间且通风良好。

· 室温控制。根据室内空气质量标准（GB/T18883—2002），生物样本库室内温度须控制在16℃～28℃常温水平。

· 湿度控制。根据室内空气质量标准（GB/T18883—2002），生物样本库相对湿度需控制在30％～80％。

· 紫外线消毒。生物样本库须安装紫外线消毒设施，定期对生物样本库各功能区域进行消毒处理。

2）硬件设施

· 设备安全。仪器设备须根据厂商要求定期维护和更换。

· 远程报警。生物样本库的超低温或深低温存储设备必须安装自动远程监控报警系统。

3）管理机制

· 准入权限。样本存储区域应建立人员出入管理机制，仅允许授权人员进入。

· 应急预案。生物样本库管理应建立应急预案。

4）信息安全

· 遵循信息安全技术信息系统安全管理要求（GB/T20269—2006），生物样本

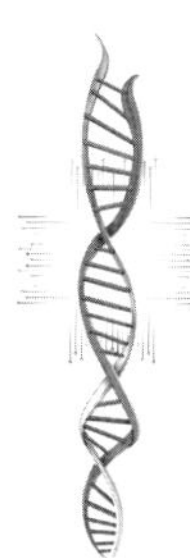

库信息系统应进行权限设置，工作人员只能按照授权进行操作，操作记录应保留供查询。

· 定期对保存生物样本库数据信息的服务器进行维护。

· 定期对保存于服务器上的数据信息进行备份。

9. 质量控制

对不同类型的样本设定相应的质量控制管理体系。质量管理人员直接向样本库负责人报告。

7.3.3 样本数据入库的标准化指南

目前，我国已具备建立样本数据库的条件，许多大型医疗科研机构已开展了一些关于生物样本采集和临床数据库建立的工作。建立系统的样本数据库将生物资源采集、储存和使用与具体研究工作进行有机整合，以保障生物样本有足够的数量以及具有一定的质量可用于科学研究和技术开发，同时对于促进我国人口与健康领域战略目标的实现、建立和推动我国整合医学和转化医学的发展，特别是提升我国的整体创新能力和国际竞争力具有重要意义。

样本数据入库需严格通过各项技术操作来进行筛选。以下介绍相关技术标准及筛选指南[2]。

1. 技术标准和标准化操作指南

(1)样本的收集、加工、储存、检索和推广使用

1)根据不同的样本类型和使用目的，采用最适的条件对生物样本进行筛选，收集和加工，并配有系统的资料和可靠的数据。

2)参照标准操作规程(standard operation procedure，SOP)建立技术档案以供研究使用。

3)设立一个清楚明确的解释标准以保护生物样本捐赠者的隐私。通常使用以代码代替身份的隐藏方式或者完全匿名的方式予以保护。

4)用数据化的管理系统进行分类管理。设计统一、专一和唯一确定的号码格式标记样本，并附有所需的资料信息。管理系统必须具有安全保密措施并设定相对应的访问权限。

5)建立统一的综合质量管理系统，记录必须严格按照质量控制进行标准化，尽量避免可能出现的人为误差，所有数据应录入统一规范的数据库，实现计算机化管

理并随时备份，并能及时发现不符合规范的录入记录。

6）必须保证工作人员的科学素质和工作质量，人员上岗前必须经过标准操作规程（SOP）培训和考核。上岗后的继续培训需要由质量分析（QA）人员进行定期和不定期的监督，并决定如何实施。

7）必须在病理医生指导下进行组织样本的采集，并配有系统和精确的临床资料，包括患者的治疗过程和随访资料。

8）要有标准化的存储环境，根据不同的组织样本类型、储存的时间及对生物活性物质保存的要求选择不同的温度（4℃、−20℃、−80℃、−130℃、−196℃）。这些存储设备的温控需要有自动的检测以及足够的安全保障。

9）建立生物样本处理的原则并严格执行，应考虑样本储存数量与空间的关系，以保障足够空间备用，重要研究项目必备的样本采集要预留空间。

10）尽可能在最短的时间内完成样本的采集（应该保证30分钟完成，不适当的处理时间将直接影响和干扰研究的结果），应尽快降低所采集组织样本的温度。

11）建立详细的电子文档资料样本目录，以便取出样本时查询。尽量保障样本存储器工作状态和温度的稳定。

12）建立标准的操作规程对用于样本长期保存的设备的性能进行适时监控和定期维护。

13）根据实验研究的目的选择储存生物样本的容器，在考虑坚固的同时，尽量避免使用含有微量金属的容器。

14）转运生物样本时，要特别注重包装和运输过程的安全性，建立生物样本转运的登记制度和操作程序。转出方、运输方和转入方都应有相关文本予以确认。

15）在样本转运过程中，应充分考虑到运输的时间、距离、气候、季节和运输方法等因素对样本的影响，对转运过程中所用的设备应根据实验研究的目的进行选择。

16）用信息系统跟踪所有的生物样本收集、运输和干扰因素，以防止生物样本标记混乱，并要提供详细的注释。

17）要重视与生物样本转运相关的国内、国际法律和法规的要求，备好相应的文件和说明。

18）严格按照SOP标准定期抽样检查生物样本，以保证储存样本的质量。

(2)质量保证和质量控制

1)坚持质量第一,必须建立生物样本库的质量标准和评估标准(QA/QC)。

2)要求工作人员受到相应的培训并通过考核。

3)制定 SOP 并发放到每个工作人员。SOP 必须条理清晰、详细并具有可操作性。对 SOP 的执行中发现的问题应及时进行修正。

4)建立安全系统,包括设备监控、报警系统和应急措施,特别要保障关键设备在停电时还能正常运行。

5)要有严密的数据管理系统,包括计算机存储跟踪系统和相应的数据安全系统及进入数据库的安全保障措施。

6)建立保护人员和设备安全的事故风险评估措施并要指定责任人。

7)必须依照 SOP 维护所有设备并要有具体措施。

(3)生物安全

1)确保生物样本的安全性,特别是具有潜在传染性疾病的样本。处理生物样本至少应按生物安全二级标准执行,参照国家 CDC《分子生物和生物医学实验室安全手册》。

2)做好实验室人员的免疫接种工作,特别要重视预防肝炎等危害严重的疾病。

3)建立生物安全保障制度并备有相应的培训课程,注重对所有人员进行生物安全意识培训。

4)及时发现和评估生物安全风险,随时监测和分析生物安全隐患并采取相应的防护措施。

(4)生物样本库的信息化管理

1)在收集每一个样本时要指定一个唯一的编号,代表特定的临床类型和流行病资料。使用专一性和统一格式的代码进行样本处理、储存和分类。

2)放入或取出样本时,每次应及时更新数据库的资料并留下取用记录。

3)利用数据管理系统整合与生物样本相关联的研究资料,如样本的保存时间、样本捐赠者的随访情况、联系方式及样本使用等问题。

4)严格保护样本捐赠者的健康信息,保障个人隐私不受侵犯。原则上,同一批样本应指定一人进行统一随访和联系,未经授权的人员不得与样本捐赠者进行联系。

5)结合临床试验和研究项目的要求制定有利于学术研究、信息交流和资源共享的管理体系与规则。

2. 伦理、法律和法规

（1）知情同意

1）关于生物样本采集的知情同意，将参照国际通行标准并结合我国目前的具体情况制定，知情同意书的模板应与所采集的生物样本相吻合，并要保证生物样本的合法使用。同时也要考虑基于生物样本开展研究工作获得的数据的公布，及将来开发有商业价值的产品的相关问题。

2）允许研究人员使用采集的样本用于开展专一性的研究课题，或将来开展新的课题研究。

3）保障所采集的生物样本和资料数据的使用权。

4）制定法规用于保障使用生物样本和数据的合约。

5）对于获得父母或监护人同意采集的儿童的生物样本和资料，当儿童到了法定年龄时可允许用于科学研究。

6）认真考虑 FDA/SFDA 现有的与生物样本采集相关研究的规章制度，和将来可能修改的问题。

7）制定生物样本和资料档案保留期限的法规。临床生物样本由于质量问题或资料失去应用价值时可处理掉，但处理必须根据统一的规程进行，不得擅自挪作他用。

（2）生物样本和相关数据的使用

1）制定明确的生物样本使用指导原则，包括临床数据的共享，应符合伦理和相关法规。同时应考虑利用生物样本开展科学研究的特殊性，指导原则应具有一定的灵活性。

2）确保课题研究者能及时、公正、合理地使用生物样本和相关的临床资料，无须承担过多的行政管理费用。

样本的使用按下列程序进行：

· 研究计划的科学性评价；

· 研究者签署有关生物样本和相关资料的保密协议；

· 样本转运协议；

· 研究者或课题组的科学记录；

· 研究符合伦理和法规；

· 能够支付所使用生物样本的费用。

除此之外，也应对使用生物样本和资料与预期研究结果的相关性进行评价。对于样本使用不当或过量使用的问题也应考虑。

指导原则适用于所有新采集和现存的样本。使用生物样本支付成本费用是合理的，收取的费用应仅限于补偿和推广应用的费用。如果生物样本库由于资金缺乏或其他原因不能进行生物样本的保存并提供高质量的样本供使用，就必须关闭。对已保存的样本应按指导原则进行处理。要明确样本采集工作人员的职责和权力，并通过法规授予相应的权限，样本使用应避免特权，尤其是使用样本和资料必须按指导原则执行，包括监管人员。采集和存贮的生物样本以保障开展科学研究为目的，为促进生物医学水平的提高为目标。伦理委员会应当对拟开展的研究项目进行评估。

(3)安全防护

1)研究机构要保障生物样本库、采集和使用生物样本人员的安全。相关的场地设备需要符合国家的相关法规要求和样本库自身的特别要求。对潜在的危险应该以相应的警示标示清楚标明。对潜在的职业风险以及预防、应对方案在岗前应该充分告知并检验。

2)研究机构应提供行政法规、安全培训措施并进行指导生物样本和资料的安全使用。

3)研究机构的安全措施应适应生物样本库的要求。

(4)管理人员职责

1)负责生物样本采集计划的制定和经费预算，工作职责和考核应与采集样本和相关资料的工作性质一致。

2)生物样本采集的经费预算应包括样本保存、销毁，完成特殊研究课题、分配使用和临床资料分析整理。

3)协调和处理工作中由于经费、专业知识和政策规定方面发生冲突的问题。

4)使用通俗易懂的语言或文字，向生物样本捐赠者解释利用生物样本开展研究工作的意义、产生的技术方法、产品或科学发现的商业价值。

5)负责组织和管理 QA 工作。对样本库运行过程中发生的质量问题进行监督和整改。

(5)知识产权

1)按照研究目的,从生物样本库中获得所需样本和资料,在文章发表、专利和成果奖励申请时应注明。

2)参与项目研究任务的单位和个人提供生物样本和相关资料,将根据其数量和质量享有相适应的知识产权。

3)利用生物样本通过进一步的科学研究获得的重要发明和成果应归属研究的发现者,若遇争议应由相关的学术和伦理委员会裁定。

7.3.4 生物样本采集和保存操作指南的实施细则

1. 生物样本采集 SOP 手册

(1)每一个生物样本采集和应用的单位应该制定相应的 SOP 手册,主要包括以下内容:

1)生物样本采集、保存规范和操作程序,包括材料、方法和仪器;

2)生物样本处理、分装及抽样鉴定的实验室操作规范;

3)生物样本交接、使用规则和协议;

4)生物样本标记和档案管理规范;

5)生物样本 QA/QC 规范和操作程序(样本采集和保存过程中涉及的材料、标签、设备、试剂和程序);

6)生物样本的安全标准和防护措施;

7)工作人员的技术培训和 QA/QC 制度。

(2)要有明确的专业人员岗位和职责,定期检查 QA/QC 执行情况并进行评估。

(3)根据研究工作的需求和执行中的问题对 SOP 进行修改,并获得主管和 QA 部门的审批。

(4)生物样本和资料数据的使用应注重原则性、灵活性和可操作性的原则。

(5) 现行的 SOP 手册应发放到所有承担项目的单位和实验室。执行情况应及时反馈。

(6)使用统一的管理数据库。

2. 采集血液样本[3]

采集的血液标本包括血浆、血清。

采集入组人员的外周血样本5ml,EDTA抗凝,3000r/min离心,将血浆和有形成分(白细胞成分)分别用统一质量标准的容器保存(尽量在2h内完成血浆的分离工作)。

3. 生物样本的贮存和加工

采集的生物样本分装、标记和保存是十分重要的,有些样本要在几年或更长的时间以后才会用于实验研究,因此质量监控和检索的方便尤为关键。要保证实验样本的质量和数量能够在若干年后用于DNA、RNA和蛋白质提取和实验分析。

(1)进行标准化的实验记录。要提供一个长期的、连续性的资料确保准确反映样本的质量,以避免在以后的研究中出现偏差。特别是生物样本贮存条件的SOP,包括温度变化的信息与样本质量的关系,应该每年检查修订一次。

(2)所有生物样本应分装贮存,尽量避免多次反复解冻。长期保存样本的最适保存条件是在液氮或−135℃保存。

(3)生物样本的容器应采用螺口的冻存管,能够在低温下长期储存。玻璃管或弹出式盖子的管子不适合长期储存。

(4)储存样本的标签应采用打印或条形码,储存生物样品的每个容器应有唯一的、清晰明了的识别符号,能够牢固附着在容器上,并能耐受低温储存的条件。所有的相关的信息能够与这个唯一的识别符相联系,包含参与研究人员的保密性、数据的安全性和知情同意协议书。

(5)要具有自动化的安全保障系统,不间断地监控样本保存设备的运行状况。对于特别有价值的生物样本,应该考虑至少在两个不同的位置储存。

(6)需要有专业化的工作人员,特别是具有利用生物样本从事过实验研究经验的人员负责此项工作,并要定期进行专业培训和考核。

(7)为了充分、有效利用生物样本资源,在收集样本的同时有必要开展样本的深加工,如DNA、RNA、蛋白质的提取和保存,特别是Tissue Array的制备。一方面避免样本的使用不当和浪费,另一方面有利于提高课题研究工作的有效率。

4. 临床资料的收集和数据管理

采集的生物样本是否具有重要的科学研究价值,与其相匹配的临床资料是十分重要的。其中,资料的完整性、系统性和准确性决定生物样本的价值。另一方面,资料的收集、整理分析和数据的管理也是保障研究结果质量的关键环节。因此,对依赖于生物样本和临床资料的研究项目,资料和数据的信息化管理是保障课题研究正常运行的核心问题。

(1)临床资料信息化管理

1)生物样本和相关的临床资料应采用统一、专一的数据库进行管理。要求使用的数据库支持适合多中心研究的网络化用户环境,有比较全面的分级权限管理,数据能够方便地导出导入为 excel 或 spss 等较通用的数据格式,以便于学术交流和资料汇总。

2)所有临床资料应基于临床的规范化诊疗。采用的数据库系统能够方便灵活地产生符合各病种 CRF 表格的随访数据格式,并能通过统一的患者编号对样本和随访信息进行关联,以提高临床资料的完整性和数据质量。

3)与生物样本相关的资料信息应采用一个统一的非重复的编号格式标注并录入数据库,数据库系统能够在保存样本信息的同时自动打印出条形码标签,以提高样本管理的效率,标签的内容能够符合课题组统一制定的格式标准,并能在低温冰箱、液氮灌等低温环境下长期保存。

4)样本的存放和取样操作要符合统一的规范,以确保样本存放的准确性;应通过条形码扫描在数据库系统中对样本编号进行自动的判读和确认,避免因为人为错误导致对错误的样本进行取样;样本的入库、冻融、取样、报损等操作都要留下操作记录,并相应地更新样本的存量和存放位置。

5)要考虑生物样本和相关资料将用于基因组学和蛋白组学研究的需要,其特殊性和可操作性都要兼顾。

(2)实验研究资料信息化管理

1)与生物样本有关的研究课题需要整体设计,使用生物样本获得的研究资料要集中分析和评价,所有实验数据需要用统一的编号格式标注并录入数据库,实验数据应尽可能采用统一的代码和数值保存,尽量减少纯文本录入,以便对标准化的数据进行统计和分析,提高数据的录入效率和准确性。

2)利用生物样本进行的实验工作应提供详细的操作规程、技术方法、结果和图表到数据库,以利于进行研究资料的质量分析和评价,保障其准确性。

3)所有录入的资料要基于原始记录。

4)每一个样本在收集的时候必须贴上独特的标记(条形码和文字描述),标记能够在低温环境下长期保存,标记的内容有统一的编码,使每一个样本都能够通过唯一的编号进行查找。

5)数据库必须有安全保障,有防止黑客入侵、病毒传播、数据损坏等意外情况的必要措施,设置全面的权限体系来限定用户能够接触到的数据,对用户所有的数据操作进行记录,并每天自动进行数据备份,能够在数据出现意外损坏的时候利用备份数据恢复数据库。

参考文献

[1] Sandusky G E,Teheny K H,Esterman M,et al. Quality control of human tissues-experience from the Indiana University Cancer Center-Lilly Research Labs human tissue bank[J]. Cell and Tissue Banking,2007,8(4):287 - 295.

[2] 国家 863 "肿瘤分子分型与个体化诊治"项目组,"肿瘤基因组"研究重大项目组,中国医药生物技术协会组织生物样本库分会. 生物标本采集技术规范及数据库建立指南(讨论稿)[EB/OL]. (2012 - 03 - 5)[2015 - 11 - 02]. http//http://download. bioon. com. cn/view/upload/201203/05160249_4975. pdf

[3] Pulley J M, Brace M M , Bernard G R, et al. Attitudes and perceptions of patients towards methods of establishing a DNA biobank[J]. Cell and Tissue Banking, 2008, 9(1):55 - 65.

第8章　中华民族群体STR数据库与应用

8.1　生物信息数据库建设

随着基因组计划的不断进展，我们必须对所拥有的海量数据进行收集、整理和分析，使其成为有用的信息和知识，也就是说，只有经过生物信息学手段的分析处理，才能获得对基因组的正确理解，因此可以说是人类基因组计划为生物信息学创造了施展身手的巨大空间，使其深入到生命科学的方方面面。

8.1.1　生物信息数据库建设的历史与现状

在生物数据库开发及大型生物信息中心的建设方面，早在1988年美国就创建了NCBI(国家生物信息中心)，随后欧洲出现EBI(欧洲生物信息中心)，而日本也有DDBJ(日本DNA数据库)。而从数据分析技术的角度来讲，早在1962年，E. Zuckerkandl和L. Pauling[1]就将序列变异分析与其演化关系联系起来，从而开辟了分子演化的崭新研究领域；1970年，S. B. Needleman和C. D. Wunsch[2]发表了广受重视的两序列比较算法；1974年，V. Ratner[3]首先运用理论方法对分子遗传调控系统进行处理分析；1975年，J. M. Pipas和J. E. McMahon[4]首先提出运用计算机技术预测RNA二级结构。

当前在互联网上可找到的各种数据库几乎覆盖了生命科学的各个领域，核酸序列数据库有GenBank、EMBL、DDBJ等，蛋白质序列数据库有SWISS-PROT、PIR、OWL、NRL3D、TrEMBL等，三维结构数据库有PDB、NDB、BioMagRes-Bank、CCSD等，与蛋白质结构相关的数据库还有SCOP、CATH、FSSP、3D-ALI、DSSP等，与基因组有关的数据库有ESTdb、OMIM、GDB、GSDB等，文献数据库有Medline、Uncover等，此外还有其他数据库数百种。数据库内容的爆炸性增长是生物信息学数据库的重要特征，这种趋势主要是因为基因组等计划的实施。除了

在数量上的增长，数据库的复杂程度也在不断增加，它包括了大量注释、参考文献及软件，并通过指针将相关内容连接到其他数据库。数据库结构层次的加深客观上要求管理的进步，如今新的数据库管理方法正在逐步取代旧的模式。R. R. Brinkman[5]等人针对生物数据库的特征，指出了新的数据库设计概念的必要性和重要性。

目前，各种基于海量生物信息数据的二级数据库或专题数据库建设以及相关理论也愈加多见。M. Brescinani 等人在 2002 年引入了一种新的范例，其为面向对象的生物学数据库提供了基于知识的灵活的查询接口；V. Kumar 等人在 2004 年用 Medline 收集的文献开发了一个称为 BioMap 的知识平台，涵盖了 4600 种生物医学文献的 1200 万引用和摘要；同时，H. C. Wang[6]等人在 2005 年描述了 KSPF（蛋白家族知识共享体系）的特点，其可以适用于所有蛋白质家族类型。在国内，陈新等在 2003 年针对中国人群基因组多态性数据（重点是样本相关信息以及遗传标记多态性数据），提出了基因组多态性数据库设计和实现中涉及到的一些问题。

国际上，在生物数据信息的挖掘方面已开展了多项研究，并开发了不同的生物信息特异性的数据挖掘工具。1992 年，R. F. Smith[7]等人开发了 PIMA，可以对一系列序列进行多重比对。随后，1994 年 T. L. Bailey 等开发了一种基序发现工具 Pratt。1997 年 I. Jonassen 开发了识别未知蛋白中保守特征的 Pratt。J. Vilo 在 1998 年开发了序列特征诠释的 SEXS 工具。在国内，上海生命科学院生物信息中心建立了在线 BioSino Lab，并整合集成了许多国外优秀的数据分析工具，如 SRS、Blast、Genescan 等，同时自主开发了一些工具，如 PPAgent（用于跨膜蛋白二级结构预测）。然而，由于传统的数据挖掘工具多针对的是同源的数值型数据，而生物信息数据库中大量增加的却是类似文本序列、蛋白质结构等其他类型的数据，因此亟待创建更加复杂的生物信息数据挖掘技术，从而作为成功解释智能的生物信息系统的基础。

在个体识别过程中，DNA 多态性数据的应用日益广泛而重要。大规模灾难的遗骸鉴定，如“9・11”恐怖活动以及 2005 年印度洋海啸等的遇难者识别及亲属认定中，CODIS 的 STR 标记系统以及基于线粒体的 SNP 多态性数据提供了必不可少的线索。在群体进化及差异性分析方面，早在 1994 年 A. M. Bowcock[8]等人便利用高分辨率的微卫星标记构建世界不同人种的进化发生树，之后 K. A. B. Goddard[9]等人利用 114 个 SNP 多态性位点考查五个不同人群间的基因频率分布差异及连锁不平衡。与此同时，利用遗传标记进行遗传性疾病的连锁和关联分析研究。基于 STR 或 SNP 的全基因组关联分析为解决复杂性遗传疾病的基因定位、识别及检测提供了希望。

近年来，在生物数据分析的要求下，各种算法（如统计方法、模式识别方法、隐马尔科夫过程方法、分维方法、神经网络方法、复杂性分析方法、密码学方法、多序列比较方法等）被整合进不同的分析工具。然而在基因组多态性数据的分析处理中，仍需要创建一些适用于基因组信息分析的新方法、新技术，包括引入复杂系统分析技术、信息系统分析技术等；并建立严格的多序列比较方法；发展与应用密码学方法以及其他算法和分析技术，用于解释基因组的信息，探索 DNA 序列及其空间结构信息的新表征；发展研究基因组完整信息结构和信息网络的研究方法等；发展生物大分子空间结构模拟、电子结构模拟和药物设计的新方法与新技术。

8.1.2 生物信息数据库建设存在的问题与展望

目前，国际人类基因组多样性计划和 HapMap 计划在多态性研究方面虽然已经取得了一系列研究成果，但是由于投资强度所限，以及生命科学系统本身的复杂性等因素，从整体水平看来，目前的研究成果对于全面和系统认识中华民族种群基因组多态的组成还远远不够。

高通量标准化的基因分型和测序实验中心以及质量控制系统，顶尖的统计分析专业知识，获得具有多种差异的大量样本，高质量标准化的生物样本储存以及建设完整的数据库系统，与国际类似的研究计划相比，无论在研究质量还是分析方法上我们还相差甚远。因此，我们将综合运用基因组学、遗传学、生物信息学、分子生物学、计算机的理论与技术，同时结合中华民族相关历史学、人类学和语言学等方面知识，建立中国人群基因组多态性分析的关键技术和数据分析体系。从理论层面上，研究国人不同群体的遗传结构和变异规律，积累国人群体基因组多态性遗传数据；从技术层面上，围绕中华民族群体基因组多态性以及致病基因、易感基因调控区域的新标记、新技术和新策略，为研究健康与疾病基因型、单倍型与临床表型的相互关系研究提供系统的技术支持，发展质控标准，建立和完善中国人群遗传资源 DNA 多态性数据库，积累对照样本的 DNA 细胞库。切实推动我国遗传资源的保存、利用和共享，

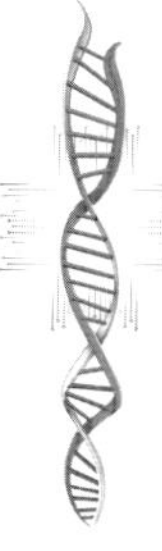

开展基于我国人群的基因组多态性研究工作，利国利民，刻不容缓。

8.2 中华民族 STR 数据库共享平台构建

近年来，随着生命技术研究的发展，各国在针对人类遗传资源的保护管理以及利用方面的竞争日趋激烈，如何有效对本民族的遗传资源管理和开发将决定各个不同国家生命科技产业竞争成败的重要方面。我国的人类遗传资源散布在全国各个研究机构，每个科研机构对遗传资源描述规范和数据标准体系不一致，而且也缺乏有效信息沟通的渠道，各个单位之间的数据标准设定也不完全相同，数据之间没有可比性，所有的这些都严重地降低了我国民族资源的数据质量，使各个单位之间资源整合困难，不利于建立一个规范和科学的统一资源管理平台。因此，完善以及建立统一的人类遗传资源平台，同时制定相应的标准描述体系和数据规范将有助于我国人类遗传资源整合和信息共享。我国人类遗传资源平台的构建也将促进中华民族的人类遗传资源的搜集整理以及保护利用等方面的工作，进而提高我国对资源保护的共享工作，从而有效确保我国国家安全、社会稳定以及人口安全、公共卫生事业等工作，最终为我国人与环境资源协调发展战略的实施提供科技基础。我们参照国际上已有的综合平台，采用统一的数据标准，整合符合我国国情、具有我国特色的中华民族遗传基因信息数据，并开发智能化的检索工具和高效的分析工具，建立一个人类遗传基因信息数据整合与共享的综合平台，为国内生命科学研究及生物技术相关产业的发展奠定基础。

8.2.1 国内外 DNA 多态性数据库

DNA 多态性数据库主要针对于全基因组多态性遗传标记，包括 1～22 号常染色体、X 性染色体、Y 性染色体及线粒体 DNA 的 STR、SNP、VNTR、RFLP 等。其内容则包括各种遗传标记位点的基本信息和基因数据。

就常染色体 STR 而言，国外最为常用的 DNA 多态性数据库有 STRBase 与 ALFRED。

1. STRBase

STRBase 由著名的法医 DNA 科学家 J. M. Butler 于 1997 年创建并提供在

线服务。具体内容及功能体现如下：①STR 基本特征，对于常用的 STR 位点 TPOX、D3S1358、FGA、CSF1PO、D7S820、D5S818、TH01、VWA、D8S1179、D13S317、D18S51、D16S539、D21S11 等，介绍 STR 位点的染色体定位，PCR 扩增所使用的引物，分型得到的等位基因类型以及通过测序得到的重复片段的具体碱基排列等基本特征；②STR 数据存储及检索，根据分型结果得到不同人群（健康或疾病）基因型频率、等位基因频率以及单倍型频率；③STR 技术支持，对于 STR 分型过程中常用的技术，如聚丙烯酰胺凝胶电泳、毛细管电泳、荧光自检测系统、微芯片技术以及 MALDI-TOF 质谱等，以及经常使用的仪器，如电泳仪、ABI 系列仪器、微阵列芯片及质谱仪等，提供各种分型技术的介绍和仪器的使用说明，以及在 STR 分型和仪器使用过程中常见问题及解决方案；④学习资料及链接，提供相应数据的获取及软件下载，同时对 STR 研究的论文提供索引及下载，链接国际优秀 STR 研究所及资源库。

2. ALFRED

ALFRED 由耶鲁大学 K. K. Kidd 教授于 1999 年创建，为目前最大的关于遗传多态性标记等位基因频率的数据库。该数据库不仅涵盖成千上万的 STR 标记位点，还覆盖了其他常见的通用的 DNA 变异，如 VNTR 与 SNP。另外，数据库提供每个特定人群或群体的介绍信息，包括地理位置、经纬度、语言、简介及参考文献。另外，数据库中所有与人群或位点相关的参考文献均与 PubMed 文献数据库相互关联。数据库以 STR 名称、染色体定位以及群体样本名称等为属性，对这些频率数据进行存储；并且提供简易搜索工具，方便用户得到不同样本在不同 STR 标记的数据及信息。截至目前，该数据库中已经存储的数据包括 17965 个多态性位点、681 个人群的数据，覆盖 429978 张基因频率数据表。

3. TPMD

TPMD 是建立在台湾的遗传多态性标记的数据库。数据主要来源于四个认证的基因分型实验室的二核苷酸、三核苷酸和四核苷酸微卫星片段。并提供了友好的 web 界面，为研究人员提供了微卫星标记数据，可以提供与台湾地区各民族、日本人和高加索人的比对，同时可以为疾病基因定位提供常见微卫星位点筛选。

目前广泛应用于遗传学和法科学研究和服务的数据库如表 8－1 所示。

表 8-1 广泛应用于遗传学和法科学研究和服务的数据库

数据库名称	网址	数据库简介
NCBI	http://www.ncbi.nlm.nih.gov/	最权威的生物医学信息数据库
ALFRED	http://alfred.med.yale.edu/	世界范围的基因频率数据库
J-SNP	http://snp.ims.u-tokyo.ac.jp/index.html	SNP 数据的专业数据库
STRBase	http://www.cstl.nist.gov/div831/strbase/	STR 信息及数据的网站
ChrX-STR	http://www.chrx-str.org/	用于法科学的 X 染色体 STR 数据库
YHRD	http://www.yhrd.org/index.html	Y-STR 单倍型数据库
MitoMap	http://www.mitomap.org/	人类线粒体基因组数据库

8.2.2 中华民族群体 STR 数据库

中华民族群体 STR 数据库隶属于中华遗传资源共享平台(教育部科技基础资源数据平台建设项目)的一部分。该平台目前已经与国内多家单位开展了合作。中华遗传资源共享平台主要采用超级计算机、网格技术对我国遗传资源进行数字化贮存、分析、管理及应用,建立和完善中华民族群体遗传资源数据库和网络共享平台,推动遗传资源及数据的保存、利用和共享,向全社会提供免费的中华民族群体遗传资源信息服务网络,旨在建设国家医学信息学中心,为国民的健康与国家安全服务。同时建立生物数据库和开发网络服务,提供公共数据库中数据的免费使用,并提供扩展的检索服务,建立可以进行生物信息学分析的平台。

STR 数据库的管理采用 PostgreSQL,数据库软件平台采用 Redhat linux9.0 系统,数据库硬件平台采用国家高性能计算中心西安分中心的 IBM RS6000 工作站集群系统,数据库开发用了 JAVA/JSP 开发数据共享页面,数据的录入和分析程序采用 Delphi 软件。如图 8-1 所示,整个框架(网络)结构分为 3 层:最顶层为中心网站服务器,主要放置中国人类遗传资源数据库的门户网站“中国人类遗传资源和信息共享平台”,功能有发布平台简介、中国人类遗传资源概况、管理机构、相关法律法规和服务协议、数据资料和新闻、平台的统一用户注册、审批、资源递交配送服务和各二级平台交换接口，以及相关链接等；第二层为各二级平台网站（服务器放置在各二级平台牵头单位），存放该平台下各个资源数据中心库的统一对外公开的数据，数据定期更新；第三层为各中心库的核心资源库，由各中心库自身建设，为确保安全，原则上要求与其他层物理隔离（红线）。

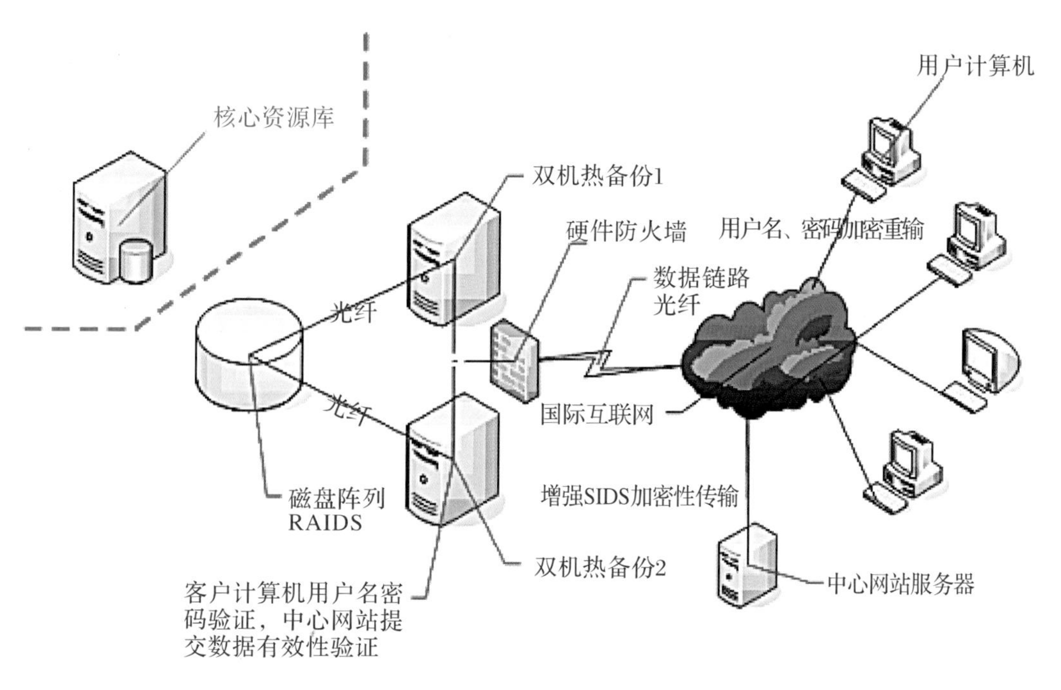

图 8－1　基于浏览器-服务器(Browser/Server，B/S)模式的管理和共享体系

1. 原始样本共享

平台建设各参加单位所收集的群体遗传资源原始样本的信息统一输入到数据库中。遗传资源的原始样本信息包括：民族名称、所属亚群、采集地点、地理位置（经纬度）、使用语言、性别比例、样本类型、保存方式（包括血液、DNA、细胞株、血痕等）。各参加单位拥有的原始样本自行保存，其他参加单位协商使用。

2. 原始数据共享

平台各参加单位将民族资源的原始样本进行基因数据化之后所产生的原始数据按照标准的格式输入到平台数据库中。原始数据信息包括：遗传标记、分型方

法、参考文献等。平台用户可以通过提供的PostgreSQL的数据库接口来访问数据库，对数据库内部的民族信息、遗传学信息等资源进行浏览、查询和下载。注册用户可以通过浏览器的方式来查询使用数据库。

平台数据库存储下述信息。

（1）STR数据对应的样本相关信息

STR数据对应的样本相关信息包括中国不同民族群体及其亚群，隔离人群的血液样本及相应的地理、人文、环境等信息资料；收集其组织标本，建立样本登记、保存和共享制度，使得样本信息与计算机数据库一体化。

（2）数据信息

数据信息是指各种STR遗传多态性信息，包括常染色体STR和性染色体STR数据。

入库的信息均采用数字化处理，为此需要设立一个标准规范体系。主要包括技术规范和信息描述规范系列，分别对应样本标准化整理和遗传数据数字转化。

由于人类遗传资源涉及医学伦理学问题，我们在基于国内外相关生物学公约和法规的基础上，对遗传资源信息采取保密措施和对用户权限进行分级，并对遗传资源的共享利用方式进行了界定。

人类遗传资源含有大量个人隐私信息，具有保密性，很多资源信息不能在网络上发布，所以针对人类的遗传资源数据信息必须进行共享方式的分级。根据信息系统的安全规范，我们制定了人类遗传资源对应的用户信息共享的分级制度。

第一类为一般用户，这类用户可以匿名登录浏览但是只能了解一些遗传资源共享平台的最初级的信息即共性描述字段数据库信息，其中也包括遗传资源平台的基本的公告和新闻，无需身份验证。

第二类为研究人类遗传资源的学者，他们可以通过注册的方式跟网络管理员进行联系，然后针对所研究的感兴趣的遗传资源对其进行查询从而联系该资源的保存单位来获取或者共享资源和数据。

第三类为对遗传资源个体遗传信息数据有兴趣的研究者，可以通过注册的方式跟管理员取得联系，不仅可获得原始的资源，同时也可获取该资源的详细个性化的信息。

第四类为合作单位，包括资源保存单位和信息提供单位，它们有着比上述三类用户更优先使用平台数据库资源和数据的权利，并能看到本领域的详细资源保存和个性信息。

第五类为遗传资源共享平台的管理和维护者，他们针对平台的日常使用进行维护，负责数据的输入、存储和管理，并对各种注册用户进行上述的不同权限的功能开放和注册身份验证。

经过几年的建设，目前我们已经建立 DNA 实物库的对应数字化信息：共储存 45 个民族（57 个群体）共计 4000 余份样本信息，绝大多数民族样本量为 100 以上，少数几个民族（如乌孜别克族、侗族）样本量为 50 以上；在 STR 基因信息库中，共有来自 44 个不同民族共计 1500 多张 STR 等位基因频率数据表；除覆盖常染色体常见的 9～16 位点之外，还包括性染色体（含 X 与 Y）部分 STR 位点的数据表。除此之外，还整合了合作单位的资源和数据，见表 8－2。

表 8－2　整合的人类遗传资源类型及样本数量

单位名称	民族资源的种类	地理分布	保存方式	样本数量
西安交通大学	45 个民族群体原始样本	全国	DNA、血液、血痕	5000 余份
	4 种疾病群体及家系	全国	DNA、血液、血痕	10000 份
	615 个人的基因频率数据	陕西秦巴山区	DNA、血液、血痕	25379 条基因频率数据
	56 个民族人文、地理信息	全国		
复旦大学	中国古代 DNA 样本库	国内外相关研究室合作	古代样本	近 3000 份
云南大学	54 个少数民族的 20 个遗传家系	全国（仅缺台湾高山族）	DNA 样本	3000 余份
	彝族和哈尼族共 4 个隔离群体	云南	血样	5000 余份
中国医学科学院	42 个民族的群体	全国	永生细胞	数千株

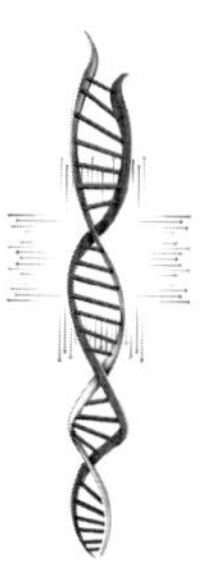

续表 8-2

单位名称	民族资源的种类	地理分布	保存方式	样本数量
哈尔滨医科大学	15 个民族的群体	我国东北地区为主	永生细胞 DNA	1000 株 2000 份
中山大学	遗传信息资料	全国	STR 位点的群体遗传学数据	数万份
西藏大学	藏族、珞巴族	西藏	DNA、血液	200 余份
新疆医科大学	长寿老人家系、哈萨克族食管癌三代以上大家系	新疆	DNA、血液 DNA、血液	100 余份 30 余份
中国科学院	HLA SBT 分型数据库	全国	HLA 数据	上千份
兰州大学	10 个少数民族的 20 个家系	甘肃	DNA、血液	131 份
昆明医学院	6 个隔离群体	云南	DNA、血液	300 份
中国人民公安大学	中华民族线粒体基因组数据	全国	DNA、血液	510 份
宁夏医学院	回族群体及家系	宁夏	DNA 样本、血样 DNA	360 份
四川大学	5 个民族群体	四川	DNA 样本、血样 DNA	1050 份
公安部	Y-STR 群体遗传资料，mtDNA 频率	全国	6000 条基因频率数据	400 份

我们通过该数据库实现了 15 个合作单位的资源共享，同时通过定期召开平台会议，将平台标准规范体系传达给合作的单位，实现数据输入和存储的标准化，并定期更新和维护该数据库。中华民族群体遗传资源共享平台(图 8-2)今后将整合

多个生物数据库，利用教育科研网，与合作单位建立分布式数据库群，通过教育网接口为用户提供统一的访问门户。基于互联网，对政府、医疗、研究机构等用户提供统一的访问门户。采用超级计算机和网格技术为高速的数据库访问提供硬件支撑。利用分布式数据库管理技术，为中华民族数据库和犯罪DNA检索库建立统一网络平台，并和NCBI、EBI、DDBJ等并网，提供扩展的检索服务和生物信息分析的平台。

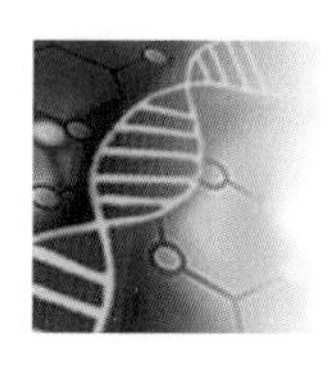

教育部科技基础资源数据平台

–中华民族遗传资源共享平台

数据提交入口

- 西安交通大学
- 公安部
- 中山大学
- 中国医学科学院
- 中国人民公安大学
- 中国科学院
- 云南大学
- 新疆医学院
- 西藏大学
- 四川大学
- 宁夏医学院
- 兰州大学
- 昆明医学院
- 哈尔滨医科大学
- 复旦大学

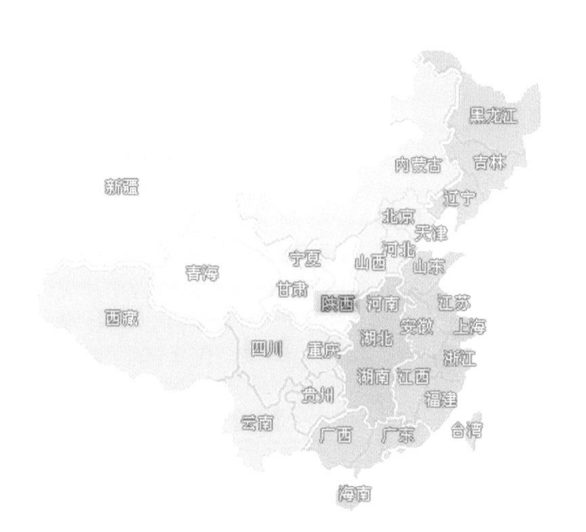

资源搜索：

标准分析技术

收集、保存规范

计算分析工具

图8-2　中华民族遗传资源共享平台界面

8.3　中华民族群体STR数据库的应用

群体数据建立的初始目的在于找出所有的“普通的”等位基因，并且对这些基因进行多次抽样，从而使其能够可信地估测所考察群体内部的等位基因。STR数据库是法科学中最常使用的DNA数据库，其主要存储基于STR遗传标记的个体

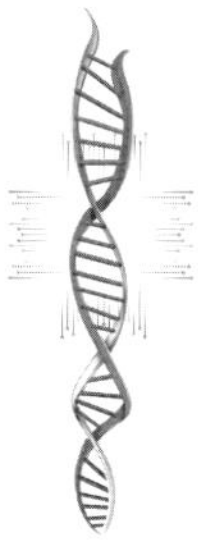

信息、个体基因型、群体信息以及群体基因频率。STR 群体数据是进行亲子鉴定、罪犯鉴定、遗骸识别和群体结构分析的重要参考,有时甚至是必需条件。任何个体的数据必须和与之相应的有针对性的群体数据进行比较时才有意义,因此,建立中华民族标准 STR 群体数据是非常必要的。

FBI 提出的 13 个 CODIS 位点是 STR 数据库最为常用的标记系统。对于一般 STR 数据库的建立流程,比较关键的包括位点选择、频率计算以及数据库存储(见图 8-3)。

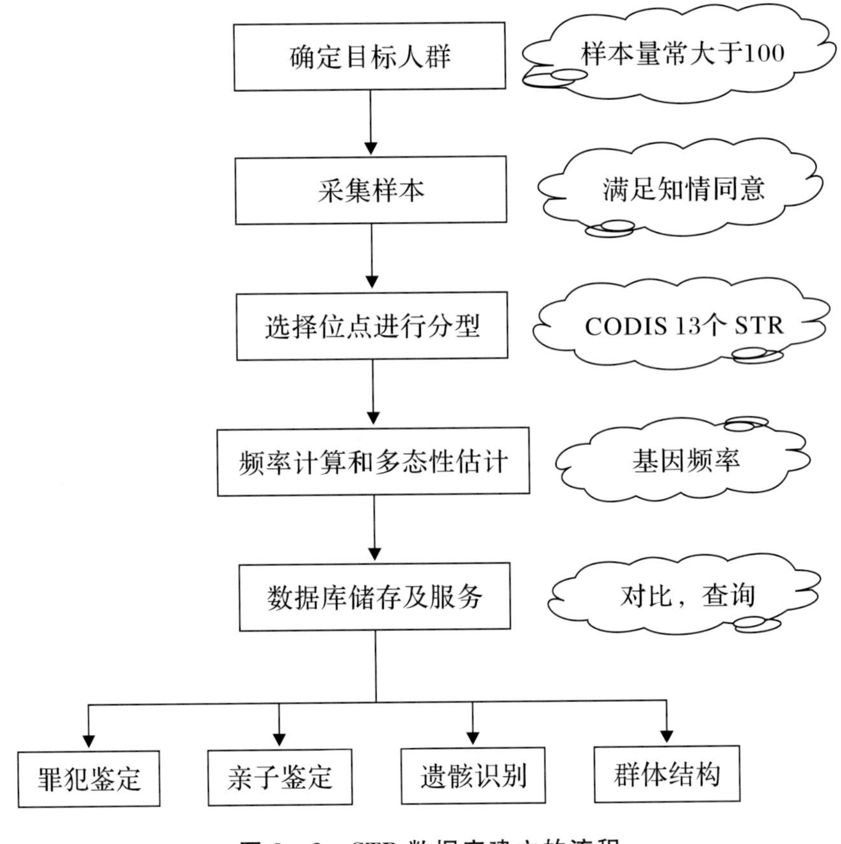

图 8-3　STR 数据库建立的流程

值得注意的是,目标人群的样本量需要仔细衡量。A. Perez-Lezaun 等曾对适用于遗传进化分析的样本量问题进行探讨,一般地,有效样本量为 100 以上时可以接受；但对于不同的民族群体，尚需要考虑其人口基数及流动形式。另外，对于所得到的基因型数据，需要进行哈迪-温伯格平衡检验，且最小等位基因频率值应不小于 5/(2N)(N 为样本量)[10]。同时，为了更有效地进行查询、比对等，从而更好地为罪犯鉴定、群体结构解析等服务，在网络数据库建设中必须符合相应的性能指标——系统功能方面要保证实现网络管理功能(包括故障管理、配置和性能管理)、系统恢复功能、网上浏览和安全保密等功能；技术性能方面应保证组网能力和信息传输能力强大、响应时间短、数据存储能力大、系统恢复时间短等。

与国际著名多态性数据库 ALFRED 相比，目前所建立的中国人群 STR 多态性数据库是针对中国特有的 56 个民族的 67 个群体的数据，而且提供的文档注释信息更丰富。所不足的是，数据存储量与 ALFRED 数据库还有较大的差距。

建立一个群体 STR 数据库的基本步骤，图 8-3 已做描述。实验室首先必须确定考察的样本数以及何种特殊的种族或民族与该实验室碰到的 DNA 档案的频率估测相关。群体数据库的建立，通常是通过收集本地医院或血站中的液态血作为生物样本。往往所选择的个体都是健康且无关的，因此才可以可信地代表目标人群。通常情况下，这些个体样本不具备将 DNA 分型结果与贡献者相联的标识物。

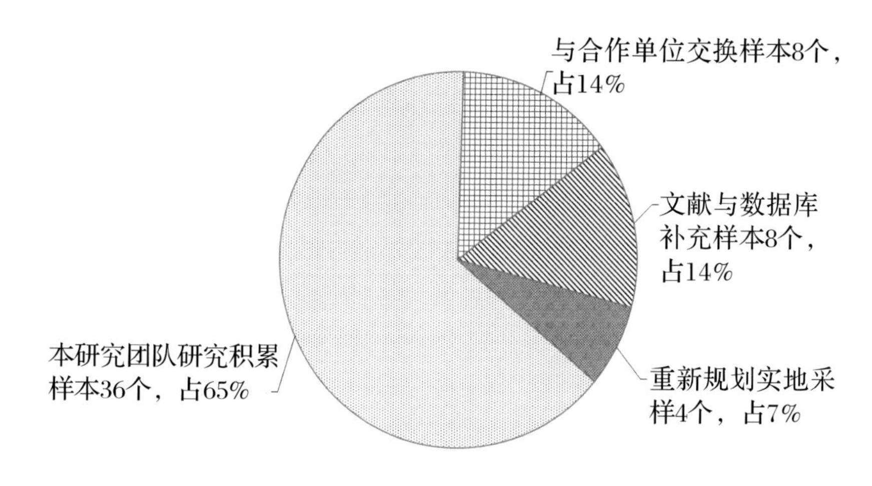

图 8-4　所搜集的 56 个民族(67 个群体)样本数据来源分布

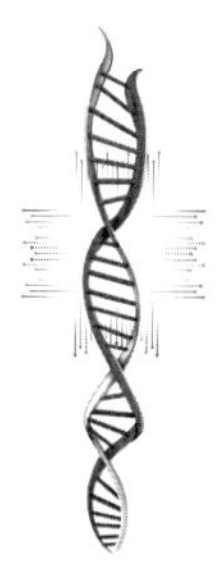

8.3.1　样本来源

中华民族STR数据库的建立，通过四种途径收集覆盖我国56个民族的样本资源，另有包括高山族分支在内的十余个隔离群数据（图8－4）。

（1）既往研究积累　我们从事中华民族基因组多态性研究多年，实地采集了大量的少数民族资源样本，积累了多达36个民族的遗传资源信息。

（2）与项目合作单位交换样本　我们先后作为牵头单位联合众多国内科研院所建设了"中华民族遗传资源共享平台"和"中华民族健康与疾病遗传资源共享平台"两个科技数据库。出于对样本资源质量的严格要求，从项目合作单位交换补充民族样本8个，包括布依族、侗族、俄罗斯族、鄂伦春族、哈尼族、赫哲族、基诺族和满族。

（3）检索文献与数据库补充　利用数据库以及他人发表文献，在确认样本资源可靠的基础上，补充民族样本8个，高山族、仡佬族、京族、毛南族、仫佬族、畲族、水族和布朗族。

（4）重新规划实地采样　最后，针对前三项工作未能覆盖以及样本初筛后不符合质量要求的少数民族样本，重新规划，遵循随机抽取原则，相互之间均无血缘关系，在知情同意的基础上实地采样予以补充，包括羌族、门巴族、塔吉克族和塔塔尔族。

样本要求其采样地为该民族群体的聚居地且样本量大于100（个别稀有民族群体存在采样困难时大于50），从而尽可能全面地覆盖该民族群体所携带的遗传变异信息，保证其代表性。

8.3.2　样本信息

本研究搜集整理了我国各民族的67个群体共计7500例健康无关个体的遗传资源数据，将信息纳入表8－3。

表8－3　各民族（67个群体）样本资源信息表

民族	英文名	民族聚居地	采样地	样本量（份）
阿昌族	Achang	云南省	云南省德宏州潞西市	100

续表 8－3

民族	英文名	民族聚居地	采样地	样本量（份）
白族	Bai	云南省、贵州省	云南省昆明市、曲靖市、保山市等地	98
保安族	Bonan	甘肃省、青海	甘肃省临夏州积石山县	120
布朗族	Blang	云南省	云南省临沧地区	97
布依族	Bouyei	贵州省	贵州省黔南布依族苗族自治州	50
朝鲜族	Korean	吉林省、黑龙江省、辽宁省	吉林省延吉市东丰县	91
达斡尔族	Daur	内蒙古自治区、黑龙江省、新疆维吾尔自治区	内蒙古自治区呼伦贝尔市莫力达瓦达斡尔族自治旗	101
傣族	Dai	云南省	云南省保山市	100
德昂族	De'ang	云南省	云南省保山市	83
东乡族	Dongxiang	甘肃省、新疆维吾尔自治区	甘肃省临夏州东乡县	80
侗族	Dong	贵州省、湖南省、广西壮族自治区	贵州省黔东南苗族侗族自治州	50
独龙族	Derungs	云南省	云南省贡山县	130
俄罗斯族	Russian	新疆维吾尔自治区、黑龙江省	新疆维吾尔自治区伊犁哈萨克自治州	50
鄂伦春族	Oroqen	内蒙古自治区、黑龙江省	内蒙古自治区呼伦贝尔市鄂伦春自治旗	101

续表 8-3

民族	英文名	民族聚居地	采样地	样本量（份）
鄂温克族	Ewenki	内蒙古自治区、黑龙江省	内蒙古自治区呼伦贝尔市鄂温克自治旗	99
布农族	Bunun	台湾中央山脉两侧，南投、高雄、花莲、台东等县	台湾南投县信义乡	101
排湾族	Paiwan	台湾南部，包括高雄县市、屏东县、台东县境内	台湾屏东县来义乡	99
赛夏族	Saisiat	北赛夏分布于鹅公髻山麓一带，包括新竹县五峰乡、大隘村上大隘、高峰、茅圃、竹东镇；南赛夏分布于鹅公髻山麓附近包括南庄乡东河、向天湖、蓬莱、八卦力、狮潭乡百寿村等地	台湾新竹县五峰乡	97
达悟族	Tao	台湾东南外海的兰屿	台湾台东兰屿乡兰屿	117
阿美族	Ami	分布于台湾花莲县、台东县和屏东县	台湾花莲县	115
鲁凯族	Rukai	分布于台湾台东县、屏东县、高雄县等县	台湾屏东县	65
泰雅族	Atayal	分布于台湾北部中央山脉两侧，东至花莲太鲁阁，西至东势，北到乌来，南迄南投县仁爱乡	台湾台北乌来乡	83
邹族	Tsou	分布于台湾南投县、嘉义县和高雄县	台湾南投县	92
巴宰族	Pazeh	台湾中部埔里盆地爱兰地区	台湾埔里爱兰地区	61

续表 8－3

民族	英文名	民族聚居地	采样地	样本量（份）
卑南族	Puyumar	分布在台湾中央山脉以东，卑南溪以南的海岸地区，以及花东纵谷南方的高山地区，主要居住于台东县	台湾台东县	80
客家人	Hakka	分布于台湾台中、高屏地区衆“六堆客家”、新竹、嘉义、台南、南投、苗栗、台北等县、市	台湾台中	100
台湾汉族	TaiwanHan	台湾各地	台湾台北	297
仡佬族	Gelao	贵州省、广西壮族自治区、云南省	贵州省遵义市务川仡佬族苗族自治县	316
哈尼族	Hani	云南省	云南省红河哈尼族彝族自治州	89
哈萨克族	Kazak	新疆维吾尔自治区、甘肃省	新疆维吾尔自治区乌苏市	100
汉族	Han	全国各地	陕西省西安市	100
赫哲族	Hezhen	黑龙江省	黑龙江省同江市	49
回族	Hui	宁夏回族自治区、甘肃省、河南省、新疆维吾尔自治区、青海省、云南省、河北省、山东省、安徽省、辽宁省、北京市、黑龙江省、天津市、吉林省、陕西省	宁夏回族自治区银川市	100
基诺族	Jino	云南省	云南省西双版纳傣族自治州景洪市基诺乡	47

续表 8-3

民族	英文名	民族聚居地	采样地	样本量（份）
京族	Gin	广西壮族自治区	广西壮族自治区东兴市江平镇	148
景颇族	Jingpo	云南省	云南省德宏州潞西市陇川县	100
柯尔克孜族	Kirgiz	新疆维吾尔自治区、黑龙江省	新疆维吾尔自治区柯孜勒苏阿合奇县	100
拉祜族	Lahu	云南省	云南省临沧地区	101
黎族	Li	海南省	海南省琼中县黎族苗族自治县	334
傈僳族	Lisu	云南省、四川省	云南省保山市潞江镇	102
珞巴族	Lhoba	西藏自治区	西藏自治区林芝地区米林县	93
满族	Manchu	辽宁省、吉林省、黑龙江省、河北省、北京市、内蒙古自治区	辽宁省鞍山市岫岩满族自治县	50
毛南族	Maonan	广西壮族自治区	广西壮族自治区环江毛南族自治县	108
门巴族	Monba	西藏自治区	西藏自治区门隅地区	102
蒙古族	Mongolian	内蒙古自治区、辽宁省、新疆维吾尔自治区、吉林省、黑龙江省、青海省、河北省、河南省、甘肃省、云南省	内蒙古自治区呼和浩特市	100
苗族	Miao	贵州省、云南省、湖南省、广西壮族自治区、四川省、广东省、湖北省	广西壮族自治区柳州市融水苗族自治县	208

续表 8－3

民族	英文名	民族聚居地	采样地	样本量（份）
仫佬族	Mulao	广西壮族自治区	广西壮族自治区罗城仫佬族自治县	183
纳西族	Naxi	云南省、四川省	云南省丽江市	100
怒族	Nu	云南省	云南省贡山县小茶腊村	84
普米族	Pumi	云南省	云南省怒江州兰坪县	104
羌族	Qiang	四川省	四川省阿坝藏族羌族自治州	100
撒拉族	Salar	青海省、甘肃省	青海省循化撒拉族自治县	98
畲族	She	福建省、浙江省、江西省、广东省、安徽省	福建省宁德市	100
水族	Sui	贵州省、广西壮族自治区	广西壮族自治区融水苗族自治县	182
塔吉克族	Tajik	新疆维吾尔自治区	新疆维吾尔自治区塔什库尔干塔吉克自治县	122
塔塔尔族	Tatar	新疆维吾尔自治区	新疆维吾尔自治区昌吉回族自治州奇台县	100
土家族	Tujia	湖南省、湖北省、四川省、重庆市	重庆市石柱土家族自治县	115
土族	Tu	青海省、甘肃省	青海省互助土族自治县	151
佤族	Va	云南省	云南省思茅市	100

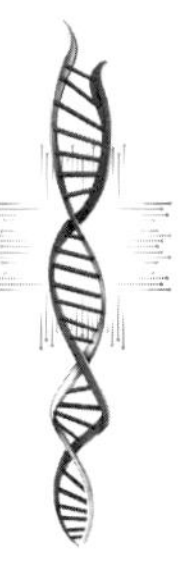

续表 8-3

民族	英文名	民族聚居地	采样地	样本量（份）
维吾尔族	Uygur	新疆维吾尔自治区、湖南省	新疆维吾尔自治区乌鲁木齐市	100
乌孜别克族	Uzbek	新疆维吾尔自治区	新疆维吾尔自治区伊宁市	100
锡伯族	Xibe	新疆维吾尔自治区、辽宁省、吉林省	新疆维吾尔自治区伊犁察布查尔锡伯自治县扎库奇乡	104
瑶族	Yao	广西壮族自治区、湖南省、云南省、广东省、贵州省、四川省	广东省清远市	222
彝族	Yi	四川省、云南省、贵州省、广西壮族自治区	云南省红河彝族自治县	120
裕固族	Yugur	甘肃省	甘肃省肃南裕固族自治县	120
藏族	Tibetan	西藏自治区、四川省、青海省、甘肃省、云南省	西藏自治区拉萨市	100
壮族	Zhuang	广西壮族自治区、云南省、广东省、贵州省	广西壮族自治区桂林市阳朔县	91

此外，除了表 8-3 中列出的 67 个群体外，我们还搜集到中国 31 个省的汉族 STR 群体数据（西藏汉族被排除，因其人口数不足自治区总人口数的 6%）。

8.4 位点选择及 STR 群体数据

常见的基因组多态性标记包括 RFLP、VNTR、STR、SNP、CNV 等。其中，短串联重复序列（STR）在人类基因组中广泛分布，重复次数一般从几次到数十次，具有多态信息量大、突变速率快、识别力强以及分型效率高等特征，被广泛地应用于遗传作图、连锁分析、群体进化以及法医识别。在近年来的研究中，发表了大量基于我国各民族群体基因频率的研究成果，揭示不同人群之间的频率分布具有很大差异性，数据资源丰富，可用于探索重现民族群体的遗传结构与进化历程。

8.4.1 STR 位点选择

不同单位研究所使用的 STR 位点略有差异(图 8－5)。

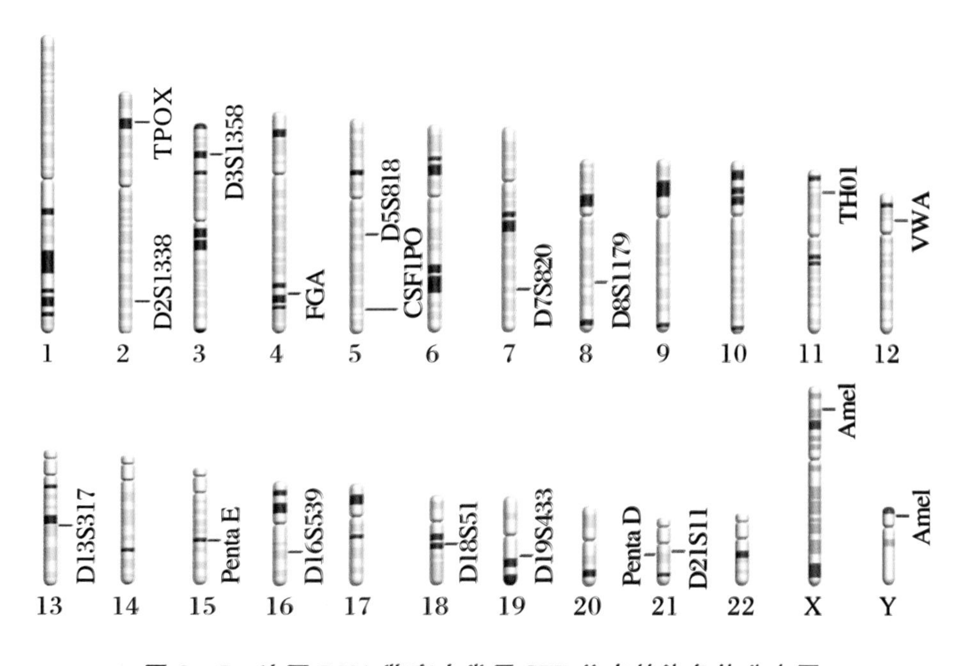

图 8－5 法医 DNA 鉴定中常用 STR 位点的染色体分布图

常用的 STR 试剂盒有下述三个。

(1)CODIS 系统　包含 13 个位点：TPOX，D3S1358，FGA，D5S818，CSF1PO，D7S820，D8S1179，TH01，VWA，D13S317，D16S539，D18S51 和 D21S11。

(2)PowerPlex 系统　包含 16 个位点：CODIS13 ＋ Penta E ＋ Penta D ＋ Amel。

(3)Identifiler 系统　包含 16 个位点：CODIS13 ＋ D2S1338 ＋ D19S433 ＋ Amel。

结合样本资源基础数据搜集的实际情况，在保证数据完整性的前提下，最终选

取民族数据齐全的 D3S1358、TH01、D5S818、D13S317、D7S820、CSF1PO、VWA、TPOX、FGA 这 9 个 CODIS 位点。中国 31 个省的汉族 STR 13 个 CODIS(TPOX、D3S1358、FGA、D5S818、CSF1PO、D7S820、D8S1179、TH01、VWA、D13S317、D16S539、D18S51 和 D21S11)的群体数据基本信息见表 8－4(西藏汉族被排除，因其人口数不足自治区总人口数的 6%)。

表 8－4　国际通用的 CODIS 系统 13 个 STR 遗传标记位点信息

位点	别名	UniSTS	染色体定位	基因位置	核心序列	已知基因片段	突变率
CSF1PO	CSF	156169	5q33.1	the human c-fms proto-oncogene for CSF-1 receptor gene, the 6th intron	[AGAT]	5～16	0.16%
FGA	FIBRA	240635	4q28	the human alpha fibrinogen gene, the 3rd intron	[CTTT]	12.2～51.2	0.28%
TH01	HUMTH01, TC11	240639	11p15.5	the human tyrosine hydroxylase gene, the 1st intron	[AATG]	3～14	0.01%
TPOX	hTPO, TPO	240638	2p25.3	the human thyroid peroxidase gene, the 10th intron	[AATG]	4～16	0.01%
D3S1358	—	148226	3p21.31	—	[AGAT]	8～20	0.12%
D5S818	—	54700	5q23.2	—	[AGAT]	6～18	0.11%

续表 8-4

位点	别名	UniSTS	染色体定位	基因位置	核心序列	已知基因片段	突变率
D7S820	—	74895	7q21.11	—	[GATA]	5～16	0.10%
VWA	VWF, VWA31A	240640	12p13.31	von Willebrand Factor, the 40th intron	[TCTA]	10～25	0.17%
D13S317	—	7734	13q31.1	—	[TATC]	5～17	0.14%
D18S51	D18S379, UT574	44409	18q21.33	—	[GAAA]	7～40	0.22%
D21S11	—	240642	21q21.1		[TCTA], [TCTG]	12～41.2	0.19%
D16S539	—	45590	16q24.1	—	[GATA]	4～16	0.11%
D8S1179	D6S502	83408	8q24.13	—	[TATC]	7～20	0.14%

8.4.2 标准 STR 群体数据

基因型数据收集完之后，将通过每个等位基因的观测数进行直接计数，将其转换成等位基因频率。等位基因频率信息有利于更加紧密的数据储存并且允许独立检验，如对哈迪-温伯格平衡进行的确切法检验。通常与某特定种族或民族群体相关的样本基因型及等位基因频率可用于群体内及群体间的相互比较。

表 8-5～表 8-71 依次列出了中国 56 个民族 67 个群体的 9 个 STR 位点的基础频率数据信息，表 8-72～表 8-102 列出了中国 31 个省、自治区、直辖市的汉族 13 个 STR 频率数据信息(西藏汉族被排除，因其人口数不足自治区总人口数的 6%)。

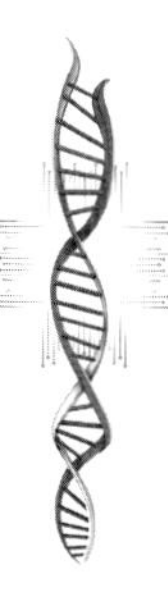

表 8－5 阿昌族(Achang)9 个 STR 频率(云南省德宏州潞西市)

Allele	D3S1358	TH01	TPOX	VWA	FGA	CSF1PO	D5S818	D7S820	D13S317
3							0.0000		
4		0.0000							
5		0.0000	0.0000						0.0000
6		0.0217	0.0000			0.0000	0.0000	0.0000	0.0000
7		0.1304	0.0000			0.0217	0.0000	0.0000	0.0000
8	0.0000	0.0217	0.5000			0.0000	0.0000	0.2083	0.2500
9		0.6957	0.2174			0.0435	0.1042	0.0417	0.2083
9.3		0.0435							
10	0.0000	0.0870	0.0217	0.0000		0.2174	0.1042	0.1250	0.1042
11	0.0000	0.0000	0.2609	0.0000		0.3043	0.2917	0.2500	0.2917
12	0.0000	0.0000	0.0000	0.0000		0.3478	0.3125	0.3542	0.1042
13	0.0000		0.0000	0.0000		0.0435	0.1667	0.0208	0.0417
14	0.0833			0.3478		0.0217	0.0208	0.0000	0.0000
15	0.2917			0.0217		0.0000	0.0000		
15.2	0.0000								
16	0.3125			0.1087	0.0000	0.0000	0.0000		
16.2					0.0000				
17	0.1042			0.1957	0.0000				
17.2					0.0000				
18	0.2083			0.2609	0.0000				
18.2					0.0000				
19	0.0000			0.0435	0.1304				
19.2					0.0000				
20				0.0217	0.0652				
20.2					0.0000				

续表 8-5

Allele	D3S1358	TH01	TPOX	VWA	FGA	CSF1PO	D5S818	D7S820	D13S317
21				0.0000	0.0435				
21.2					0.0000				
22				0.0000	0.2391				
22.2					0.0217				
23				0.0000	0.3261				
23.2					0.0000				
24					0.0870				
24.2					0.0000				
25					0.0000				
25.2					0.0000				
26					0.0435				
26.2					0.0000				
27					0.0435				
28					0.0000				
29					0.0000				
32					0.0000				

表 8-6　白族(Bai)9 个 STR 频率(云南省昆明市、曲靖市、保山市等地)

Allele	D3S1358	TH01	TPOX	VWA	FGA	CSF1PO	D5S818	D7S820	D13S317
3							0.0000		
4		0.0058							
5		0.0000	0.0000						0.0000
6		0.0988	0.0058			0.0059	0.0000	0.0059	0.0000
7		0.2500	0.0058			0.0118	0.0237	0.0059	0.0118
8	0.0000	0.1105	0.5799			0.0059	0.0355	0.1006	0.2267
9		0.4128	0.1423			0.0473	0.0414	0.1183	0.2326

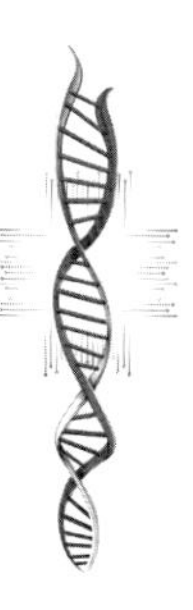

续表 8 - 6

Allele	D3S1358	TH01	TPOX	VWA	FGA	CSF1PO	D5S818	D7S820	D13S317
9.3		0.0640							
10	0.0000	0.0523	0.0296	0.0116		0.2308	0.1657	0.2189	0.1279
11	0.0000	0.0000	0.2308	0.0058		0.3136	0.3728	0.3846	0.2614
12	0.0116	0.0000	0.0058	0.0000		0.3492	0.1834	0.1006	0.1105
13	0.0000		0.0000	0.0058		0.0296	0.1657	0.0652	0.0291
14	0.0349			0.2037		0.0059	0.0000	0.0000	0.0000
15	0.4126			0.0349		0.0000	0.0118		
15.2	0.0000								
16	0.2674			0.2322	0.0000	0.0000	0.0000		
16.2					0.0000				
17	0.2037			0.2095	0.0058				
17.2					0.0000				
18	0.0640			0.1628	0.0233				
18.2					0.0000				
19	0.0058			0.1337	0.0872				
19.2					0.0000				
20				0.0000	0.0465				
20.2					0.0000				
21				0.0000	0.1628				
21.2					0.0349				
22				0.0000	0.1053				
22.2					0.0000				
23				0.0000	0.1570				
23.2					0.0000				
24					0.1744				
24.2					0.0118				

续表 8－6

Allele	D3S1358	TH01	TPOX	VWA	FGA	CSF1PO	D5S818	D7S820	D13S317
25					0.0988				
25.2					0.0465				
26					0.0457				
26.2					0.0000				
27					0.0000				
28					0.0000				
29					0.0000				
32					0.0000				

表 8－7　保安族(Bonan)9 个 STR 频率(甘肃省临夏州积石山县)

Allele	D3S1358	TH01	TPOX	VWA	FGA	CSF1PO	D5S818	D7S820	D13S317
3							0.0000		
4		0.0000							
5		0.0000	0.0000						0.0000
6		0.0914	0.0000			0.0000	0.0000	0.0000	0.0000
7		0.3118	0.0054			0.0000	0.0108	0.0000	0.0000
8	0.0000	0.0591	0.4892			0.0000	0.0054	0.1559	0.3118
9		0.4516	0.1452			0.0430	0.0753	0.0914	0.1183
9.3		0.0806							
10	0.0000	0.0054	0.0269	0.0000		0.2419	0.2527	0.1452	0.1613
11	0.0000	0.0000	0.2796	0.0000		0.2366	0.3871	0.2796	0.2043
12	0.0000	0.0000	0.0538	0.0000		0.3978	0.1505	0.2419	0.1720
13	0.0054		0.0000	0.0000		0.0645	0.0914	0.0860	0.0215
14	0.0484			0.1774		0.0161	0.0269	0.0000	0.0108
15	0.3602			0.0699		0.0000	0.0000		
15.2	0.0000								

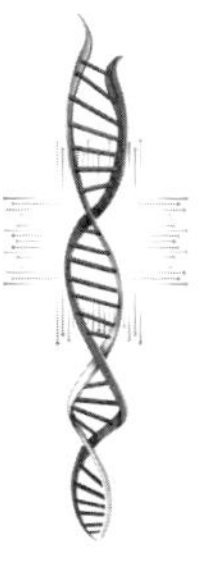

续表 8－7

Allele	D3S1358	TH01	TPOX	VWA	FGA	CSF1PO	D5S818	D7S820	D13S317
16	0.2473			0.2097	0.0000	0.0000	0.0000		
16.2					0.0000				
17	0.2688			0.2366	0.0000				
17.2					0.0000				
18	0.0699			0.2258	0.0215				
18.2					0.0000				
19	0.0000			0.0591	0.0699				
19.2					0.0000				
20				0.0215	0.0430				
20.2					0.0000				
21				0.0000	0.0860				
21.2					0.0054				
22				0.0000	0.1720				
22.2					0.0108				
23				0.0000	0.2043				
23.2					0.0161				
24					0.2581				
24.2					0.0054				
25					0.0645				
25.2					0.0000				
26					0.0269				
26.2					0.0000				
27					0.0161				
28					0.0000				
29					0.0000				
32					0.0000				

表 8－8　布朗族(Blang)9 个 STR 频率(云南省临沧地区)

Allele	D3S1358	TH01	TPOX	VWA	FGA	CSF1PO	D5S818	D7S820	D13S317
3							0.0000		
4		0.0000							
5		0.0000	0.0000						0.0000
6		0.0670	0.0000			0.0000	0.0000	0.0000	0.0000
7		0.2620	0.0000			0.0000	0.0361	0.0000	0.0000
8	0.0000	0.0515	0.5567			0.0000	0.0000	0.1031	0.3660
9		0.3660	0.1082			0.1082	0.0361	0.0464	0.0567
9.3		0.2423							
10	0.0000	0.0103	0.0155	0.0000		0.1907	0.2990	0.1804	0.1340
11	0.0000	0.0000	0.3169	0.0000		0.2990	0.3144	0.2938	0.3918
12	0.0000	0.0000	0.0000	0.0000		0.3093	0.1134	0.3093	0.0258
13	0.0000		0.0000	0.0000		0.0928	0.2010	0.0670	0.0206
14	0.0670			0.3711		0.0000	0.0000	0.0000	0.0052
15	0.4124			0.0000		0.0000	0.0000		
15.2	0.0000								
16	0.3247			0.1237	0.0000	0.0000	0.0000		
16.2					0.0000				
17	0.1392			0.2680	0.0000				
17.2					0.0000				
18	0.0567			0.1289	0.0464				
18.2					0.0000				
19	0.0000			0.0825	0.1237				
19.2					0.0000				
20				0.0258	0.0206				
20.2					0.0000				
21				0.0000	0.1031				
21.2					0.0052				

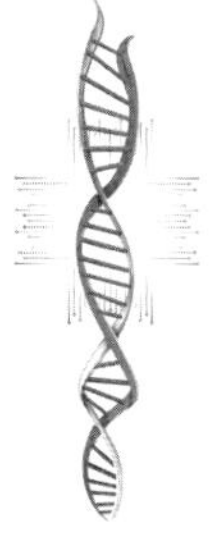

续表 8-8

Allele	D3S1358	TH01	TPOX	VWA	FGA	CSF1PO	D5S818	D7S820	D13S317
22				0.0000	0.1701				
22.2					0.0000				
23				0.0000	0.1959				
23.2					0.0309				
24					0.1134				
24.2					0.0052				
25					0.1289				
25.2					0.0000				
26					0.0567				
26.2					0.0000				
27					0.0000				
28					0.0000				
29					0.0000				
32					0.0000				

表 8-9　布依族(Bouyei)9 个 STR 频率(贵州省黔南布依族苗族自治州)

Allele	D3S1358	TH01	TPOX	VWA	FGA	CSF1PO	D5S818	D7S820	D13S317
3							0.0000		
4		0.0000							
5		0.0000	0.0000						0.0000
6		0.1300	0.0000			0.0000	0.0000	0.0000	0.0000
7		0.3300	0.0000			0.0200	0.0800	0.0000	0.0200
8	0.0000	0.0500	0.4500			0.0000	0.0000	0.2200	0.3500
9		0.4100	0.0800			0.0000	0.0200	0.0200	0.1200
9.3		0.0200							
10	0.0000	0.0600	0.0400	0.0000		0.2200	0.2400	0.1300	0.1300

续表 8－9

Allele	D3S1358	TH01	TPOX	VWA	FGA	CSF1PO	D5S818	D7S820	D13S317
11	0.0000	0.0000	0.3800	0.0000		0.2100	0.2600	0.4200	0.1800
12	0.0000	0.0000	0.0500	0.0000		0.4100	0.2600	0.1800	0.1400
13	0.0000		0.0000	0.0000		0.1100	0.1400	0.0300	0.0500
14	0.0100			0.2800		0.0300	0.0000	0.0000	0.0100
15	0.3300			0.0500		0.0000	0.0000		
15.2	0.0000								
16	0.3300			0.1300	0.0000	0.0000	0.0000		
16.2					0.0000				
17	0.3000			0.1800	0.0000				
17.2					0.0000				
18	0.0300			0.1700	0.0200				
18.2					0.0000				
19	0.0000			0.1400	0.0200				
19.2					0.0000				
20				0.0500	0.0700				
20.2					0.0000				
21				0.0000	0.1200				
21.2					0.0000				
22				0.0000	0.1700				
22.2					0.0000				
23				0.0000	0.1700				
23.2					0.0000				
24					0.1700				
24.2					0.0300				
25					0.0900				
25.2					0.0100				

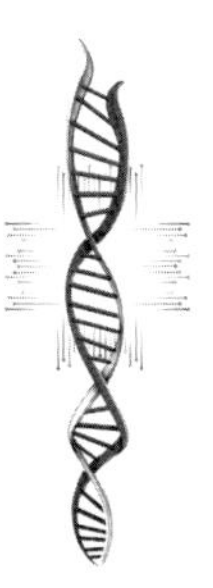

续表 8－9

Allele	D3S1358	TH01	TPOX	VWA	FGA	CSF1PO	D5S818	D7S820	D13S317
26					0.1200				
26.2					0.0000				
27					0.0100				
28					0.0000				
29					0.0000				
32					0.0000				

表 8－10　朝鲜族(Korean)9 个 STR 频率(吉林省延吉市东丰县)

Allele	D3S1358	TH01	TPOX	VWA	FGA	CSF1PO	D5S818	D7S820	D13S317
3							0.0000		
4		0.0000							
5		0.0110	0.0000						0.0000
6		0.1429	0.0000			0.0000	0.0000	0.0055	0.0000
7		0.2747	0.0879			0.0000	0.0055	0.0330	0.0000
8	0.0000	0.1319	0.4615			0.0055	0.0055	0.1319	0.2527
9	0.0000	0.3462	0.0769			0.0824	0.0824	0.1099	0.1264
9.3		0.0495							
10	0.0000	0.0440	0.0989	0.0000		0.2253	0.1813	0.2363	0.1978
11	0.0000	0.0000	0.2473	0.0055		0.2692	0.3681	0.2527	0.2253
12	0.0055	0.0000	0.0275	0.0000		0.3736	0.2033	0.2033	0.1319
13	0.0714		0.0000	0.0165		0.0440	0.1374	0.0220	0.0385
14	0.4231			0.2143		0.0000	0.0110	0.0055	0.0275
15	0.0055			0.0385		0.0000	0.0055		
15.2									
16	0.3242			0.2527	0.0000	0.0000	0.0000		
16.2					0.0000				

续表 8-10

Allele	D3S1358	TH01	TPOX	VWA	FGA	CSF1PO	D5S818	D7S820	D13S317
17	0.1319			0.2308	0.0055				
17.2					0.0055				
18	0.0385			0.1538	0.0275				
18.2					0.0110				
19	0.0000			0.0769	0.0440				
19.2					0.0110				
20				0.0055	0.0769				
20.2					0.0110				
21				0.0055	0.0714				
21.2					0.0440				
22				0.0000	0.1648				
22.2					0.0110				
23				0.0000	0.2308				
23.2					0.0165				
24					0.1209				
24.2					0.0110				
25					0.0659				
25.2					0.0000				
26					0.0549				
26.2					0.0110				
27					0.0055				
28					0.0000				
29					0.0000				
32					0.0000				

表 8－11　达斡尔族(Daur)9 个 STR 频率(内蒙古自治区呼伦贝尔市莫力达瓦达斡尔族自治旗)

Allele	D3S1358	TH01	TPOX	VWA	FGA	CSF1PO	D5S818	D7S820	D13S317
3							0.0000		
4		0.0000							
5		0.0000	0.0000						0.0000
6		0.0693	0.0000			0.0000	0.0000	0.0000	0.0000
7		0.2970	0.0000			0.0000	0.0446	0.0000	0.0050
8	0.0000	0.0842	0.5099			0.0000	0.0000	0.1832	0.2376
9		0.4653	0.1040			0.0248	0.1238	0.0297	0.1139
9.3		0.0743							
10	0.0000	0.0099	0.0198	0.0000		0.1931	0.1287	0.2376	0.1683
11	0.0000	0.0000	0.3267	0.0000		0.3317	0.3218	0.3465	0.2327
12	0.0000	0.0000	0.0149	0.0000		0.3564	0.2772	0.1881	0.2079
13	0.0000		0.0248	0.0099		0.0842	0.0941	0.0149	0.0149
14	0.0396			0.2327		0.0099	0.0050	0.0000	0.0198
15	0.3713			0.0297		0.0000	0.0050		
15.2	0.0000								
16	0.3416			0.1832	0.0000	0.0000	0.0000		
16.2					0.0000				
17	0.1643			0.2475	0.0000				
17.2					0.0000				
18	0.0792			0.2079	0.0000				
18.2					0.0000				
19	0.0050			0.0693	0.0099				
19.2					0.0000				
20				0.0198	0.0198				
20.2					0.0000				
21				0.0000	0.1188				

续表 8-11

Allele	D3S1358	TH01	TPOX	VWA	FGA	CSF1PO	D5S818	D7S820	D13S317
21.2					0.0000				
22				0.0000	0.1881				
22.2					0.0000				
23				0.0000	0.1832				
23.2					0.0000				
24					0.2871				
24.2					0.0050				
25					0.1139				
25.2					0.0000				
26					0.0446				
26.2					0.0000				
27					0.0297				
28					0.0000				
29					0.0000				
32					0.0000				

表 8-12　傣族(Dai)9 个 STR 频率(云南省保山市)

Allele	D3S1358	TH01	TPOX	VWA	FGA	CSF1PO	D5S818	D7S820	D13S317
3							0.0000		
4		0.0000							
5		0.0000	0.0000						0.0000
6		0.0922	0.0000			0.0000	0.0000	0.0000	0.0000
7		0.3786	0.0000			0.0194	0.0194	0.0000	0.0000
8	0.0000	0.0291	0.6068			0.0097	0.0000	0.1990	0.2718
9		0.3981	0.1068			0.0291	0.0485	0.0825	0.0922

续表 8－12

Allele	D3S1358	TH01	TPOX	VWA	FGA	CSF1PO	D5S818	D7S820	D13S317
9.3		0.0632							
10	0.0000	0.0388	0.0291	0.0000		0.1602	0.2767	0.1117	0.1845
11	0.0000	0.0000	0.2330	0.0145		0.3058	0.2718	0.3883	0.1651
12	0.0000	0.0000	0.0097	0.0145		0.3884	0.2913	0.1602	0.2573
13	0.0000		0.0146	0.0000		0.0825	0.0874	0.0340	0.0291
14	0.0340			0.2657		0.0049	0.0049	0.0243	0.0000
15	0.3058			0.0386		0.0000	0.0000		
15.2	0.0000								
16	0.3204			0.1353	0.0000	0.0000	0.0000		
16.2					0.0000				
17	0.2427			0.1691	0.0049				
17.2					0.0000				
18	0.0680			0.2125	0.0173				
18.2					0.0000				
19	0.0291			0.1208	0.0649				
19.2					0.0000				
20				0.0291	0.0519				
20.2					0.0000				
21				0.0000	0.0996				
21.2					0.0049				
22				0.0000	0.1342				
22.2					0.0087				
23				0.0000	0.2078				
23.2					0.0049				
24					0.0996				
24.2					0.0130				

续表 8－12

Allele	D3S1358	TH01	TPOX	VWA	FGA	CSF1PO	D5S818	D7S820	D13S317
25					0.0996				
25.2					0.0260				
26					0.0173				
26.2					0.0000				
27					0.1472				
28					0.0000				
29					0.0000				
32					0.0000				

表 8－13　德昂族(De'ang)9 个 STR 频率(云南省保山市)

Allele	D3S1358	TH01	TPOX	VWA	FGA	CSF1PO	D5S818	D7S820	D13S317
3							0.0000		
4		0.0000							
5		0.0000	0.0000						0.0000
6		0.0120	0.0000			0.0000	0.0000	0.0000	0.0000
7		0.2229	0.0301			0.0000	0.0060	0.0000	0.0181
8	0.0000	0.0542	0.6265			0.0000	0.0000	0.1747	0.1084
9		0.5422	0.0361			0.1386	0.0181	0.0663	0.1747
9.3		0.1145							
10	0.0000	0.0542	0.0542	0.0000		0.2952	0.2771	0.1807	0.2048
11	0.0000	0.0000	0.2530	0.0000		0.2711	0.4096	0.2470	0.4036
12	0.0000	0.0000	0.0000	0.0000		0.2651	0.0783	0.2349	0.0904
13	0.0060		0.0000	0.0060		0.0301	0.2108	0.0964	0.0000
14	0.0423			0.1807		0.0000	0.0000	0.0000	0.0000
15	0.4036			0.0120		0.0000	0.0000		
15.2	0.0000								
16	0.3434			0.2108	0.0000	0.0000	0.0000		

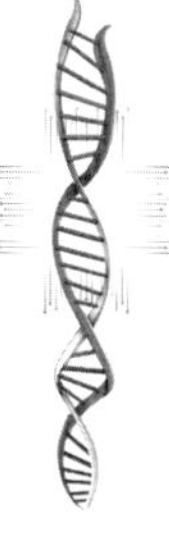

续表 8 - 13

Allele	D3S1358	TH01	TPOX	VWA	FGA	CSF1PO	D5S818	D7S820	D13S317
16.2					0.0000				
17	0.1506			0.2349	0.0000				
17.2					0.0000				
18	0.0541			0.2048	0.0000				
18.2					0.0000				
19	0.0000			0.1265	0.0904				
19.2					0.0000				
20				0.0240	0.1687				
20.2					0.0000				
21				0.0000	0.0181				
21.2					0.0120				
22				0.0000	0.0361				
22.2					0.1145				
23				0.0000	0.0602				
23.2					0.0060				
24					0.3313				
24.2					0.0000				
25					0.1325				
25.2					0.0000				
26					0.0181				
26.2					0.0000				
27					0.0000				
28					0.0120				
29					0.0000				
32					0.0000				

表 8-14　东乡族(Dongxiang)9 个 STR 频率(甘肃省临夏州东乡县)

Allele	D3S1358	TH01	TPOX	VWA	FGA	CSF1PO	D5S818	D7S820	D13S317
3							0.0000		
4		0.0000							
5		0.0000	0.0000						0.0000
6		0.0750	0.0000			0.0000	0.0000	0.0000	0.0000
7		0.3000	0.0000			0.0127	0.0125	0.0065	0.0000
8	0.0000	0.0875	0.4750			0.0000	0.0000	0.1558	0.2875
9		0.4563	0.1625			0.0506	0.0750	0.0714	0.1188
9.3		0.0563							
10	0.0000	0.0188	0.0063	0.0000		0.2658	0.1938	0.1753	0.1438
11	0.0000	0.0063	0.3250	0.0000		0.2532	0.3313	0.3052	0.2438
12	0.0000	0.0000	0.0250	0.0000		0.3291	0.2500	0.2532	0.1563
13	0.0000		0.0063	0.0063		0.0823	0.1188	0.0260	0.0375
14	0.0443			0.2000		0.0063	0.0063	0.0065	0.0125
15	0.3671			0.0313		0.0000	0.0125		
15.2	0.0000								
16	0.3038			0.1875	0.0000	0.0000	0.0000		
16.2					0.0000				
17	0.1772			0.2750	0.0000				
17.2					0.0000				
18	0.1013			0.1938	0.0253				
18.2					0.0000				
19	0.0063			0.0938	0.0380				
19.2					0.0000				
20				0.0125	0.0506				
20.2					0.0000				
21				0.0000	0.1266				

续表 8－14

Allele	D3S1358	TH01	TPOX	VWA	FGA	CSF1PO	D5S818	D7S820	D13S317
21.2					0.0063				
22				0.0000	0.2025				
22.2					0.0127				
23				0.0000	0.1772				
23.2					0.0253				
24					0.1962				
24.2					0.0000				
25					0.0759				
25.2					0.0000				
26					0.0570				
26.2					0.0000				
27					0.0063				
28					0.0000				
29					0.0000				
32					0.0000				

表 8－15　侗族(Dong)9 个 STR 频率(贵州省黔东南苗族侗族自治州)

Allele	D3S1358	TH01	TPOX	VWA	FGA	CSF1PO	D5S818	D7S820	D13S317
3							0.0000		
4		0.0000							
5		0.0000	0.0000						0.0000
6		0.1900	0.0000			0.0000	0.0100	0.0000	0.0000
7		0.2800	0.0000			0.0200	0.0000	0.0000	0.0000
8	0.0000	0.0300	0.5500			0.0000	0.0100	0.2200	0.3200
9		0.4700	0.0300			0.0200	0.0400	0.0500	0.1200

续表 8－15

Allele	D3S1358	TH01	TPOX	VWA	FGA	CSF1PO	D5S818	D7S820	D13S317
9.3		0.0200							
10	0.0000	0.0100	0.0300	0.0000		0.1900	0.2400	0.0600	0.1200
11	0.0000	0.0000	0.3500	0.0000		0.3000	0.3300	0.3700	0.2500
12	0.0100	0.0000	0.0400	0.0000		0.3900	0.2300	0.2200	0.1400
13	0.0000		0.0000	0.0000		0.0800	0.1400	0.0600	0.0500
14	0.1300			0.4700		0.0000	0.0000	0.0200	0.0000
15	0.3600			0.0200		0.0000	0.0000		
15.2	0.0000								
16	0.2000			0.1400	0.0000	0.0000	0.0000		
16.2					0.0000				
17	0.2800			0.1000	0.0000				
17.2					0.0000				
18	0.0200			0.1600	0.0100				
18.2					0.0000				
19	0.0000			0.1100	0.0700				
19.2					0.0000				
20				0.0000	0.0300				
20.2					0.0000				
21				0.0000	0.1300				
21.2					0.0000				
22				0.0000	0.1700				
22.2					0.0100				
23				0.0000	0.1500				
23.2					0.0100				
24					0.1600				
24.2					0.0000				

续表 8－15

Allele	D3S1358	TH01	TPOX	VWA	FGA	CSF1PO	D5S818	D7S820	D13S317
25					0.1300				
25.2					0.0000				
26					0.1100				
26.2					0.0000				
27					0.0200				
28					0.0000				
29					0.0000				
32					0.0000				

表 8－16　独龙族(Derungs)9 个 STR 频率(云南省贡山县)

Allele	D3S1358	TH01	TPOX	VWA	FGA	CSF1PO	D5S818	D7S820	D13S317
3							0.0000		
4		0.0000							
5		0.0000	0.0000						0.0000
6		0.1538	0.0231			0.0077	0.0000	0.0000	0.0000
7		0.1692	0.0308			0.0000	0.0077	0.0000	0.0077
8	0.0000	0.0077	0.7000			0.0077	0.0000	0.0692	0.1077
9		0.6154	0.0462			0.0000	0.1000	0.0154	0.1077
9.3		0.0462							
10	0.0000	0.0000	0.0308	0.0308		0.2923	0.1615	0.4615	0.0615
11	0.0000	0.0077	0.1462	0.0000		0.3538	0.3615	0.0846	0.5462
12	0.0000	0.0000	0.0154	0.0231		0.2923	0.3462	0.3385	0.1462
13	0.0077		0.0077	0.0000		0.0231	0.0154	0.0308	0.0231
14	0.0231			0.2308		0.0231	0.0000	0.0000	0.0000
15	0.1923			0.0000		0.0000	0.0077		
15.2	0.0077								

续表 8－16

Allele	D3S1358	TH01	TPOX	VWA	FGA	CSF1PO	D5S818	D7S820	D13S317
16	0.4077			0.3692	0.0077	0.0000	0.0000		
16.2					0.0000				
17	0.2923			0.2077	0.0077				
17.2					0.0000				
18	0.0308			0.1154	0.0385				
18.2					0.0077				
19	0.0385			0.0154	0.0154				
19.2					0.0846				
20				0.0000	0.0692				
20.2					0.0000				
21				0.0000	0.0077				
21.2					0.2000				
22				0.0077	0.0077				
22.2					0.1462				
23				0.0000	0.0077				
23.2					0.2308				
24					0.0077				
24.2					0.0000				
25					0.1154				
25.2					0.0077				
26					0.0231				
26.2					0.0000				
27					0.0077				
28					0.0077				
29					0.0000				
32					0.0000				

表 8－17　俄罗斯族(Russian)9 个 STR 频率(新疆维吾尔自治区伊犁哈萨克自治州)

Allele	D3S1358	TH01	TPOX	VWA	FGA	CSF1PO	D5S818	D7S820	D13S317
3							0.0000		
4		0.0000							
5		0.0000	0.0000						0.0000
6		0.1389	0.0000			0.0000	0.0000	0.0000	0.0000
7		0.1667	0.0000			0.0000	0.0000	0.0278	0.0000
8	0.0000	0.0556	0.4861			0.0000	0.0000	0.2222	0.1806
9		0.3750	0.1389			0.0417	0.0556	0.0278	0.1389
9.3		0.2639							
10	0.0000	0.0000	0.0417	0.0000		0.2500	0.0556	0.2917	0.1111
11	0.0000	0.0000	0.2361	0.0000		0.1944	0.5000	0.2222	0.2361
12	0.0000	0.0000	0.0972	0.0000		0.4028	0.2500	0.1667	0.2500
13	0.0000		0.0000	0.0000		0.1111	0.1389	0.0417	0.0833
14	0.0833			0.2222		0.0000	0.0000	0.0000	0.0000
15	0.3889			0.0833		0.0000	0.0000		
15.2	0.0000								
16	0.3333			0.1806	0.0000	0.0000	0.0000		
16.2					0.0000				
17	0.1389			0.1806	0.0000				
17.2					0.0000				
18	0.0556			0.2222	0.0278				
18.2					0.0000				
19	0.0000			0.0972	0.0556				
19.2					0.0000				
20				0.0139	0.0833				
20.2					0.0000				

续表 8-17

Allele	D3S1358	TH01	TPOX	VWA	FGA	CSF1PO	D5S818	D7S820	D13S317
21				0.0000	0.1528				
21.2					0.0139				
22				0.0000	0.0972				
22.2					0.0000				
23				0.0000	0.1944				
23.2					0.0278				
24					0.2222				
24.2					0.0000				
25					0.0694				
25.2					0.0000				
26					0.0556				
26.2					0.0000				
27					0.0000				
28					0.0000				
29					0.0000				
32					0.0000				

表 8-18　鄂伦春族(Oroqen)9 个 STR 频率(内蒙古自治区呼伦贝尔市鄂伦春自治旗)

Allele	D3S1358	TH01	TPOX	VWA	FGA	CSF1PO	D5S818	D7S820	D13S317
3							0.0000		
4		0.0000							
5		0.0000	0.0000						0.0000
6		0.0792	0.0000			0.0000	0.0000	0.0000	0.0000
7		0.4109	0.0000			0.0000	0.0198	0.0000	0.0000
8	0.0000	0.0990	0.5149			0.0000	0.0000	0.1832	0.3465

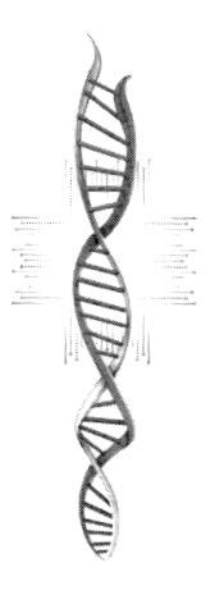

续表 8－18

Allele	D3S1358	TH01	TPOX	VWA	FGA	CSF1PO	D5S818	D7S820	D13S317
9		0.2772	0.0495			0.0050	0.0248	0.0347	0.1881
9.3		0.1337							
10	0.0000	0.0000	0.0099	0.0000		0.2426	0.1386	0.1634	0.0792
11	0.0000	0.0000	0.3861	0.0000		0.2871	0.4851	0.3911	0.2030
12	0.0000	0.0000	0.0396	0.0000		0.3515	0.1832	0.2178	0.1188
13	0.0000		0.0000	0.0000		0.0990	0.1485	0.0099	0.0396
14	0.0198			0.1931		0.0099	0.0000	0.0048	0.0248
15	0.5347			0.0347		0.0050	0.0000		
15.2	0.0000								
16	0.2129			0.0990	0.0000	0.0000	0.0000		
16.2					0.0000				
17	0.1584			0.3911	0.0000				
17.2					0.0000				
18	0.0743			0.1386	0.0099				
18.2					0.0000				
19	0.0000			0.1287	0.0149				
19.2					0.0000				
20				0.0149	0.0545				
20.2					0.0000				
21				0.0000	0.0842				
21.2					0.0000				
22				0.0000	0.1980				
22.2					0.0000				
23				0.0000	0.1980				
23.2					0.0198				
24					0.2525				

续表 8－18

Allele	D3S1358	TH01	TPOX	VWA	FGA	CSF1PO	D5S818	D7S820	D13S317
24.2					0.0000				
25					0.1188				
25.2					0.0000				
26					0.0495				
26.2					0.0000				
27					0.0000				
28					0.0000				
29					0.0000				
32					0.0000				

表 8－19　鄂温克族(Ewenki)9 个 STR 频率(内蒙古自治区呼伦贝尔市鄂温克自治旗)

Allele	D3S1358	TH01	TPOX	VWA	FGA	CSF1PO	D5S818	D7S820	D13S317
3							0.0000		
4		0.0000							
5		0.0000	0.0000						0.0000
6		0.1515	0.0000			0.0000	0.0000	0.0000	0.0000
7		0.2677	0.0000			0.0000	0.0303	0.0000	0.0000
8	0.0000	0.1212	0.5152			0.0000	0.0000	0.2828	0.3485
9		0.3788	0.1667			0.0253	0.0354	0.0556	0.1263
9.3		0.0808							
10	0.0000	0.0000	0.0404	0.0000		0.1869	0.0707	0.1869	0.1364
11	0.0000	0.0000	0.2374	0.0000		0.2778	0.4697	0.3081	0.1364
12	0.0000	0.0000	0.0202	0.0000		0.3939	0.2374	0.1566	0.1919
13	0.0000		0.0202	0.0000		0.0960	0.1313	0.0101	0.0606
14	0.0505			0.1465		0.0202	0.0253	0.0000	0.0000
15	0.3232			0.0657		0.0000	0.0000		

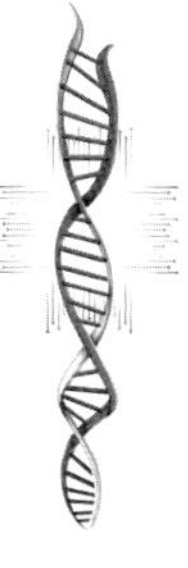

续表 8－19

Allele	D3S1358	TH01	TPOX	VWA	FGA	CSF1PO	D5S818	D7S820	D13S317
15.2	0.0000								
16	0.4040			0.1616	0.0000	0.0000	0.0000		
16.2					0.0000				
17	0.1515			0.2475	0.0000				
17.2					0.0000				
18	0.0657			0.2576	0.0152				
18.2					0.0000				
19	0.0051			0.1061	0.0606				
19.2					0.0000				
20				0.0152	0.0303				
20.2					0.0000				
21				0.0000	0.1313				
21.2					0.0101				
22				0.0000	0.1465				
22.2					0.0000				
23				0.0000	0.2374				
23.2					0.0000				
24					0.2071				
24.2					0.0000				
25					0.1111				
25.2					0.0000				
26					0.0303				
26.2					0.0000				
27					0.0202				
28					0.0000				
29					0.0000				
32					0.0000				

表 8－20　布农族(Bunun)9 个 STR 频率(台湾南投县信义乡)

Allele	D3S1358	TH01	TPOX	VWA	FGA	CSF1PO	D5S818	D7S820	D13S317
3							0.0000		
4		0.0000							
5		0.0000	0.0000						0.0000
6		0.1730	0.0000			0.0000	0.0000	0.0000	0.0000
7		0.3960	0.0000			0.0000	0.0150	0.0500	0.0000
8	0.0000	0.0150	0.1880			0.0740	0.0000	0.0400	0.2370
9		0.2870	0.1490			0.0000	0.0840	0.0100	0.0300
9.3		0.1290							
10	0.0000	0.0000	0.0050	0.0000		0.1140	0.2630	0.3020	0.1290
11	0.0000	0.0000	0.6480	0.0000		0.3220	0.4600	0.3360	0.5000
12	0.0000	0.0000	0.0000	0.0000		0.2030	0.0990	0.1980	0.1040
13	0.0000		0.0100	0.0000		0.2870	0.0790	0.0640	0.0000
14	0.0000			0.2380		0.0000	0.0000	0.0000	0.0000
15	0.2380			0.0100		0.0000	0.0000		
15.2	0.2870								
16	0.4500			0.1180	0.0000	0.0000	0.0000		
16.2					0.0000				
17	0.0200			0.2430	0.0000				
17.2					0.0000				
18	0.0050			0.2430	0.0000				
18.2					0.0000				
19	0.0000			0.1430	0.1930				
19.2					0.0000				
20				0.0050	0.0840				
20.2					0.0000				

续表 8－20

Allele	D3S1358	TH01	TPOX	VWA	FGA	CSF1PO	D5S818	D7S820	D13S317
21				0.0000	0.0500				
21.2					0.0000				
22				0.0000	0.2960				
22.2					0.0000				
23				0.0000	0.1390				
23.2					0.0000				
24					0.0890				
24.2					0.0000				
25					0.0940				
25.2					0.0000				
26					0.0300				
26.2					0.0000				
27					0.0200				
28					0.0000				
29					0.0050				
32					0.0000				

表 8－21　排湾族(Paiwan)9 个 STR 频率(台湾屏东县来义乡)

Allele	D3S1358	TH01	TPOX	VWA	FGA	CSF1PO	D5S818	D7S820	D13S317
3							0.0000		
4		0.0000							
5		0.0000	0.0000						0.0000
6		0.1450	0.0000			0.0000	0.0000	0.0000	0.0000
7		0.3500	0.0000			0.0000	0.0100	0.0000	0.0000
8	0.0000	0.1950	0.6000			0.0000	0.0000	0.1900	0.2400

续表 8－21

Allele	D3S1358	TH01	TPOX	VWA	FGA	CSF1PO	D5S818	D7S820	D13S317
9		0.2600	0.0800			0.0050	0.0250	0.0050	0.1000
9.3		0.0500							
10	0.0000	0.0000	0.0000	0.0050		0.2900	0.3700	0.1900	0.2200
11	0.0000	0.0000	0.2900	0.0000		0.3650	0.2200	0.3700	0.2500
12	0.0000	0.0000	0.0300	0.0000		0.3000	0.2500	0.1750	0.1550
13	0.0000		0.0000	0.0000		0.0350	0.1250	0.0500	0.0250
14	0.0050			0.1200		0.0050	0.0000	0.0200	0.0100
15	0.3400			0.0300		0.0000	0.0000		
15.2	0.2550								
16	0.3050			0.0850	0.0000	0.0000	0.0000		
16.2					0.0000				
17	0.0950			0.2350	0.0000				
17.2					0.0000				
18	0.0000			0.3200	0.0000				
18.2					0.0000				
19	0.0000			0.2000	0.0900				
19.2					0.0000				
20				0.0050	0.0750				
20.2					0.0000				
21				0.0000	0.1000				
21.2					0.0000				
22				0.0000	0.2350				
22.2					0.0000				
23				0.0000	0.1900				
23.2					0.0050				
24					0.1650				

续表 8－21

Allele	D3S1358	TH01	TPOX	VWA	FGA	CSF1PO	D5S818	D7S820	D13S317
24.2					0.0150				
25					0.0850				
25.2					0.0000				
26					0.0200				
26.2					0.0000				
27					0.0150				
28					0.0050				
29					0.0000				
32					0.0000				

表 8－22 赛夏族(Saisiat)9 个 STR 频率(台湾新竹县五峰乡)

Allele	D3S1358	TH01	TPOX	VWA	FGA	CSF1PO	D5S818	D7S820	D13S317
3							0.0000		
4		0.0000							
5		0.0000	0.0000						0.0000
6		0.0930	0.0000			0.0000	0.0000	0.0000	0.0000
7		0.5360	0.0000			0.0000	0.0310	0.0000	0.0000
8	0.0000	0.0000	0.4850			0.0000	0.0050	0.1120	0.1790
9		0.3010	0.1730			0.0050	0.0050	0.0160	0.0710
9.3		0.0700							
10	0.0000	0.0000	0.0050	0.0000		0.1990	0.3270	0.2600	0.1680
11	0.0000	0.0000	0.3370	0.0000		0.3930	0.2190	0.4390	0.4490
12	0.0000	0.0000	0.0000	0.0000		0.3930	0.3210	0.1120	0.1070
13	0.0050		0.0000	0.0000		0.0100	0.0770	0.0610	0.0260
14	0.0820			0.0820		0.0000	0.0150	0.0000	0.0000
15	0.2500			0.0820		0.0000	0.0000		

续表 8 - 22

Allele	D3S1358	TH01	TPOX	VWA	FGA	CSF1PO	D5S818	D7S820	D13S317
15.2	0.3930								
16	0.2600			0.1940	0.0000	0.0000	0.0000		
16.2					0.0000				
17	0.0100			0.3110	0.0000				
17.2					0.0000				
18	0.0000			0.2550	0.0000				
18.2					0.0000				
19	0.0000			0.0560	0.0310				
19.2					0.0000				
20				0.0200	0.0360				
20.2					0.0000				
21				0.0000	0.1330				
21.2					0.0000				
22				0.0000	0.2190				
22.2					0.0000				
23				0.0000	0.3160				
23.2					0.0000				
24					0.1530				
24.2					0.0000				
25					0.0460				
25.2					0.0000				
26					0.0200				
26.2					0.0000				
27					0.0410				
28					0.0050				
29					0.0000				
32					0.0000				

表 8－23 达悟族(Tao)9 个 STR 频率(台湾台东兰屿乡兰屿)

Allele	D3S1358	TH01	TPOX	VWA	FGA	CSF1PO	D5S818	D7S820	D13S317
3							0.0000		
4		0.0000							
5		0.0000	0.0000						0.0000
6		0.0260	0.0000			0.0000	0.0000	0.0000	0.0000
7		0.3250	0.0000			0.0000	0.0000	0.0000	0.0000
8	0.0000	0.0680	0.5560			0.0000	0.0000	0.2740	0.1200
9		0.5680	0.1540			0.0090	0.0040	0.0680	0.1580
9.3		0.0130							
10	0.0000	0.0000	0.0850	0.0000		0.1920	0.3930	0.0640	0.1150
11	0.0000	0.0000	0.2050	0.0000		0.5510	0.1460	0.4190	0.5090
12	0.0000	0.0000	0.0000	0.0000		0.1790	0.2220	0.1500	0.0940
13	0.0000		0.0000	0.0000		0.0560	0.2350	0.0210	0.0040
14	0.0210			0.1110		0.0090	0.0000	0.0040	0.0000
15	0.2390			0.0680		0.0040	0.0000		
15.2	0.2690								
16	0.3210			0.1790	0.0000	0.0000	0.0000		
16.2					0.0000				
17	0.1370			0.1240	0.0000				
17.2					0.0000				
18	0.0130			0.2520	0.0210				
18.2					0.0000				
19	0.0000			0.2190	0.4740				
19.2					0.0000				
20				0.0470	0.0640				
20.2					0.0000				

续表 8-23

Allele	D3S1358	TH01	TPOX	VWA	FGA	CSF1PO	D5S818	D7S820	D13S317
21				0.0000	0.0470				
21.2					0.0000				
22				0.0000	0.0770				
22.2					0.0040				
23				0.0000	0.1590				
23.2					0.0000				
24					0.0170				
24.2					0.0000				
25					0.0950				
25.2					0.0000				
26					0.0380				
26.2					0.0000				
27					0.0040				
28					0.0000				
29					0.0000				
32					0.0000				

表 8-24 阿美族(Ami)9 个 STR 频率(台湾花莲县)

Allele	D3S1358	TH01	TPOX	VWA	FGA	CSF1PO	D5S818	D7S820	D13S317
3							0.0000		
4		0.0000							
5		0.0000	0.0000						0.0000
6		0.0960	0.0000			0.0000	0.0040	0.0000	0.0000
7		0.3960	0.0000			0.0000	0.0220	0.0000	0.0000
8	0.0000	0.0820	0.5480			0.0040	0.0000	0.1090	0.1780
9		0.3960	0.1000			0.0170	0.0700	0.0390	0.0830

续表 8－24

Allele	D3S1358	TH01	TPOX	VWA	FGA	CSF1PO	D5S818	D7S820	D13S317
9.3		0.0300							
10	0.0000	0.0000	0.0000	0.0000		0.3480	0.3350	0.2260	0.2570
11	0.0000	0.0000	0.3390	0.0000		0.1910	0.2700	0.3870	0.3610
12	0.0000	0.0000	0.0090	0.0000		0.3570	0.2430	0.1610	0.1170
13	0.0040		0.0040	0.0000		0.0570	0.0520	0.0480	0.0000
14	0.0130			0.1520		0.0260	0.0040	0.0300	0.0040
15	0.3480			0.0430		0.0000	0.0000		
15.2	0.3080								
16	0.2830			0.1520	0.0000	0.0000	0.0000		
16.2					0.0000				
17	0.0350			0.1750	0.0000				
17.2					0.0000				
18	0.0090			0.2830	0.0040				
18.2					0.0000				
19	0.0000			0.1430	0.0910				
19.2					0.0000				
20				0.0480	0.0910				
20.2					0.0000				
21				0.0040	0.2000				
21.2					0.0000				
22				0.0000	0.2190				
22.2					0.0000				
23				0.0000	0.1090				
23.2					0.0000				
24					0.2040				

续表 8－24

Allele	D3S1358	TH01	TPOX	VWA	FGA	CSF1PO	D5S818	D7S820	D13S317
24.2					0.0040				
25					0.0390				
25.2					0.0000				
26					0.0390				
26.2					0.0000				
27					0.0000				
28					0.0000				
29					0.0000				
32					0.0000				

表 8－25　鲁凯族(Rukai)9 个 STR 频率(台湾屏东县)

Allele	D3S1358	TH01	TPOX	VWA	FGA	CSF1PO	D5S818	D7S820	D13S317
3							0.0000		
4		0.0000							
5		0.0000	0.0000						0.0000
6		0.1540	0.0000			0.0000	0.0000	0.0000	0.0000
7		0.3970	0.0000			0.0000	0.0000	0.0000	0.0000
8	0.0000	0.1840	0.5220			0.0000	0.0000	0.0740	0.3090
9		0.1910	0.0590			0.0000	0.0440	0.0290	0.1100
9.3		0.0740							
10	0.0000	0.0000	0.0070	0.0000		0.2940	0.3970	0.3380	0.0440
11	0.0000	0.0000	0.4120	0.0000		0.3530	0.1690	0.3010	0.3010
12	0.0000	0.0000	0.0000	0.0000		0.3240	0.3240	0.0960	0.1990
13	0.0000		0.0000	0.0000		0.0290	0.0660	0.1470	0.0370
14	0.0220			0.0740		0.0000	0.0000	0.0150	0.0000
15	0.3460			0.0370		0.0000	0.0000		

续表 8 - 25

Allele	D3S1358	TH01	TPOX	VWA	FGA	CSF1PO	D5S818	D7S820	D13S317
15.2	0.4190								
16	0.1620			0.0510	0.0000	0.0000	0.0000		
16.2					0.0000				
17	0.0510			0.2720	0.0000				
17.2					0.0000				
18	0.0000			0.3600	0.0000				
18.2					0.0000				
19	0.0000			0.1620	0.0880				
19.2					0.0000				
20				0.0370	0.0150				
20.2					0.0000				
21				0.0070	0.1910				
21.2					0.0000				
22				0.0000	0.1400				
22.2					0.0000				
23				0.0000	0.1100				
23.2					0.0000				
24					0.1980				
24.2					0.0000				
25					0.1180				
25.2					0.0000				
26					0.1030				
26.2					0.0000				
27					0.0150				
28					0.0220				
29					0.0000				
32					0.0000				

表 8-26　泰雅族(Atayal)9 个 STR 频率(台湾台北乌来乡)

Allele	D3S1358	TH01	TPOX	VWA	FGA	CSF1PO	D5S818	D7S820	D13S317
3							0.0000		
4		0.0000							
5		0.0000	0.0000						0.0000
6		0.1810	0.0000			0.0000	0.0000	0.0000	0.0000
7		0.5900	0.0000			0.0000	0.0420	0.0000	0.0000
8	0.0000	0.0240	0.3010			0.0180	0.0000	0.0780	0.1510
9		0.1270	0.0420			0.0060	0.0120	0.0420	0.0600
9.3		0.0780							
10	0.0000	0.0000	0.0240	0.0000		0.2050	0.4520	0.2590	0.2110
11	0.0000	0.0000	0.6330	0.0000		0.5180	0.3080	0.3980	0.4580
12	0.0000	0.0000	0.0000	0.0000		0.1990	0.0780	0.1510	0.0660
13	0.0000		0.0000	0.0000		0.0540	0.1080	0.0720	0.0540
14	0.0180			0.2050		0.0000	0.0000	0.0000	0.0000
15	0.3980			0.0060		0.0000	0.0000		
15.2	0.3190								
16	0.1810			0.2230	0.0000	0.0000	0.0000		
16.2					0.0000				
17	0.0780			0.1570	0.0000				
17.2					0.0000				
18	0.0060			0.2890	0.0060				
18.2					0.0000				
19	0.0000			0.1200	0.0660				
19.2					0.0000				
20				0.0000	0.1270				
20.2					0.0000				

续表 8-26

Allele	D3S1358	TH01	TPOX	VWA	FGA	CSF1PO	D5S818	D7S820	D13S317
21				0.0000	0.1020				
21.2					0.0000				
22				0.0000	0.1450				
22.2					0.0000				
23				0.0000	0.1680				
23.2					0.0000				
24					0.1930				
24.2					0.0000				
25					0.1330				
25.2					0.0000				
26					0.0360				
26.2					0.0000				
27					0.0240				
28					0.0000				
29					0.0000				
32					0.0000				

表 8-27　邹族(Tsou)9 个 STR 频率(台湾南投县)

Allele	D3S1358	TH01	TPOX	VWA	FGA	CSF1PO	D5S818	D7S820	D13S317
3							0.0000		
4		0.0000							
5		0.0000	0.0000						0.0000
6		0.1860	0.0000			0.0000	0.0000	0.0000	0.0000
7		0.3780	0.0000			0.0000	0.0110	0.0110	0.0000
8	0.0000	0.0740	0.3560			0.0270	0.0050	0.1650	0.2450

续表 8 - 27

Allele	D3S1358	TH01	TPOX	VWA	FGA	CSF1PO	D5S818	D7S820	D13S317
9		0.2820	0.1390			0.0050	0.1600	0.1060	0.0740
9.3		0.0800							
10	0.0000	0.0000	0.0000	0.0000		0.2870	0.2820	0.1010	0.0850
11	0.0000	0.0000	0.5000	0.0000		0.2290	0.2280	0.4300	0.5160
12	0.0000	0.0000	0.0050	0.0000		0.3190	0.1910	0.0800	0.0590
13	0.0000		0.0000	0.0000		0.1170	0.1120	0.0960	0.0210
14	0.0050			0.2340		0.0160	0.0110	0.0110	0.0000
15	0.3030			0.0110		0.0000	0.0000		
15.2	0.3680								
16	0.2710			0.0370	0.0000	0.0000	0.0000		
16.2					0.0000				
17	0.0370			0.2550	0.0000				
17.2					0.0000				
18	0.0160			0.2020	0.0210				
18.2					0.0000				
19	0.0000			0.2180	0.0590				
19.2					0.0000				
20				0.0430	0.0480				
20.2					0.0000				
21				0.0000	0.0590				
21.2					0.0000				
22				0.0000	0.3090				
22.2					0.0000				
23				0.0000	0.1850				
23.2					0.0000				

续表 8－27

Allele	D3S1358	TH01	TPOX	VWA	FGA	CSF1PO	D5S818	D7S820	D13S317
24					0.1650				
24.2					0.0000				
25					0.0740				
25.2					0.0000				
26					0.0480				
26.2					0.0110				
27					0.0210				
28					0.0000				
29					0.0000				
32					0.0000				

表 8－28　巴宰族(Pazeh)9 个 STR 频率(台湾埔里爱兰地区)

Allele	D3S1358	TH01	TPOX	VWA	FGA	CSF1PO	D5S818	D7S820	D13S317
3							0.0000		
4		0.0000							
5		0.0080	0.0000						0.0000
6		0.1070	0.0000			0.0000	0.0000	0.0000	0.0000
7		0.3040	0.0000			0.0080	0.0250	0.0000	0.0000
8	0.0000	0.1310	0.4920			0.0080	0.0000	0.1720	0.2550
9		0.3930	0.0410			0.0160	0.0080	0.0490	0.0820
9.3		0.0570							
10	0.0000	0.0000	0.0160	0.0000		0.2150	0.2950	0.1800	0.0980
11	0.0000	0.0000	0.4260	0.0000		0.2620	0.2700	0.3110	0.3110
12	0.0000	0.0000	0.0250	0.0000		0.3030	0.2790	0.2550	0.1970
13	0.0000		0.0000	0.0000		0.1800	0.1150	0.0330	0.0410
14	0.0570			0.2620		0.0080	0.0080	0.0000	0.0160

续表 8－28

Allele	D3S1358	TH01	TPOX	VWA	FGA	CSF1PO	D5S818	D7S820	D13S317
15	0.3360			0.0490		0.0000	0.0000		
15.2	0.2950								
16	0.2550			0.1070	0.0000	0.0000	0.0000		
16.2					0.0000				
17	0.0570			0.2460	0.0000				
17.2					0.0000				
18	0.0000			0.2050	0.0250				
18.2					0.0000				
19	0.0000			0.1150	0.0490				
19.2					0.0000				
20				0.0160	0.0410				
20.2					0.0000				
21				0.0000	0.1640				
21.2					0.0000				
22				0.0000	0.3200				
22.2					0.0000				
23				0.0000	0.2210				
23.2					0.0000				
24					0.0740				
24.2					0.0160				
25					0.0740				
25.2					0.0000				
26					0.0080				
26.2					0.0080				
27					0.0000				
28					0.0000				
29					0.0000				
32					0.0000				

表 8-29 卑南族(Puyumar)9 个 STR 频率(台湾台东县)

Allele	D3S1358	TH01	TPOX	VWA	FGA	CSF1PO	D5S818	D7S820	D13S317
3							0.0000		
4		0.0000							
5		0.0000	0.0000						0.0000
6		0.1380	0.0000			0.0000	0.0000	0.0000	0.0000
7		0.3000	0.0000			0.0000	0.0060	0.0000	0.0000
8	0.0000	0.2370	0.5630			0.0060	0.0000	0.2500	0.2370
9		0.2310	0.0870			0.0000	0.0310	0.0500	0.1250
9.3		0.0940							
10	0.0000	0.0000	0.0060	0.0000		0.2870	0.4000	0.1250	0.0940
11	0.0000	0.0000	0.3250	0.0000		0.3440	0.3630	0.3430	0.3060
12	0.0000	0.0000	0.0190	0.0000		0.3130	0.1750	0.1940	0.2250
13	0.0000		0.0000	0.0000		0.0500	0.0250	0.0190	0.0000
14	0.0130			0.0750		0.0000	0.0000	0.0190	0.0130
15	0.3560			0.0310		0.0000	0.0000		
15.2	0.2810								
16	0.2620			0.1120	0.0000	0.0000	0.0000		
16.2					0.0000				
17	0.0690			0.2940	0.0000				
17.2					0.0000				
18	0.0190			0.2620	0.0000				
18.2					0.0000				
19	0.0000			0.1880	0.1060				
19.2					0.0000				
20				0.0250	0.0380				
20.2					0.0000				

续表 8-29

Allele	D3S1358	TH01	TPOX	VWA	FGA	CSF1PO	D5S818	D7S820	D13S317
21				0.0130	0.1500				
21.2					0.0000				
22				0.0000	0.1950				
22.2					0.0000				
23				0.0000	0.1060				
23.2					0.0000				
24					0.2560				
24.2					0.0000				
25					0.0870				
25.2					0.0000				
26					0.0310				
26.2					0.0000				
27					0.0310				
28					0.0000				
29					0.0000				
32					0.0000				

表 8-30　客家人(Hakka)9 个 STR 频率(台湾台中)

Allele	D3S1358	TH01	TPOX	VWA	FGA	CSF1PO	D5S818	D7S820	D13S317
3							0.0000		
4		0.0000							
5		0.0000	0.0000						0.0000
6		0.1300	0.0000			0.0000	0.0000	0.0000	0.0000
7		0.2600	0.0000			0.0000	0.0350	0.0050	0.0050
8	0.0000	0.0650	0.5750			0.0000	0.0000	0.1650	0.3200

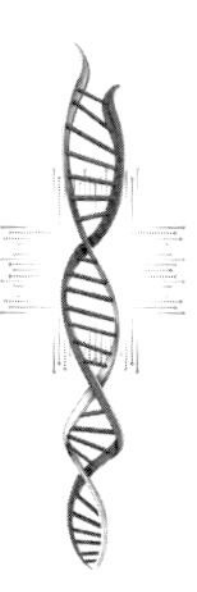

续表 8－30

Allele	D3S1358	TH01	TPOX	VWA	FGA	CSF1PO	D5S818	D7S820	D13S317
9		0.4100	0.0850			0.0750	0.0700	0.0400	0.1100
9.3		0.1350							
10	0.0000	0.0000	0.0350	0.0000		0.1600	0.2400	0.1150	0.1350
11	0.0000	0.0000	0.2850	0.0000		0.2700	0.3050	0.3800	0.2400
12	0.0000	0.0000	0.0150	0.0000		0.3800	0.1750	0.2550	0.1450
13	0.0000		0.0000	0.0000		0.1050	0.1750	0.0200	0.0450
14	0.0450			0.2900		0.0100	0.0000	0.0200	0.0000
15	0.3550			0.0100		0.0000	0.0000		
15.2	0.3100								
16	0.2250			0.1250	0.0000	0.0000	0.0000		
16.2					0.0000				
17	0.0600			0.2700	0.0000				
17.2					0.0000				
18	0.0050			0.2050	0.0300				
18.2					0.0000				
19	0.0000			0.0850	0.0400				
19.2					0.0000				
20				0.0150	0.0500				
20.2					0.0000				
21				0.0000	0.1500				
21.2					0.0000				
22				0.0000	0.1700				
22.2					0.0100				
23				0.0000	0.1750				
23.2					0.0000				
24					0.1950				

续表 8-30

Allele	D3S1358	TH01	TPOX	VWA	FGA	CSF1PO	D5S818	D7S820	D13S317
24.2					0.0100				
25					0.0900				
25.2					0.0000				
26					0.0600				
26.2					0.0050				
27					0.0100				
28					0.0050				
29					0.0000				
32					0.0000				

表 8-31　台湾汉族(Taiwan Han)9 个 STR 频率(台湾台北)

Allele	D3S1358	TH01	TPOX	VWA	FGA	CSF1PO	D5S818	D7S820	D13S317
3							0.0000		
4		0.0000							
5		0.0000	0.0000						0.0000
6		0.1020	0.0000			0.0000	0.0020	0.0000	0.0000
7		0.2610	0.0020			0.0070	0.0240	0.0030	0.0050
8	0.0000	0.0380	0.5820			0.0020	0.0030	0.1450	0.2530
9		0.5120	0.1190			0.0610	0.0770	0.0750	0.1420
9.3		0.0870							
10	0.0000	0.0000	0.0170	0.0000		0.2420	0.2130	0.1690	0.1570
11	0.0000	0.0000	0.2490	0.0000		0.2340	0.3190	0.3290	0.2640
12	0.0020	0.0000	0.0310	0.0020		0.3680	0.2200	0.2430	0.1480
13	0.0000		0.0000	0.0050		0.0770	0.1280	0.0340	0.0310
14	0.0440			0.2600		0.0090	0.0140	0.0020	0.0000
15	0.3840			0.0310		0.0000	0.0000		

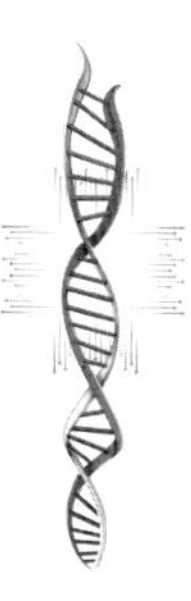

续表 8-31

Allele	D3S1358	TH01	TPOX	VWA	FGA	CSF1PO	D5S818	D7S820	D13S317
15.2	0.3050								
16	0.1950			0.1500	0.0000	0.0000	0.0000		
16.2					0.0000				
17	0.0600			0.2410	0.0020				
17.2					0.0000				
18	0.0100			0.1950	0.0390				
18.2					0.0000				
19	0.0000			0.1040	0.0460				
19.2					0.0000				
20				0.0100	0.0560				
20.2					0.0000				
21				0.0020	0.1080				
21.2					0.0070				
22				0.0000	0.1750				
22.2					0.0030				
23				0.0000	0.2370				
23.2					0.0020				
24					0.1720				
24.2					0.0110				
25					0.0700				
25.2					0.0000				
26					0.0550				
26.2					0.0000				
27					0.0120				
28					0.0020				
29					0.0030				
32					0.0000				

表 8－32　仡佬族(Gelao)9 个 STR 频率(贵州省遵义市务川仡佬族苗族自治县)

Allele	D3S1358	TH01	TPOX	VWA	FGA	CSF1PO	D5S818	D7S820	D13S317
3							0.0000		
4		0.0000							
5		0.0000	0.0000						0.0000
6		0.0696	0.0000			0.0000	0.0000	0.0000	0.0000
7		0.2753	0.0000			0.0411	0.0190	0.0000	0.0032
8	0.0000	0.0570	0.5411			0.0000	0.0000	0.1930	0.3671
9		0.5475	0.0823			0.0065	0.0728	0.0380	0.1139
9.3		0.0317							
10	0.0000	0.0190	0.0032	0.0000		0.2500	0.2025	0.1804	0.1582
11	0.0000	0.0000	0.3513	0.0000		0.2405	0.3006	0.4177	0.1867
12	0.0000	0.0000	0.0222	0.0000		0.3861	0.2722	0.1519	0.1298
13	0.0000		0.0000	0.0000		0.0665	0.1298	0.0190	0.0411
14	0.0253			0.2690		0.0095	0.0032	0.0000	0.0000
15	0.3576			0.0348		0.0000	0.0000		
15.2	0.0000								
16	0.2943			0.2184	0.0032	0.0000	0.0000		
16.2					0.0000				
17	0.2184			0.1456	0.0000				
17.2					0.0000				
18	0.0760			0.1772	0.0158				
18.2					0.0000				
19	0.0285			0.0823	0.1171				
19.2					0.0000				
20				0.0696	0.0918				
20.2					0.0000				
21				0.0032	0.1203				

续表 8－32

Allele	D3S1358	TH01	TPOX	VWA	FGA	CSF1PO	D5S818	D7S820	D13S317
21.2					0.0032				
22				0.0000	0.1962				
22.2					0.0190				
23				0.0000	0.1203				
23.2					0.0000				
24					0.1772				
24.2					0.0317				
25					0.0501				
25.2					0.0000				
26					0.0095				
26.2					0.0000				
27					0.0348				
28					0.0000				
29					0.0000				
32					0.0000				

表 8－33　哈尼族(Hani)9 个 STR 频率(云南省红河哈尼族彝族自治州)

Allele	D3S1358	TH01	TPOX	VWA	FGA	CSF1PO	D5S818	D7S820	D13S317
3							0.0000		
4		0.0000							
5		0.0000	0.0000						0.0000
6		0.1292	0.0000			0.0000	0.0000	0.0000	0.0000
7		0.2191	0.0000			0.0056	0.0393	0.0000	0.0225
8	0.0000	0.0674	0.6292			0.0000	0.0000	0.1124	0.2584
9		0.4551	0.1124			0.0506	0.0787	0.0506	0.1573

续表 8-33

Allele	D3S1358	TH01	TPOX	VWA	FGA	CSF1PO	D5S818	D7S820	D13S317
9.3		0.0843							
10	0.0000	0.0393	0.0393	0.0000		0.2247	0.1685	0.1742	0.1461
11	0.0000	0.0056	0.2135	0.0000		0.3933	0.2978	0.4326	0.2247
12	0.0000	0.0000	0.0056	0.0000		0.2753	0.2584	0.1910	0.1461
13	0.0000		0.0000	0.0000		0.0449	0.1461	0.0337	0.0169
14	0.0730			0.2303		0.0056	0.0056	0.0056	0.0281
15	0.2809			0.0000		0.0000	0.0056		
15.2	0.0000								
16	0.2809			0.2135	0.0000	0.0000	0.0000		
16.2					0.0000				
17	0.2528			0.1798	0.0000				
17.2					0.0000				
18	0.0899			0.2022	0.0562				
18.2					0.0000				
19	0.0225			0.1292	0.0562				
19.2					0.0000				
20				0.0449	0.0449				
20.2					0.0000				
21				0.0000	0.1461				
21.2					0.0169				
22				0.0000	0.1685				
22.2					0.0056				
23				0.0000	0.1573				
23.2					0.0225				
24					0.1348				
24.2					0.0169				

续表 8－33

Allele	D3S1358	TH01	TPOX	VWA	FGA	CSF1PO	D5S818	D7S820	D13S317
25					0.1011				
25.2					0.0000				
26					0.0674				
26.2					0.0000				
27					0.0056				
28					0.0000				
29					0.0000				
32					0.0000				

表 8－34　哈萨克族(Kazak)9 个 STR 频率(新疆维吾尔自治区乌苏市)

Allele	D3S1358	TH01	TPOX	VWA	FGA	CSF1PO	D5S818	D7S820	D13S317
3							0.0000		
4		0.0000							
5		0.0000	0.0000						0.0000
6		0.1700	0.0000			0.0000	0.0000	0.0000	0.0000
7		0.2700	0.0200			0.0100	0.0400	0.0100	0.0050
8	0.0000	0.1000	0.5600			0.0000	0.0100	0.2250	0.2450
9		0.2550	0.1200			0.0250	0.0550	0.1700	0.1250
9.3		0.1800							
10	0.0000	0.0200	0.0250	0.0000		0.2650	0.1350	0.2000	0.1200
11	0.0000	0.0000	0.2550	0.0000		0.3150	0.4450	0.1950	0.2450
12	0.0050	0.0000	0.0150	0.0000		0.2750	0.2300	0.1400	0.1950
13	0.0000		0.0050	0.0050		0.0700	0.0800	0.0550	0.0450
14	0.0500			0.1400		0.0200	0.0050	0.0000	0.0200
15	0.3750			0.0700		0.0100	0.0000		
15.2	0.0000								

续表 8 - 34

Allele	D3S1358	TH01	TPOX	VWA	FGA	CSF1PO	D5S818	D7S820	D13S317
16	0.3800			0.2450	0.0000	0.0000	0.0000		
16.2					0.0000				
17	0.1000			0.2000	0.0050				
17.2					0.0000				
18	0.0800			0.2450	0.0200				
18.2					0.0000				
19	0.0000			0.0950	0.0400				
19.2					0.0000				
20				0.0000	0.0650				
20.2					0.0000				
21				0.0000	0.0750				
21.2					0.0000				
22				0.0000	0.1250				
22.2					0.0000				
23				0.0000	0.1950				
23.2					0.0050				
24					0.2850				
24.2					0.0000				
25					0.1300				
25.2					0.0000				
26					0.0350				
26.2					0.0000				
27					0.0100				
28					0.0000				
29					0.0000				
32					0.0000				

表 8－35　汉族(Han)9 个 STR 频率(陕西省西安市)

Allele	D3S1358	TH01	TPOX	VWA	FGA	CSF1PO	D5S818	D7S820	D13S317
3							0.0000		
4		0.0000							
5		0.0000	0.0000						0.0324
6		0.1726	0.0000			0.0000	0.0000	0.0000	0.0000
7		0.2857	0.0060			0.0000	0.0000	0.0000	0.0000
8	0.0000	0.0476	0.4819			0.0128	0.0128	0.1316	0.2402
9		0.4643	0.1506			0.0577	0.0897	0.0460	0.1364
9.3		0.0238							
10	0.0000	0.0060	0.0060	0.0000		0.2308	0.1154	0.1579	0.1299
11	0.0000	0.0000	0.3253	0.0000		0.2244	0.4103	0.3158	0.2338
12	0.0000	0.0000	0.0301	0.0000		0.4038	0.2564	0.2763	0.2013
13	0.0000		0.0000	0.0000		0.0641	0.1154	0.0658	0.0260
14	0.0417			0.2530		0.0000	0.0000	0.0000	0.0000
15	0.3571			0.0180		0.0064	0.0000		
15.2	0.0000								
16	0.2619			0.1747	0.0000	0.0000	0.0000		
16.2					0.0000				
17	0.2083			0.3434	0.0000				
17.2					0.0000				
18	0.1071			0.1566	0.0062				
18.2					0.0000				
19	0.0238			0.0542	0.0432				
19.2					0.0000				
20				0.0000	0.0370				
20.2					0.0000				
21				0.0000	0.0926				

续表 8－35

Allele	D3S1358	TH01	TPOX	VWA	FGA	CSF1PO	D5S818	D7S820	D13S317
21.2					0.0208				
22				0.0000	0.1605				
22.2					0.0185				
23				0.0000	0.2469				
23.2					0.0000				
24					0.2092				
24.2					0.0000				
25					0.1358				
25.2					0.0000				
26					0.0170				
26.2					0.0000				
27					0.0123				
28					0.0000				
29					0.0000				
32					0.0000				

表 8－36　赫哲族(Hezhen)9 个 STR 频率(黑龙江省同江市)

Allele	D3S1358	TH01	TPOX	VWA	FGA	CSF1PO	D5S818	D7S820	D13S317
3							0.0000		
4		0.0000							
5		0.0000	0.0000						0.0000
6		0.0816	0.0000			0.0000	0.0000	0.0000	0.0000
7		0.4286	0.0000			0.0000	0.0102	0.0000	0.0102
8	0.0000	0.0612	0.4082			0.0000	0.0000	0.0408	0.0000
9		0.3469	0.2041			0.0408	0.0510	0.0612	0.2449

续表 8-36

Allele	D3S1358	TH01	TPOX	VWA	FGA	CSF1PO	D5S818	D7S820	D13S317
9.3		0.0714							
10	0.0000	0.0102	0.0408	0.0000		0.2347	0.2143	0.2551	0.1837
11	0.0000	0.0000	0.2245	0.0000		0.2857	0.3776	0.3776	0.1531
12	0.0000	0.0000	0.1224	0.0000		0.3878	0.2551	0.1837	0.2143
13	0.0000		0.0000	0.0000		0.0306	0.0918	0.0816	0.1837
14	0.0510			0.3265		0.0204	0.0000	0.0000	0.0102
15	0.2755			0.0204		0.0000	0.0000		
15.2	0.0000								
16	0.3980			0.1020	0.0000	0.0000	0.0000		
16.2					0.0000				
17	0.2143			0.2755	0.0000				
17.2					0.0000				
18	0.0612			0.2041	0.0102				
18.2					0.0000				
19	0.0000			0.0612	0.0204				
19.2					0.0000				
20				0.0102	0.1020				
20.2					0.0000				
21				0.0000	0.0102				
21.2					0.0000				
22				0.0000	0.0816				
22.2					0.0000				
23				0.0000	0.1837				
23.2					0.0000				
24					0.3776				
24.2					0.0000				

续表 8-36

Allele	D3S1358	TH01	TPOX	VWA	FGA	CSF1PO	D5S818	D7S820	D13S317
25					0.1020				
25.2					0.0000				
26					0.1122				
26.2					0.0000				
27					0.0000				
28					0.0000				
29					0.0000				
32					0.0000				

表 8-37　回族(Hui)9 个 STR 频率(宁夏回族自治区银川市)

Allele	D3S1358	TH01	TPOX	VWA	FGA	CSF1PO	D5S818	D7S820	D13S317
3							0.0000		
4		0.0000							
5		0.0000	0.0000						0.0063
6		0.1026	0.0000			0.0000	0.0000	0.0000	0.0000
7		0.1859	0.0000			0.0000	0.0127	0.0049	0.0000
8	0.0000	0.1731	0.3924			0.0066	0.0000	0.1716	0.2405
9		0.4679	0.1899			0.0658	0.0633	0.1078	0.2342
9.3		0.0641							
10	0.0000	0.0064	0.0063	0.0000		0.3289	0.1392	0.1471	0.1013
11	0.0000	0.0000	0.3987	0.0000		0.2829	0.4051	0.3382	0.2405
12	0.0000	0.0000	0.0127	0.0000		0.2566	0.1835	0.1912	0.1646
13	0.0063		0.0000	0.0000		0.0526	0.1962	0.0343	0.0127
14	0.0443			0.2342		0.0066	0.0000	0.0049	0.0000
15	0.5190			0.0253		0.0000	0.0000		
15.2	0.0000								

续表 8 - 37

Allele	D3S1358	TH01	TPOX	VWA	FGA	CSF1PO	D5S818	D7S820	D13S317
16	0.2785			0.1582	0.0000	0.0000	0.0000		
16.2					0.0000				
17	0.1266			0.3101	0.0128				
17.2					0.0000				
18	0.0253			0.1772	0.0064				
18.2					0.0000				
19	0.0000			0.0759	0.0256				
19.2					0.0000				
20				0.0190	0.0513				
20.2					0.0000				
21				0.0000	0.0769				
21.2					0.0000				
22				0.0000	0.2821				
22.2					0.0128				
23				0.0000	0.1538				
23.2					0.0000				
24					0.2372				
24.2					0.0000				
25					0.1026				
25.2					0.0000				
26					0.0321				
26.2					0.0000				
27					0.0064				
28					0.0000				
29					0.0000				
32					0.0000				

表 8-38　基诺族(Jino)9 个 STR 频率(云南省西双版纳傣族自治州景洪市基诺乡)

Allele	D3S1358	TH01	TPOX	VWA	FGA	CSF1PO	D5S818	D7S820	D13S317
3							0.0000		
4		0.0000							
5		0.0000	0.0000						0.0000
6		0.0745	0.0000			0.0000	0.0000	0.0000	0.0000
7		0.2128	0.0000			0.0000	0.0426	0.0000	0.0000
8	0.0000	0.0957	0.7340			0.0000	0.0000	0.0957	0.3298
9		0.4681	0.0319			0.0106	0.0213	0.1383	0.1170
9.3		0.0957							
10	0.0000	0.0532	0.0000	0.0000		0.2660	0.1702	0.0957	0.1277
11	0.0000	0.0000	0.2340	0.0000		0.2340	0.2660	0.3936	0.3191
12	0.0000	0.0000	0.0000	0.0000		0.4362	0.3617	0.2447	0.1064
13	0.0000		0.0000	0.0000		0.0426	0.1383	0.0106	0.0000
14	0.0426			0.3936		0.0106	0.0000	0.0213	0.0000
15	0.3511			0.0106		0.0000	0.0000		
15.2	0.0000								
16	0.2660			0.1489	0.0000	0.0000	0.0000		
16.2					0.0000				
17	0.2979			0.2766	0.0000				
17.2					0.0000				
18	0.0426			0.0957	0.0745				
18.2					0.0000				
19	0.0000			0.0638	0.0745				
19.2					0.0000				
20				0.0106	0.0638				
20.2					0.0000				
21				0.0000	0.0638				

续表 8－38

Allele	D3S1358	TH01	TPOX	VWA	FGA	CSF1PO	D5S818	D7S820	D13S317
21.2					0.0319				
22				0.0000	0.1809				
22.2					0.0319				
23				0.0000	0.1277				
23.2					0.0319				
24					0.2021				
24.2					0.0000				
25					0.0638				
25.2					0.0000				
26					0.0426				
26.2					0.0000				
27					0.0106				
28					0.0000				
29					0.0000				
32					0.0000				

表 8－39　京族(Gin)9 个 STR 频率(广西壮族自治区东兴市江平镇)

Allele	D3S1358	TH01	TPOX	VWA	FGA	CSF1PO	D5S818	D7S820	D13S317
3							0.0000		
4		0.0000							
5		0.0000	0.0000						0.0000
6		0.1216	0.0000			0.0000	0.0000	0.0000	0.0000
7		0.3345	0.0000			0.0068	0.0578	0.0000	0.0000
8	0.0000	0.0270	0.5541			0.0034	0.0000	0.2162	0.3108
9		0.4223	0.1791			0.0270	0.0476	0.0507	0.1014

续表 8－39

Allele	D3S1358	TH01	TPOX	VWA	FGA	CSF1PO	D5S818	D7S820	D13S317
9.3		0.0439							
10	0.0000	0.0507	0.0203	0.0000		0.1727	0.1973	0.1486	0.1486
11	0.0000	0.0000	0.2331	0.0000		0.3176	0.3129	0.3277	0.2973
12	0.0000	0.0000	0.0135	0.0000		0.3750	0.2415	0.1959	0.0946
13	0.0000		0.0000	0.0000		0.0777	0.1224	0.0608	0.0405
14	0.0170			0.2872		0.0034	0.0136	0.0000	0.0068
15	0.2347			0.0304		0.0135	0.0068		
15.2	0.0000								
16	0.3776			0.1622	0.0068	0.0000	0.0000		
16.2					0.0000				
17	0.3333			0.2331	0.0000				
17.2					0.0000				
18	0.0340			0.1993	0.0342				
18.2					0.0000				
19	0.0034			0.0642	0.1678				
19.2					0.0000				
20				0.0236	0.0342				
20.2					0.0000				
21				0.0000	0.1096				
21.2					0.0103				
22				0.0000	0.2226				
22.2					0.0034				
23				0.0000	0.1439				
23.2					0.0000				
24					0.1473				
24.2					0.0171				

续表 8－39

Allele	D3S1358	TH01	TPOX	VWA	FGA	CSF1PO	D5S818	D7S820	D13S317
25					0.0548				
25.2					0.0068				
26					0.0171				
26.2					0.0068				
27					0.0068				
28					0.0103				
29					0.0000				
32					0.0000				

表 8－40　景颇族(Jingpo)9个STR频率(云南省德宏州潞西市陇川县)

Allele	D3S1358	TH01	TPOX	VWA	FGA	CSF1PO	D5S818	D7S820	D13S317
3							0.0000		
4		0.0000							
5		0.0000	0.0000						0.0000
6		0.1821	0.0000			0.0000	0.0000	0.0124	0.0000
7		0.1859	0.0062			0.0000	0.0496	0.0000	0.0000
8	0.0000	0.0434	0.5415			0.0062	0.0000	0.1301	0.2364
9		0.4647	0.0805			0.0558	0.0805	0.0682	0.1797
9.3		0.0867							
10	0.0000	0.0372	0.0248	0.0000		0.1797	0.2292	0.1759	0.2478
11	0.0000	0.0000	0.3222	0.0000		0.2726	0.3098	0.3779	0.1859
12	0.0000	0.0000	0.0248	0.0000		0.4423	0.2540	0.1921	0.1254
13	0.0000		0.0000	0.0248		0.0434	0.0558	0.0310	0.0248
14	0.0583			0.2230		0.0000	0.0211	0.0124	0.0000

续表 8 - 40

Allele	D3S1358	TH01	TPOX	VWA	FGA	CSF1PO	D5S818	D7S820	D13S317
15	0.4027			0.0186		0.0000	0.0000		
15.2	0.0000								
16	0.3036			0.1854	0.0000	0.0000	0.0000		
16.2					0.0000				
17	0.1425			0.2941	0.0000				
17.2					0.0000				
18	0.0805			0.1797	0.0123				
18.2					0.0000				
19	0.0124			0.0620	0.0432				
19.2					0.0000				
20				0.0124	0.0617				
20.2					0.0062				
21				0.0000	0.0864				
21.2					0.0000				
22				0.0000	0.1680				
22.2					0.0309				
23				0.0000	0.2099				
23.2					0.0000				
24					0.1790				
24.2					0.0062				
25					0.1283				
25.2					0.0000				
26					0.0617				
26.2					0.0000				
27					0.0062				
28					0.0000				
29					0.0000				
32					0.0000				

表 8-41　柯尔克孜族(Kirgiz)9 个 STR 频率(新疆维吾尔自治区柯孜勒苏阿合奇县)

Allele	D3S1358	TH01	TPOX	VWA	FGA	CSF1PO	D5S818	D7S820	D13S317
3							0.0000		
4		0.0000							
5		0.0100	0.0000						0.0000
6		0.0300	0.0000			0.0000	0.0000	0.0000	0.0000
7		0.2300	0.0000			0.0050	0.0250	0.0050	0.0000
8	0.0000	0.1150	0.5050			0.0150	0.0100	0.2250	0.2550
9		0.2850	0.1350			0.0550	0.0300	0.0850	0.1000
9.3		0.1950							
10	0.0000	0.1350	0.0550	0.0000		0.2500	0.1200	0.2700	0.1150
11	0.0000	0.0000	0.2250	0.0000		0.2700	0.3700	0.2000	0.1950
12	0.0000	0.0000	0.0650	0.0000		0.3050	0.3050	0.1800	0.2450
13	0.0000		0.0150	0.0050		0.0800	0.1350	0.0300	0.0550
14	0.0300			0.1250		0.0150	0.0050	0.0050	0.0350
15	0.3000			0.0950		0.0050	0.0000		
15.2	0.0100								
16	0.3450			0.2550	0.0000	0.0000	0.0000		
16.2					0.0000				
17	0.2300			0.1900	0.0000				
17.2					0.0000				
18	0.0750			0.1850	0.0000				
18.2					0.0000				
19	0.0100			0.1200	0.0700				
19.2					0.0000				
20				0.0250	0.0600				
20.2					0.0000				

续表 8－41

Allele	D3S1358	TH01	TPOX	VWA	FGA	CSF1PO	D5S818	D7S820	D13S317
21				0.0000	0.1350				
21.2					0.0000				
22				0.0000	0.1400				
22.2					0.0050				
23				0.0000	0.1100				
23.2					0.0050				
24					0.2700				
24.2					0.0000				
25					0.0950				
25.2					0.0500				
26					0.0500				
26.2					0.0000				
27					0.0100				
28					0.0000				
29					0.0000				
32					0.0000				

表 8－42　拉祜族(Lahu)9 个 STR 频率(云南省临沧地区)

Allele	D3S1358	TH01	TPOX	VWA	FGA	CSF1PO	D5S818	D7S820	D13S317
3							0.0000		
4		0.0000							
5		0.0000	0.0000						0.0000
6		0.0050	0.0000			0.0000	0.0000	0.0000	0.0000
7		0.4010	0.0000			0.0230	0.0130	0.0000	0.0050

续表 8 - 42

Allele	D3S1358	TH01	TPOX	VWA	FGA	CSF1PO	D5S818	D7S820	D13S317
8	0.0000	0.0590	0.4550			0.0000	0.0000	0.3410	0.1730
9		0.4460	0.0840			0.0310	0.0250	0.0690	0.3320
9.3		0.0790							
10	0.0000	0.0050	0.0990	0.0000		0.2130	0.2330	0.1290	0.0990
11	0.0000	0.0050	0.2920	0.0000		0.2570	0.1930	0.3810	0.2770
12	0.0000	0.0000	0.0640	0.0000		0.3910	0.2660	0.0510	0.1040
13	0.0000		0.0060	0.0000		0.0890	0.2230	0.0300	0.0000
14	0.0210			0.4010		0.0000	0.0450	0.0000	0.0130
15	0.4620			0.0200		0.0000	0.0050		
15.2	0.0000								
16	0.3510			0.0740	0.0000	0.0000	0.0000		
16.2					0.0000				
17	0.1240			0.2180	0.0000				
17.2					0.0000				
18	0.0450			0.2330	0.0300				
18.2					0.0000				
19	0.0000			0.0540	0.0740				
19.2					0.0000				
20				0.0000	0.0940				
20.2					0.0000				
21				0.0000	0.2330				
21.2					0.0050				
22				0.0000	0.1730				
22.2					0.0000				
23				0.0000	0.2380				
23.2					0.0000				

续表 8-42

Allele	D3S1358	TH01	TPOX	VWA	FGA	CSF1PO	D5S818	D7S820	D13S317
24					0.0890				
24.2					0.0130				
25					0.0540				
25.2					0.0000				
26					0.0000				
26.2					0.0000				
27					0.0000				
28					0.0000				
29					0.0000				
32					0.0000				

表 8-43 黎族(Li)9 个 STR 频率(海南省琼中县黎族苗族自治县)

Allele	D3S1358	TH01	TPOX	VWA	FGA	CSF1PO	D5S818	D7S820	D13S317
3							0.0000		
4		0.0000							
5		0.0000	0.0000						0.0000
6		0.1000	0.0000			0.0000	0.0000	0.0000	0.0000
7		0.3818	0.0060			0.0331	0.1347	0.0060	0.0000
8	0.0000	0.0303	0.5988			0.0000	0.0000	0.1497	0.3623
9		0.3939	0.0389			0.0331	0.0479	0.0808	0.1347
9.3		0.0242							
10	0.0000	0.0697	0.0659	0.0000		0.2229	0.2425	0.1198	0.1287
11	0.0000	0.0000	0.2784	0.0000		0.2410	0.1677	0.3952	0.2635
12	0.0000	0.0000	0.0120	0.0000		0.4066	0.2305	0.2365	0.0988
13	0.0000		0.0000	0.0000		0.0482	0.1587	0.0120	0.0090

续表 8－43

Allele	D3S1358	TH01	TPOX	VWA	FGA	CSF1PO	D5S818	D7S820	D13S317
14	0.0180			0.3473		0.0120	0.0180	0.0000	0.0030
15	0.3503			0.0150		0.0030	0.0000		
15.2	0.0000								
16	0.3443			0.1317	0.0090	0.0000	0.0000		
16.2					0.0000				
17	0.2485			0.2036	0.0030				
17.2					0.0030				
18	0.0359			0.1916	0.0150				
18.2					0.0000				
19	0.0030			0.0958	0.0988				
19.2					0.0000				
20				0.0090	0.0719				
20.2					0.0000				
21				0.0060	0.1737				
21.2					0.0000				
22				0.0000	0.1587				
22.2					0.0000				
23				0.0000	0.1677				
23.2					0.0000				
24					0.1497				
24.2					0.0180				
25					0.0719				
25.2					0.0060				
26					0.0389				
26.2					0.0090				
27					0.0060				
28					0.0000				
29					0.0000				
32					0.0000				

表 8－44　傈僳族(Lisu)9 个 STR 频率(云南省保山市潞江镇)

Allele	D3S1358	TH01	TPOX	VWA	FGA	CSF1PO	D5S818	D7S820	D13S317
3							0.0000		
4		0.0000							
5		0.0050	0.0000						0.0000
6		0.0841	0.0000			0.0000	0.0000	0.0000	0.0000
7		0.3415	0.0000			0.0000	0.0099	0.0000	0.0050
8	0.0000	0.0941	0.4802			0.0000	0.0000	0.2178	0.2277
9		0.3911	0.1931			0.0495	0.0297	0.1139	0.0792
9.3		0.0347							
10	0.0000	0.0495	0.0000	0.0000		0.2475	0.1238	0.1881	0.1287
11	0.0000	0.0000	0.3168	0.0000		0.2525	0.4059	0.2921	0.2723
12	0.0000	0.0000	0.0099	0.0000		0.3515	0.2277	0.1782	0.2574
13	0.0000		0.0000	0.0050		0.0990	0.1980	0.0099	0.0099
14	0.0000			0.3465		0.0000	0.0050	0.0000	0.0000
15	0.3267			0.0099		0.0000	0.0000		
15.2	0.0000								
16	0.2475			0.0743	0.0000	0.0000	0.0000		
16.2					0.0000				
17	0.3416			0.4010	0.0050				
17.2					0.0000				
18	0.0842			0.1188	0.0891				
18.2					0.0000				
19	0.0000			0.0346	0.0099				
19.2					0.0000				
20				0.0099	0.0990				
20.2					0.0000				

续表 8-44

Allele	D3S1358	TH01	TPOX	VWA	FGA	CSF1PO	D5S818	D7S820	D13S317
21				0.0000	0.0198				
21.2					0.0050				
22				0.0000	0.3168				
22.2					0.0000				
23				0.0000	0.2079				
23.2					0.0148				
24					0.1237				
24.2					0.0198				
25					0.0594				
25.2					0.0000				
26					0.0248				
26.2					0.0050				
27					0.0000				
28					0.0000				
29					0.0000				
32					0.0000				

表 8-45 珞巴族(Lhoba)9 个 STR 频率(西藏自治区林芝地区米林县)

Allele	D3S1358	TH01	TPOX	VWA	FGA	CSF1PO	D5S818	D7S820	D13S317
3							0.0000		
4		0.0000							
5		0.0000	0.0000						0.0000
6		0.0806	0.0054			0.0000	0.0000	0.0000	0.0000
7		0.2742	0.0000			0.0000	0.0054	0.0054	0.0000
8	0.0054	0.0914	0.4839			0.0000	0.0538	0.1290	0.2312

续表 8－45

Allele	D3S1358	TH01	TPOX	VWA	FGA	CSF1PO	D5S818	D7S820	D13S317
9		0.4839	0.1774			0.0108	0.1075	0.1344	0.0591
9.3		0.0645							
10	0.0000	0.0054	0.0054	0.0000		0.0699	0.1290	0.1452	0.1505
11	0.0161	0.0000	0.3236	0.0000		0.0000	0.4462	0.3011	0.3065
12	0.0000	0.0000	0.0054	0.0000		0.1075	0.1828	0.2366	0.2151
13	0.0000		0.0000	0.0054		0.0000	0.0645	0.0484	0.0376
14	0.0215			0.0860		0.2796	0.0000	0.0000	0.0000
15	0.2204			0.0323		0.0000	0.0000		
15.2	0.0054								
16	0.5269			0.1882	0.0000	0.4516	0.0000		
16.2					0.0000				
17	0.1129			0.3656	0.0054				
17.2					0.0000				
18	0.0806			0.2258	0.0376				
18.2					0.0000				
19	0.0000			0.0860	0.1344				
19.2					0.0000				
20				0.0054	0.0108				
20.2					0.0000				
21				0.0000	0.0484				
21.2					0.0000				
22				0.0000	0.1290				
22.2					0.0108				
23				0.0000	0.1935				
23.2					0.0108				
24					0.2366				

续表 8－45

Allele	D3S1358	TH01	TPOX	VWA	FGA	CSF1PO	D5S818	D7S820	D13S317
24.2					0.0000				
25					0.1129				
25.2					0.0108				
26					0.0376				
26.2					0.0000				
27					0.0054				
28					0.0108				
29					0.0054				
32					0.0000				

表 8－46　满族(Manchu)9 个 STR 频率(辽宁省鞍山市岫岩满族自治县)

Allele	D3S1358	TH01	TPOX	VWA	FGA	CSF1PO	D5S818	D7S820	D13S317
3							0.0000		
4		0.0000							
5		0.0000	0.0000						0.0000
6		0.0600	0.0000			0.0000	0.0000	0.0000	0.0000
7		0.3000	0.0000			0.0200	0.0200	0.0000	0.0000
8	0.0000	0.0900	0.5800			0.0100	0.0000	0.0800	0.3400
9		0.5000	0.1200			0.0700	0.0900	0.0300	0.0700
9.3		0.0500							
10	0.0000	0.0000	0.0100	0.0000		0.2700	0.1900	0.0900	0.1300
11	0.0000	0.0000	0.2600	0.0000		0.3300	0.3300	0.3900	0.3900
12	0.0000	0.0000	0.0300	0.0100		0.2500	0.2800	0.4000	0.0600
13	0.0000		0.0000	0.0000		0.0500	0.0800	0.0100	0.0100
14	0.1000			0.1100		0.0000	0.0100	0.0000	0.0000
15	0.3600			0.0200		0.0000	0.0000		

续表 8－46

Allele	D3S1358	TH01	TPOX	VWA	FGA	CSF1PO	D5S818	D7S820	D13S317
15.2	0.0000								
16	0.2600			0.2700	0.0000	0.0000	0.0000		
16.2					0.0000				
17	0.1800			0.2300	0.0000				
17.2					0.0000				
18	0.1000			0.2300	0.0200				
18.2					0.0000				
19	0.0000			0.1300	0.0700				
19.2					0.0000				
20				0.0000	0.0100				
20.2					0.0000				
21				0.0000	0.0700				
21.2					0.0000				
22				0.0000	0.2000				
22.2					0.0100				
23				0.0000	0.1700				
23.2					0.0300				
24					0.2100				
24.2					0.0200				
25					0.1000				
25.2					0.0000				
26					0.0900				
26.2					0.0000				
27					0.0000				
28					0.0000				
29					0.0000				
32					0.0000				

表 8-47 毛南族(Maonan)9 个 STR 频率(广西壮族自治区环江毛南族自治县)

Allele	D3S1358	TH01	TPOX	VWA	FGA	CSF1PO	D5S818	D7S820	D13S317
3							0.0000		
4		0.0000							
5		0.0000	0.0000						0.0000
6		0.0694	0.0000			0.0000	0.0000	0.0000	0.0000
7		0.3102	0.0000			0.0327	0.0278	0.0035	0.0000
8	0.0000	0.0972	0.5467			0.0000	0.0000	0.1469	0.3224
9		0.4444	0.0748			0.0280	0.0370	0.0664	0.1449
9.3		0.0324							
10	0.0000	0.0463	0.0561	0.0000		0.2617	0.2593	0.1294	0.1121
11	0.0000	0.0000	0.2991	0.0000		0.2150	0.3148	0.4685	0.2944
12	0.0000	0.0000	0.0234	0.0000		0.4019	0.2500	0.1469	0.0981
13	0.0093		0.0000	0.0000		0.0374	0.0972	0.0350	0.0187
14	0.0787			0.3148		0.0234	0.0139	0.0035	0.0093
15	0.3241			0.0231		0.0000	0.0000		
15.2	0.0000								
16	0.3009			0.0787	0.0000	0.0000	0.0000		
16.2					0.0000				
17	0.2361			0.2500	0.0000				
17.2	0.0463				0.0000				
18	0.0463			0.2222	0.0143				
18.2					0.0000				
19	0.0046			0.0972	0.0571				
19.2					0.0000				
20				0.0139	0.0476				
20.2					0.0000				

续表 8－47

Allele	D3S1358	TH01	TPOX	VWA	FGA	CSF1PO	D5S818	D7S820	D13S317
21				0.0000	0.1619				
21.2					0.0048				
22				0.0000	0.2143				
22.2					0.0048				
23				0.0000	0.1762				
23.2					0.0143				
24					0.1619				
24.2					0.0143				
25					0.0905				
25.2					0.0000				
26					0.0286				
26.2					0.0000				
27					0.0095				
28					0.0000				
29					0.0000				
32					0.0000				

表 8－48　门巴族(Monba)9 个 STR 频率(西藏自治区门隅地区)

Allele	D3S1358	TH01	TPOX	VWA	FGA	CSF1PO	D5S818	D7S820	D13S317
3							0.0000		
4		0.0000							
5		0.0000	0.0000						0.0000
6		0.0250	0.0000			0.0000	0.0000	0.0000	0.0000
7		0.3090	0.0000			0.0000	0.0000	0.0000	0.0000
8	0.0000	0.0150	0.5250			0.0000	0.0000	0.1370	0.1810

续表 8－48

Allele	D3S1358	TH01	TPOX	VWA	FGA	CSF1PO	D5S818	D7S820	D13S317
9		0.5250	0.2110			0.0490	0.0590	0.1270	0.0250
9.3		0.1180							
10	0.0000	0.0000	0.0000	0.0000		0.1760	0.1420	0.0740	0.2990
11	0.0000	0.0000	0.2400	0.0000		0.2250	0.5780	0.4070	0.2700
12	0.0000	0.0000	0.0250	0.0000		0.3920	0.1420	0.2110	0.1420
13	0.0000		0.0000	0.0000		0.1570	0.0780	0.0440	0.0590
14	0.0100			0.0780		0.0000	0.0000	0.0000	0.0250
15	0.3280			0.0640		0.0000	0.0000		
15.2	0.0000								
16	0.3730			0.3090	0.0000	0.0000	0.0000		
16.2					0.0000				
17	0.2550			0.3330	0.0000				
17.2					0.0000				
18	0.0340			0.1080	0.0250				
18.2					0.0000				
19	0.0000			0.0980	0.0290				
19.2					0.0000				
20				0.0050	0.0490				
20.2					0.0000				
21				0.0050	0.0780				
21.2					0.0050				
22				0.0000	0.1320				
22.2					0.0050				
23				0.0000	0.2210				
23.2					0.0290				
24					0.1520				

续表 8－48

Allele	D3S1358	TH01	TPOX	VWA	FGA	CSF1PO	D5S818	D7S820	D13S317
24.2					0.0390				
25					0.1270				
25.2					0.0150				
26					0.0490				
26.2					0.0000				
27					0.0340				
28					0.0100				
29					0.0000				
32					0.0000				

表 8－49　蒙古族(Mongolian)9 个 STR 频率(内蒙古自治区呼和浩特市)

Allele	D3S1358	TH01	TPOX	VWA	FGA	CSF1PO	D5S818	D7S820	D13S317
3							0.0000		
4		0.0000							
5		0.0000	0.0000						0.0000
6		0.1912	0.0000			0.0000	0.0000	0.0000	0.0000
7		0.3333	0.0000			0.0000	0.0343	0.0000	0.0000
8	0.0000	0.1127	0.4853			0.0000	0.0049	0.3039	0.1765
9		0.2255	0.0931			0.0294	0.0637	0.1275	0.1961
9.3		0.1373							
10	0.0000	0.0000	0.0294	0.0000		0.2745	0.0588	0.1225	0.1324
11	0.0000	0.0000	0.3039	0.0000		0.2255	0.4265	0.2941	0.1569
12	0.0000	0.0000	0.0833	0.0000		0.3873	0.2990	0.1324	0.2500
13	0.0000		0.0049	0.0098		0.0833	0.1127	0.0147	0.0539
14	0.0196			0.1078		0.0000	0.0000	0.0049	0.0294
15	0.3922			0.0392		0.0000	0.0000		

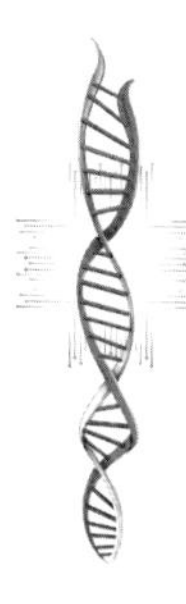

续表 8 - 49

Allele	D3S1358	TH01	TPOX	VWA	FGA	CSF1PO	D5S818	D7S820	D13S317
15.2	0.0000								
16	0.3529			0.1912	0.0000	0.0000	0.0000		
16.2					0.0000				
17	0.1814			0.2647	0.0000				
17.2					0.0000				
18	0.0441			0.3235	0.0196				
18.2					0.0000				
19	0.0098			0.0637	0.0147				
19.2					0.0000				
20				0.0000	0.0196				
20.2					0.0000				
21				0.0000	0.1422				
21.2					0.0000				
22				0.0000	0.1618				
22.2					0.0000				
23				0.0000	0.1471				
23.2					0.0098				
24					0.2451				
24.2					0.0000				
25					0.1667				
25.2					0.0000				
26					0.0441				
26.2					0.0098				
27					0.0196				
28					0.0000				
29					0.0000				
32					0.0000				

表 8－50　苗族(Miao)9 个 STR 频率(广西壮族自治区柳州市融水苗族自治县)

Allele	D3S1358	TH01	TPOX	VWA	FGA	CSF1PO	D5S818	D7S820	D13S317
3							0.0000		
4		0.0000							
5		0.0000	0.0000						0.0000
6		0.1418	0.0000			0.0000	0.0000	0.0000	0.0000
7		0.2476	0.0000			0.0192	0.0481	0.0000	0.0072
8	0.0000	0.0433	0.4615			0.0000	0.0024	0.1799	0.3986
9		0.4663	0.1418			0.0216	0.0433	0.0600	0.1026
9.3		0.0361							
10	0.0000	0.0625	0.0216	0.0000		0.2188	0.2404	0.1463	0.1599
11	0.0000	0.0024	0.3510	0.0000		0.2572	0.3197	0.4484	0.1981
12	0.0000	0.0000	0.0240	0.0000		0.4111	0.2212	0.1463	0.0859
13	0.0024		0.0000	0.0000		0.0673	0.1106	0.0144	0.0358
14	0.0433			0.3197		0.0048	0.0120	0.0048	0.0095
15	0.3125			0.0192		0.0000	0.0024		
15.2	0.0000								
16	0.3029			0.1178	0.0000	0.0000	0.0000		
16.2					0.0000				
17	0.2885			0.2115	0.0000				
17.2					0.0000				
18	0.0481			0.2163	0.0216				
18.2					0.0000				
19	0.0024			0.0962	0.0601				
19.2					0.0000				
20				0.0168	0.0625				
20.2					0.0000				

续表 8－50

Allele	D3S1358	TH01	TPOX	VWA	FGA	CSF1PO	D5S818	D7S820	D13S317
21				0.0024	0.0889				
21.2					0.0000				
22				0.0000	0.1490				
22.2					0.0000				
23				0.0000	0.1418				
23.2					0.0096				
24					0.1803				
24.2					0.0313				
25					0.1466				
25.2					0.0144				
26					0.0577				
26.2					0.0072				
27					0.0216				
28					0.0048				
29					0.0024				
32					0.0000				

表 8－51　仫佬族(Mulao)9 个 STR 频率(广西壮族自治区罗城仫佬族自治县)

Allele	D3S1358	TH01	TPOX	VWA	FGA	CSF1PO	D5S818	D7S820	D13S317
3							0.0000		
4		0.0000							
5		0.0000	0.0000						0.0000
6		0.0710	0.0000			0.0000	0.0000	0.0000	0.0000
7		0.2951	0.0000			0.0164	0.0519	0.0000	0.0000
8	0.0000	0.0492	0.5301			0.0000	0.0000	0.1721	0.3033

续表 8－51

Allele	D3S1358	TH01	TPOX	VWA	FGA	CSF1PO	D5S818	D7S820	D13S317
9		0.5027	0.1339			0.0383	0.0628	0.0410	0.1366
9.3		0.0464							
10	0.0000	0.0355	0.0191	0.0000		0.2404	0.1967	0.1721	0.1530
11	0.0000	0.0000	0.2978	0.0000		0.1885	0.3361	0.4290	0.2842
12	0.0055	0.0000	0.0191	0.0000		0.3880	0.1967	0.1530	0.0929
13	0.0000		0.0000	0.0000		0.1148	0.1339	0.0328	0.0246
14	0.0546			0.3497		0.0109	0.0137	0.0000	0.0055
15	0.2486			0.0109		0.0027	0.0082		
15.2	0.0000								
16	0.3197			0.1066	0.0027	0.0000	0.0000		
16.2					0.0055				
17	0.3087			0.2350	0.0000				
17.2					0.0000				
18	0.0601			0.1858	0.0328				
18.2					0.0000				
19	0.0000			0.0902	0.0765				
19.2					0.0000				
20				0.0191	0.0492				
20.2					0.0000				
21				0.0000	0.1011				
21.2					0.0000				
22				0.0000	0.2077				
22.2					0.0055				
23				0.0027	0.1803				
23.2					0.0137				
24					0.1612				

续表 8-51

Allele	D3S1358	TH01	TPOX	VWA	FGA	CSF1PO	D5S818	D7S820	D13S317
24.2					0.0027				
25					0.0656				
25.2					0.0000				
26					0.0628				
26.2					0.0000				
27					0.0246				
28					0.0082				
29					0.0000				
32					0.0000				

表 8-52 纳西族(Naxi)9 个 STR 频率(云南省丽江市)

Allele	D3S1358	TH01	TPOX	VWA	FGA	CSF1PO	D5S818	D7S820	D13S317
3							0.0000		
4		0.0000							
5		0.0052	0.0000						0.0000
6		0.1563	0.0052			0.0000	0.0000	0.0000	0.0000
7		0.2708	0.0000			0.0052	0.0208	0.0052	0.0000
8	0.0000	0.0625	0.5208			0.0000	0.0052	0.1510	0.3385
9		0.4635	0.1251			0.0365	0.0729	0.0885	0.1458
9.3		0.0261							
10	0.0000	0.0156	0.0156	0.0000		0.2500	0.1511	0.2344	0.1198
11	0.0000	0.0000	0.3125	0.0000		0.2760	0.3125	0.2657	0.2293
12	0.0000	0.0000	0.0208	0.0000		0.3438	0.2969	0.1979	0.1354
13	0.0000		0.0000	0.0000		0.0625	0.1198	0.0521	0.0208
14	0.0208			0.2448		0.0208	0.0208	0.0052	0.0104

续表 8－52

Allele	D3S1358	TH01	TPOX	VWA	FGA	CSF1PO	D5S818	D7S820	D13S317
15	0.4010			0.0052		0.0000	0.0000		
15.2	0.0000								
16	0.3438			0.1615	0.0000	0.0052	0.0000		
16.2					0.0000				
17	0.1719			0.3073	0.0000				
17.2					0.0000				
18	0.0573			0.1979	0.0365				
18.2					0.0000				
19	0.0056			0.0625	0.0469				
19.2					0.0000				
20				0.0208	0.0573				
20.2					0.0000				
21				0.0000	0.1406				
21.2					0.0156				
22				0.0000	0.1563				
22.2					0.0000				
23				0.0000	0.1667				
23.2					0.0207				
24					0.1719				
24.2					0.0156				
25					0.1094				
25.2					0.0104				
26					0.0417				
26.2					0.0052				
27					0.0052				
28					0.0000				
29					0.0000				
32					0.0000				

表 8-53 怒族(Nu)9 个 STR 频率(云南省贡山县小茶腊村)

Allele	D3S1358	TH01	TPOX	VWA	FGA	CSF1PO	D5S818	D7S820	D13S317
3							0.0000		
4		0.0000							
5		0.0000	0.0000						0.0000
6		0.1012	0.0000			0.0000	0.0000	0.0000	0.0000
7		0.3690	0.0000			0.0059	0.0059	0.0000	0.0000
8	0.0000	0.0059	0.6131			0.0000	0.0298	0.0654	0.1845
9		0.4702	0.0119			0.0238	0.0476	0.0357	0.3333
9.3		0.0536							
10	0.0000	0.0000	0.0000	0.0000		0.1845	0.1310	0.3154	0.0179
11	0.0000	0.0000	0.2857	0.0000		0.2798	0.2262	0.2381	0.2679
12	0.0000	0.0000	0.0892	0.0000		0.3690	0.3869	0.3095	0.1369
13	0.0000		0.0000	0.0000		0.1310	0.1607	0.0357	0.0536
14	0.0536			0.2857		0.0059	0.0119	0.0000	0.0059
15	0.1607			0.0119		0.0000	0.0000		
15.2	0.0000								
16	0.4821			0.2381	0.0000	0.0000	0.0000		
16.2					0.0000				
17	0.2500			0.2738	0.0000				
17.2					0.0000				
18	0.0357			0.1190	0.1250				
18.2					0.0000				
19	0.0179			0.0714	0.0000				
19.2					0.0000				
20				0.0000	0.0714				
20.2					0.0000				

续表 8－53

Allele	D3S1358	TH01	TPOX	VWA	FGA	CSF1PO	D5S818	D7S820	D13S317
21				0.0000	0.0714				
21.2					0.0000				
22				0.0000	0.2202				
22.2					0.0000				
23				0.0000	0.3035				
23.2					0.0000				
24					0.0952				
24.2					0.0059				
25					0.0595				
25.2					0.0178				
26					0.0178				
26.2					0.0000				
27					0.0000				
28					0.0119				
29					0.0000				
32					0.0000				

表 8－54 普米族(Pumi)9 个 STR 频率(云南省怒江州兰坪县)

Allele	D3S1358	TH01	TPOX	VWA	FGA	CSF1PO	D5S818	D7S820	D13S317
3							0.0000		
4		0.0000							
5		0.0150	0.0000						0.0000
6		0.1100	0.0100			0.0150	0.0000	0.0101	0.0050
7		0.2200	0.0150			0.0250	0.0152	0.0101	0.0050
8	0.0000	0.1150	0.5250			0.0000	0.0354	0.1717	0.1750

续表 8－54

Allele	D3S1358	TH01	TPOX	VWA	FGA	CSF1PO	D5S818	D7S820	D13S317
9		0.4850	0.1350			0.0350	0.0859	0.0505	0.1200
9.3		0.0450							
10	0.0000	0.0100	0.0000	0.0000		0.1750	0.2071	0.2121	0.1200
11	0.0000	0.0000	0.2300	0.0100		0.2100	0.3081	0.2424	0.3400
12	0.0100	0.0000	0.0800	0.0100		0.3050	0.2172	0.2677	0.2050
13	0.0100		0.0050	0.0000		0.1800	0.1162	0.0202	0.0300
14	0.0100			0.2150		0.0550	0.0101	0.0152	0.0000
15	0.3900			0.0050		0.0000	0.0051		
15.2	0.0000								
16	0.3350			0.2050	0.0000	0.0000	0.0000		
16.2					0.0000				
17	0.1550			0.3200	0.0051				
17.2					0.0051				
18	0.0650			0.1100	0.0510				
18.2					0.0051				
19	0.0250			0.1100	0.0561				
19.2					0.0051				
20				0.0150	0.0561				
20.2					0.0051				
21				0.0000	0.0714				
21.2					0.0153				
22				0.0000	0.1480				
22.2					0.0102				
23				0.0000	0.2194				
23.2					0.0357				
24					0.1071				

续表 8-54

Allele	D3S1358	TH01	TPOX	VWA	FGA	CSF1PO	D5S818	D7S820	D13S317
24.2					0.0153				
25					0.1122				
25.2					0.0000				
26					0.0663				
26.2					0.0051				
27					0.0000				
28					0.0051				
29					0.0000				
32					0.0000				

表 8-55 羌族(Qiang)9 个 STR 频率(四川省阿坝藏族羌族自治州)

Allele	D3S1358	TH01	TPOX	VWA	FGA	CSF1PO	D5S818	D7S820	D13S317
3							0.0000		
4		0.0000							
5		0.0000	0.0000						0.0000
6		0.0300	0.0000			0.0000	0.0000	0.0000	0.0000
7		0.0950	0.0000			0.0050	0.0000	0.0000	0.0200
8	0.0000	0.3150	0.6400			0.0150	0.0050	0.1150	0.1800
9		0.2150	0.0800			0.0600	0.0400	0.0700	0.0650
9.3		0.3250							
10	0.0000	0.0200	0.0300	0.0000		0.2750	0.1550	0.2850	0.1300
11	0.0000	0.0000	0.2350	0.0000		0.2850	0.6100	0.3100	0.4700
12	0.0000	0.0000	0.0150	0.0000		0.3000	0.1150	0.1900	0.0900
13	0.0000		0.0000	0.0050		0.0600	0.0750	0.0300	0.0450
14	0.1900			0.1450		0.0000	0.0000	0.0000	0.0000

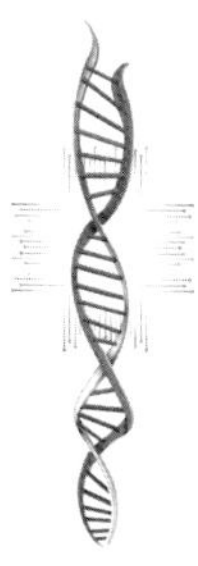

续表 8-55

Allele	D3S1358	TH01	TPOX	VWA	FGA	CSF1PO	D5S818	D7S820	D13S317
15	0.4050			0.0250		0.0000	0.0000		
15.2	0.1900								
16	0.1850			0.1900	0.0000	0.0000	0.0000		
16.2					0.0000				
17	0.0300			0.3200	0.0000				
17.2					0.0000				
18	0.0000			0.2550	0.0200				
18.2					0.0000				
19	0.0000			0.0550	0.0600				
19.2					0.0000				
20				0.0050	0.0400				
20.2					0.0000				
21				0.0000	0.0900				
21.2					0.1900				
22				0.0000	0.0100				
22.2					0.2400				
23				0.0000	0.0100				
23.2					0.2100				
24					0.0050				
24.2					0.0000				
25					0.0800				
25.2					0.0000				
26					0.0400				
26.2					0.0000				
27					0.0050				
28					0.0000				
29					0.0000				
32					0.0000				

表 8－56　撒拉族(Salar)9 个 STR 频率(青海省循化撒拉族自治县)

Allele	D3S1358	TH01	TPOX	VWA	FGA	CSF1PO	D5S818	D7S820	D13S317
3							0.0000		
4		0.0000							
5		0.0000	0.0000						0.0000
6		0.0847	0.0000			0.0000	0.0000	0.0000	0.0000
7		0.2661	0.0040			0.0000	0.0121	0.0000	0.0040
8	0.0000	0.0323	0.5081			0.0000	0.0040	0.1895	0.2460
9		0.5081	0.1210			0.0323	0.0605	0.0645	0.1008
9.3		0.0968							
10	0.0000	0.0121	0.0605	0.0000		0.2782	0.2298	0.2097	0.1290
11	0.0000	0.0000	0.2823	0.0000		0.2581	0.3750	0.3065	0.2460
12	0.0000	0.0000	0.0202	0.0000		0.3831	0.1976	0.1694	0.1734
13	0.0040		0.0040	0.0000		0.0323	0.1210	0.0605	0.0766
14	0.0524			0.1653		0.0161	0.0000	0.0000	0.0242
15	0.3468			0.0323		0.0000	0.0000		
15.2	0.0000								
16	0.3387			0.3065	0.0000	0.0000	0.0000		
16.2					0.0000				
17	0.2218			0.2702	0.0000				
17.2					0.0000				
18	0.0363			0.1371	0.0202				
18.2					0.0000				
19	0.0000			0.0806	0.0565				
19.2					0.0000				
20				0.0081	0.0363				
20.2					0.0000				
21				0.0000	0.1411				

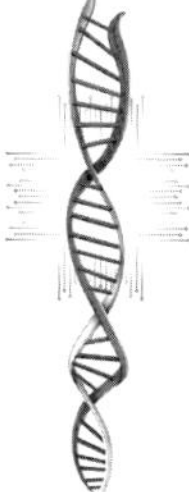

续表 8 - 56

Allele	D3S1358	TH01	TPOX	VWA	FGA	CSF1PO	D5S818	D7S820	D13S317
21.2					0.0040				
22				0.0000	0.1653				
22.2					0.0202				
23				0.0000	0.1613				
23.2					0.0363				
24					0.2016				
24.2					0.0000				
25					0.1008				
25.2					0.0040				
26					0.0363				
26.2					0.0000				
27					0.0161				
28					0.0000				
29					0.0000				
32					0.0000				

表 8 - 57 畲族(She)9 个 STR 频率(福建省宁德市)

Allele	D3S1358	TH01	TPOX	VWA	FGA	CSF1PO	D5S818	D7S820	D13S317
3							0.0000		
4		0.0000							
5		0.0000	0.0000						0.0000
6		0.1000	0.0000			0.0000	0.0000	0.0000	0.0000
7		0.2100	0.0000			0.0000	0.0300	0.0050	0.0000
8	0.0000	0.0450	0.5550			0.0000	0.0000	0.1700	0.3500
9		0.5150	0.0700			0.0900	0.0550	0.0250	0.2000

续表 8－57

Allele	D3S1358	TH01	TPOX	VWA	FGA	CSF1PO	D5S818	D7S820	D13S317
9.3		0.0400							
10	0.0000	0.0850	0.0350	0.0000		0.2250	0.1600	0.1500	0.0850
11	0.0000	0.0050	0.3100	0.0000		0.1600	0.3550	0.4150	0.1400
12	0.0000	0.0000	0.0300	0.0000		0.3900	0.2800	0.2100	0.1850
13	0.0000		0.0000	0.0000		0.1200	0.1150	0.0250	0.0250
14	0.0700			0.3100		0.0150	0.0050	0.0000	0.0150
15	0.3900			0.0300		0.0000	0.0000		
15.2	0.0000								
16	0.3200			0.1350	0.0000	0.0000	0.0000		
16.2					0.0000				
17	0.1350			0.1900	0.0000				
17.2					0.0000				
18	0.0850			0.2400	0.0300				
18.2					0.0000				
19	0.0100			0.0850	0.0350				
19.2					0.0000				
20				0.0100	0.0560				
20.2					0.0050				
21				0.0000	0.0560				
21.2					0.0200				
22				0.0000	0.0960				
22.2					0.0000				
23				0.0000	0.2470				
23.2					0.0000				
24					0.1920				
24.2					0.0150				

续表 8-57

Allele	D3S1358	TH01	TPOX	VWA	FGA	CSF1PO	D5S818	D7S820	D13S317
25					0.1110				
25.2					0.0000				
26					0.1160				
26.2					0.0000				
27					0.0200				
28					0.0000				
29					0.0000				
32					0.0000				

表 8-58 水族(Sui)9 个 STR 频率(广西壮族自治区融水苗族自治县)

Allele	D3S1358	TH01	TPOX	VWA	FGA	CSF1PO	D5S818	D7S820	D13S317
3							0.0000		
4		0.0000							
5		0.0000	0.0000						0.0000
6		0.1703	0.0000			0.0000	0.0000	0.0000	0.0000
7		0.3132	0.0000			0.0165	0.0220	0.0000	0.0165
8	0.0000	0.0220	0.4286			0.0000	0.0000	0.1978	0.3791
9		0.4176	0.0934			0.0000	0.0055	0.0934	0.1044
9.3		0.0385							
10	0.0000	0.0385	0.0055	0.0000		0.2143	0.2308	0.0934	0.1758
11	0.0000	0.0000	0.4560	0.0000		0.2473	0.2582	0.3791	0.2418
12	0.0000	0.0000	0.0165	0.0000		0.4231	0.3132	0.1978	0.0440
13	0.0000		0.0000	0.0000		0.0934	0.1703	0.0385	0.0330
14	0.0385			0.3297		0.0055	0.0000	0.0000	0.0055
15	0.3297			0.0000		0.0000	0.0000		

续表 8-58

Allele	D3S1358	TH01	TPOX	VWA	FGA	CSF1PO	D5S818	D7S820	D13S317
15.2	0.0000								
16	0.3187			0.1429	0.0000	0.0000	0.0000		
16.2					0.0000				
17	0.2527			0.1978	0.0000				
17.2					0.0000				
18	0.0440			0.1648	0.0824				
18.2					0.0000				
19	0.0165			0.1099	0.0385				
19.2					0.0000				
20				0.0385	0.0220				
20.2					0.0000				
21				0.0165	0.1978				
21.2					0.0000				
22				0.0000	0.1923				
22.2					0.0165				
23				0.0000	0.0989				
23.2					0.0055				
24					0.0495				
24.2					0.0165				
25					0.1264				
25.2					0.0000				
26					0.1319				
26.2					0.0000				
27					0.0220				
28					0.0000				
29					0.0000				
32					0.0000				

表 8－59　塔吉克族(Tajik)9 个 STR 频率(新疆维吾尔自治区塔什库尔干塔吉克自治县)

Allele	D3S1358	TH01	TPOX	VWA	FGA	CSF1PO	D5S818	D7S820	D13S317
3							0.0080		
4		0.0000							
5		0.0000	0.0000						0.0000
6		0.1720	0.0000			0.0000	0.0000	0.0000	0.0000
7		0.1270	0.0040			0.0000	0.0000	0.0160	0.0000
8	0.0000	0.2300	0.5080			0.0000	0.0000	0.2340	0.0780
9		0.1930	0.0410			0.0250	0.0660	0.0980	0.0740
9.3		0.2580							
10	0.0000	0.0200	0.1200	0.0000		0.1680	0.0940	0.2340	0.0610
11	0.0000	0.0000	0.3100	0.0000		0.3480	0.2790	0.2340	0.3610
12	0.0000	0.0000	0.0120	0.0000		0.3690	0.4100	0.1680	0.3030
13	0.0000		0.0040	0.0000		0.0860	0.1310	0.0120	0.0900
14	0.0820			0.1070		0.0040	0.0120	0.0040	0.0290
15	0.4057			0.0860		0.0000	0.0000		
15.2	0.0000								
16	0.2254			0.2010	0.0040	0.0000	0.0000		
16.2					0.0000				
17	0.1516			0.3070	0.0040				
17.2					0.0000				
18	0.1066			0.2300	0.0250				
18.2					0.0000				
19	0.0246			0.0660	0.0840				
19.2					0.0000				
20				0.0040	0.1010				
20.2					0.0000				
21				0.0000	0.2100				

续表 8－59

Allele	D3S1358	TH01	TPOX	VWA	FGA	CSF1PO	D5S818	D7S820	D13S317
21.2					0.0170				
22				0.0000	0.1180				
22.2					0.0040				
23				0.0000	0.1600				
23.2					0.0210				
24					0.1180				
24.2					0.0170				
25					0.0880				
25.2					0.0000				
26					0.0250				
26.2					0.0000				
27					0.0040				
28					0.0000				
29					0.0000				
32					0.0000				

表 8－60　塔塔尔族(Tatar)9 个 STR 频率(新疆维吾尔自治区昌吉回族自治州奇台县)

Allele	D3S1358	TH01	TPOX	VWA	FGA	CSF1PO	D5S818	D7S820	D13S317
3							0.0000		
4		0.0000							
5		0.0000	0.0050						0.0000
6		0.2300	0.0000			0.0000	0.0000	0.0000	0.0000
7		0.2950	0.0000			0.0000	0.0000	0.0050	0.0000
8	0.0000	0.0900	0.5150			0.0200	0.0000	0.2250	0.2050
9		0.2350	0.0750			0.0950	0.0550	0.1150	0.1550
9.3		0.1350							

续表 8-60

Allele	D3S1358	TH01	TPOX	VWA	FGA	CSF1PO	D5S818	D7S820	D13S317
10	0.0000	0.0150	0.0750	0.0000		0.2650	0.0750	0.1350	0.1550
11	0.0000	0.0000	0.3050	0.0000		0.3650	0.3400	0.3050	0.2350
12	0.0000	0.0000	0.0250	0.0000		0.2100	0.4400	0.2150	0.1800
13	0.0000		0.0000	0.0050		0.0400	0.0900	0.0000	0.0550
14	0.0400			0.0850		0.0050	0.0000	0.0000	0.0150
15	0.3700			0.0600		0.0000	0.0000		
15.2	0.0000								
16	0.3200			0.1900	0.0000	0.0000	0.0000		
16.2					0.0000				
17	0.2500			0.3100	0.0000				
17.2					0.0000				
18	0.0150			0.2050	0.0300				
18.2					0.0000				
19	0.0050			0.1050	0.0050				
19.2					0.0000				
20				0.0400	0.1600				
20.2					0.0050				
21				0.0000	0.0750				
21.2					0.0050				
22				0.0000	0.2100				
22.2					0.0000				
23				0.0000	0.1600				
23.2					0.0000				
24					0.1500				
24.2					0.0000				

续表 8－60

Allele	D3S1358	TH01	TPOX	VWA	FGA	CSF1PO	D5S818	D7S820	D13S317
25					0.1250				
25.2					0.0000				
26					0.0700				
26.2					0.0000				
27					0.0050				
28					0.0000				
29					0.0000				
32					0.0000				

表 8－61　土家族(Tujia)9 个 STR 频率(重庆市石柱土家族自治县)

Allele	D3S1358	TH01	TPOX	VWA	FGA	CSF1PO	D5S818	D7S820	D13S317
3							0.0000		
4		0.0000							
5		0.0000	0.0000						0.0000
6		0.0870	0.0000			0.0000	0.0000	0.0000	0.0000
7		0.3087	0.0087			0.0130	0.0348	0.0000	0.0000
8	0.0000	0.0826	0.5348			0.0043	0.0087	0.1174	0.3131
9		0.4217	0.1000			0.0261	0.0609	0.0522	0.1261
9.3		0.0348							
10	0.0000	0.0565	0.0478	0.0000		0.2217	0.1826	0.1652	0.1130
11	0.0000	0.0087	0.2696	0.0000		0.2566	0.3565	0.3783	0.2565
12	0.0174	0.0000	0.0348	0.0000		0.4217	0.2391	0.2478	0.1478
13	0.0130		0.0043	0.0000		0.0520	0.0957	0.0391	0.0217
14	0.0435			0.2565		0.0043	0.0174	0.0000	0.0217
15	0.3609			0.0261		0.0000	0.0043		

续表 8－61

Allele	D3S1358	TH01	TPOX	VWA	FGA	CSF1PO	D5S818	D7S820	D13S317
15.2	0.0000								
16	0.3435			0.1783	0.0000	0.0000	0.0000		
16.2					0.0000				
17	0.1565			0.2609	0.0043				
17.2					0.0000				
18	0.0565			0.1826	0.0000				
18.2					0.0000				
19	0.0087			0.0870	0.0783				
19.2					0.0000				
20				0.0087	0.0522				
20.2					0.0000				
21				0.0000	0.1304				
21.2					0.0043				
22				0.0000	0.1739				
22.2					0.0174				
23				0.0000	0.1739				
23.2					0.0130				
24					0.1913				
24.2					0.0087				
25					0.0696				
25.2					0.0043				
26					0.0522				
26.2					0.0043				
27					0.0174				
28					0.0000				
29					0.0000				
32					0.0043				

表 8-62　土族(Tu)9 个 STR 频率(青海省互助土族自治县)

Allele	D3S1358	TH01	TPOX	VWA	FGA	CSF1PO	D5S818	D7S820	D13S317
3							0.0000		
4		0.0000							
5		0.0000	0.0000						0.0000
6		0.1151	0.0000			0.0000	0.0000	0.0000	0.0000
7		0.2599	0.0000			0.0034	0.0097	0.0033	0.0000
8	0.0000	0.0559	0.5359			0.0034	0.0000	0.1382	0.2712
9		0.4605	0.1340			0.0582	0.0487	0.0526	0.1503
9.3		0.0691							
10	0.0000	0.0395	0.0163	0.0000		0.2089	0.1948	0.2039	0.1144
11	0.0000	0.0000	0.2941	0.0000		0.2329	0.3929	0.3421	0.2320
12	0.0000	0.0000	0.0196	0.0000		0.4041	0.2208	0.2204	0.1667
13	0.0000		0.0000	0.0032		0.0719	0.1201	0.0362	0.0621
14	0.0422			0.2013		0.0171	0.0097	0.0033	0.0033
15	0.3701			0.0357		0.0000	0.0032		
15.2	0.0000								
16	0.3312			0.2630	0.0000	0.0000	0.0000		
16.2					0.0000				
17	0.1916			0.1591	0.0000				
17.2					0.0000				
18	0.0519			0.2338	0.0392				
18.2					0.0000				
19	0.0130			0.0974	0.0686				
19.2					0.0033				
20				0.0065	0.0458				
20.2					0.0000				
21				0.0000	0.0980				

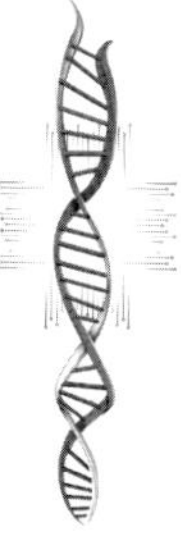

续表 8－62

Allele	D3S1358	TH01	TPOX	VWA	FGA	CSF1PO	D5S818	D7S820	D13S317
21.2					0.0000				
22				0.0000	0.1765				
22.2					0.0033				
23				0.0000	0.1961				
23.2					0.0098				
24					0.2222				
24.2					0.0000				
25					0.1013				
25.2					0.0065				
26					0.0131				
26.2					0.0065				
27					0.0098				
28					0.0000				
29					0.0000				
32					0.0000				

表 8－63　佤族(Va)9 个 STR 频率(云南省思茅市)

Allele	D3S1358	TH01	TPOX	VWA	FGA	CSF1PO	D5S818	D7S820	D13S317
3							0.0000		
4		0.0000							
5		0.0000	0.0000						0.0000
6		0.0341	0.0000			0.0000	0.0000	0.0000	0.0000
7		0.3125	0.0057			0.0000	0.0278	0.0000	0.0000
8	0.0000	0.0511	0.6761			0.0000	0.0056	0.1667	0.4034
9		0.3807	0.0739			0.0398	0.0500	0.0611	0.0852
9.3		0.1534							

续表 8-63

Allele	D3S1358	TH01	TPOX	VWA	FGA	CSF1PO	D5S818	D7S820	D13S317
10	0.0000	0.0511	0.0682	0.0000		0.2045	0.2500	0.1500	0.1364
11	0.0000	0.0057	0.1648	0.0000		0.3295	0.2444	0.2778	0.2159
12	0.0230	0.0114	0.0114	0.0000		0.3466	0.1611	0.3167	0.1250
13	0.0000		0.0000	0.0000		0.0739	0.2500	0.0222	0.0227
14	0.0575			0.2784		0.0057	0.0056	0.0056	0.0114
15	0.1782			0.0000		0.0000	0.0056		
15.2	0.0000								
16	0.4655			0.1250	0.0000	0.0000	0.0000		
16.2					0.0000				
17	0.2241			0.2216	0.0000				
17.2					0.0000				
18	0.0460			0.1818	0.0172				
18.2					0.0000				
19	0.0057			0.1818	0.0862				
19.2					0.0000				
20				0.0114	0.0575				
20.2					0.0057				
21				0.0000	0.1437				
21.2					0.0057				
22				0.0000	0.2241				
22.2					0.0172				
23				0.0000	0.2184				
23.2					0.0115				
24					0.1264				
24.2					0.0000				

续表 8-63

Allele	D3S1358	TH01	TPOX	VWA	FGA	CSF1PO	D5S818	D7S820	D13S317
25					0.0345				
25.2					0.0115				
26					0.0402				
26.2					0.0000				
27					0.0000				
28					0.0000				
29					0.0000				
32					0.0000				

表 8-64 维吾尔族(Uygur)9 个 STR 频率(新疆维吾尔自治区乌鲁木齐市)

Allele	D3S1358	TH01	TPOX	VWA	FGA	CSF1PO	D5S818	D7S820	D13S317
3							0.0000		
4		0.0000							
5		0.0086	0.0000						0.0120
6		0.1121	0.0000			0.0000	0.0000	0.0000	0.0000
7		0.3190	0.0086			0.0000	0.0301	0.0000	0.0000
8	0.0000	0.0862	0.5172			0.0000	0.0000	0.0976	0.2229
9		0.2414	0.1293			0.0301	0.0301	0.0976	0.1446
9.3		0.1810							
10	0.0000	0.0517	0.0517	0.0000		0.2108	0.1867	0.2317	0.0904
11	0.0000	0.0000	0.2586	0.0000		0.0120	0.3193	0.3293	0.2711
12	0.0060	0.0000	0.0345	0.0000		0.2470	0.2470	0.1707	0.1867
13	0.0060		0.0000	0.0086		0.3494	0.1867	0.0732	0.0602
14	0.0181			0.1810		0.1325	0.0000	0.0000	0.0120
15	0.4157			0.0259		0.0181	0.0000		

续表 8 - 64

Allele	D3S1358	TH01	TPOX	VWA	FGA	CSF1PO	D5S818	D7S820	D13S317
15. 2	0. 0000								
16	0. 2229			0. 2586	0. 0000	0. 0000	0. 0000		
16. 2					0. 0000				
17	0. 2590			0. 2500	0. 0000				
17. 2					0. 0000				
18	0. 0723			0. 1897	0. 0301				
18. 2					0. 0000				
19	0. 0000			0. 0690	0. 0181				
19. 2					0. 0000				
20				0. 0172	0. 1205				
20. 2					0. 0000				
21				0. 0000	0. 0843				
21. 2					0. 0060				
22				0. 0000	0. 1627				
22. 2					0. 0060				
23				0. 0000	0. 1265				
23. 2					0. 0000				
24					0. 2831				
24. 2					0. 0000				
25					0. 1265				
25. 2					0. 0000				
26					0. 0301				
26. 2					0. 0000				
27					0. 0060				
28					0. 0000				
29					0. 0000				
32					0. 0000				

表 8-65　乌孜别克族(Uzbek)9 个 STR 频率(新疆维吾尔自治区伊宁市)

Allele	D3S1358	TH01	TPOX	VWA	FGA	CSF1PO	D5S818	D7S820	D13S317
3							0.0000		
4		0.0000							
5		0.0086	0.0000						0.0000
6		0.1121	0.0000			0.0000	0.0000	0.0000	0.0000
7		0.3190	0.0086			0.0086	0.0172	0.0000	0.0000
8	0.0000	0.0862	0.5000			0.0000	0.0000	0.1466	0.1897
9		0.2414	0.1466			0.0086	0.0431	0.0948	0.1379
9.3		0.1810							
10	0.0000	0.0517	0.0517	0.0000		0.2155	0.1121	0.2069	0.1638
11	0.0000	0.0000	0.2586	0.0000		0.2845	0.3362	0.3448	0.1638
12	0.0086	0.0000	0.0345	0.0000		0.3707	0.3017	0.1897	0.2500
13	0.0000		0.0000	0.0086		0.0948	0.1638	0.0172	0.0776
14	0.0690			0.1810		0.0172	0.0259	0.0000	0.0172
15	0.3793			0.0259		0.0001	0.0000		
15.2	0.0000								
16	0.2672			0.2500	0.0000	0.0000	0.0000		
16.2					0.0000				
17	0.1121			0.2414	0.0000				
17.2					0.0000				
18	0.1638			0.2069	0.0172				
18.2					0.0000				
19	0.0000			0.0690	0.0345				
19.2					0.0000				
20				0.0172	0.0690				
20.2					0.0000				

续表 8－65

Allele	D3S1358	TH01	TPOX	VWA	FGA	CSF1PO	D5S818	D7S820	D13S317
21				0.0000	0.1209				
21.2					0.0000				
22				0.0000	0.1466				
22.2					0.0000				
23				0.0000	0.2414				
23.2					0.0086				
24					0.1638				
24.2					0.0000				
25					0.1205				
25.2					0.0000				
26					0.0603				
26.2					0.0000				
27					0.0000				
28					0.0172				
29					0.0000				
32					0.0000				

表 8－66　锡伯族(Xibe)9 个 STR 频率(新疆维吾尔自治区伊犁察布查尔锡伯自治县扎库奇乡)

Allele	D3S1358	TH01	TPOX	VWA	FGA	CSF1PO	D5S818	D7S820	D13S317
3							0.0000		
4		0.0000							
5		0.0001	0.0000						0.0000
6		0.0781	0.0000			0.0000	0.0000	0.0052	0.0000
7		0.2604	0.0156			0.0052	0.0156	0.0156	0.0000
8	0.0000	0.1562	0.4896			0.0000	0.0052	0.1979	0.3021
9		0.4219	0.1615			0.0573	0.0729	0.0781	0.1198

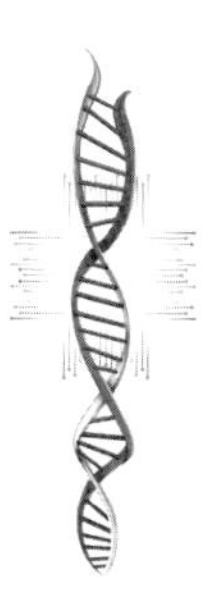

续表 8-66

Allele	D3S1358	TH01	TPOX	VWA	FGA	CSF1PO	D5S818	D7S820	D13S317
9.3		0.0625							
10	0.0000	0.0156	0.0365	0.0000		0.1927	0.1771	0.1562	0.1771
11	0.0000	0.0052	0.2552	0.0000		0.2032	0.3438	0.3541	0.2240
12	0.0000	0.0000	0.0416	0.0000		0.3698	0.2708	0.1458	0.1354
13	0.0000		0.0000	0.0520		0.1562	0.0989	0.0417	0.0260
14	0.0261			0.2032		0.0052	0.0052	0.0052	0.0052
15	0.3958			0.0156		0.0104	0.0104		
15.2	0.0052								
16	0.3177			0.1667	0.0000	0.0000	0.0001		
16.2					0.0000				
17	0.2032			0.2500	0.0000				
17.2					0.0000				
18	0.0521			0.2604	0.0000				
18.2					0.0000				
19	0.0000			0.0521	0.0781				
19.2					0.0000				
20				0.0000	0.0417				
20.2					0.0000				
21				0.0000	0.0990				
21.2					0.0000				
22				0.0000	0.1146				
22.2					0.0052				
23				0.0000	0.2604				
23.2					0.0000				
24					0.2032				

续表 8-66

Allele	D3S1358	TH01	TPOX	VWA	FGA	CSF1PO	D5S818	D7S820	D13S317
24.2					0.0052				
25					0.1302				
25.2					0.0000				
26					0.0417				
26.2					0.0000				
27					0.0156				
28					0.0052				
29					0.0000				
32					0.0000				

表 8-67 瑶族(Yao)9 个 STR 频率(广东省清远市)

Allele	D3S1358	TH01	TPOX	VWA	FGA	CSF1PO	D5S818	D7S820	D13S317
3							0.0000		
4		0.0000							
5		0.0000	0.0000						0.0000
6		0.1419	0.0000			0.0000	0.0000	0.0000	0.0000
7		0.2793	0.0000			0.0068	0.0608	0.0000	0.0023
8	0.0000	0.0495	0.6036			0.0000	0.0023	0.1126	0.4077
9		0.4685	0.0450			0.0045	0.0923	0.0428	0.1757
9.3		0.0225							
10	0.0000	0.0338	0.0293	0.0000		0.2275	0.2748	0.1419	0.0968
11	0.0000	0.0045	0.3063	0.0000		0.1847	0.3063	0.3221	0.1779
12	0.0000	0.0000	0.0158	0.0000		0.4685	0.1532	0.3671	0.1239
13	0.0000		0.0000	0.0000		0.0991	0.1036	0.0113	0.0158
14	0.0248			0.2905		0.0090	0.0045	0.0023	0.0000

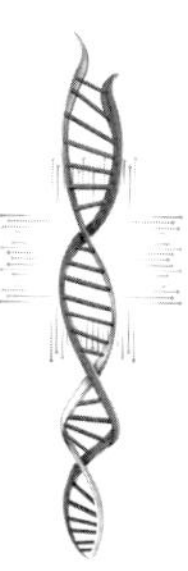

续表 8－67

Allele	D3S1358	TH01	TPOX	VWA	FGA	CSF1PO	D5S818	D7S820	D13S317
15	0.3288			0.0428		0.0000	0.0023		
15.2	0.0000								
16	0.2095			0.1194	0.0000	0.0000	0.0000		
16.2					0.0000				
17	0.3694			0.1937	0.0000				
17.2					0.0000				
18	0.0608			0.2635	0.0045				
18.2					0.0000				
19	0.0068			0.0631	0.0541				
19.2					0.0000				
20				0.0270	0.0113				
20.2					0.0000				
21				0.0000	0.1171				
21.2					0.0000				
22				0.0000	0.1171				
22.2					0.0023				
23				0.0000	0.1689				
23.2					0.0180				
24					0.2117				
24.2					0.0473				
25					0.1667				
25.2					0.0158				
26					0.0563				
26.2					0.0000				
27					0.0045				
28					0.0023				
29					0.0000				
32					0.0000				

表 8－68　彝族(Yi)9 个 STR 频率(云南省红河彝族自治县)

Allele	D3S1358	TH01	TPOX	VWA	FGA	CSF1PO	D5S818	D7S820	D13S317
3							0.0000		
4		0.0000							
5		0.0000	0.0000						0.0000
6		0.1292	0.0000			0.0000	0.0000	0.0000	0.0000
7		0.2542	0.0000			0.0167	0.0042	0.0000	0.0000
8	0.0000	0.0917	0.5333			0.0000	0.0042	0.1667	0.3125
9		0.4500	0.1292			0.0458	0.0500	0.0542	0.1292
9.3		0.0208							
10	0.0000	0.0542	0.0417	0.0000		0.2250	0.1875	0.1250	0.1417
11	0.0000	0.0000	0.2625	0.0000		0.2208	0.2792	0.3917	0.2167
12	0.0042	0.0000	0.0333	0.0042		0.4292	0.2583	0.2167	0.1583
13	0.0000		0.0000	0.0208		0.0542	0.2083	0.0458	0.0333
14	0.0292			0.2375		0.0083	0.0083	0.0000	0.0083
15	0.3708			0.0417		0.0000	0.0000		
15.2	0.0000								
16	0.4458			0.1833	0.0000	0.0000	0.0000		
16.2					0.0000				
17	0.1083			0.2208	0.0042				
17.2					0.0000				
18	0.0333			0.1750	0.0708				
18.2					0.0000				
19	0.0083			0.1000	0.0458				
19.2					0.0000				
20				0.0167	0.0500				
20.2					0.0000				

续表 8－68

Allele	D3S1358	TH01	TPOX	VWA	FGA	CSF1PO	D5S818	D7S820	D13S317
21				0.0000	0.1125				
21.2					0.0125				
22				0.0000	0.1958				
22.2					0.0083				
23				0.0000	0.1542				
23.2					0.0167				
24					0.1750				
24.2					0.0375				
25					0.0667				
25.2					0.0042				
26					0.0208				
26.2					0.0167				
27					0.0083				
28					0.0000				
29					0.0000				
32					0.0000				

表 8－69　裕固族(Yugur)9 个 STR 频率(甘肃省肃南裕固族自治县)

Allele	D3S1358	TH01	TPOX	VWA	FGA	CSF1PO	D5S818	D7S820	D13S317
3							0.0000		
4		0.0000							
5		0.0227	0.0000						0.0000
6		0.1250	0.0000			0.0000	0.0000	0.0000	0.0000
7		0.2443	0.0227			0.0000	0.0114	0.0114	0.0114
8	0.0000	0.1364	0.5795			0.0000	0.0341	0.1080	0.1818
9		0.3636	0.1193			0.1080	0.0511	0.0511	0.1477

续表 8－69

Allele	D3S1358	TH01	TPOX	VWA	FGA	CSF1PO	D5S818	D7S820	D13S317
9.3		0.1080							
10	0.0114	0.0000	0.0568	0.0000		0.1932	0.2443	0.1989	0.1193
11	0.0000	0.0000	0.1648	0.0000		0.1932	0.2557	0.3295	0.2102
12	0.0000	0.0000	0.0568	0.0000		0.4205	0.2273	0.2443	0.2216
13	0.0000		0.0000	0.0114		0.0795	0.1648	0.0568	0.1080
14	0.0455			0.2045		0.0057	0.0114	0.0000	0.0000
15	0.3864			0.0568		0.0000	0.0000		
15.2	0.0000								
16	0.3466			0.3011	0.0000	0.0000	0.0000		
16.2					0.0000				
17	0.1193			0.1761	0.0000				
17.2					0.0000				
18	0.0682			0.1591	0.0114				
18.2					0.0000				
19	0.0227			0.0398	0.0341				
19.2					0.0000				
20				0.0511	0.0739				
20.2					0.0000				
21				0.0000	0.0398				
21.2					0.0000				
22				0.0000	0.1705				
22.2					0.0000				
23				0.0000	0.3409				
23.2					0.0057				
24					0.2102				

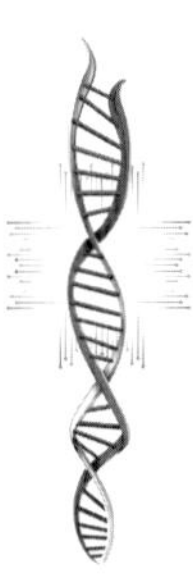

续表 8 - 69

Allele	D3S1358	TH01	TPOX	VWA	FGA	CSF1PO	D5S818	D7S820	D13S317
24.2					0.0000				
25					0.0682				
25.2					0.0000				
26					0.0398				
26.2					0.0000				
27					0.0057				
28					0.0000				
29					0.0000				
32					0.0000				

表 8 - 70　藏族(Tibetan)9 个 STR 频率(西藏自治区拉萨市)

Allele	D3S1358	TH01	TPOX	VWA	FGA	CSF1PO	D5S818	D7S820	D13S317
3							0.0000		
4		0.0000							
5		0.0000	0.0000						0.0000
6		0.0992	0.0000			0.0000	0.0000	0.0000	0.0000
7		0.3140	0.0000			0.0041	0.0126	0.0000	0.0000
8	0.0000	0.0496	0.5909			0.0041	0.0000	0.1694	0.1860
9		0.4793	0.1405			0.0537	0.0504	0.0868	0.0992
9.3		0.0579							
10	0.0000	0.0000	0.0041	0.0000		0.2397	0.1597	0.1860	0.1983
11	0.0000	0.0000	0.2397	0.0000		0.2397	0.3992	0.2851	0.2025
12	0.0000	0.0000	0.0248	0.0000		0.3967	0.2353	0.2397	0.2190
13	0.0041		0.0000	0.0000		0.0496	0.1387	0.0289	0.0744

续表 8 - 70

Allele	D3S1358	TH01	TPOX	VWA	FGA	CSF1PO	D5S818	D7S820	D13S317
14	0.0165			0.1983		0.0124	0.0042	0.0041	0.0207
15	0.3760			0.0248		0.0000	0.0000		
15.2	0.0000								
16	0.3347			0.2107	0.0000	0.0000	0.0000		
16.2					0.0000				
17	0.2273			0.2521	0.0000				
17.2					0.0000				
18	0.0413			0.1901	0.0297				
18.2					0.0000				
19	0.0000			0.1198	0.0424				
19.2					0.0000				
20				0.0041	0.0297				
20.2					0.0042				
21				0.0000	0.0551				
21.2					0.0042				
22				0.0000	0.1314				
22.2					0.0169				
23				0.0000	0.2415				
23.2					0.0127				
24					0.2119				
24.2					0.0127				
25					0.1356				
25.2					0.0000				
26					0.0381				
26.2					0.0000				
27					0.0212				

续表 8-70

Allele	D3S1358	TH01	TPOX	VWA	FGA	CSF1PO	D5S818	D7S820	D13S317
28					0.0127				
29					0.0000				
32					0.0000				

表 8-71 壮族(Zhuang)9 个 STR 频率(广西壮族自治区桂林市阳朔县)

Allele	D3S1358	TH01	TPOX	VWA	FGA	CSF1PO	D5S818	D7S820	D13S317
3							0.0000		
4		0.0000							
5		0.0000	0.0000						0.0000
6		0.1429	0.0000			0.0000	0.0000	0.0000	0.0000
7		0.3681	0.0000			0.0165	0.0385	0.0000	0.0000
8	0.0000	0.0604	0.5495			0.0000	0.0000	0.1264	0.3022
9		0.3681	0.1154			0.0165	0.0879	0.0604	0.1484
9.3		0.0000							
10	0.0000	0.0549	0.0495	0.0000		0.2912	0.2473	0.1374	0.0989
11	0.0000	0.0055	0.2527	0.0000		0.2253	0.2967	0.4011	0.2692
12	0.0000	0.0000	0.0330	0.0000		0.2912	0.1978	0.2418	0.1538
13	0.0000		0.0000	0.0000		0.1484	0.1264	0.0330	0.0275
14	0.0330			0.2747		0.0110	0.0055	0.0000	0.0000
15	0.2363			0.0220		0.0000	0.0000		
15.2	0.0000								
16	0.2747			0.1429	0.0055	0.0000	0.0000		
16.2					0.0000				
17	0.3626			0.2198	0.0055				
17.2					0.0000				

续表 8-71

Allele	D3S1358	TH01	TPOX	VWA	FGA	CSF1PO	D5S818	D7S820	D13S317
18	0.0714			0.1758	0.0549				
18.2					0.0000				
19	0.0220			0.1593	0.0769				
19.2					0.0000				
20				0.0055	0.0495				
20.2					0.0000				
21				0.0000	0.1813				
21.2					0.0000				
22				0.0000	0.1758				
22.2					0.0000				
23				0.0000	0.1648				
23.2					0.0000				
24					0.1154				
24.2					0.0000				
25					0.1044				
25.2					0.0000				
26					0.0330				
26.2					0.0000				
27					0.0330				
28					0.0000				
29					0.0000				
32					0.0000				

表 8－72　汉族(Han)13 个 STR 频率(四川省)

Allele	D16S539	TH01	CSF1PO	TPOX	D3S1358	D21S11	D13S317	D8S1179	FGA	D18S51	VWA	D5S818	D7S820
6		0.1095											
7		0.2381	0.0048									0.0348	
8	0.0071	0.0667	0.0048	0.5905			0.2810						0.1571
9	0.2643	0.4881	0.0238	0.1167			0.1405					0.0878	0.0786
9.2													0.0048
9.3		0.0547											
10	0.1262	0.0405	0.2714	0.0332			0.1381	0.1571				0.1682	0.1453
11	0.2810	0.0024	0.2619	0.2286			0.2357	0.0738		0.0048		0.3286	0.3690
12	0.2143		0.3690	0.0286	0.0024		0.1595	0.0952		0.0476		0.2452	0.2143
13	0.0976		0.0643	0.0024			0.0333	0.2119		0.1595		0.1306	0.0238
14	0.0095				0.0358		0.0119	0.1810		0.2310	0.2738	0.0048	0.0071
15					0.3047			0.1952		0.1714	0.0357		
16					0.3643			0.0667		0.1381	0.1976		
17					0.2237			0.0167		0.0714	0.2286		
18					0.0667			0.0024	0.0214	0.0476	0.1595		
19					0.0024				0.0571	0.0524	0.0905		
20									0.0429	0.0190	0.0119		
21									0.1286	0.0238	0.0024		
21.2									0.0024				
22									0.1953	0.0143			
22.2									0.0167				
23									0.2000	0.0024			
23.2									0.0071				

续表 8 - 72

Allele	D16S539	TH01	CSF1PO	TPOX	D3S1358	D21S11	D13S317	D8S1179	FGA	D18S51	VWA	D5S818	D7S820
24									0.1238	0.0071			
24.2									0.0143				
25									0.1190	0.0048			
25.2									0.0024				
26									0.0476	0.0048			
26.2									0.0024				
27									0.0190				
28						0.0381							
28.2						0.0095							
29						0.2405							
29.2						0.0071							
30						0.2667							
30.2						0.0167							
31						0.0952							
31.2						0.0905							
32						0.0357							
32.2						0.1286							
33						0.0071							
33.2						0.0595							
34.2						0.0048							

表 8－73　汉族(Han)13 个 STR 频率(广东省)

Allele	D16S539	TH01	CSF1PO	TPOX	D3S1358	D21S11	D13S317	D8S1179	FGA	D18S51	VWA	D5S818	D7S820
4						0.0001							
5						0.0005					0.0001	0.0401	0.0001
6	0.0002	0.1017	0.0001			0.1145	0.0001				0.0016		0.0001
7	0.0050	0.2834		0.0002		0.2852	0.0369				0.0129	0.0002	0.0029
8	0.1440	0.0629	0.0037	0.0008		0.0621	0.0131				0.0452	0.0037	0.3201
9	0.0637	0.4808	0.2199	0.0006		0.4533	0.0809				0.3646	0.0127	0.1349
9.1	0.0059												
9.2	0.0029												
9.3		0.0316				0.0305							
10	0.1336	0.0384	0.2108	0.0499		0.0529	0.1471	0.1318		0.0009	0.0003	0.2129	0.1564
10.1	0.0001												
11	0.3644	0.0006	0.2687	0.1569	0.0001	0.0008	0.2963	0.0002			0.0989	0.1670	0.2212
8.	0.0021							0.0002					
12	0.2258	0.0006	0.1937	0.1342	0.0008	0.0001	0.2411	0.0003			0.1288	0.1131	0.1307
13	0.0362		0.0910	0.1897	0.0051		0.1569	0.0012			0.0775	0.0511	0.0293
13.4											0.0001		
14	0.0160		0.0108	0.0001	0.0385		0.0159	0.1651		0.1466	0.2603	0.0106	0.0041
15	0.0001		0.0012	0.1780	0.3276		0.0117	0.0265			0.0073	0.0696	0.0002
15.2								0.0003				0.0001	
16			0.0001	0.0745	0.3269			0.1536	0.0016		0.0019	0.0683	
17				0.0134	0.2389			0.2283	0.0012		0.0004	0.0607	

续表 8 - 73

Allele	D16S539	TH01	CSF1PO	TPOX	D3S1358	D21S11	D13S317	D8S1179	FGA	D18S51	VWA	D5S818	D7S820
17.2									0.0003				
17.4												0.0001	
18				0.0324	0.0538			0.1901	0.0248		0.0001	0.0645	
18.4												0.0003	
19					0.0076			0.0868	0.0576			0.0534	
19.4												0.0004	
20					0.0005			0.0144	0.0490			0.0443	
20.2									0.0007				
21					0.0002			0.0007	0.1242			0.0251	
21.2									0.0025				
22									0.1715	0.0183			
22.2									0.0057				
23									0.2139	0.0065			
23.2									0.0071				
24				0.1693					0.1703	0.0035			
24.2									0.0109				
25									0.0924	0.0001		0.0016	
25.2									0.0040				
26									0.0442	0.0002		0.0002	
26.2									0.0022				
27									0.0124	0.0028		0.0001	

续表 8－73

Allele	D16S539	TH01	CSF1PO	TPOX	D3S1358	D21S11	D13S317	D8S1179	FGA	D18S51	VWA	D5S818	D7S820
28									0.0031	0.0375			
28.2										0.0027			
29								0.0004	0.0004	0.2122			
29.2										0.0007			
30								0.0001		0.2642			
30.2										0.0085			
30.3										0.0016			
31										0.0427			
31.2										0.0662			
32										0.0276			
32.1										0.0001			
32.2										0.0995			
33										0.0046			
33.2										0.0368			
34										0.0003			
34.2										0.0150			
35										0.0003			
35.2										0.0004			
36										0.0001			
36.2										0.0001			

表 8－74　汉族(Han)13 个 STR 频率(湖南省)

Allele	D16S539	TH01	CSF1PO	TPOX	D3S1358	D21S11	D13S317	D8S1179	FGA	D18S51	VWA	D5S818	D7S820
5		0.0028											
6		0.0870											0.0018
7		0.2799	0.0035				0.0018					0.0316	
8	0.0053	0.0732		0.5035			0.2881	0.0018				0.0018	0.1421
9	0.2947	0.4965	0.0614	0.1246			0.1343	0.0018				0.0649	0.0737
9.3		0.0308											
10	0.1333	0.0298	0.2421	0.0368			0.1489	0.1596		0.0018		0.2017	0.1473
11	0.2491		0.2333	0.3017			0.2439	0.1000		0.0035	0.0018	0.3175	0.3895
12	0.1842		0.3509	0.0281			0.1331	0.0947		0.0281		0.2368	0.1982
13	0.1246		0.0912		0.0018		0.0411	0.2123	0.0018	0.1860	0.0018	0.1281	0.0404
14	0.0088		0.0158	0.0053	0.0526		0.0088	0.1613		0.2386	0.2789	0.0158	0.0070
15			0.0018		0.3351			0.1895		0.1719	0.0439	0.0018	
15.2					0.0017								
16					0.3123			0.0667		0.1140	0.1789		
17					0.2351			0.0088	0.0095	0.0895	0.2105		
18					0.0561			0.0035	0.0306	0.0474	0.1578		
19					0.0053				0.0621	0.0543	0.1123		
20									0.0674	0.0228	0.0123		
21									0.1298	0.0175	0.0018		
21.2									0.0165				
22									0.1684	0.0070			
22.2									0.0070				
23									0.1930	0.0105			

续表 8 – 74

Allele	D16S539	TH01	CSF1PO	TPOX	D3S1358	D21S11	D13S317	D8S1179	FGA	D18S51	VWA	D5S818	D7S820
23.2									0.0183				
24									0.1684	0.0053			
24.2									0.0130				
25									0.0965	0.0018			
25.2									0.0018				
26						0.0035			0.0035				
26.2									0.0018				
27						0.0053			0.0035				
27.2									0.0018				
28						0.0606			0.0053				
28.2						0.0124							
29						0.2509							
29.2						0.0045							
30						0.2439							
30.2						0.0140							
31						0.1035							
31.2						0.0807							
32						0.0431							
32.2						0.1140							
33						0.0070							
33.2						0.0561							
34.2						0.0005							

表 8－75　汉族(Han)13 个 STR 频率(福建省)

Allele	D16S539	TH01	CSF1PO	TPOX	D3S1358	D21S11	D13S317	D8S1179	FGA	D18S51	VWA	D5S818	D7S820
6		0.1108											0.0031
7		0.2165										0.0281	
8	0.0031	0.0682	0.0051	0.4482			0.2805					0.0016	0.1017
9	0.2095	0.5182	0.0783	0.1616			0.1657					0.0921	0.0376
9.2													0.0031
9.3		0.0467											
10	0.1656	0.0396	0.2754	0.0213			0.1565	0.1585				0.1906	0.1563
11	0.2317		0.1971	0.3262			0.1799	0.1098		0.0091		0.2736	0.3720
12	0.2063		0.3537	0.0396			0.1585	0.0781		0.0488		0.2281	0.2805
13	0.1361		0.0762	0.0031			0.0498	0.1799		0.1494		0.1812	0.0366
13.2										0.0418			
14	0.0274		0.0142		0.0609		0.0091	0.1921		0.1494	0.2433	0.0047	0.0091
14.2										0.0457			
15	0.0203				0.3201			0.2165		0.1799	0.0503		
15.2								0.0041		0.0061			
16					0.2988	0.0122		0.0549		0.0945	0.1595		
17					0.2532	0.0701		0.0061		0.0771	0.2591		
17.2										0.0031			
18					0.0579	0.1189			0.0492	0.0732	0.1494		
19					0.0091	0.1951			0.0518	0.0396	0.1232		
19.2									0.0031	0.0640			

续表 8-75

Allele	D16S539	TH01	CSF1PO	TPOX	D3S1358	D21S11	D13S317	D8S1179	FGA	D18S51	VWA	D5S818	D7S820
20						0.1555			0.0366	0.0183	0.0152		
21						0.0457			0.1314				
22						0.0457			0.1616				
23						0.1646			0.1554				
23.2									0.0221				
24						0.1495			0.1554				
24.2									0.0031				
25						0.0396			0.1433				
25.2									0.0091				
26									0.0374				
27						0.0031			0.0313				
28									0.0031				
30.2									0.0061				

表 8－76　汉族(Han)13 个 STR 频率(广西壮族自治区)

Allele	D16S539	TH01	CSF1PO	TPOX	D3S1358	D21S11	D13S317	D8S1179	FGA	D18S51	VWA	D5S818	D7S820
6		0.1228											
7		0.3195	0.0206				0.0125					0.0592	0.0043
8	0.0041	0.0204	0.0041	0.5165			0.2833						0.1508
9	0.2567	0.4481	0.0385	0.1214			0.1687	0.0042				0.0637	0.0664
9.3		0.0503											
10	0.1175	0.0389	0.2832	0.0437			0.1379	0.1503	0.0048			0.2514	0.2011
11	0.3382		0.2346	0.2908			0.1852	0.0796		0.0081		0.2583	0.3490
12	0.1884		0.3230	0.0276			0.1887	0.1458		0.0626		0.2172	0.1962
13	0.0790		0.0833		0.0042		0.0201	0.2265		0.1260		0.1265	0.0242
14	0.0161		0.0127		0.0348		0.0036	0.1301		0.1853	0.3504	0.0197	0.0038
14.2											0.0162		
15					0.3237			0.1644		0.2276			0.0042
15.2											0.1257		
16					0.3229			0.0751		0.1373	0.2048		
16.2					0.0041						0.2200		
17					0.2763			0.0240		0.0742	0.0711		
17.2					0.0036								
18					0.0304				0.0351	0.0635	0.0118		
19									0.0826	0.0587		0.0040	
20									0.0510	0.0244			
21									0.1339	0.0082			
21.2									0.0082				
22									0.1570	0.0201			

续表 8－76

Allele	D16S539	TH01	CSF1PO	TPOX	D3S1358	D21S11	D13S317	D8S1179	FGA	D18S51	VWA	D5S818	D7S820
22.2									0.0166				
23									0.1763	0.0040			
23.2									0.0080				
24									0.1224				
24.2									0.0076				
25									0.1418				
25.2									0.0080				
26									0.0311				
27									0.0120				
28						0.0557			0.0036				
29						0.2096							
30						0.3452							
30.2						0.0081							
31						0.0544							
31.2						0.0832							
32						0.0470							
32.2						0.1343							
33.2						0.0548							
34						0.0034							
34.2						0.0043							

表 8－77　汉族(Han)13 个 STR 频率(山西省)

Allele	D16S539	TH01	CSF1PO	TPOX	D3S1358	D21S11	D13S317	D8S1179	FGA	D18S51	VWA	D5S818	D7S820
6		0.1024											
7		0.2956										0.0202	
8	0.0148	0.0624	0.0092	0.4711			0.2662					0.0035	0.2013
9	0.3020	0.4437	0.0505	0.1442			0.1494					0.0603	0.0584
9.3		0.0611											
10	0.1139	0.0348	0.2384	0.0203			0.1623	0.0826				0.2117	0.1234
11	0.2623		0.2248	0.3440			0.2468	0.0780				0.3404	0.3247
12	0.1980		0.3624	0.0204			0.1298	0.1560		0.0092	0.0093	0.2115	0.2402
13	0.1040		0.0780				0.0325	0.2017		0.1789		0.1489	0.0455
14	0.0050		0.0367		0.0491		0.0130	0.2064		0.2248	0.2593	0.0035	0.0065
15					0.3728			0.1560		0.2064	0.0093		
16					0.3237			0.1009		0.1330	0.1758		
17					0.1994			0.0138	0.0103	0.0596	0.2315		
18					0.0492				0.0258	0.0275	0.2083		
19					0.0058			0.0046	0.0155	0.0596	0.0972		
20									0.0309	0.0413	0.0093		
21									0.1134	0.0321			
22									0.1803	0.0138			
23									0.2423	0.0046			

续表 8 - 77

Allele	D16S539	TH01	CSF1PO	TPOX	D3S1358	D21S11	D13S317	D8S1179	FGA	D18S51	VWA	D5S818	D7S820
24									0.1907	0.0092			
25									0.1134				
26									0.0567				
27						0.0046			0.0052				
28						0.0459			0.0155				
29						0.2385							
29.2						0.0137							
30						0.2890							
31						0.1513							
31.2						0.0734							
32						0.0413							
32.2						0.0780							
33.2						0.0459							
34						0.0046							
34.2						0.0138							

表 8－78　汉族(Han)13 个 STR 频率(江苏省)

Allele	D16S539	TH01	CSF1PO	TPOX	D3S1358	D21S11	D13S317	D8S1179	FGA	D18S51	VWA	D5S818	D7S820
5		0.0023											
6		0.1221											
7		0.2723	0.0047							0.0023		0.0188	0.0047
8	0.0047	0.0329	0.0047	0.4601			0.2535	0.0023					0.1574
9	0.2793	0.5164	0.0516	0.1244			0.1339					0.0728	0.0352
9.3		0.0399											
10	0.1292	0.0141	0.2371	0.0188			0.1620	0.1127		0.0023		0.1549	0.1596
10.1													0.0023
11	0.2746		0.2324	0.3779			0.2300	0.0798		0.0023		0.3709	0.3427
12	0.1948		0.3897	0.0188			0.1714	0.1479		0.0376		0.2347	0.2723
13	0.0986		0.0681				0.0305	0.2019		0.2160	0.0023	0.1362	0.0258
14	0.0141		0.0094		0.0446		0.0164	0.1925		0.2019	0.2488	0.0117	
15	0.0047		0.0023		0.3803		0.0023	0.1878		0.1597	0.0258		
16					0.3122			0.0634		0.1338	0.1854		
17					0.1996			0.0117		0.0728	0.2230		
18					0.0563				0.0141	0.0235	0.2371		
19					0.0070				0.0563	0.0399	0.0729		
20									0.0423	0.0399	0.0047		
21									0.1150	0.0258			
21.2									0.0047				
22									0.1432	0.0141			
22.2									0.0070				

续表 8 - 78

Allele	D16S539	TH01	CSF1PO	TPOX	D3S1358	D21S11	D13S317	D8S1179	FGA	D18S51	VWA	D5S818	D7S820
23									0.2535	0.0094			
23.2									0.0070				
24									0.2113	0.0117			
24.2									0.0117				
25									0.0682	0.0047			
25.2									0.0047				
26									0.0423	0.0023			
27						0.0023			0.0164				
28						0.0540							
28.2						0.0094							
29						0.2676			0.0023				
30						0.2535							
30.2						0.0070							
30.3						0.0117							
31						0.1056							
31.2						0.0869							
32						0.0423							
32.2						0.1127							
33						0.0047							
33.2						0.0376							
34.2						0.0047							

表 8－79　汉族(Han)13 个 STR 频率(湖北省)

Allele	D16S539	TH01	CSF1PO	TPOX	D3S1358	D21S11	D13S317	D8S1179	FGA	D18S51	VWA	D5S818	D7S820
6	0.0024	0.1169					0.0024						
7		0.2549					0.0024					0.0120	
7.3													0.0025
8	0.0100	0.0450	0.0024	0.4948			0.2638	0.0047					0.1471
9	0.2638	0.5000	0.0524	0.1404			0.1402					0.1048	0.0539
9.2													0.0025
9.3		0.0524											
10	0.1103	0.0308	0.2048	0.0289			0.1148	0.1263				0.2120	0.1568
11	0.2557		0.2261	0.3071			0.2333	0.1000		0.0167		0.2448	0.3603
12	0.2310		0.3976	0.0288	0.0024		0.1831	0.1238		0.0238		0.2952	0.2327
13	0.1168		0.1000		0.0024		0.0500	0.2119		0.2212		0.1239	0.0417
14	0.0100		0.0143		0.0284		0.0100	0.1738		0.1781	0.2708	0.0049	0.0025
15			0.0024		0.3902			0.1690		0.1568	0.0451		
15.2										0.0024			
16					0.3166			0.0738		0.1316	0.1795	0.0024	
17					0.1792			0.0167		0.0882	0.1904		
18					0.0761				0.0199	0.0617	0.2000		
19					0.0047				0.0473	0.0400	0.1071		
20									0.0551	0.0214	0.0071		
20.2									0.0025				
21									0.1038	0.0214			
22									0.1438	0.0167			

续表 8 - 79

Allele	D16S539	TH01	CSF1PO	TPOX	D3S1358	D21S11	D13S317	D8S1179	FGA	D18S51	VWA	D5S818	D7S820
23									0.2193	0.0100			
23.2									0.0050				
24									0.2458	0.0100			
24.2									0.0100				
25									0.1000				
25.2									0.0050				
26									0.0375				
27									0.0050				
28						0.0452							
28.2						0.0024							
29						0.2262							
29.2						0.0071							
30						0.2952							
30.2						0.0190							
31						0.1025							
31.2						0.0619							
32						0.0405							
32.2						0.1476							
33						0.0024							
33.2						0.0405							
34						0.0024							
34.2						0.0071							

表 8－80 汉族(Han)13 个 STR 频率(河南省)

Allele	D16S539	TH01	CSF1PO	TPOX	D3S1358	D21S11	D13S317	D8S1179	FGA	D18S51	VWA	D5S818	D7S820
6		0.0877											
7		0.2514	0.0022		0.0025		0.0022					0.0293	
8	0.0071	0.0703		0.5658			0.2789	0.0025					0.1562
9	0.3132	0.5282	0.0364	0.1081			0.1325					0.0702	0.0628
9.3		0.0361											
10	0.1487	0.0263	0.2325	0.0183	0.0941		0.1156	0.0939		0.0058		0.1507	0.1517
11	0.2166		0.2328	0.2792	0.0764		0.2690	0.0772				0.3345	0.3455
12	0.2135		0.3917	0.0286	0.1272		0.1638	0.1267		0.0287	0.0024	0.2496	0.2378
13	0.0889		0.0905		0.2067		0.0237	0.2068		0.2362	0.0017	0.1538	0.0406
14	0.0120		0.0139		0.2280		0.0143	0.2280		0.2190	0.2563	0.0119	0.0054
15					0.1883			0.1881		0.1435	0.0220		
16					0.0717			0.0715		0.1440	0.1861		
16.2					0.0051			0.0053					
17										0.0763	0.2509		
18									0.0176	0.0411	0.1958		
19									0.0602	0.0356	0.0745		
20									0.0524	0.0189	0.0103		
20.2									0.0029				
21									0.1008	0.0173			
22									0.1653	0.0167			
22.2									0.0051				
23									0.2382	0.0118			

续表 8 - 80

Allele	D16S539	TH01	CSF1PO	TPOX	D3S1358	D21S11	D13S317	D8S1179	FGA	D18S51	VWA	D5S818	D7S820
23.2									0.0127				
24									0.1922	0.0051			
24.2									0.0023				
25									0.1022				
25.2									0.0021				
26									0.0416				
27									0.0044				
28						0.0633							
28.2						0.0102							
29						0.2548							
29.2						0.0107							
30						0.2976							
30.2						0.0101							
30.3						0.0046							
31						0.0781							
31.2						0.0605							
32						0.0402							
32.2						0.1135							
33						0.0066							
33.2						0.0411							
34						0.0017							
34.2						0.0070							

表 8 - 81 汉族(Han)13 个 STR 频率(重庆市)

Allele	D16S539	TH01	CSF1PO	TPOX	D3S1358	D21S11	D13S317	D8S1179	FGA	D18S51	VWA	D5S818	D7S820
5		0.0022											
6		0.0933											
7		0.3422	0.0044				0.0022					0.0201	
8	0.0089	0.0779	0.0044	0.5089			0.3200					0.0045	0.1467
9	0.2600	0.4111	0.0533	0.1200			0.1422	0.0022				0.0469	0.0956
9.3		0.0444											
10	0.1533	0.0267	0.2356	0.0133			0.1223	0.1400				0.2053	0.1689
10.2			0.0067							0.0022			
10.5													0.0022
11	0.2400	0.0022	0.2489	0.3178			0.2533	0.0956		0.0022		0.3504	0.3244
12	0.2289		0.3711	0.0356			0.1289	0.0978		0.0467	0.0022	0.2388	0.2289
13	0.0933		0.0667	0.0044	0.0022		0.0178	0.2178		0.1711		0.1250	0.0289
13.2										0.0111			
14	0.0156		0.0089		0.0667		0.0133	0.1844		0.1511	0.2111	0.0045	0.0044
14.2										0.0089			
15					0.3044			0.1689		0.2133	0.0311	0.0045	
15.2										0.0044			
16					0.3156			0.0711		0.1489	0.1756		
17					0.2267			0.0178	0.0022	0.0889	0.2822		

续表 8－81

Allele	D16S539	TH01	CSF1PO	TPOX	D3S1358	D21S11	D13S317	D8S1179	FGA	D18S51	VWA	D5S818	D7S820
18					0.0800			0.0044	0.0246	0.0444	0.1734		
18.2										0.0022	0.0022		
19					0.0044				0.0446	0.0334	0.1000		
19.2									0.0022				
20									0.0647	0.0156	0.0222		
21									0.1094	0.0179			
21.2									0.0045	0.0022			
22									0.1808	0.0200			
22.2									0.0067	0.0022			
23									0.1920	0.0022			
23.2									0.0089				
24									0.1719	0.0089			
24.2									0.0112				
25									0.1004	0.0022			
25.2									0.0067				
26									0.0536				
27									0.0134				
28						0.0355			0.0022				
28.2						0.0067							

续表 8－81

Allele	D16S539	TH01	CSF1PO	TPOX	D3S1358	D21S11	D13S317	D8S1179	FGA	D18S51	VWA	D5S818	D7S820
29						0.2822							
29.2						0.0067							
30						0.2478							
30.2						0.0200							
31						0.1067							
31.2						0.0556							
32						0.0289							
32.2						0.1377							
33						0.0156							
33.2						0.0478							
34						0.0022							
35.2						0.0022							
36						0.0022							
36.2						0.0022							

表 8－82　汉族(Han)13 个 STR 频率(辽宁省)

Allele	D16S539	TH01	CSF1PO	TPOX	D3S1358	D21S11	D13S317	D8S1179	FGA	D18S51	VWA	D5S818	D7S820
6		0.1014											
7		0.2970										0.0142	
8	0.0091	0.0621		0.4788			0.2690					0.0064	0.1519
9	0.3045	0.4440	0.0636	0.1424			0.0734					0.0807	0.0443
9.3		0.0605											
10	0.1394	0.0350	0.2288	0.0304			0.2393	0.0759		0.0016		0.1661	0.1693
11	0.2667		0.2636	0.2939			0.2405	0.0791		0.0032		0.3370	0.3133
12	0.1970		0.3606	0.0545			0.1066	0.1329		0.0396		0.2389	0.2658
13	0.0727		0.0758		0.0032		0.0585	0.2468		0.2247	0.0016	0.1567	0.0443
14	0.0106		0.0076		0.0481		0.0127	0.2231		0.2199	0.3006		0.0111
15					0.3797			0.1694		0.1820	0.0348		
16					0.3264			0.0585		0.1107	0.1646		
17					0.1709			0.0111		0.0728	0.2247		
18					0.0590			0.0032	0.0237	0.0316	0.1851		
19					0.0127				0.0364	0.0363	0.0744		
20									0.0585	0.0285	0.0142		
21									0.0981	0.0190			
22									0.1773	0.0174			
23									0.2484	0.0063			

续表 8 - 82

Allele	D16S539	TH01	CSF1PO	TPOX	D3S1358	D21S11	D13S317	D8S1179	FGA	D18S51	VWA	D5S818	D7S820
24									0.2088	0.0032			
25									0.1013	0.0032			
26									0.0396				
27						0.0047			0.0079				
28						0.0285							
28.2						0.0079							
29						0.2753							
29.2						0.0095							
30						0.3101							
30.2						0.0095							
31						0.0850							
31.2						0.0617							
32						0.0301							
32.2						0.1313							
33						0.0016							
33.2						0.0380							
34						0.0032							
34.2						0.0016							
35.2						0.0020							

表 8－83　汉族(Han)13 个 STR 频率(山东省)

Allele	D16S539	TH01	CSF1PO	TPOX	D3S1358	D21S11	D13S317	D8S1179	FGA	D18S51	VWA	D5S818	D7S820
6		0.0852											
7		0.2316	0.0061				0.0066					0.0301	
8	0.0183	0.0487	0.0793	0.4943			0.2017						0.1346
9	0.2321	0.5366	0.2682	0.1281			0.1513	0.0064				0.0614	0.0609
9.3		0.0371											
10	0.0910	0.0608	0.2254	0.0178			0.1224	0.1521				0.1453	0.2011
11	0.3226		0.3356	0.3109			0.2620	0.0903				0.3667	0.2924
12	0.1885		0.0664	0.0489			0.2078	0.1107		0.0432		0.3119	0.2318
12.2	0.1475											0.0788	
13			0.0131				0.0422	0.2435		0.2207	0.0065	0.0058	0.0670
14			0.0059		0.0432		0.0060	0.1460		0.1643	0.3308		0.0122
14.2										0.0062			
15					0.3179			0.1408		0.1765	0.0432		
16					0.3954			0.0726		0.1466	0.1723		
17					0.1583			0.0376		0.0611	0.1716		
18					0.0852				0.0376	0.0610	0.1829		
19									0.0724	0.0478	0.0737		
20									0.0431	0.0305	0.0131		
21									0.0909	0.0124	0.0059		
22									0.1395	0.0058			
23									0.2382				

续表 8 - 83

Allele	D16S539	TH01	CSF1PO	TPOX	D3S1358	D21S11	D13S317	D8S1179	FGA	D18S51	VWA	D5S818	D7S820
23.2									0.0236				
24									0.1532	0.0179			
25									0.0982				
25.2									0.0065				
26									0.0667				
27									0.0301	0.0060			
28						0.0375							
28.2						0.0120							
29						0.2746							
30						0.2619							
30.2						0.0122							
31						0.1095							
31.2						0.0724							
32						0.0181							
32.2						0.1103							
33						0.0127							
33.2						0.0729							
34.2						0.0059							

表 8-84　汉族(Han)13 个 STR 频率(河北省)

Allele	D16S539	TH01	CSF1PO	TPOX	D3S1358	D21S11	D13S317	D8S1179	FGA	D18S51	VWA	D5S818	D7S820
6	0.0012	0.1103										0.0018	
7		0.2414					0.0033					0.0204	
8	0.0145	0.0386		0.5047			0.2436					0.0031	0.1516
9	0.2763	0.5507	0.0611	0.1415			0.1328					0.0726	0.0607
9.3		0.0380											
10	0.1379	0.0195	0.2547	0.0258			0.1456	0.0726				0.1873	0.1971
11	0.2140	0.0015	0.2213	0.2981			0.2602	0.0833				0.3262	0.3385
12	0.2238		0.3698	0.0287	0.0011		0.1722	0.1344				0.2529	0.2230
13	0.1222		0.0804	0.0012			0.0289	0.2447		0.2833	0.0045	0.1296	0.0281
14	0.0101		0.0115		0.0426		0.0123	0.2028		0.2156	0.2456	0.0061	0.0010
15			0.0012		0.3775			0.1812		0.1507	0.0253		
16					0.3120			0.0651		0.1036	0.1801		
17					0.1829			0.0143		0.0771	0.2342		
18					0.0720		0.0011	0.0016	0.0172	0.0542	0.2020		
19					0.0119				0.0452	0.0402	0.0936		
20									0.0361	0.0261	0.0129		
21									0.1035	0.0492	0.0010		
22									0.1548				
22.2									0.0103				

续表 8－84

Allele	D16S539	TH01	CSF1PO	TPOX	D3S1358	D21S11	D13S317	D8S1179	FGA	D18S51	VWA	D5S818	D7S820
23									0.2591				
23.2									0.0170				
24									0.1767				
25						0.0017			0.1268				
26									0.0413				
27						0.0012			0.0120				
28						0.0425							
28.2						0.0071							
29						0.2408					0.0008		
29.2						0.0043							
30						0.3066							
30.2						0.0104							
30.3						0.0032							
31						0.1125							
31.2						0.0631							
32						0.0320							
32.2						0.1380							
33						0.0045							
33.2						0.0283							
34.2						0.0027							
35.2						0.0011							

表 8－85　汉族(Han)13 个 STR 频率(江西省)

Allele	D16S539	TH01	CSF1PO	TPOX	D3S1358	D21S11	D13S317	D8S1179	FGA	D18S51	VWA	D5S818	D7S820
6		0.1061											
7		0.2803										0.0406	0.0025
8	0.0025	0.0530	0.0025	0.5804			0.3025					0.0076	0.1583
9	0.3131	0.5000	0.0450	0.1231			0.1375	0.0025				0.0736	0.0678
9.3		0.0454											
10	0.1313	0.0152	0.2700	0.0201			0.1300	0.1045				0.1777	0.1534
11	0.2374		0.2325	0.2613			0.2050	0.1095		0.0025		0.2944	0.3266
12	0.2223		0.3725	0.0151	0.0079		0.1700	0.1218		0.0475		0.2462	0.2613
13	0.0833		0.0725				0.0350	0.2090		0.1775		0.1497	0.0276
14	0.0101		0.0025		0.0340		0.0200	0.1841		0.1950	0.2538	0.0102	0.0025
15			0.0025		0.2984			0.1791		0.1850	0.0203		
16					0.3665			0.0646		0.1150	0.1827		
17					0.2277			0.0199	0.0051	0.0800	0.2310		
18					0.0550			0.0050	0.0128	0.0550	0.2157		
19					0.0105				0.0590	0.0425	0.0863		
20									0.0641	0.0300	0.0102		
21									0.1334	0.0225			
22									0.1846	0.0250			
23									0.2256	0.0150			

续表 8－85

Allele	D16S539	TH01	CSF1PO	TPOX	D3S1358	D21S11	D13S317	D8S1179	FGA	D18S51	VWA	D5S818	D7S820
24									0.1641	0.0050			
25									0.0897				
26									0.0436	0.0025			
27									0.0128				
28						0.0650			0.0026				
28.2						0.0050							
29						0.2750			0.0026				
30						0.2500							
30.2						0.0125							
31						0.1325							
31.2						0.0625							
32						0.0225							
32.2						0.1275							
33						0.0025							
33.2						0.0325							
34.2						0.0100							
36						0.0025							

表 8－86　汉族(Han)13 个 STR 频率(内蒙古自治区)

Allele	D16S539	TH01	CSF1PO	TPOX	D3S1358	D21S11	D13S317	D8S1179	FGA	D18S51	VWA	D5S818	D7S820
6		0.1123					0.0045						
7		0.2633	0.0046				0.0037					0.0086	0.0045
8	0.0076	0.0617	0.0543	0.4811			0.2213					0.0039	0.1328
9	0.3062	0.5112	0.0537	0.1356			0.1162					0.0774	0.0657
9.3		0.0351											
10	0.1407	0.0164	0.1578	0.0237			0.1429	0.1162				0.2017	0.1202
11	0.2543		0.2906	0.3136			0.2633	0.0817				0.3483	0.3566
12	0.1711		0.3491	0.0425	0.0047		0.1820	0.1122		0.0274		0.2210	0.2355
13	0.1010		0.0779	0.0035	0.0036		0.0471	0.2168		0.2338		0.1243	0.0807
14	0.0191		0.0120		0.0533		0.0190	0.2165		0.2276	0.2602	0.0112	0.0040
15					0.4071			0.1628		0.1665	0.0237	0.0036	
16					0.2566			0.0821		0.1160	0.2168		
17					0.1969			0.0117		0.0741	0.2051		
18					0.0738				0.0126	0.0352	0.2046		
19					0.0040				0.0233	0.0388	0.0779		
20									0.0432	0.0385	0.0117		
20.2									0.0037				
21									0.0965	0.0421			
21.2									0.0081				
22									0.1539				
22.2									0.0042				

续表 8 - 86

Allele	D16S539	TH01	CSF1PO	TPOX	D3S1358	D21S11	D13S317	D8S1179	FGA	D18S51	VWA	D5S818	D7S820
23									0.2287				
23.2						0.0044			0.0087				
24									0.2289				
24.2									0.0035				
25									0.0960				
26									0.0548				
26.2									0.0034				
27						0.0037			0.0269				
27.2									0.0036				
28						0.0542							
28.2						0.0121							
29						0.2669							
29.2						0.0043							
30						0.2430							
30.2						0.0186							
31						0.0782							
31.2						0.0705							
32						0.0539							
32.2						0.1355							
33.2						0.0467							
34.2						0.0080							

表 8－87　汉族(Han)13个STR频率(北京市)

Allele	D16S539	TH01	CSF1PO	TPOX	D3S1358	D21S11	D13S317	D8S1179	FGA	D18S51	VWA	D5S818	D7S820
6		0.1006											
7		0.2559					0.0058					0.0268	
8		0.0208	0.0092	0.5368			0.2543						0.1412
9	0.2874	0.4894	0.1083	0.1165			0.1445	0.0056				0.0696	0.0765
9.3		0.0640											
10	0.1782	0.0693	0.3098	0.0142			0.1590	0.1045				0.2094	0.1617
11	0.2126		0.2055	0.3040			0.2514	0.0791		0.0162		0.3512	0.4059
12	0.1925		0.2344	0.0257			0.1532	0.1328		0.0357		0.2045	0.1912
13	0.1121		0.1267	0.0028			0.0202	0.2034		0.1916	0.0028	0.1236	0.0206
14	0.0172		0.0061		0.0351		0.0116	0.1554		0.2370	0.2955	0.0149	0.0029
15					0.4211			0.2486		0.1299	0.0369		
16					0.3170			0.0593		0.1137	0.1506		
17					0.1871			0.0113		0.1006	0.2557		
18					0.0309				0.0165	0.0552	0.1477		
19					0.0088				0.0494	0.0649	0.0966		
20									0.0378	0.0260	0.0142		
21									0.1105	0.0065			
21.2									0.0029				
22									0.1831	0.0065			

续表 8－87

Allele	D16S539	TH01	CSF1PO	TPOX	D3S1358	D21S11	D13S317	D8S1179	FGA	D18S51	VWA	D5S818	D7S820
22.2									0.0087				
23									0.2142	0.0130			
23.2									0.0232				
24									0.2267	0.0032			
25									0.0892				
26									0.0320				
27									0.0058				
28						0.0298							
28.2						0.0089							
29						0.3005							
30						0.3423							
30.2						0.0060							
31						0.0923							
31.2						0.0565							
32						0.0149							
32.2						0.1190							
33						0.0030							
33.2						0.0268							

表 8－88　汉族(Han)13 个 STR 频率(吉林省)

Allele	D16S539	TH01	CSF1PO	TPOX	D3S1358	D21S11	D13S317	D8S1179	FGA	D18S51	VWA	D5S818	D7S820
6		0.0725											
7		0.2476					0.0083					0.0081	0.0032
8	0.0107	0.0708	0.0034	0.5236			0.2081	0.0032				0.0053	0.1306
9	0.3179	0.5743	0.0428	0.1244			0.1647	0.0039				0.0685	0.0822
9.3		0.0170											
10	0.1033	0.0148	0.2302	0.0221			0.1535	0.0831				0.1813	0.1943
11	0.2486	0.0030	0.2519	0.2880			0.2494	0.0631				0.3402	0.3179
12	0.2091		0.3846	0.0419			0.1788	0.1315		0.0276		0.2211	0.2239
13	0.0950		0.0602				0.0295	0.2761		0.2018		0.1628	0.0400
14	0.0154		0.0233		0.0425		0.0077	0.2182		0.2331	0.2305	0.0127	0.0079
15			0.0036		0.3628			0.1270		0.1572	0.0204		
16					0.2623			0.0568	0.0036	0.1203	0.1890		
17					0.2522			0.0279	0.0027	0.0875	0.2723		
18					0.0721			0.0092	0.0193	0.0642	0.1978		
19					0.0081				0.0500	0.0359	0.0900		
20									0.0452	0.0221			
21									0.1028	0.0264			
21.2									0.0039				
22									0.1592	0.0185			
22.2									0.0037				
23									0.2348	0.0026			
23.2									0.0046				

续表 8-88

Allele	D16S539	TH01	CSF1PO	TPOX	D3S1358	D21S11	D13S317	D8S1179	FGA	D18S51	VWA	D5S818	D7S820
24									0.2043	0.0028			
24.2									0.0082				
25									0.0926				
25.2									0.0052				
26									0.0527				
26.2									0.0025				
27						0.0032			0.0047				
28						0.0408							
28.2						0.0139							
29						0.2451							
29.2						0.0053							
30						0.2547							
30.2						0.0114							
30.3						0.0030							
31						0.1356							
31.2						0.1025							
32						0.0342							
32.2						0.1120							
33						0.0051							
33.2						0.0302							
34.2						0.0030							

表 8－89　汉族(Han)13 个 STR 频率(台湾省)

Allele	D16S539	TH01	CSF1PO	TPOX	D3S1358	D21S11	D13S317	D8S1179	FGA	D18S51	VWA	D5S818	D7S820
5		0.0018					0.0016						
6		0.1074											0.0023
7		0.2901	0.0036	0.0037			0.0020					0.0342	0.0037
8	0.0033	0.0711	0.0041	0.5665			0.2737	0.0034				0.0076	0.1259
8.2	0.0016												
9	0.2618	0.4587	0.0487	0.1133			0.1183	0.0021				0.0912	0.0706
9.3		0.0209											
10	0.1157	0.0500	0.2296	0.0274			0.1372	0.1205		0.0037		0.1982	0.1553
11	0.2721		0.2431	0.2756			0.2576	0.0932		0.0012		0.3327	0.3425
12	0.2120		0.3720	0.0135			0.1653	0.1348		0.0387		0.2030	0.2536
12.2	0.0013												
13	0.1178		0.0889		0.0021		0.0371	0.2123		0.1765		0.1193	0.0425
13.2										0.0024			
14	0.0144		0.0100		0.0423		0.0072	0.2096		0.2042	0.2341	0.0112	0.0036
14.2								0.0011		0.0032			
15					0.3207			0.1602		0.1879	0.0225	0.0026	
15.2										0.0013			
16					0.3218			0.0504	0.0032	0.1336	0.1740		
17					0.2365			0.0093	0.0065	0.0842	0.2687		

续表 8－89

Allele	D16S539	TH01	CSF1PO	TPOX	D3S1358	D21S11	D13S317	D8S1179	FGA	D18S51	VWA	D5S818	D7S820
17.2										0.0015			
18					0.0639			0.0031	0.0268	0.0553	0.2012		
19					0.0127				0.0549	0.0330	0.0845		
20									0.0554	0.0224	0.0150		
21									0.1362	0.0250			
21.2									0.0041				
22									0.1779	0.0123			
22.2									0.0040				
23									0.2051	0.0089			
23.2									0.0082				
24									0.1647	0.0027			
24.2									0.0028				
25									0.0845	0.0020			
25.2									0.0080				
26						0.0024			0.0382				
26.2									0.0039				
27						0.0021			0.0126				
28						0.0509			0.0030				
28.2						0.0009							

续表 8 - 89

Allele	D16S539	TH01	CSF1PO	TPOX	D3S1358	D21S11	D13S317	D8S1179	FGA	D18S51	VWA	D5S818	D7S820
29						0.2730							
29.2						0.0023							
30						0.2654							
30.2						0.0128							
31						0.0987							
31.2						0.0742							
32						0.0362							
32.2						0.1196							
33						0.0071							
33.2						0.0453							
34						0.0020							
34.2						0.0071							

表 8－90　汉族(Han)13 个 STR 频率(甘肃省)

Allele	D16S539	TH01	CSF1PO	TPOX	D3S1358	D21S11	D13S317	D8S1179	FGA	D18S51	VWA	D5S818	D7S820
6		0.0814	0.0023										
7		0.2721	0.0023									0.0021	
8	0.0047	0.0558	0.0047	0.5093			0.2652						0.1535
9	0.2953	0.5279	0.0349	0.1256			0.1349	0.0023				0.0698	0.0581
9.1													0.0023
9.3		0.0442											
10	0.0744	0.0186	0.2442	0.0279			0.1186	0.0837		0.0023		0.1535	0.1651
11	0.3023		0.2302	0.3023			0.2674	0.0605		0.0023		0.3349	0.3093
12	0.1977		0.3977	0.0326	0.0023		0.1721	0.1349		0.0326		0.2792	0.2675
12.2										0.0140			
13	0.1116		0.0744		0.0023		0.0302	0.2168		0.1837		0.1512	0.0419
13.2										0.0233			
14	0.0140		0.0093	0.0023	0.3020		0.0093	0.1217		0.1860	0.2744	0.0070	0.0023
14.2										0.0093			
15					0.2160		0.0023	0.1421		0.1581	0.0349	0.0023	
15.2										0.0070			
16					0.1984			0.0636	0.0023	0.1279	0.1488		
16.2										0.0093			
17					0.1837			0.1721	0.0023	0.0605	0.2558		
18					0.0860			0.0023	0.0186	0.0302	0.1791		
19					0.0093				0.0418	0.0442	0.0907		
20									0.0425	0.0512	0.0163		
21									0.1128	0.0233			
21.1										0.0023			
21.2									0.0023				

续表 8 - 90

Allele	D16S539	TH01	CSF1PO	TPOX	D3S1358	D21S11	D13S317	D8S1179	FGA	D18S51	VWA	D5S818	D7S820
22									0.1022	0.0186			
22.2									0.0169				
23									0.1375	0.0116			
23.2									0.0140				
24									0.1514	0.0023			
24.2									0.0047				
25									0.1186				
25.2									0.0070				
26									0.0342				
27									0.1863				
28						0.0535			0.0023				
28.2						0.0186							
29						0.2628							
29.2						0.0047							
30						0.2767			0.0023				
30.2						0.0140							
31						0.1022							
31.2						0.0721							
31.3						0.0023							
32						0.0256							
32.2						0.1163							
33						0.0023							
33.2						0.0419							
33.3						0.0047							
34						0.0023							

表 8－91　汉族(Han)13 个 STR 频率(新疆维吾尔族自治区)

Allele	D16S539	TH01	CSF1PO	TPOX	D3S1358	D21S11	D13S317	D8S1179	FGA	D18S51	VWA	D5S818	D7S820
6		0.1225											
7		0.2550		0.0033			0.0050					0.0125	
8	0.0070	0.0662		0.5166			0.2175	0.0050				0.0050	0.1375
9	0.2852	0.4834	0.0695	0.1059			0.1500	0.0025				0.0750	0.0625
9.3		0.0133											
10	0.1233	0.0596	0.1954	0.0265			0.1200	0.1025				0.1825	0.1575
11	0.2535		0.2450	0.3046			0.2725	0.0825		0.0050		0.3325	0.3400
12	0.1937		0.4139	0.0431			0.1825	0.1200		0.0525		0.2475	0.2625
13	0.1127		0.0596		0.0025		0.0475	0.2350		0.2800	0.0075	0.1400	0.0350
14	0.0246		0.0166		0.0625		0.0050	0.2050		0.2400	0.2400	0.0050	0.0050
15					0.3625			0.1750		0.1900	0.0325		
16					0.3125			0.0575		0.0875	0.1725		
17					0.1850			0.0125	0.0025	0.1050	0.2300		
18					0.0700			0.0025	0.0225	0.0400	0.1900		
19					0.0050				0.0550		0.1100		
20									0.0450		0.0150		
21									0.1225				
21.2									0.0075				
22									0.1325				
22.2									0.0025				
23									0.2325		0.0025		

续表 8－91

Allele	D16S539	TH01	CSF1PO	TPOX	D3S1358	D21S11	D13S317	D8S1179	FGA	D18S51	VWA	D5S818	D7S820
23.2									0.0125				
24									0.2175				
25									0.0925				
25.2									0.0025				
26									0.0350				
27						0.0025			0.0150				
28						0.0050			0.0025				
28.2						0.0075							
29						0.2425							
29.2						0.0050							
30						0.2925							
30.2						0.0075							
31						0.2250							
31.2						0.0650							
32						0.0525							
32.2						0.0325							
33						0.0050							
33.2						0.0525							
34.2						0.0050							

表 8－92　汉族(Han)13 个 STR 频率(安徽省)

Allele	D16S539	TH01	CSF1PO	TPOX	D3S1358	D21S11	D13S317	D8S1179	FGA	D18S51	VWA	D5S818	D7S820
6	0.0005	0.1035					0.0011						
7		0.2675	0.0010				0.0022					0.0190	0.0011
8	0.0045	0.0540	0.0035	0.5090			0.2438	0.0022				0.0045	0.1331
9	0.2920	0.5135	0.0480	0.1392			0.1679	0.0011				0.0503	0.0548
9.1				0.0245									0.0011
9.3		0.0360		0.2998									
10	0.1250	0.0255	0.2588	0.0250			0.1532	0.1029				0.2047	0.1622
10.1				0.0010									0.0011
11	0.2340		0.2342	0.0015			0.2237	0.0806		0.0022		0.2987	0.3468
12	0.2210		0.3759		0.0025		0.1667	0.1432		0.0391		0.2517	0.2562
13	0.1055		0.0691		0.0010		0.0291	0.2293		0.1767		0.1577	0.0380
14	0.0155		0.0085		0.0365		0.0123	0.1991		0.1924	0.2651	0.0123	0.0056
15	0.0020		0.0010		0.3590			0.1555		0.2036	0.0235	0.0011	
15.2													
16					0.3395			0.0727		0.1219	0.1158		
17					0.1795			0.0123	0.0011	0.0738	0.2394		
18					0.0765			0.0011	0.0258	0.0403	0.1670		
19					0.0040				0.0504	0.0504	0.0772		
20					0.0015				0.0436	0.0347	0.1120		
21									0.1096	0.0257			
21.2									0.0022				
22									0.1577	0.0168			
22.2									0.0056				
23									0.2204	0.0101			

续表 8－92

Allele	D16S539	TH01	CSF1PO	TPOX	D3S1358	D21S11	D13S317	D8S1179	FGA	D18S51	VWA	D5S818	D7S820
23.2									0.0101				
24									0.1745	0.0067			
24.2									0.0089				
25									0.1175	0.0045			
25.2									0.0078				
26									0.0436				
26.2									0.0022				
27						0.0011			0.0179				
28						0.0593			0.0011	0.0011			
28.2						0.0034							
29						0.2640							
29.2						0.0034							
30						0.2841							
30.2						0.0145							
30.3						0.0078							
31						0.0906							
31.2						0.0559							
32						0.0302							
32.2						0.1342							
33						0.0011							
33.2						0.0459							
34						0.0011							
34.2						0.0034							

表 8－93　汉族(Han)13 个 STR 频率(贵州省)

Allele	D16S539	TH01	CSF1PO	TPOX	D3S1358	D21S11	D13S317	D8S1179	FGA	D18S51	VWA	D5S818	D7S820
6		0.0943											
7		0.2735	0.0097									0.0309	
8	0.0187	0.0802	0.0097	0.5721			0.2469						0.1790
9	0.2383	0.4623	0.0676	0.0781			0.1543					0.0556	0.0494
9.3		0.0472											
10	0.1309	0.0425	0.2077	0.0223			0.1790	0.0926				0.1851	0.1543
11	0.2523		0.2367	0.2856			0.2716	0.1606				0.3088	0.3457
12	0.2243		0.3816	0.0372			0.1111	0.1049		0.0309		0.2715	0.2407
13	0.1075		0.0773	0.0047			0.0309	0.1543		0.1605		0.1358	0.0185
14	0.0280		0.0097		0.0494		0.0062	0.2222		0.1852	0.2716	0.0123	0.0062
15					0.3148			0.1975		0.1852	0.0185		0.0062
16					0.3272			0.0617		0.1728	0.1668		
17					0.2592			0.0062		0.0864	0.1605		
18					0.0432				0.0185	0.0494	0.2654		
19					0.0062				0.0617	0.0617	0.1110		
20									0.0926	0.0370	0.0062		
21									0.0864	0.0123			
21.2									0.0062				
22									0.2037	0.0062			

续表 8－93

Allele	D16S539	TH01	CSF1PO	TPOX	D3S1358	D21S11	D13S317	D8S1179	FGA	D18S51	VWA	D5S818	D7S820
23									0.1667	0.0062			
23.2									0.0062				
24									0.1728				
25									0.1111	0.0062			
26									0.0494				
27									0.0185				
28						0.0247			0.0062				
29						0.3086							
30						0.2160							
30.3						0.0123							
31						0.1296							
31.2						0.1112							
32						0.0309							
32.2						0.1235							
33													
33.2						0.0370							
34													
34.2						0.0062							

表 8－94　汉族(Han)13 个 STR 频率(天津市)

Allele	D16S539	TH01	CSF1PO	TPOX	D3S1358	D21S11	D13S317	D8S1179	FGA	D18S51	VWA	D5S818	D7S820
6	0.0023	0.0936											
7		0.2785										0.0270	
8	0.0217	0.0776	0.0023	0.5320			0.2838	0.0034				0.0034	0.1419
9	0.3151	0.4909	0.0502	0.1278			0.1689					0.0574	0.0608
9.3		0.0411											
10	0.1187	0.0160	0.2649	0.0160			0.1486	0.1115				0.1622	0.1756
11	0.2603	0.0023	0.2397	0.3082			0.2466	0.0607		0.0034		0.3547	0.3277
12	0.1906		0.3630	0.0160	0.0034		0.1115	0.1385		0.0236		0.2331	0.2500
13	0.0913		0.0708		0.0034		0.0304	0.2264		0.2196		0.1453	0.0372
14			0.0091		0.0473		0.0068	0.1791		0.2230	0.2568	0.0101	0.0068
15					0.3750		0.0034	0.1791		0.1588	0.0203	0.0068	
16					0.2905			0.0844		0.1081	0.1554		
17					0.2331			0.0169		0.0743	0.2736		
18					0.0439				0.0236	0.0304	0.1723		
19					0.0034				0.0541	0.0574	0.1047		
20									0.0405	0.0406	0.0169		
21									0.0912	0.0338			
21.2									0.0034				
22									0.1621	0.0135			
22.2									0.0068				
23									0.2432	0.0101			
23.2									0.0068				

续表 8 - 94

Allele	D16S539	TH01	CSF1PO	TPOX	D3S1358	D21S11	D13S317	D8S1179	FGA	D18S51	VWA	D5S818	D7S820
24									0.1723				
24.2									0.0034				
25									0.1081	0.0034			
25.2									0.0068				
26									0.0641				
26.2									0.0034				
27						0.0068			0.0068				
28						0.0541							
28.2						0.0101							
29						0.2533			0.0034				
30						0.2804							
30.2						0.0135							
30.3						0.0034							
31						0.1081							
31.2						0.0642							
32						0.0338							
32.2						0.1216							
33						0.0034							
33.2						0.0405							
34						0.0034							
34.2						0.0034							

表 8－95　汉族(Han)13 个 STR 频率(云南省)

Allele	D16S539	TH01	CSF1PO	TPOX	D3S1358	D21S11	D13S317	D8S1179	FGA	D18S51	VWA	D5S818	D7S820
4				0.0010									
5				0.0010									
6		0.0936					0.0010						
7		0.2797	0.0020				0.0020					0.0181	
8	0.0070	0.0664		0.5171			0.2887			0.0020			0.1549
9	0.2675	0.4879	0.0382	0.1147			0.1579					0.0744	0.0504
9.2													
9.3	0.0010	0.0402											0.0030
10	0.1107	0.0302	0.2596	0.0262			0.1288	0.1258				0.1881	0.1539
10.3		0.0010											
11	0.2777	0.0010	0.2304	0.3068			0.2425	0.0976	0.0020	0.0010		0.3421	0.3692
12	0.2324		0.3984	0.0292			0.1308	0.1227		0.0423		0.2274	0.2243
12.2													
13	0.0936		0.0553	0.0020			0.0352	0.2062	0.0010	0.1761	0.0020	0.1348	0.0413
13.2													
14	0.0091		0.0151	0.0010	0.0382		0.0121	0.1901		0.2203	0.2515	0.0111	0.0030
14.2													
15	0.0010		0.0010		0.3461		0.0010	0.1640		0.1660	0.0332	0.0020	
15.2											0.0010		

续表 8－95

Allele	D16S539	TH01	CSF1PO	TPOX	D3S1358	D21S11	D13S317	D8S1179	FGA	D18S51	VWA	D5S818	D7S820
16					0.3340			0.0845	0.0010	0.1348	0.1801		
16.2													
17					0.2153			0.0091	0.0010	0.0805	0.2314		
17.2													
18				0.0010	0.0574				0.0302	0.0412	0.2002		
18.2													
19					0.0080				0.0665	0.0483	0.0845		
20					0.0010				0.0523	0.0323	0.0161		
21						0.0010			0.1077	0.0241		0.0010	
21.2									0.0040				
22									0.1761	0.0221			
22.2									0.0060				
23									0.2062	0.0050			
23.2									0.0050				
24									0.1740	0.0030		0.0010	
24.2									0.0080				
25									0.0937	0.0010			
25.2									0.0050				
26									0.0443				

续表 8－95

Allele	D16S539	TH01	CSF1PO	TPOX	D3S1358	D21S11	D13S317	D8S1179	FGA	D18S51	VWA	D5S818	D7S820
26.2									0.0020				
27						0.0030			0.0070				
27.2									0.0010				
28						0.0294			0.0010				
28.2						0.0070							
29						0.2565			0.0020				
29.2						0.0020			0.0010				
30						0.2958							
30.2						0.0141			0.0010				
31						0.1086							
31.2						0.0744							
32						0.0201							
32.2						0.1358			0.0010				
33						0.0131							
33.2						0.0372							
34						0.0020							

表 8－96　汉族(Han)13 个 STR 频率(浙江省)

Allele	D16S539	TH01	CSF1PO	TPOX	D3S1358	D21S11	D13S317	D8S1179	FGA	D18S51	VWA	D5S818	D7S820
5							0.0012						
6		0.1112					0.0013						
7		0.2485	0.0049				0.0009					0.0192	0.0034
8	0.0056	0.0647	0.0026	0.5377			0.2730	0.0021			0.0026	0.0065	0.1412
9	0.2783	0.5113	0.0541	0.1302			0.1307	0.0017		0.0015		0.0689	0.0509
9.1													0.0022
9.2													0.0013
9.3		0.0348											
10	0.1464	0.0281	0.2119	0.0265			0.1476	0.1263		0.0027		0.2001	0.1627
10.1													0.0009
11	0.2271	0.0014	0.2492	0.2709			0.2478	0.0885		0.0029		0.3183	0.3452
8.													0.0011
12	0.2219		0.3558	0.0347	0.0016		0.1552	0.1262		0.0388		0.2363	0.2437
12.2													
13	0.1025		0.1057		0.0011		0.0341	0.2239		0.1789	0.0011	0.1402	0.0405
13.2													
14	0.0182		0.0133		0.1782		0.0082	0.1908		0.2221	0.2775	0.0081	0.0069
14.1													
14.2													

续表 8 - 96

Allele	D16S539	TH01	CSF1PO	TPOX	D3S1358	D21S11	D13S317	D8S1179	FGA	D18S51	VWA	D5S818	D7S820
15			0.0025		0.3505			0.1611		0.1753	0.0288	0.0012	
15.2													
16					0.2256			0.0622	0.0022	0.1420	0.1680		
16.2													
17					0.2268			0.0133		0.0743	0.2263		
17.1											0.0017		
17.2													
18					0.0074			0.0039	0.0326	0.0422	0.1724		
18.2													
19					0.0079				0.0387	0.0365	0.0986		
20					0.0009				0.0433	0.0266	0.0230		
21									0.1022	0.0240		0.0012	
21.2									0.0056				
22									0.1649	0.0173			
22.2									0.0061				
23									0.2286	0.0079			
23.2									0.0061				
24									0.1845	0.0059			
24.2									0.0092				

续表 8－96

Allele	D16S539	TH01	CSF1PO	TPOX	D3S1358	D21S11	D13S317	D8S1179	FGA	D18S51	VWA	D5S818	D7S820
25									0.1032	0.0011			
25.2									0.0033				
26									0.0522				
26.2									0.0037				
27						0.0036			0.0105				
28						0.0533			0.0012				
28.2						0.0026							
29						0.2685			0.0009				
29.2						0.0014							
30						0.2643							
30.2						0.0121			0.0010				
30.3						0.0029							
31						0.1012							
31.2						0.0739							
32						0.0387							
32.2						0.1230							
33						0.0082							
33.2						0.0385							
34.2						0.0046							
35.2						0.0032							

表 8－97　汉族(Han)13 个 STR 频率(陕西省)

Allele	D16S539	TH01	CSF1PO	TPOX	D3S1358	D21S11	D13S317	D8S1179	FGA	D18S51	VWA	D5S818	D7S820
6		0.0841					0.0011						
6.3		0.0022											
7		0.2702	0.0034									0.0135	0.0011
8	0.0056	0.0583	0.0022	0.5101			0.2870	0.0022				0.0011	0.1300
9	0.2522	0.5146	0.0448	0.1480			0.1244					0.0807	0.0639
9.3		0.0437											
10	0.1143	0.0258	0.2545	0.0123			0.1289	0.0998		0.0045		0.1693	0.1638
10.2			0.0022										
11	0.2556	0.0011	0.2377	0.3016			0.2220	0.0751		0.0056		0.3307	0.3610
11.2													0.0011
12	0.2411		0.3688	0.0247			0.1794	0.1267		0.0348		0.2522	0.2365
12.2													
13	0.1177		0.0763	0.0022	0.0011		0.0460	0.2287		0.1839	0.0011	0.1401	0.0404
13.2													0.0022
14	0.0124		0.0101	0.0011	0.0504		0.0112	0.1984		0.2186	0.2433	0.0113	
14.2													
15	0.0011				0.3655			0.1760		0.1558	0.0381	0.0011	
15.2					0.0011								
16					0.2982			0.0796	0.0011	0.1379	0.1895		

续表 8－97

Allele	D16S539	TH01	CSF1PO	TPOX	D3S1358	D21S11	D13S317	D8S1179	FGA	D18S51	VWA	D5S818	D7S820
16. 2													
17					0. 1952			0. 0090	0. 0011	0. 0717	0. 2276		
17. 2													
18					0. 0863			0. 0045	0. 0067	0. 0382	0. 1659		
18. 2													
19					0. 0022				0. 0493	0. 0549	0. 1121		
20									0. 0561	0. 0392	0. 0213		
20. 2										0. 0011			
21									0. 0998	0. 0336	0. 0011		
21. 2									0. 0022				
22									0. 1603	0. 0123			
22. 2									0. 0090				
23									0. 2276	0. 0034			
23. 2									0. 0102				
24									0. 1883	0. 0034			
24. 2									0. 0067				
25						0. 0011			0. 0998				
25. 2									0. 0067				
26									0. 0594	0. 0011			

续表 8－97

Allele	D16S539	TH01	CSF1PO	TPOX	D3S1358	D21S11	D13S317	D8S1179	FGA	D18S51	VWA	D5S818	D7S820
26.2									0.0011				
27						0.0022			0.0146				
28						0.0516							
28.2						0.0112							
29						0.2388							
29.2						0.0045							
30						0.2803							
30.2						0.0146							
31						0.1099							
31.2						0.0807							
32						0.0280							
32.2						0.1346							
33						0.0022							
33.2						0.0359							
34.2						0.0022							
35						0.0011							
35.2						0.0011							

表 8－98　汉族(Han)13 个 STR 频率(上海市)

Allele	D16S539	TH01	CSF1PO	TPOX	D3S1358	D21S11	D13S317	D8S1179	FGA	D18S51	VWA	D5S818	D7S820
5	0.0002												
6	0.0007	0.0993	0.0002	0.0007									
7		0.2165	0.0029	0.0007			0.0014			0.0002		0.0260	0.0020
8	0.0070	0.0801	0.0020	0.5195			0.2874	0.0016				0.0036	0.1470
9	0.2840	0.5215	0.0513	0.1290			0.1318	0.0011		0.0007		0.0709	0.0629
9.2										0.0002			
9.3		0.0326											
10	0.1428	0.0489	0.2433	0.0289			0.1432	0.1054		0.0027		0.1915	0.1835
11	0.2585	0.0011	0.2491	0.2958	0.0005		0.2368	0.0936		0.0032		0.3125	0.3471
12	0.1800		0.3686	0.0245	0.0014		0.1592	0.1287		0.0341		0.2406	0.1955
13	0.1123		0.0719	0.0007	0.0014		0.0341	0.2370		0.1904	0.0020	0.1431	0.0561
14	0.0140		0.0100	0.0002	0.0473		0.0061	0.1852		0.2160	0.2567	0.0109	0.0054
15	0.0005		0.0007		0.3453			0.1563		0.1712	0.0303	0.0007	0.0005
16					0.3175			0.0737	0.0002	0.1302	0.1644		
17					0.2162			0.0149	0.0016	0.0730	0.2361	0.0002	
18					0.0638			0.0025	0.0181	0.0455	0.1947		
19					0.0061				0.0445	0.0466	0.0948		
20					0.0005				0.0458	0.0318	0.0192		
21									0.1072	0.0215	0.0018		
21.2									0.0032				
22									0.1866	0.0181			
22.2									0.0038				
23									0.2237	0.0090			
23.2						0.0002			0.0102				
24									0.1894	0.0045			

续表 8－98

Allele	D16S539	TH01	CSF1PO	TPOX	D3S1358	D21S11	D13S317	D8S1179	FGA	D18S51	VWA	D5S818	D7S820
24.2						0.0002			0.0084				
25									0.0970	0.0007			
25.2									0.0034				
26									0.0425	0.0002			
26.2									0.0014				
27						0.0036			0.0102	0.0002			
27.2						0.0002			0.0009				
28						0.0554			0.0009				
28.2						0.0054			0.0005				
29						0.2571			0.0005				
29.2						0.0023							
30						0.2530							
30.2						0.0213							
31						0.0995							
31.2						0.0769							
32						0.0285							
32.2						0.1246							
33						0.0045							
33.2						0.0603							
34						0.0018							
34.2						0.0038							
35						0.0005							
35.2						0.0009							

表 8－99　汉族(Han)13 个 STR 频率(宁夏回族自治区)

Allele	D16S539	TH01	CSF1PO	TPOX	D3S1358	D21S11	D13S317	D8S1179	FGA	D18S51	VWA	D5S818	D7S820
6		0.0821	0.0021										
7		0.2251	0.0021				0.0042					0.0192	
8	0.1923	0.0533	0.0042	0.5104			0.2083					0.0096	0.1827
9	0.1490	0.5831	0.0342	0.1243			0.1292					0.0865	0.0529
9.2													0.1635
9.3		0.0422											0.3462
10	0.1250	0.0142	0.2424	0.0272			0.1875			0.0021		0.2115	0.2019
11	0.1683		0.2351	0.3035			0.3125	0.1106		0.0021		0.3365	0.0432
12	0.1971		0.3966	0.0324	0.0022		0.1333	0.0529		0.0329		0.2356	0.0096
12.2										0.0138			
13	0.1490		0.0742		0.0022		0.0208	0.1202		0.1839		0.0723	
13.2										0.0231			
14	0.0193		0.0091	0.0022	0.1019		0.0042	0.2067		0.1863	0.2725	0.0288	
14.2										0.0091			
15					0.3858			0.2260		0.1587	0.0376		
15.2										0.0068			
16					0.2298			0.1923	0.0022	0.1276	0.1452		
16.2										0.0091			
17					0.1834			0.0721	0.0022	0.0608	0.2568		
18					0.0856			0.0192	0.0189	0.0321	0.1789		
19					0.0091				0.0481	0.0444	0.0917		
20									0.0456	0.0514	0.0173		
21									0.1490	0.0213			
21.1										0.0021			
21.2									0.0022				

续表 8 - 99

Allele	D16S539	TH01	CSF1PO	TPOX	D3S1358	D21S11	D13S317	D8S1179	FGA	D18S51	VWA	D5S818	D7S820
22									0.1364	0.0185			
22.2									0.0160				
23									0.1456	0.0116			
23.2									0.0136				
24									0.1691	0.0023			
24.2									0.0047				
25									0.1169				
25.2									0.0066				
26									0.0443				
27									0.0741				
28						0.0521			0.0022				
28.2						0.0179							
29						0.2614							
29.2						0.0073							
30						0.2677			0.0023				
30.2						0.0138							
31						0.1032							
31.2						0.0724							
31.3						0.0032							
32						0.0259							
32.2						0.1232							
33						0.0021							
33.2						0.0426							
33.3						0.0048							
34						0.0024							

表 8－100　汉族(Han)13 个 STR 频率(海南省)

Allele	D16S539	TH01	CSF1PO	TPOX	D3S1358	D21S11	D13S317	D8S1179	FGA	D18S51	VWA	D5S818	D7S820
6		0.1192											
7		0.2944	0.0028	0.0002			0.0028					0.0452	0.0169
8	0.0028	0.0432		0.3891			0.3136	0.0028				0.0085	0.1497
9	0.2401	0.4613	0.0395	0.1142			0.1356					0.0537	0.0593
9.3		0.0428											
10	0.1413	0.0387	0.2147	0.0351			0.1780	0.1299				0.2373	0.1864
11	0.2825	0.0002	0.2542	0.2174			0.2147	0.1695		0.0085		0.2768	0.3785
12	0.2429	0.0002	0.3984	0.0983			0.1158	0.1243		0.0254	0.0085	0.2288	0.1836
13	0.0763		0.0819	0.0883	0.0028		0.0254	0.1864		0.1582	0.0028	0.1356	0.0197
14	0.0141		0.0028		0.0565		0.0141	0.1582		0.2175	0.2373	0.0113	0.0059
15			0.0057	0.0253	0.3333			0.1158		0.1638	0.0169	0.0028	
16				0.0253	0.2966			0.0933	0.0028	0.1525	0.1497		
17				0.0068	0.2486			0.0198	0.0028	0.0932	0.2458		
18					0.0622				0.0339	0.0565	0.2147		
18.2									0.0028				
19									0.0734	0.0282	0.1017		
20									0.0508	0.0254	0.0169		
21									0.1102	0.0480	0.0057		
21.2									0.0085				
22									0.1977	0.0141			
22.2									0.0028				

续表 8 - 100

Allele	D16S539	TH01	CSF1PO	TPOX	D3S1358	D21S11	D13S317	D8S1179	FGA	D18S51	VWA	D5S818	D7S820
23									0. 1695	0. 0028			
23. 2									0. 0085				
24									0. 1582	0. 0059			
24. 2									0. 0141				
25									0. 1073				
25. 2									0. 0057				
26									0. 0311				
26. 2									0. 0057				
27									0. 0114				
28						0. 0508			0. 0028				
29						0. 2514							
30						0. 2768							
30. 2						0. 0028							
30. 3						0. 0057							
31						0. 0508							
31. 2						0. 0763							
32						0. 0311							
32. 2						0. 1751							
33. 2						0. 0650							
34. 2						0. 0114							
37						0. 0028							

表 8－101　汉族(Han)13 个 STR 频率(黑龙江省)

Allele	D16S539	TH01	CSF1PO	TPOX	D3S1358	D21S11	D13S317	D8S1179	FGA	D18S51	VWA	D5S818	D7S820
6		0.0922											
7		0.2718	0.0049	0.0243			0.0092					0.0172	
8	0.0377	0.0922	0.0098	0.5874			0.2936	0.0012				0.0053	0.0991
9	0.1887	0.4757	0.0833	0.0728			0.1330	0.0012				0.0693	0.0801
9.3													
10	0.1840	0.0681	0.2696	0.0631			0.1009	0.0816		0.0012		0.1673	0.1651
11	0.2406		0.2206	0.2136			0.2064	0.0772		0.0024		0.3328	0.3491
12	0.2641		0.3432	0.0388			0.2064	0.1330		0.0296		0.2267	0.2783
13	0.0613		0.0637		0.0023		0.0321	0.2460		0.2224	0.0012	0.1668	0.0283
14	0.0189				0.0487		0.0184	0.2210		0.2301	0.2482	0.0146	
15	0.0047		0.0049		0.3587			0.1538		0.1621	0.0289		
16					0.3105			0.0536	0.0016	0.1112	0.1730		
17					0.1979			0.0274	0.0016	0.0762	0.2483		
18					0.0712			0.0040	0.0212	0.0531	0.1984		
19					0.0107				0.0436	0.0359	0.0892		
20									0.0532	0.0252	0.0128		
21									0.1010	0.0214			
21.2									0.0030				
22									0.1660	0.0176			
22.2									0.0032				
23									0.2392	0.0052			
23.2									0.0032				
24									0.2053	0.0032			

续表 8 - 101

Allele	D16S539	TH01	CSF1PO	TPOX	D3S1358	D21S11	D13S317	D8S1179	FGA	D18S51	VWA	D5S818	D7S820
24.2									0.0064	0.0032			
25									0.0960				
25.2									0.0032				
26									0.0432				
26.2									0.0030				
27						0.0041			0.0061				
28						0.0290							
28.2						0.0091							
29						0.2540							
29.2						0.0071							
30						0.3061							
30.2						0.0112							
30.3						0.0030							
31						0.0912							
31.2						0.0811							
32						0.0471							
32.2						0.1162							
33						0.0014							
33.2						0.0312							
34						0.0032							
34.2						0.0021							
35.2						0.0029							

表 8－102　汉族(Han)13 个 STR 频率(青海省)

Allele	D16S539	TH01	CSF1PO	TPOX	D3S1358	D21S11	D13S317	D8S1179	FGA	D18S51	VWA	D5S818	D7S820
6		0.0714	0.0016										
7		0.2821	0.0016									0.0021	
8	0.0032	0.0618	0.0061	0.5013			0.2302						0.1485
9	0.2158	0.5119	0.0369	0.1336			0.1551	0.0021				0.0664	0.0585
9.1													0.0021
9.3		0.0492											
10	0.0849	0.0236	0.2342	0.0219			0.1546	0.0748		0.0021		0.1545	0.1701
11	0.3741		0.2402	0.3053			0.2214	0.0673		0.0021		0.3127	0.3213
12	0.2037		0.3957	0.0356	0.0021		0.2021	0.1584		0.0426		0.2808	0.2549
12.2										0.0160			
13	0.1044		0.0714		0.0021		0.0282	0.2248		0.1757		0.1732	0.0425
13.2										0.0241			
14	0.0139		0.0123	0.0023	0.3024		0.0063	0.1237		0.1873	0.2323	0.0082	0.0021
14.2										0.0080			
15					0.2065		0.0021	0.1391		0.1481	0.0769	0.0021	
15.2										0.0081			
16					0.2044			0.0556	0.0021	0.1379	0.1489		
16.2										0.0080			
17					0.1882			0.1521	0.0021	0.0584	0.2358		
18					0.0840			0.0021	0.0199	0.0323	0.1891		
19					0.0103				0.0428	0.0412	0.1008		
20									0.0412	0.0512	0.0162		
21									0.1159	0.0225			
21.1										0.0021			
21.2									0.0021				

续表 8 - 102

Allele	D16S539	TH01	CSF1PO	TPOX	D3S1358	D21S11	D13S317	D8S1179	FGA	D18S51	VWA	D5S818	D7S820
22									0. 1053	0. 0166			
22. 2									0. 0107				
23									0. 1125	0. 0136			
23. 2									0. 0138				
24									0. 1764	0. 0021			
24. 2									0. 0049				
25									0. 1086				
25. 2									0. 0081				
26									0. 0442				
27									0. 1852				
28						0. 0524			0. 0021				
28. 2						0. 0197							
29						0. 2428							
29. 2						0. 0049							
30						0. 2527			0. 0021				
30. 2						0. 0158							
31						0. 1242							
31. 2						0. 0814							
31. 3						0. 0021							
32						0. 0268							
32. 2						0. 1213							
33						0. 0035							
33. 2						0. 0431							
33. 3						0. 0072							
34						0. 0021							

8.5 数据存储及服务

我们建立的门户平台为"人类基因组多态性与变异"，网址为 http://genomics.xjtu.edu.cn。

举例：STR 数据在亲缘关系鉴定中的应用。

本例中涉及的亲缘鉴定案例分为三种类型：三联体亲权鉴定、全同胞对鉴定及无关个体对鉴定。三联体均为疑似父亲—母亲—孩子组成，不同的三联体之间没有亲缘关系；全同胞对指父母相同的一对个体，无关个体对间没有亲缘关系。

85 例三联体案例来源于西安交通大学司法鉴定中心，共计 255 个样本；74 对全同胞对来源于卫生部法医学实验室采集的汉族家系，共计 148 个样本；142 名无关个体来源于汉族（西安），随机配为 71 对（表 8－103）。

表 8－103 亲缘关系鉴定案例

样本类型	样本量	样本来源
三联体案例	255（85×3）	西安交通大学司法鉴定中心
全同胞对	148（74×2）	卫生部法医学实验室
无关个体对	142（71×2）	卫生部法医学实验室

对于三联体案例而言，采用直观计数法统计不匹配的位点数目；各位点的亲权指数 PI 值采用简易算法；联合亲权指数 CPI 为所有位点 PI 值的乘积，而联合亲权概率 W 可用公式 W＝CPI/（1＋CPI）计算得到。对于全同胞对或无关个体对而言，采用直观计数法统计双等位基因相同、单等位基因相同及无等位基因相同案例数与位点数。各位点同胞指数 SI 值采用 ITO 算法[3]；而联合同胞指数 CSI 为所有位点 SI 值的乘积。以上指标的计算由自主编写的 Perl 程序完成。所有应用的等位基因频率来源于 STR 数据库中的汉族随机人群。

DNA 分型结果如图 8－6 所示。

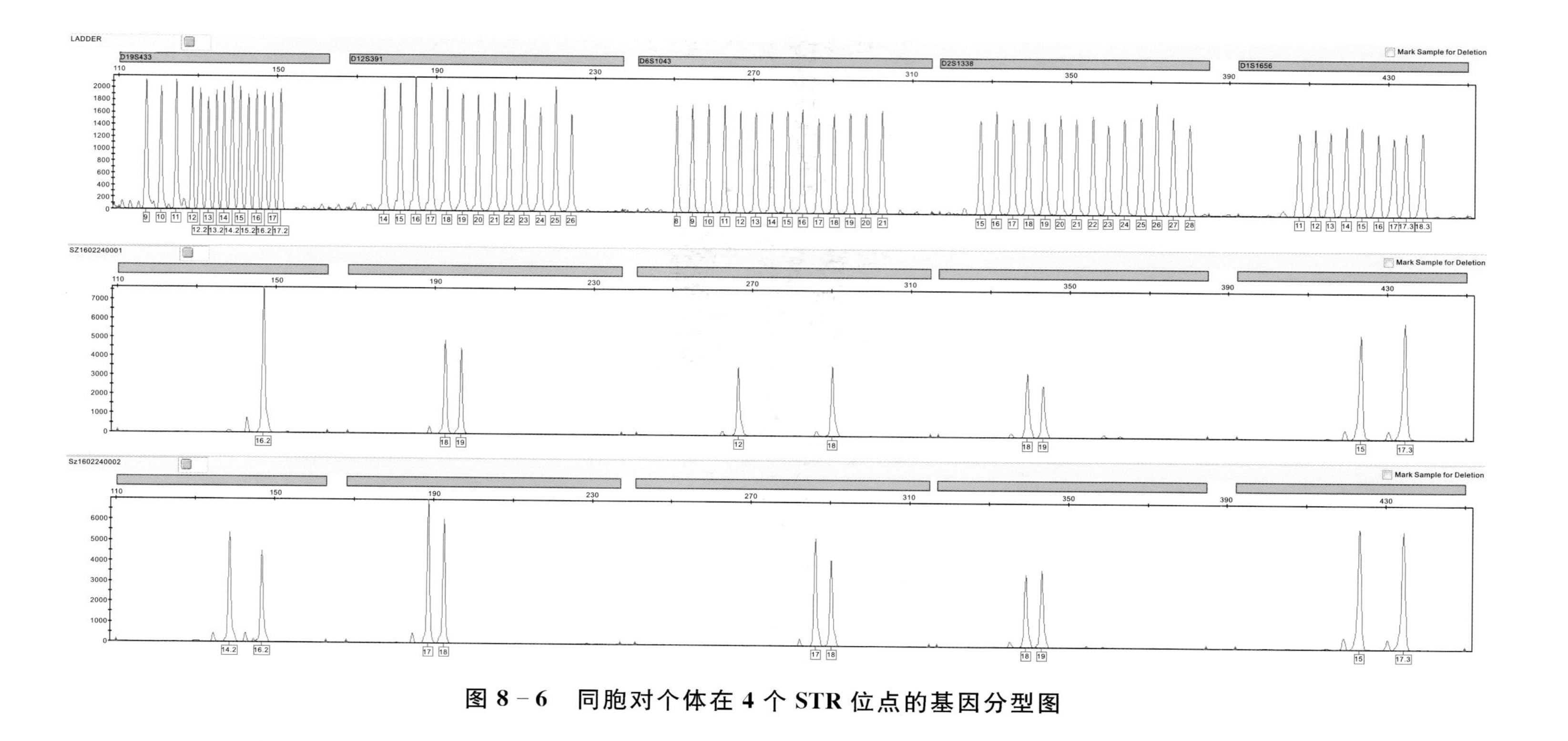

图 8－6　同胞对个体在 4 个 STR 位点的基因分型图

根据13-STR位点的匹配情况，将85例三联体案例分为三种类型，分别为全匹配(54)、单位点不匹配(12)及多位点不匹配(19)。根据三联体亲权指数简易算法，可计算得到不同案例的联合亲权指数及亲权概率，参见表8-104。

表8-104 不同类型三联体PI值及亲权概率

类型	联合PI值	亲权概率
全匹配	＞10000000	＞0.9999999
单位点不匹配*	＞56817	≥0.9999824
	289965(均值)	0.9999965(均值)
多位点不匹配**	1＜PI＜163933	0.6206637≤PI≤0.9999939
	18(均值)	0.9467039(均值)

注：*对其他12个位点的相应指标进行计算，不含不匹配的位点；**仅对那些发生匹配关系的位点进行计算。

结果显示，所有位点全匹配的案例的亲权概率均大于0.9999999；对于单位点不匹配案例，亲权概率均值为0.9999965，最小值为0.9999824；对于多位点不匹配的案例，出现的最大值是0.9999939，但其均值仅为0.9467039。

联合同胞指数(CSI)：联合同胞指数是用来衡量两个体间是否存在同胞关系的一个非常重要的指标。对于随机个体对及全同胞对，13-STR系统联合同胞指数分布见表8-105。

表8-105 联合同胞指数分布

CSI	无关个体对	同胞对
＜0.001	23	0
0.001～0.01	8	0
0.01～0.1	15	0
0.1～1	16	0
1～3	4	1
3～20	2	1

续表 8－105

CSI	无关个体对	同胞对
20～100	1	1
100～1000	1	5
1000～10000	1	10
10000～100000	1	17
100000～1000000	0	10
＞1000000	0	28

结果显示，当使用 13-STR（不含性别位点）系统时，无关个体对与同胞对的差异非常明显。无关个体对中，出现次数最多的 CSI 值小于 0.001，但仍有 9 个案例的 CSI 值大于 1；同胞对中，出现次数最多的 CSI 值大于 1000000，且所有案例的 CSI 值均大于 1。

等位基因匹配：对于全同胞鉴定的另一个指标是双等位基因相同位点（TASL）数目。具体结果参见表 8－106。

表 8－106　各位点等位基因共享分布情况

STR 位点	同胞对(74)			全相同比例(%)	无关个体对(71)			全相同比例(%)
	2 allele	1 allele	0 allele		2 allele	1 allele	0 allele	
D3S1358	28	42	4	37.84	6	45	20	8.45
TH01	41	32	1	55.41	12	35	24	16.90
D21S11	25	41	8	33.78	6	29	36	8.45
D18S51	32	35	7	43.24	2	43	26	2.82
D5S818	23	43	8	31.08	3	33	35	4.23
D13S317	29	38	7	39.19	5	37	29	7.04
D7S820	37	26	11	50.00	17	39	15	23.94

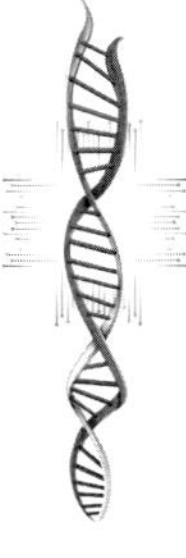

续表 8 - 106

STR 位点	同胞对(74)			全相同比例(%)	无关个体对(71)			全相同比例(%)
	2 allele	1 allele	0 allele		2 allele	1 allele	0 allele	
D16S539	25	40	9	33.78	9	42	20	12.68
CSF1PO	39	31	4	52.70	4	37	30	5.63
VWA	28	41	5	37.84	5	35	31	7.04
D8S1179	30	40	4	40.54	7	35	29	9.86
TPOX	27	29	18	36.49	13	37	21	18.31
FGA	17	44	13	22.97	3	27	41	4.23

结果显示,对于13-STR系统而言,全同胞对出现双等位基因数目的平均值为5.635,出现比例最多的是5个位点全相同;无关个体对出现双等位基因数目的平均值仅为1.338,出现比例最多的是1个位点全相同。使用卡方检验对全同胞对及无关个体对共享等位基因数目的分布进行方差分析,发现二者差异性明显(P值为0.000)。从位点角度而言,同胞对与无关个体对之间出现"全相同比例"差异性最大的两个位点为CSF1PO与D18S51,而最小的为FGA及TPOX。

参考文献

[1] Zuckerkandl E, Pauling L. Molecular disease, evolution, and genic heterogeneity[M]. // Kasha M, Pullman B. Horizons in Biochemistry. New York: Academic Press, 1962:189 - 225.

[2] Needleman S B, Wunsch C D. A General Method Applicable to the Search for Similarities [J]. J Mol Biol, 1970, 48(3):443 - 453.

[3] Ratner V, Kulitchkov V. On principles of organization of polyreplicon systems[J]. Theore Appl Genet, 1972, 42(4):145 - 150.

[4] Pipas J M, McMahon J E. Method for predicting RNA secondary structure [J]. Proc Natl Acad Sci U S A, 1975, 72(6):2017 - 2021.

[5] Brinkman R R, Courtot M, Derom D, et al. Modeling biomedical experimental

processes with OBI[J]. J Biomed Semantics, 2010,1(Suppl 1):S7.

[6] Wang H C, Kuo H C, Chen H H, et al. KSPF:using gene sequence patterns and data mining for biological knowledge management[J]. Expert Syst Appl, 2005, 28(3):537 - 545.

[7] Smith R F, Smith T F. Pattern-induced multi-sequence alignment (PIMA)algorithm employing secondary structure-dependent gap penalties for use in comparative protein modelling[J]. Protein Eng, 1992, 5(1):35 - 41.

[8] Bowcock A M, Ruiz-Linares A, Tomfohrde J. et al. High resolution of human evolutionary trees with polymorphic microsatellites[J]. Nature, 1994, (368):455 - 457.

[9] Goddard K A B, Hopkins P J, Hall J M,et al. Linkage Disequilibrium and Allele-Frequency Distributions for 114 Single-Nucleotide Polymorphisms in Five Populations[J]. Am J Hum Genet, 2000, 66(1):216 - 234.

[10] John M B. Forensic DNA Typing:Biology, Technology, and Genetics of STR Markers [M]. 2nd ed. [S. l.]:Elsevier Academic Press, 2005.

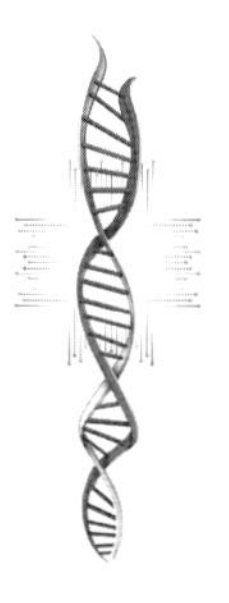

中文索引

D

F

G

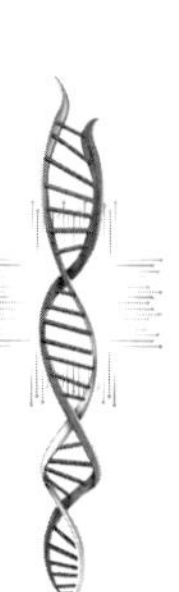

H

J

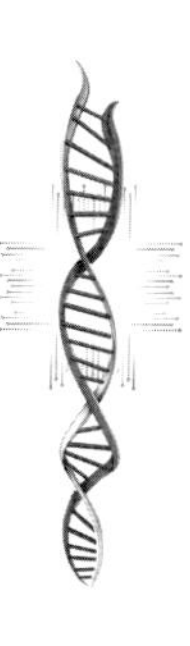

Q

R

S

T

W

X

Y

Z

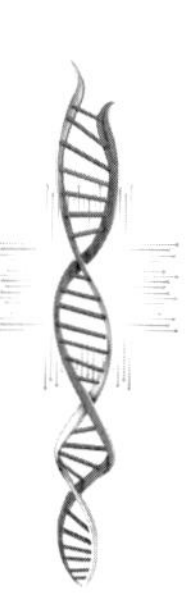

英文索引

A

B

C

D

E

F

G

H

I

L

N

O

P

R

S